普通高等教育“十三五”规划教材

耕 作 学

（第 2 版）

主　编　龚振平　马春梅
副主编　闫　超　董守坤

中国水利水电出版社
www.waterpub.com.cn
·北京·

内　容　提　要

本书除绪论外，共七章，主要内容包括：建立合理耕作制度的原则与依据，种植结构与调整，种植方式，轮作与连作，传统土壤耕作，保护性耕作，耕作制度的形成与发展。

本书可作为高等院校农学及相关专业的教材，也可供从事相关的研究与技术人员参考。

图书在版编目（CIP）数据

耕作学 / 龚振平，马春梅主编. -- 2版. -- 北京 : 中国水利水电出版社，2018.10(2022.5重印)
普通高等教育“十三五”规划教材
ISBN 978-7-5170-7062-7

Ⅰ. ①耕… Ⅱ. ①龚… ②马… Ⅲ. ①耕作学－高等学校－教材 Ⅳ. ①S34

中国版本图书馆CIP数据核字(2018)第241862号

书　　名	普通高等教育“十三五”规划教材 **耕作学（第2版）** GENGZUOXUE
作　　者	主编　龚振平　马春梅　副主编　闫超　董守坤
出版发行	中国水利水电出版社 （北京市海淀区玉渊潭南路1号D座　100038） 网址：www.waterpub.com.cn E-mail：sales@mwr.gov.cn 电话：（010）68545888（营销中心）
经　　售	北京科水图书销售有限公司 电话：（010）68545874、63202643 全国各地新华书店和相关出版物销售网点
排　　版	中国水利水电出版社微机排版中心
印　　刷	清淞永业（天津）印刷有限公司
规　　格	184mm×260mm　16开本　17印张　403千字
版　　次	2013年1月第1版第1次印刷 2018年10月第2版　2022年5月第2次印刷
印　　数	2001—4000册
定　　价	**49.00**元

凡购买我社图书，如有缺页、倒页、脱页的，本社营销中心负责调换

版权所有·侵权必究

编 写 人 员 名 单

编写人员 （按姓氏笔画排序）

马春梅　东北农业大学

刘丽君　东北农业大学

闫　超　东北农业大学

赵艳忠　东北农业大学

龚振平　东北农业大学

董守坤　东北农业大学

第2版前言

耕作学教材第1版于2013年出版，已使用了5年。近年来，耕作学科发展很快，与其他学科的交叉逐步深入，耕作制度内容更加丰富，而且耕作学科学研究与教学工作内容也在不断发展。为了提高教学质量，促进耕作学更好地服务于农业生产，对第1版进行修订再版。

本次再版，在保持第1版教材基本内容的基础上，重点对第一章进行了修改。主要是：将原书第一章耕作制度的基本原理修改为建立合理耕作制度的原则与依据，由三节构成，其中第一节为耕作制度在农业生产上的作用，第二节为建立合理耕作制度的原则，第三节为建立科学耕作制度的依据与途径。对统计数据和参考文献进行了更新、修订和补充。诸如主要农作物播种面积和产量、主要农作物的秸秆资源量、人均耕地占有量和粮食布局与分配、三大经济地带农业收入占农民总收入的比例等，均更新至2015年及以后的数据，力求达到翔实和准确。

本教材由东北农业大学龚振平、马春梅任主编，闫超、董守坤任副主编。全书由龚振平、马春梅、闫超统稿。其中，绪论、第三章、第五章和第六章由龚振平和赵艳忠共同编写，第一章、第二章第二节和第三节由闫超修改和编写，第二章第一节由董守坤和刘丽君共同编写，第四章和第七章由马春梅和闫超共同编写。闫超收集整理了部分参考资料，文字校对工作得到了东北农业大学耕作研究室和大豆栽培生理研究室研究生和本科生的帮助。

耕作学内容涉及知识面广，问题复杂，学科交叉多。在全书编写过程中，力求客观、全面、系统地论述我国的耕作制度内容及形成发展规律，但由于编者的学识水平和占有资料所限，错漏之处在所难免，恳请各位读者批评指正。

本书可作为我国北方高等农业院校耕作学教材使用，也可供广大农业科技工作者参考。

编者

2018年9月

第1版前言

自从1952年北京农业大学孙渠教授从苏联引进耕作学以来，我国的耕作学历经60年的建设，得到了长足的发展。20世纪80年代至本世纪初，是我国耕作学科与耕作学教材丰收的20年。如曹敏建主编的面向21世纪全国统编教材《耕作学》(2002)，王立祥主编的中国现代科学全书农学卷的《耕作学》(2001)，刘巽浩主编的《耕作学》（第一版，1994；第二版，1998)，北京农业大学主编的《耕作学》（第一版，1981；第二版，1992)，浙江农业大学主编的《耕作学》（南方本，1984)，东北农学院主编的《耕作学》（东北本，1988)，沈昌蒲主编的《耕作学》(专科教材，1985)，等等。

从20世纪60—80年代，随着深松耕法的提出和间套复种的蓬勃发展，传统耕作技术更加完善，具有中国特色的耕作学在生产前沿日益显示出重要的作用。耕作学是一门实践性极强的应用科学，随着新的科学技术进步而不断发展；特别是进入21世纪以来，保护性耕作技术研究与示范得到了国家的高度重视和大力支持，在耕作学者的共同努力下，逐步形成了有中国特色的保护性耕作制。耕作学教学特别重视培养学生的理论与实践相结合的能力，应随时将这些新成果、新技术融入到耕作学教材中，丰富教材及教学内容，提升教学质量。

《耕作学》是农学及相关专业的重要专业课程教材，在编写过程中，编者尽量满足农学及相关专业对耕作学基本知识、基本理论和基本技能的学习实践要求。同时根据现代农业和可持续发展的需要，以耕作理论的形成与技术发展为主线，阐述了耕作制度的基本原理、种植结构与调整、种植方式、轮作与连作、传统土壤耕作、保护性耕作以及耕作制度的形成与发展等内容，并有针对性地介绍了国内外先进的新技术和新成果，以增加学生的知识面和创新意识。

全书除绪论外，共分七章。第一章、第四章、第七章由马春梅编写；第二章的第一节由刘丽君、董守坤编写；第二章的第二节和第三节、第三章、第五章、第六章、绪论由龚振平、赵艳忠编写。本书文字校对工作得到了东北农业大学耕作研究室和大豆栽培生理研究室研究生和本科生的帮助。全书由龚振平、马春梅、赵艳忠统稿，杨亮收集整理了部分参考资料。

本教材着重参考了东北农学院主编的《耕作学》(1988)，曹敏建主编的《耕作学》(2002)，刘巽浩主编的《耕作学》(1998)，沈昌蒲主编的《耕作学》(1985)，浙江农业大学主编的《耕作学》(1984) 等教材；在保护性耕作内容编写中，参考吸收了高旺盛主编的《中国保护性耕作制》(2011) 中的新理念与新技术成果；同时，参考和引用了许多国内外相关资料及文献。在此，对这些教材、著作及文献的作者表示衷心的感谢。

在全书编写过程中，力求客观、全面、系统地论述我国的耕作制度内容及形成发展规律，但由于编者的认识水平和占有资料的不足，难免挂一漏万，恳请广大师生、同行以及读者们批评指正，并多提宝贵意见。

编者

2012 年 11 月

目录

绪　论

一、耕作学的性质

耕作学，亦称农作学，是研究建立合理耕作制度（亦称农作制度）的理论及其技术体系的科学。“耕作”广义是指作物生产中在农田上进行的各种作业，包括土壤耕作、施肥、灌溉及种植作物本身；狭义即指土壤耕作。耕作学是从广义而言的。它首先影响着土壤理化、生物性状，再通过土壤对作物生长发育和产量起着重要作用，体现了作物与土壤、气候之间的深刻关系。从土地是作物生产的基地及作物生产具有连续性这个特点出发，有必要专门研究与运用耕作制度以保证作物优质高效生产。

耕作制度包括两个主要环节：①种植制度，由作物布局、种植方式、熟制、轮作倒茬等技术措施相互结合组成；②土壤管理制度，由土壤耕作、土壤保护与培肥等技术措施相互结合组成。土壤管理制度分为土壤耕作制度、土壤养护制度。只有种植制度与土壤管理制度配套，才能全面、辩证地阐述与研究农田的利用与养护，保持农田生态因子和各因子之间的动态平衡。缺少任何一制，均难以达到目的。当然这些制度不是绝对并行的，种植制度是主导，它是农业生产的需要，而土壤管理制度是种植制度完整的配套制度。也可以说种植制度是中心，土壤管理制度是保证。

在耕作制度各环节中，贯穿着用地与养地相结合这样一个核心问题。一般来说，作物结构与布局、种植方式和熟制的运用偏重于用地，即通过充分合理地利用农田来充分利用光能，提高光能利用率以提高作物产量；另外，轮作、培肥、灌溉是养地措施，土壤耕作是调养地力，它们是在用地过程中向农田增加有机物质、养分、水分，或通过调控土壤机制以调养地力。这两类技术措施相互结合组成综合技术体系，体现着对土地用中有养、边用边养、用养结合，保持地力常新。这里所谓的地力，是指土地的生产力。它是土壤理化生物性状、地形、地势、土层等因素在当地气候条件下对土地综合影响的结果，体现着该土地的生产水平，而中心问题是土壤肥力。只有采用用地与养地协调的耕作制度，才能使所有农田的地力收支平衡，实现一个地区或一个生产单位的农田生态平衡，从而为长期的优质高效生产奠定基础。自古以来，作物生产在土壤肥力消耗和保养上始终存在着对立统一。用大于养，农田有机质和养分输出大于输入，则土壤肥力衰退，产量下降；反之，若用养协调，保证养多于用，则农田有机质和养分输入大于输出，土壤肥力才能不断提高，才能实现产量持续增加和扩大再生产。而做到后一点，一定要建立合理的耕作制度。

因此可以认为：耕作制度的实质就是人们根据需要和可能，依据自然条件和社会经济条件，在农田上进行时间和空间两个方面的作物安排和配置，形成农田生态系统，并运用土壤耕作、培肥以及保护等技术来调控这个系统，使农田养分、水分、空气、热量等因子保持动态平衡，土壤有机质和肥力用养协调并不断提高，从而实现作物的持续高效生产这个最终目的。农田生态平衡，实际上也就是土壤肥力的用养协调。由于农田生态系统是农业生态系统的一部分，只有在农、林、牧结合，农业生态呈良性循环的情况下，种植业的农田生态才有可能实现良性循环。为此，科学的耕作制度应以农、林、牧全面发展，相互结合为前提，以用地和养地协调为原则，达到作物全面持续优质高效生产的目的。与此同时，还应注意与机械化、电气化、化学化的新工艺相适应，兼顾经济效益、社会效益和生态效益。

耕作学的研究对象是耕作制度。既然耕作制度是种植业一整套用地与养地相结合的农业技术体系，说明耕作学是一门综合性很强的农业应用科学。它涉及天（气候）、地（土地）、人（生产的主宰者）、物（作物及其他生产资料）和社会经济条件（社会需求、生产关系和生产力、各种生产条件）。它直接联系生产，指导生产，为生产服务，在生产实践和科学研究中丰富和提高。虽然，它涉及社会经济条件并在很大程度上受社会需要所支配，但它研究与阐述的主要是作物生产中的自然规律。所以，耕作学仍属于自然科学的范畴，属于农学的一个分支。

首先，耕作学并不专门研究作物、土壤或气象，但是建立科学的耕作制度必须研究土壤—作物—气候系统，运用这些专门科学的理论与规律。耕作学也不专门研究畜牧、林业、农业经济、农机具以及自然辩证法等科学，但要建立科学的耕作制度，阐明其理论及技术时也要涉及这些学科。耕作学是综合这些有关农业科学，依照社会需要与资源可能，制订农业生产结构与种植业结构方案，确立有助于农业系统生产力提高和整体效益增进的农林牧布局、结构及作物配置方案。对此，从全局考虑，作出农业土地利用规划，调整种植业结构，确立相应的种植模式与种植体制，正确处理农业整体结构中的农、林、牧的关系，种植业结构内的粮、棉、油、瓜、果、菜的关系，社会对农业产品增长中的需求与有限资源生产力持续增进的关系，以及社会效益、经济效益与生态效益等的关系。凡此种种，都是耕作学所致力的耕作制度应统筹兼顾的问题，它关系到农业全面发展与可持续发展的宏观技术决策问题。

其次，耕作制度本身就是一个综合性技术体系，它集种植制度、养地制度与护地制度于一体，包括作物布局、复种、间作套种、轮作与连作、保护种植、土壤耕作、少免耕技术、覆盖栽培、轮作期间施肥制、农牧结合与物质良性循环技术、防风蚀、防水蚀和农田杂草防除等，都是耕作制度所致力的农业生产技术问题。足见，耕作学是借助于耕作制度的技术体系，使关系到农业发展的全局性问题与生产中的技术问题联成一个整体，成为农业科学的一门应用型的基础学科。

此外，耕作学的综合性还体现在与其他相关学科交叉上。土壤学是耕作学的基础学科，土壤学的肥力学说，很早便成为耕作学的理论基础之一，通过土壤耕作和培肥，改善肥力条件，增加肥力因素，控制土壤水分和养分非目标性输出，促进养分有效化，是耕作制度重点所在。植物生理学与植物营养学同样是耕作学重点的前置学科，耕作学依照植物光合作用基本原理，实施植物生活要素调控、强化用地与养地结合，是农业系统生产力提高的基础。耕作学应用农业气象学的原理，根据气候资源存在状况，探查作物种群气候生产力，依照资源优势，制订作物结构与布局方案并选择高效种植模式。作物栽培学与耕作学关系更加密切，在作物栽培学对各个作物种群生物学特性认识基础上，耕作学按照需要与可能结合的原则，实施资源优化配置，以提高整体生产力和系统生产力。农业机械学与耕作学相辅相成，共同致力于劳动生产率的提高，前者为后者提供先进的生产手段，满足农耕的需要；后者为前者的技术创新提供农艺依据。农业生态学虽然是近代生态学的一个分支学科，然而它的生物种群与环境间的物质循环和能量转化体系，与耕作学提出的“三大车间”学说不谋而合，可以认为B. P. 威廉斯的农业“三大车间”学说是在农业生态学确立之前、具有农业生态系统观点的见识。这些认识都是当今耕作制度生态良性循环，系统生产力持续增进的相关理论基础。近代系统科学的发展以及计算机技术的应用，为耕作学由传统学科步入现代学科行列，起到积极的推动作用。

二、耕作学的任务

农业生产是以植物生产为基础，同时又包括动物饲养和生物残体分解等在内的生产体系。植物生产是第一性生产，它的生产水平和规模，决定后续生产部门的水平和规模。因此，植物生产乃是农业生产中的至关紧要的基础生产部门。从而，耕作制度的基本任务，在于最大限度地提高农业的光能利用率，充分发展植物生产。

植物生产是以自然资源为基础的，耕作学任务之一就是在全面分析资源存在状况前提下，使耕作制度与自然资源相适应，既要利于充分利用自然资源，也要利于保护自然资源；农业生产不仅是自然再生产的生产过程，也是社会再生产的生产过程，是自然再生产和社会再生产的综合体，从而耕作学的又一任务是使耕作制度与社会资源相适应，以期取得较好的生产效益。足见，耕作学是以整体的观点组织农业生产，它既要认真分析“气候—作物—土壤”系统中各组成成分的内在联系，还要正确认识整体生产中的农、林、牧等各关联部门在总体中的地位和作用。简言之，耕作学所致力的耕作制度，应能充分利用和合理保护自然资源和社会资源，组成以农田植物种群为主体的生产结构体系，运用相应的养地措施，尽可能地使资源应能实现的生产力化为现实生产力，实现农作物全面稳产，持续增产，优质高效，并能使农业生产各关联部门得以协调发展。

因此，耕作制度的研究任务是揭示农业生产实质及其规律性，探查农业资源生产潜力及开发途径，研究不同条件下的用地与养地技术体系的最优化组合，发挥地域资源优势，促进产业化，拟订农业生产决策技术及高效种植体系，以及研究并阐明耕作制度发展规律及改革途径等。

三、耕作学的形成与发展

耕作学学科的形成与发展，依托于耕作制度的进步，耕作学被确立为一门独立的农学学科，却经历了一个漫长的形成与发展的历史过程。

（一）耕作学的起始

我国农耕历史久远，作为记载各个历史时段农业生产和耕作制度有关内容的农业文献，量大、面宽、内容丰富。大约在反映公元前15—前11世纪情况的《尚书》《周易》和《诗经》中，已有关于原始耕作制的论述。此后，成书于公元前239年的《吕氏春秋》，对土壤耕作、用地养地、休闲轮作以及垄作技术的论述相当辩证，颇富哲理，可以认为《吕氏春秋》初步奠定了我国古代传统农业的认识基础。大约成书于公元前30—前7年间的《范胜之书》可谓我国反映黄河流域农业生产与技术的首部农学专著，比较系统地总结了当时农业生产经验，发展了休闲耕作制，并针对干旱的环境，把畎田种植和代田法发展为“区田法”。约于后魏（386—534）成书的《齐民要术》，更是我国古代农业著作之精华，全书共10卷，综揽农、林、牧、副、渔等各个方面，其中的作物轮作、间作套种、保墒耕作、粪肥使用占有大量的篇幅，还涉及多熟种植等有关方面，当时的许多见解，成为我国传统农业时期的耕作与栽培传统技术依据，一直沿袭至今。

《齐民要术》之后的农书更加丰富多彩。《陈旉农书》（1149）是南方稻区最早的一本农学著作，书中的“种无虚日、收无虚月”和“地力常新壮”的见识，成为我国多熟种植条件下，用地与养地结合农业可持续发展的创见。1304年的《王帧农书》、1505年的《便民图篡》、1628年的《农政全书》、1747年的《知本提纲》等，分别总结出长江流域、关中地区以及岭南各地多粪肥田和绿肥轮作结合，实施多熟种植地力不减的耕作制度的有关经验和理论认识。然而，由于历史条件的限制，我国历史上富有创见的耕作制度理论和技术体系，长期以来未能在我国形成一个完整的学科体系。

西方国家有关古代的农业著作遗存不多，加图（Marcus Porcius，公元前234—前149）所著《农业志》（De agricultura），是现存的最早的罗马农书，它反映了公元前2世纪意大利中部农业生产技术，《农业志》对推动当时欧洲的农业进步起到一定的作用。此后的科路美拉（L. J. Columella，公元前1世纪）的《论农业》（Rerum Rusticarum），论述了农业的重要性，并倡导要认真研究过去的耕作方法并使之适合当代农业，科路美拉是精耕农业的拥护者。《农业全书》（Farm Work）是C. 巴苏斯（Cassianus Bassus）于公元6世纪或7世纪完成的农学著作，反映了中世纪的西欧实行的两种耕作制度：北方盛行的日尔曼制度（二圃休耕制）、南方实行的罗马制度（三圃制）。

与我国比较，西方国家耕作制度发展阶段的历史进程比较晚。西欧中世纪盛行的以休闲制为特征的“二圃制”“三圃制”，是耕作制度由原始制向轮种制发展的重要转折。大约到了1730年著名的诺尔富克四区豆科牧草和谷类作物轮作（Norfolk Four—Year Rotation）才出现于英格兰，并逐步地取代休闲制。对此，泰伊尔（Thaer A. D.，1752—1828）在《合理的农业原理》（Grundsatze der Rationellen Landwirtschaft）中认为农业的合理农法的具体形式就是四圃轮作。1840年李比希（J. Von Liebig，1803—1873）在《化学在农业生理上的应用》中，提出了矿质营养归还学说，并对泰伊尔的腐殖质营养学说进行了批判，为作物轮作及其施肥制提供了科学依据，有力地推动了现代农业的发展。

（二）耕作学的形成

20世纪西方农学学科系统中的英、美的《作物生产学》（Crop Production）、德国的《耕种学》（Ackerbaulehre）、日本的《作物学》（Crop Science）、苏联的《农业原理》（Осные земледелие）以及20世纪上半叶我国农业院校中的《作物学概论》，都与作物生产有关，通常含有作物轮作、土壤耕作、农田培肥和种植模式、作物布局等种植制度内容，涉及农业气象、土壤、肥料、耕作制度和作物学各论等多种学科，而耕作学作为一门独立的学科，应归之于苏联的B. П. уильямс（1863—1939），他在李比希矿质营养归还学说和泰伊尔腐殖质营养学说的影响下，总结了俄国先辈农学家的研究成果和他本人创立的土壤团粒肥力学说后，第一个把耕作学从土壤学和作物生产学中独立出来，并在乌克兰黑土带创立了著名的草田耕作制。

20世纪50年代，随着我国农业合作化、机械化的发展，作物生产突飞猛进，需要有计划地组织农业生产。北京农业大学根据苏联《普通耕作学》（Общее земледелие）的内容结合中国实际，初建我国耕作学，并于1952年正式在高等农业院校开课。当时，主要根据B. P. 威廉斯的土壤结构学说、草田轮作学说和土壤耕作学说，提出农业生产过程中生物养地和物理机械调控地力的措施，并据此建立恢复和提高土壤肥力的耕作制度。显然，我国地理位置及农业特点与苏联不同，不能机械搬用；中国耕作学工作者提出了包括团粒结构在内的“土壤耕层结构是土壤肥力的条件”的理论。这一阶段的耕作学内容虽不够成熟，但它把农业技术与土壤肥力联系起来，强调土壤肥力是稳产高产的基础，强调农林牧结合，这些观点都是正确的。在传播机械化作业，推动生产发展等方面也起到一定的作用。

20世纪60年代至70年代中期是耕作学体系的改革阶段。1961年冬，孙渠教授等率先提出用地养地的基本观点，强调建立科学耕作制度必须贯穿用地与养地结合的原则，用是目的，养是保证。这就使耕作学从单纯研究养地措施转为研究用地养地结合的技术体系，即耕作制度。基于此，增加了作物布局、间作套种、复种等内容，并在土壤耕作理论和方法的研究方面有了很大进展，使耕作学更为完整。同时，经过全国农业院校，科研单位和国营农场耕作学工作者们的共同努力，深入总结了我国各地区当时的耕作制度，充实了耕作学内容。这一阶段，中国式的耕作学业已得到建立。

20世纪70年代后期至现在是中国耕作学的完善提高阶段。由于生态学、环境保护学、系统工程学的发展，也由于我国各地探索了耕作制度改革规律取得了丰富经验，使耕作学理论和内容有所更新和发展。一方面用生态系统观点的光能利用、土壤肥力、作物对土壤影响，从能量和物质的流动上加以衔接；另一方面用环境保护观点新增加了保土养地内容，而重点则是以耕作制度这个农业技术系统调控农田生态系统，使物质、能量输出（用）与输入（养）平衡。在研究、阐述上不仅注意定性，也开始采用数学、系统工程方法使之量化。一个地区或一个生产单位的作物生产是一个生产系统，由生态系统、技术系统、经济系统所组成。因此，作为耕作制度这样一个技术管理系统必然受到经济系统左右。耕作制度不仅应调控生态因子，具备社会效益，还要讲求经济效益，只有兼顾三种效益，它才是合理的、可行的。

多年来，经过我国耕作学界的共同努力，在世界上首先建立起以精耕细作、多熟种植为特色的《耕作学》体系，它的理论与内容既不同于欧美的《作物学通论》，又不同于苏联的《农业原理》或《普通耕作学》，明确耕作学是“研究和建立合理耕作制度的技术体系及其理论的科学”，明确种植制度是其核心与特色，而相应的提高土地生产力是耕作制度与农业可持续发展的基础，从而形成了体系比较完整，富有中国特色的一门新型学科。

目前，包括西方在内的许多国家，尚未形成与我国耕作学近似的独立学科，然而，耕作学中不少相关内容却以分支学科的形式出现，如印度的“种植制度”（cropping system）、“种植模式”（cropping patterns），加拿大、美国的“作物生态适应性与分布”（crop adaptation and distribution）、“多熟种植”（multiple cropping）、“土壤耕作”（soil tillage）。日本栗原浩主编的《耕地利用与种植制度》，与我国的耕作学体系甚为相近，但尚未成为一门公认的学科。

四、研究内容

耕作学是研究耕作制度的，既可研究分体，也可研究总体。分体将从某一环节开始，如茬口、间作、套作、复种、翻耕、深松耕、旋耕等；总体则配套成为轮作制度、种植制度、土壤耕作制度、培肥保护制度直至耕作制度整体。研究重点有二：一是通过某些环节，如作物布局、种植方式来用地用光，提高光能利用率；二是通过某些环节，如轮作、种植绿肥牧草、土壤耕作等来用地养地，力求提高土地生产力并保持农田生态平衡。

我国耕作技术的发展，始终贯彻提高土地生产力并保持农田生态平衡的原则，突出保护性耕作技术内容，传统的保护性耕作在中国具有悠久的历史。如在我国运用已有五千年的垄作耕法，通过有垄型的小地形和留茬越冬等，可以有效地防止土壤的水蚀和风蚀；明清时代在我国甘肃陇中地区发展起来的砂田，在年降雨量为200～300mm的干旱条件下可以实现粮菜瓜果的高产丰收，这已经具有了明显的保护性耕作思想。但是，现代保护性耕作技术则首先是在工业发达的北美地区兴起。19世纪中期，美国组织向西部移民，鼓励移民大面积开荒种地；由于机械化翻耕土地，加快了土地开发，到20世纪30年代，终于发生了两次震惊世界的黑风暴，毁坏了300万hm^2以上的良田。此后，美国对各种保水、保土的耕作方法进行的大量研究证明：以少、免耕和秸秆覆盖为中心的保护性耕作法，可以明显减少蒸发、减少径流、增加土壤蓄水量。随着多种高效除草剂相继发明和应用以及免耕播种机的研制成功，以少、免耕为特色的保护性耕作技术在美国已广泛应用。

随着我国由传统农业向现代农业的快速发展，如何将以少、免耕为特色的保护性耕作技术融入到现代农业中，特别是在我国人多地少、粮食问题突出的国情下，构建高产和可持续发展的保护性耕作技术模式将是耕作学新的研究课题和重要研究内容。

复习思考题

1. 如何理解耕作学的性质与任务？
2. 如何理解耕作学的形成发展过程及新的研究内容？

第一章　建立合理耕作制度的原则与依据

耕作制度就是为了获得一个地区或生产单位的作物全面持续增产所采用的一整套用地与养地相结合的农业技术体系。

作物生产是一个受多种因素制约的生产部门，为了生产更多更好的农产品，必须利用农作物的光合作用特性为它提供进行生长、发育和形成产量的良好环境条件，必须充分利用各地的农业自然资源和社会资源，把更多的日光能转化为人类能利用的粮食、工业原料、饲料以及其他农产品。由于作物生产是包括农林牧副渔在内的整个农业生产中的有机组成部分，作物生产的发展就离不开整个农业生态系统各组成部分的协调；由于作物生产是在一定的土地上进行的，土地生产力的高低又与当地的气候地理环境关系极大，所以土地的用养结合以及环境的保护和更新，就成为高产稳产的根本条件。

在绪论中，已经阐明耕作制度是伴随农业，特别是种植业生产而形成的，并在古今中外农作物生产中莫不客观存在，这是为什么？这是耕作制度的一些基本问题，也是本章所着重讨论的内容。

第一节　耕作制度在农业生产上的作用

耕作制度为何包含在农业生产中？现在的耕作制度与过去相比有何发展和创新？耕作制度对农业生产的发展又有何推动作用？要回答这些问题，必须首先从农业生产实质和农业生产的特点说起，从中我们可以认识到耕作制度在农业生产中的地位。

一、农业生产的实质

所谓耕作制度是指在农业生产中，为了农田持续高效生产所采用的全部农业技术措施体系。它主要包括种植制度、土壤耕作制度、施肥制度等环节。就一个地区现行的耕作制度来说，在今天看来可能是合理的，或部分合理的，也可能是不够合理的。各地的耕作制度在一定时期内可能是合理的，但客观形势变了，如不随之加以改革，也会逐渐丧失其合理性。农业生产中所谓改革耕作制度，就是在新形势下改革旧耕作制度的不合理部分，使它适应新形势发展的需要，发挥其最大效益潜力。形势总是在不断发展变化，因此改革耕作制度的任务将是长期的和不会停止的。当然，这不意味着某个地区或一个生产单位既定的耕作制度可以年年变化，而是在若干年内需要保持相对稳定。只有这样，才能积极而稳定地发展农业生产。

任何社会，人类要生存必须要有生活资料。进行农业生产可以获得人类生活需要的粮食、油料、蔬菜、水果等各种植物性食品，肉类、蛋类、乳品等动物性食品以及棉、麻、蚕丝、毛、皮等轻工业和其他生产部门所需要的原料，人们生活所需要的建筑材料，燃料，等等。由于农业生产过程能够提供人类赖以生存的最主要的粮食、其他食品以及人们生存所必需的其他生活资料，因此农业不仅是社会基本生产的重要部门之一，而且是国民经济的重要基础。农业有广义与狭义之分。

广义农业生产指农（种植业）、林、牧、副、渔各业；狭义农业生产指作物种植业。

表面上看起来，农业生产所获得的农产品种类繁多，但是它们都具有由有机物质组成的共同特点。有机物质是一种含有能量的物质，在其分解过程中可以释放出一定数量的能量，例如碳水化合物、脂肪和蛋白质等有机物质经过燃烧或人类食用都要释放出能量。燃烧碳水化合物可以释放热量，燃烧脂肪可以释放热量，燃烧蛋白质可以放出热量。人们之所以需要粮食和各种食品，归根到底都是为了能够维持生命和从事各项社会活动的能量。不能用作食品的农产品虽然不能直接向人类提供可供消耗的能量，但衣着原料、建筑材料可以保护、调整人体的能量状况，减少能量的无谓消耗。燃料和其他工业原料可提供取暖或间接提供人类所需要的能源等。

人们的一切活动都需要消耗一定的能量，这些能量归根到底是由绿色植物所提供的。绿色植物通过光合作用将太阳能吸收转化为化学能储积在农产品中。

地球上全部生命所依赖的能源，均来自太阳辐射能，而太阳能只有依靠绿色植物进行有机物质的生产过程，才能进入生物循环。绿色植物利用空气中的二氧化碳，吸取土壤中的水分、氮、磷、钾等各种元素，通过光合作用，不断吸收转化太阳能为化学潜能，储积在植物有机物质中，其他生物再直接利用，其中的化学能转化为动能以维持生命活动。所以，农业生产的实质就是以绿色植物为机器，将日光能转变为化学能的生产事业。将无机物转化为有机物，是地球上生物界能源的初级生产。

将上述过程以化学公式流程图形式表示：

$$6CO_2 + 6H_2O \longrightarrow (CH_2O)_6 + 6O_2$$

即绿色植物在太阳光的照射下，在同化 12g 无机碳的同时，能够转化和固定 112 kcal 的能量在所合成的有机物质中。

恩格斯在 1882 年给马克思的信中就已指出：“植物是变换了形式的太阳能的巨大吸收体和储藏体，这是早已尽人皆知的。”他还指出：“在畜牧业生产中，一般来说，植物积蓄的能只是转移给动物，这里所以谈得上积蓄能，那只是因为要是没有畜牧业，饲料植物就会无用地枯萎掉，而在畜牧业中则被利用了。”把太阳的辐射能转变为绿色植物有机形态的潜能，这一农业生产的基本任务，为其他任何生产部门所不能代替。人类栽培的水稻、小麦、甜菜、大豆等作物吸收了太阳光能，转化储存在所形成的淀粉、脂肪和蛋白质中。

人类在食品方面、工业方面和日常生活方面所需能量的 96%都是从过去（煤、石油、天然气、泥炭）或现在的植物光合活动的产物得来的，这些能量都是太阳辐射能的变态。

植物的生活过程，对于补充空气中的氧的含量，净化环境和水源，调节空气湿度具有重要作用。因此，农业生产也是维护和改善人们生活环境的极为重要的作用。

农业生产是以环境资源为原料，以生物有机体为机器（同时也是产品），利用有机体的生命活动从环境中转化出人类生活所必需的各种产品。如粮、油、糖、果、蔬菜，以及肉、乳、蛋等，是供给人类生命活动能量和营养的主要食品；棉、麻、蚕丝、毛、皮可制成衣服等，是保护身体，减少能量消耗的主要原料；建筑木材和所需的各种燃料（煤炭、石油）都储存着巨大热能。畜牧业只能利用植物有机质中的能量，而不能直接吸收转化太阳能。所以农业生产的这一基本任务，到目前为止，还不能为其他任何生产部门所代替。我们研究耕作制度，要从最大限度地吸收利用太阳能这一基本点出发。

太阳能是非常巨大的初级能源。虽然照到地球上的光能还不到它发射总量的二十亿分之一，但是，这已超过了目前人类所使用总能量的几十倍。在中国，大部分地区一年中每平方厘米土地面积所接受的太阳能约为100～150kcal，在西藏、青海最高可达150～220kcal，相当于三五百斤标准煤的燃烧热。可惜其中绝大部分都转化为热能而散失掉了；只有被植物在光合作用中所利用的部分，才能转化为化学能并蓄积在为其合成的有机质中。

绿色植物是日光能和地面上一切生命过程联结起来的一个奇妙的环节。它将日光能转化在体质中，并通过食物关系，将这种能量伴随着载能物质从一种生物转移到另一种生物，形成了形形色色的生物界，支持了人类的生存。

绿色植物通过光合作用合成有机物质的过程中，除了需要日光能这个"原料"供给光和热以外，还要有空气（包括氧和二氧化碳）、水分和矿物质养分的供应，也就是说，绿色植物为了生活和进行光合作用，必须有一定的土壤条件和气候条件，这些条件都是由环境资源提供的。所以，农业生产就是在人的干预下利用环境资源首先通过绿色植物，而后通过食草动物进行有计划的能量转移并在农畜产品中储存的过程。农业生产的实质就是通过人的社会劳动（投入能量）促使绿色植物在环境资源条件下转化更多的太阳能，合成更多的植物性有机质，而后再由食草动物与食肉动物部分转化为动物性蛋白质和脂肪，供人类衣食之用。归根到底，农业生产是通过能量转移与物质循环供给人类物质和能量。

二、农业生产的特点

由于农业生产赖以转化为潜能的唯一机器就是绿色植物，绿色植物既是农业生产的机器，也是农业生产的产品。所以，农作物生产的特点，也就决定了农业生产的特点。

（一）严格地域性

农业生产，是通过动植物的生命活动和环境资源在进行物质和能量交换过程中实现的。因此，环境是向植物提供所需生活因素的质和量，是形成产量的客观条件。地球上光、热、水资源的分布，不仅在时间上有明显的节律性，而且在空间上、地区上有显著差别。加之起伏的地形（高原，坡地和平川之间）对降水的重新分配，使得在相同的气候带，也常常出现具有不同气候地理特点的自然区域。

环境的异质性，不仅存在于大的自然区域之间，甚至在小范围内，由于小气候和土壤变化的相互作用常常引起环境生产潜力的巨大差异，要求完全不同的管理技术和利用途径。因而农业生产具有严格的地域性。

耕作制度是对环境-作物统一体的管理体系。例如在一些地区，需要采用抗旱耕法，种植抗旱作物；而在另一些地方，则需要开沟排水，种植耐湿作物。在水热资源丰富的地区，应发展多熟制，而在高寒地区，则要防御低温冷害的侵袭。所以，农业技术，从一定意义上来讲，是对环境利用和管理的体系。在甲地行之有效的方法，在环境不同的乙地，可能引起相反的结果。然而，也不能用乙地的失败去否定甲地的成功，这只是说明了必须因地制宜地用辩证的观点去学习外地经验。忽视农业生产的地域性，用"一刀切"的办法推广一项技术或否定一项技术，都是要失败的。

（二）强烈的季节性

由于地球围绕太阳旋转运行，地球上光热水的供应呈现季节性变化。随之而来的是土壤肥力因素也出现周期性变化。自然植物，在长期的进化过程中，巧妙地随着环境的节律变化，发展出不同的季相，反映出生命过程在时间上与环境变化顺序的一致性。人工培育的作物品种，受其遗传、生理和生命周期等特性的制约，在不同的生育时期直到完成全部生命过程对环境有一系列的要求。一个环节失利，将危及全部生命过程，因此，进行农业生产，必须顺天时，量地利，瞻前顾后，从各方面发挥人们利用农时的主动性。

在水热条件很不稳定的地区，适于作物需要的环境条件，有时是稍纵即逝的。如北方的春旱，常常由于水分不足，而使播下的种子迟迟不能萌发和生长，使大量的光热资源由于没有水资源的配合，不能为作物有效利用。在一熟地区，常因此而不能充分利用生长季节，招致贪青晚熟。违误农时，所失去的是与作物生长发育相协调的一年一度出现的生态条件。在一年多熟的情况下，作物的季相发展是由农事活动安排的。因此，对各季作物的耕、种、管、收等农活的季节要求更为严格。要获得季季丰收，全年增产，必须春争日，夏争时。掌握了利用农时的主动权才能夺得农业生产的主动权。实现农业生产机械化，是提高利用农时主动权的根本出路。

（三）连续性

人类对农产品的需要是连续不断的。农产品本身，如谷物或块根，也是一个生命体，在储藏的过程中要消耗一定的能量。因此，农产品在一般条件下，不宜长期保存。无论从农作物对环境的转化效率方面或从农产品本身的特性方面来考虑，农业生产都不是进行一次而一劳永逸的。

由于农业生产要连续进行，在上一个生产周期和下一个生产周期之间，就存在着相互联系，相互制约的关系。例如，当年的作物布局就要考虑到上一年的布局基础和下一年的作物安排，这种连续的土地利用与管理的体系，就是轮作制。旱地常有麦收隔年墒的说法，就是通过土壤耕作制来调节耕层储水年度间和季节间的平衡，使前一年伏秋降雨变为次年春墒的一种连续生产过程，同样，肥料的准备和施用，也是农产品携出营养元素的回收和补偿。这一切说明人们从事农业生产活动是将原有自身节律的自然资源纳入农业生产秩序。为了下一个生产周期做好准备，也为了稳定自然资源的秩序，有需要进行人为的管理。科学的耕作制度，就是实现农作物稳产和持续生产的这种管理体系。

（四）开放性

由图 1-1 可见，自然生态系统的能量和物质循环可以认为是闭合的。

但是，农业生产是以人类为中心，在一定气候、农田环境中，以作物、家畜为主体，包括林业、草原，也包括病、虫、杂草、微生物所构成生物群体之间的能量转移和物质循环系统。在农业生态系统（ecosystems）中，人既是自然界的主宰，同时也是农业生态系统中的组成部分。人类经济活动强烈地干预着农业生态系统：使用高产的作物和家畜品种，提高了它们对环境的利用效率，但它们的抗逆性也往往降低了；人类从农业生态系统中获得粮食、纤维、脂肪等农畜产品，并远销外地，从而将一部分能量和物质脱离农业生态系统；在此同时，也投入化肥、农药，使用化石燃料开动机器，将农业生态系统以外的能量和物质引入。所以农业生态系统有明显的人为影响，它是一个输入和输出量较大的非闭合系统。输

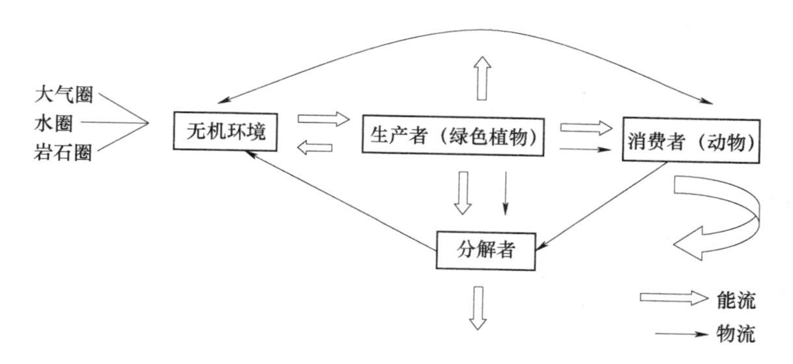

图 1-1　生态系统构成示意图（耕作学，1988）

入量、输出量之间能否经常保持平衡，其结果首先反映到土壤肥力的变化，而人们可以直观到的是作物产量的变化。所以，必须特别重视耕作制度对于提高土壤肥力问题。

根据上述农业生产的特点，需要有一个针对当地地域性，能够主动掌握季节性，而且重视生产连续性，时刻保持农业生态平衡，达到季季丰收，年年丰收的管理体系。耕作制度就是这样一个管理体系。

三、农业生产结构

农业是国民经济的基础，同时它与多个产业部门相互联系，相互影响。从传统农业向现代化农业过渡，需要清晰地认识农业各生产结构的关系。

（一）农业生产的三个“车间”

许多稳产高产的经验证明，搞好农业，要把植物、动物和环境作为一个整体进行管理。也就是说，要把植物生产与畜牧生产结合起来，把用地与养地结合起来；在不断提高土壤肥力的基础上，实现农业的全面持续增产。如果把整个农业生产比作一个工厂，那么，植物生产、畜牧生产和土地的培肥管理，就是农业生产的三个密切联系不可分割的“车间”。这是苏联 B. P. 威廉斯所倡导的农业“三个车间学说”。

B. P. 威廉斯在分析农业生产的实质时，曾深刻地指出，有机物质的合成与分解是农业生产的两大任务。人们通过绿色植物的光合作用生产有机物质，把日光能转化为储藏在食物中的化学潜能，通过饲养牲畜把植物产品中人类不能直接利用的部分转化为供人食用的肉、奶、蛋及其他畜产品；最后，还要借助于微生物的作用，通过土壤的培肥管理，把动植物的粪便、残茬等废弃物归还土壤，使这些有机物质最后分解为植物可以吸收利用的无机形态。只有通过植物生产、动物生产和土地培肥管理这样三个车间的协同工作，农业生产才有可能正常地持续地进行下去，为社会提供越来越多的农畜产品。现代生态学理论的发展，进一步阐明了农业生产中三个车间的关系。三者之中不管缺少哪一个或忽视哪一个，都会使整个农业生态系统的能量转移和物质循环受到阻碍，一个高效率的、稳产高产的农业生产也就无从谈起。

1. 植物生产是农业生产的基本“车间”

植物生产，是农业生态系统中的第一次生产，它是环境的能量和物质进入生态循环的源头，它的产量，决定了其他车间的规模。这个车间主要包括以下三个部分。

（1）农作物生产。农作物生产主要指大田生产，它是第一“车间”的主体部分，是人类的食物、纤维等生产的主要部门。作物生产的技术关键在于正确地认识环境资源，合理地选用作物及其品种，科学地设计作物布局、轮作制及其群体结构，确定合理的土壤耕作制、施肥制和灌溉制，充分利用现有的生产条件，提高对环境资源的利用效果，以便生产更多的农产品。

(2) 森林培育。在不宜种植农作物的土地上，营造人工林可以扩大绿色植物转化太阳能和其他环境因素，同时又能达到成云致雨，防止风蚀，减轻水蚀，提高气温及降低土壤水分蒸发的目的。

(3) 草地经营。在雨量少，气候干燥或土层薄、坡度大的气候土壤环境中，保护原有草原植被或人工草地也可扩大绿色植物转化太阳能，并可覆盖地面，固着土壤，改善农作物生产环境。但是注意在这种环境中，偶尔出现的湿润气候年份，往往引诱人们对草地和林地进行盲目开垦，这常常会导致土地的永久性破坏。

上述三个部分，共同构成了农业生态系统的植被结构。它们不但是将环境资源的潜在生产能力转化为农业产品的第一个机能部分，也是影响气候状况的下垫面，控制水土迁移的生物因素。在安排农业用地的时候，因地制宜地对农田、林木果树、草地和饲料基地三方面合理规划，综合发展，是农业稳产高产的基本要求。

2. 畜牧业是农业生产的第二“车间”

畜牧业是利用畜禽等已经被人类驯化的动物，或者鹿、麝、狐、貂、水獭、鹌鹑等野生动物的生理机能，通过人工饲养、繁殖，使其将牧草和饲料等植物能转变为动物能，以取得肉、蛋、奶、羊毛、山羊绒、皮张、蚕丝和药材等畜产品的生产部门。畜牧业是人类与自然界进行物质交换的极重要环节，是农业的组成部分之一，与种植业并列为农业生产的两大支柱。

畜牧业，在本质上是农业的加工生产。农作物产品中，大部分副产品不能为人类直接利用。通过畜牧业“车间”可以把人不能直接利用的农副产品加工为畜产品和肥料。家畜一般将采食量中的16%～29%的营养物转化为体质，将33%的能量在生命活动中消耗，49%～31%的能量随粪尿排出，为人们提供畜产品，为农业提供动力和肥料。

纤维素在植物总能量中占主要部分，而人和食肉动物都无法消化植物的纤维素，反刍动物则具有消化纤维素的能力并从中得到大部分能量。除了纤维素之外，如榨油业的副产品豆饼、棉籽饼、花生饼以及制糖业的副产品，都是许多动物的好饲料。

在由植物转化日光能为化学潜能时，总能量中的大约20%可直接为人类所利用。动物将植物产品转化为人的食物的效能在2%～18%之间。但是这种不高的转化效能，不是一种损失，而是一种收获。动物饲养在农业中存在的合理性，就在于它们将很少有用或无用的农副产品，再一次转化成为人类有营养的食物。

畜牧业的发展有利于合理利用自然资源。某些不宜农耕的土地，如低湿地、坡地及不宜开垦的干草原等，可以用作牧场，通过畜群把荒原的自然生产力转化为畜产品，通过施用厩肥把草原土壤的肥力转移到农田中来。由此可见，牧业是作物向土壤转移能量和物质的中间环节。一个生产单位缺少牧业或只有与农业不成比例的牧业，会导致土壤转移物质的通路不畅；有牧业的生产单位无论农牧业相互促进、农牧业相互矛盾亦或是农牧业无关，都取决于农牧之间结构和规模的关系。

3. 土地的培肥管理是农业生产的第三“车间”

这个车间的“机器”是土壤微生物。一克肥沃的土壤，可有数万个原生动物和藻类细胞，100万个以上的真菌，1000万个以上的细菌。这些微小的有机体生活在其食物源中，特别是死组织的上面或里面。这些还原者能把有机物质中的能量分解为无机养分释放到环境中去。第三“车间”的功能是把厩肥、残茬及可作肥源的农副产品回收到土壤中去。通过合理的土壤管理，利用微生物的作用，将这些物质分解为作物可吸收的形态，并通过其他途径扩大营养物质循环规模，使土壤恢复营养元素的必要储量，调节土壤肥力的化学条件，通过土壤耕作创造良好的土壤水热状况，促使有益微生物的发展，使潜在肥力有效化。

上述三个“车间”，是合理农业所必须具备的基本生态结构。在实践中，由于经济地理条件的差别，某些地区也由于燃料或粮食的压力往往把饲料、肥料的流通量挤到一个十分狭小的通道中，也就是说，只有少量的营养元素在农业生态系统内周转循环，这是非常不合理，不太十分科学的。一个单位如重视用养结合，其可循环物质量不断增加，则产量和地力将不断提高。反之，农业生态系统的简单生产也会不断被削弱，导致降低。

只有在气候、土壤、植物、动物和微生物之间保持高效率的能量转移和养分循环，才能形成一个强有力的农业生产体系。

因此，必须在农林牧结合的基础上，统筹粮食、饲料、肥料、燃料的安排，建立起促进农业持续发展又不断更新环境的，使作物稳产、高产、优质和低耗的科学耕作制度。

（二）农业生产结构的稳定性

从农业生产系统的阐述中，可见农业生产的实质是在人为控制的条件下，各类生物种群有机组合以及在时间、空间上的分布状况，以便打通能量流和物质流在其中转移、循环的途径，提高生物种群总体生产力。调整生物种群的组合——农林牧渔业的安排，也就是调整能量、物质的转移，循环途径，将更多的能量物质转移到作物生产的轨道上来。生产实践表明，作物的稳产和高产必须是整个农业生产结构的各个生物群之间物质能量实现了供求平衡。反之，如农业生产结构趋于单一，有农少牧，有农缺林，或作物种类单一，或畜群比较单一，都会使生物种群对农业资源的适应性减弱，转化资源的效率降低，从而迫使能量流物质流的转移集中在比较狭窄的范围内，而且一旦受到自然的或人为的损害，能量流或物质流就有被切断而造成连锁减产的可能。图1-2所示为由食物或营养连接三级生物种群的几个食物链模型。

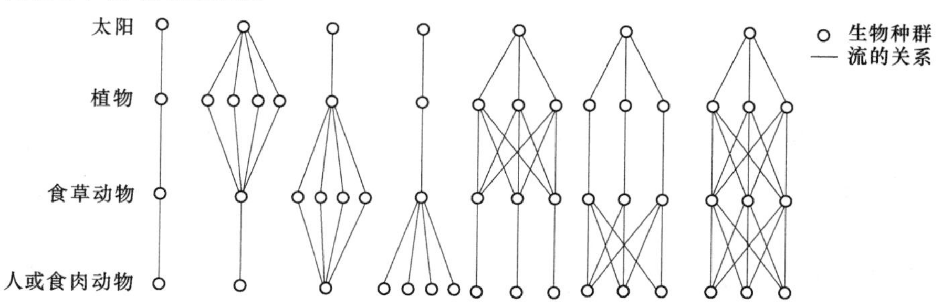

图1-2 由食物或营养连接三级生物种群的几个食物链模型
（K. E. F. Watt，1968，略作增补）

在三级模型的食物链中，左边四个模型，有一个种群是单一的，当其受到损害时，食物链被断开，使下一级生物不能持续生产或减产。右边三个模型，每一营养级是多个种群，当其中一个种群受到损害时，会由相似生态地位的其他种群加以弥补。因此，农业生产结构比较稳定。我国历史上农业生产结构的传统是较单一的。畜牧业历来都作为家庭副业生产，与作物生产不成比例。畜牧业的产值只占农业总产值5%～10%，形成大种植业、小畜牧业的格局。畜牧业为种植业提供的副产品——肥料少，因此，经由土壤向作物转移的物质也较少。东北西部半干旱草原以牧业为主地区，畜牧业与种植业又几乎是各自成为单独的体系，能量和物质相互转化较少。以种植业为主的东北中部农区，几乎没有林业产值。所以，就多年东北农业生产结构来说，近于跛足农业，以致形成了农田肥力下降、作物单产不高、总产不稳的局面，也影响到后续的以农畜产品为原料的副业、加工业和商品输出。

四、耕作制度在农业生产中的作用及影响

科学的耕作制度在农业技术上和农业经济上都有不可忽视的重要意义。合理的耕作制度是一套综合性的维持农田持续高效生产及其环境的农业技术措施，涉及面很广，影响也比较深远。它不仅涉及农作物种植业本身的问题，也直接或间接地涉及林业、牧业、副业、渔业各业的发展问题。

（一）科学的耕作制度促进综合发展

从图1－3中可看出，建立科学的耕作制度能够通过种植业促进畜牧业、渔业、副业、加工业以及其他第三产业的发展。而这些第二、第三产业和部门发展起来之后，又反馈于种植业的发展。

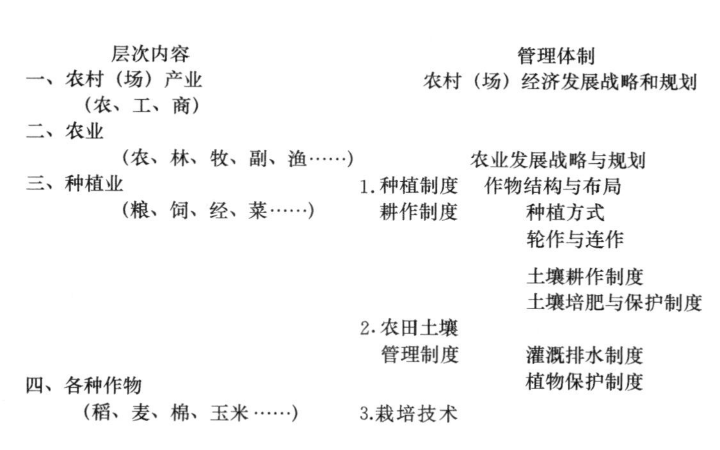

图1－3　耕作制度在农业中地位示意图

（1）农牧、农渔之间是饲（饵）料与肥料的供求关系，也是能量和物质转移的关系。通常所谓“粮多、猪多；猪多、肥多；肥多、粮多”正是这种关系一个侧面的反映。农牧渔之间必须在结构、规模上相互适应与协调，才能促进这种关系的发展。

（2）农副、农与加工业之间是提供原料的关系。农业必须与副业、加工业协调，保证原料的供应。

（3）耕作制度机械化，将大大提高种植业的劳动生产率，从而可以转移更多的劳动力、畜力支援第二、第三产业，保证其顺利发展。

（4）第二、第三产业发展之后，产值提高、收益增长。所有这些，耕作制度都在其中起着桥梁和纽带作用。正因如此，耕作制度除正常以农田类别、熟制、轮作冠名之外，也还有称之为农林牧结合的耕作制度，以与单一经营耕作制度区别。此外，还有机械化耕作制度与畜力、人力耕作制度的区别。

（二）耕作制度是农业生产各项作业计划的组织基础

科学耕作制度，首先要有一个合理的种植结构与布局。这就涉及如何处理好粮食作物、工业原料作物、饲料作物、养地作物等之间的关系，实质上也反映了国家、集体、个人三者之间的关系能否搞好的问题。搞好了，既有利于完成国家生产任务，又能不断增加收入，满足农民个人多方面生活上的需要。有了合理的作物布局，如果不把它进一步落实到生产单位的地块上还是不行的，要扎扎实实落实到地块上，又要合理地组织耕地，根据不同的地势、地形、土质、水源等条件，有计划地合理部署轮作区，实行科学的轮作制度。只有这样，才能进一步处理好各种作物之间的关系，使它们各得其所、相互促进，才有利于全面实现优质高效生产，才有利于把土地用养结合起来。科学的轮作制度能否顺利实施，能否达到预期的结果，还需要依靠相应的土壤耕作制、施肥制等土壤管理措施，从技术上、物质上加以保证。

由此看来，耕作制度在农业生产上的重要性，在于它是安排各项作业计划和劳动组织的基础。只有把科学的耕作制度安排好，其他如施肥计划、灌水计划、农机作业计划、劳力安排计划等才好制定，才能有计划、按比例地发展农业生产，解决作物争地、争水、争肥、争季节、争劳力等矛盾；否则，生产秩序混乱，从而使劳力紧张，生产处于被动局面。

特别需要指出的是，随着我国农业现代化的不断发展，科学种田水平的不断提高，耕作制度的重要意义会越来越显示出来。如结合农业资源调查，实行区域化种植，必然要调整种植结构与布局；实现农业机械化。如何选择配套的作业机具，就要研究不同地区不同条件下的种植方式和土壤耕作法，从中选出最好的土壤耕作方案，为机械化耕作提供科学依据等。这些都是耕作制度的重要内容，也是农业现代化不能不考虑的课题。

（三）耕作制度对农业生产的影响具有长期性和隐蔽性

耕作制度在农业生产中占有重要地位。世界各国，特别是一些科学技术比较发达的国家特别重视耕作制度，把它列为重要的科学研究内容。如早在18世纪末19世纪初，西欧一些学者便开始研究以轮种耕作制代替落后的三圃休闲耕作制；从19世纪80年代开始，在俄国以B. P. 威廉斯为代表的科学家，在几十年过程中系统研究了草田耕作制的理论和措施；英国洛桑试验站从1852年起，用了百年以上的时间，研究了小麦在施肥与不施肥条件下长期连作对小麦产量的影响；自从20世纪30年代初期，美国发生了震撼世界的“黑风暴”后，有许多人先后研究少耕法和免耕法，至今这项研究已经和正在对世界农业产生重大影响。

我国耕作制度发生发展的历史悠久，但真正从事这方面的研究工作开始得比较晚。中华人民共和国成立后，随着耕作制度的不断发展，各地通过调查研究，设置专门试验，开展了大量工作，从理论上和实践上都大大丰富了耕作制度的内容，推动了耕作制度的发展。

值得注意的是，耕作制度涉及的内容，研究的对象非常广泛，涉及的面很广，往往不像一个品种、一种作物、一种病害那么具体、明显。因此，它在农业生产上所起的作用、所造成的影响，在短期内不那么容易觉察到，常为人所忽视，具有长期性和隐蔽性。

第二节 建立合理耕作制度的原则

耕作制度在农业生产中占有极其重要的地位，在生产中需要建立一个科学的耕作制度。传统耕作制度是根据农业生产者在长期生产过程中总结获得的高产的经验和因违背自然及经济规律造成减产的教训而逐渐形成的。随着农业科学的进展，人们逐渐认识到，自然界中生物和环境具有因果依存关系，它们在长期进化中形成了一个地带的气候地理环境。农业则是开发和利用这种环境的生产事业。以现代的系统科学（如农业生态系统、农业生产系统、农业经济系统以及农业系统工程等）为理论依据，可以在耕作制度内涵和外在环境的联系中充分发展自然资源的优势，并用社会资源补偿自然资源不足，或者弥补自然条件的劣势。在作物与环境之间也可人为地控制能量转移和物质循环，并在此基础上建立起可持续的，以最优化的产量、产值为目标的技术体系，从而形成科学的耕作制度。但要遵从以下原则。

一、系统性原则

耕作制度从作物生产的全局上着重研究作物与环境资源、自然与社会经济的关系，是农业系统中的重要环节，它的结构与功能受农业生态系统、农业经济系统以及其他农业技术系统的制约。为此，研究耕作制度时必须重视它的系统性，以减少片面性。耕作制度本身就是多层次、多目标、综合性很强的复合结构。当然，耕作制度有它自己的主体与外延，有它特定的研究对象，强调耕作制度的结构性、层次性、联系性和综合性是为了更好地研究其特定的对象与主体，以便推动农业生产的发展。而它本身又具有以下的系统性特点。

（一）耕作制度的结构性

耕作制度的系统结构性是指系统内作物的平面（横向、水平）、空间（垂直）和时间结构以及物质、能量在其中转移循环的途径。作物的平面、空间结构是指各种作物在田块上的数量、比例和空间上的结合方式，即农、林、草的布局，农田中粮、经、饲、绿肥、蔬菜等作物以及果树的布局，粮食作物中主粮、副粮的布局，养地作物与耗地作物的布局等，还包括它们在空间上是以单一作物群体种植，还是以间、混、套作方式结合种植等。作物的时间结构是指各种作物的换茬轮作、连作、复种、套作方式等。系统的结构决定着系统的功能。种植业的平面、空间结构合理，有利于所有作物从全局上充分合理利用农业资源，提高太阳能的利用率，提高种植业的总体生产力和产值。种植业的时间结构合理，有利于在农作物全面高产的基础上实现生态平衡，持续增产，不断提高经济效益。

（二）耕作制度的层次性

在复杂的农业系统内具有明显的层次，不同层次各有其结构、环境（自然条件和社会经济条件）以及协调环境与层次结构的技术体系，它们自成系统，相互独立存在，但是，彼此之间又互相联系，互相制约。一般在研究某一层次时，要着重研究其上下层次系统。农村产业系统一般是农业系统的最高层次，包括农村经济中的农业、工业、商业、服务业、建筑业、运输业等子系统。农业生产系统是农村产业系统的子系统之一，它又包括作物种植业、林业、养殖业、加工业等子系统。作物种植业系统是重要的第一性生产，为农业生产系统中重要的子系统，从作物种植业系统所处的层次位置，它与农业生产系统甚至农村产业系统，以及单项作物系统都有联系，相互制约。不考虑作物种植业与其上一层次，即林、牧、副、渔业等有关子系统和其他有关层次之间的有机联系，脱离农业这个整体，就不可能建立合理的耕作制度。同样，没有农业的整体概念，也不可能通过建立耕作制度，促进农业生产的全面发展和农村经济的繁荣。

作物种植系统与其上一层次农业生产系统的联系，一方面，表现在前者是后者发展的基础。例如，第二性生产的养殖业、食品工业、饲料工业，以农产品为原料的各种轻工业、工业等的发展都必须以种植业为基础。而在畜牧业中，又只有富含蛋白质的饲料来源增多，才有利于瘦肉型猪的发展等。所以，从这个意义上讲，调整种植业结构，就起到了调整整个农业生产结构的作用。另一方面，因为作物种植业是农业生产结构、也是农村产业结构的组成部分，种植业结构又受到后者的制约。例如，饲料的发展可以促进畜牧业的发展。但是，畜牧业的发展还取决于市场对畜产品的需求，而市场的需求又受屠宰、冷藏等设施能力、外贸渠道的限制。因此种植业结构中饲料生产的数量、比例不仅受农、林、牧、渔、加工业等农业生产结构制约，还受农、工、商等农业产业结构的约束。经济作物生产更加明显，如棉花，在环境适宜地区扩大面积对种植业发展有利，但在商品经济条件下，如果供大于求，则会引起物价波动，使生产者蒙受损失。而且，棉花作为工业原料，其质量也应满足工业的特定要求，如工业要求棉花纤维强度高，若仅生产纤维强度低的鲁棉一号，生产不对路，也会造成大量积压。为此，要调整种植业结构，不能单从本系统利益考虑，必须联系本系统之上有关层次，有时农业系统上的国民经济系统都对其有所影响。例如国家对农作物产品的总需求、对作物生产所需物质投入的供给、发展战略、管理体制等都制约或约束着种植业系统的发展。

作物种植业系统与其下一层次单项作物系统的联系，表现在它要依据各单项作物转换环境能量、物质的机能高低以及经济效益的大小来确定作物组成，并要运用各单项作物的研究成果等，以能使种植业的整体得到最大效益。

（三）耕作制度的联系性

作物种植业系统与农业系统中有关层次的联系本质，主要通过能量流、物质流、资金流、信息流、劳力流5个转换流体现。

能量流，指的是太阳能及人工投入的辅助能量，在种植业系统内及各有关层次间的转移、储存的流动过程。因为能量流动以物质为载体，所以伴随能量流，形成物质流。但物质的流动与能量有所不同，它既按能量流方向流动，又能逆向流动。能量流与物质流是种植业系统内以及种植业与其他有关层次间的基本联系。研究能量流和物质流的目的，在于提高作物对环境资源中能量和物质的转化效率，加大能量和物质输入的源头，进而合理控制能流、物流的流动方向。资金流，可使资金增值。信息流可以提高作物及农业系统中能量转换效率和物质利用率。劳力流可以合理利用劳力资源，提高农业系统生产力。

分析以上作物种植业与其他层次的转换流在于说明以下几点。

（1）进行种植业生产时，要尽力提高农作物总体的光合生产量，同时要善于将人类未能直接利用的光合产物与其他层次联系，通过畜牧业、渔业、蚕桑业、加工业等充分转化、循环，使价值较低的植物性产品转化为营养价值与经济价值都高得多的农、畜、副、工产品，满足社会多方面（人民生活、市场、轻工原料、外贸等）的需要。

（2）使较多的物质以有机肥料形式返还农田，培肥地力，提高生态效益，不断提高农作物产量。

（3）提高农业经济效益，增加个人与集体的收入，合理使用农村劳力促进农村经济全面繁荣。

（四）耕作制度的综合性

植物生产的实质是转化日光能为化学潜能，要完成这个转化必须同时保证作物生长发育需要的全部基本生活因素——光、热、水、空气、养分等。它们对植物综合地发挥着影响，是同等重要和不可代替的。农业生产与耕作制度比自然的植物生产更为复杂，除了基本生活因素外，生产条件、市场、价格、科学技术、政策等都起着一定的作用，它们相互交织成一个网络系统。因此，农业生产、耕作制度都带有强烈的综合性。在实践中要注意：耕作制度与资源的一致性，资源利用与保护改善的结合，用地与养地的结合，宇宙因素（光、热、水、空气）与土地因素的结合，农林牧的结合，粮经饲的结合等。某些情况下，综合系统中往往存在着薄弱环节或限制因素，但是如果把某一环节或因素看作或归结为唯一的东西，这样就违反了耕作制度综合性的规律。例如：将耕作制度的多目标性归结为单一的产量、经济或地力，或将耕作制度理论基础的多极性简单地认定是一种学说，如团粒结构学说，土壤肥力学说，生态平衡学说等。这些违反综合性的观点都对耕作制度的发展带来不利影响，这类经验教训并不少见。

二、可持续性原则

在作物生产所转化的资源中，根据资源被利用后能否更新的状况，可以分为以下几种。

（1）恒定性资源。如太阳辐射、温度、降水等气候资源。这类资源不论怎样被利用，都可以年复一年地以比较恒定的数量质量被再次利用，能够自然更新。

（2）消耗性资源。如农机具、煤、石油、化工产品等，用一点少一点。

（3）可更新资源。如土地、森林、草原以及各种畜禽、植物、微生物、地表水、地下水等。这类资源在合理经营管理条件与适宜的自然环境中可能更新、繁衍，被人类继续利用。

但是农业资源的可更新性不是必然的，必须在其潜力范围内合理利用，并采取相应的保护与更新措施。否则，结果往往适得其反。建立合理耕作制度，要对农业资源做综合分析，合理地调节各项资源之间的关系，并通过一定的制度对它们进行管理。

（一）土壤肥力可持续

土壤肥力是土壤为植物生长提供和协调营养条件和环境条件的能力，是土壤各种基本性质的综合表现，是土壤区别于成土母质和其他自然体的最本质的特征，也是土壤作为自然资源和农业生产资料的物质基础。土壤肥力按成因可分为自然肥力和人为肥力。前者指在五大成土因素（气候、生物、母质、地形和时间）影响下形成的肥力，主要存在于未开垦的自然土壤；后者指长期在人为的耕作、施肥、灌溉和其他各种农事活动影响下表现出的肥力，主要存在于耕作（农田）土壤。

土壤肥力经常处于动态变化之中，土壤肥力变好变坏既受自然气候等条件影响，也受栽培作物、耕作管理、灌溉施肥等农业技术措施以及社会经济制度和科学技术水平的制约。农业生产上，能为植物或农作物即时利用的自然肥力和人工肥力叫“有效肥力”，不能即时利用的叫“潜在肥力”。潜在肥力在一定条件下可转化为有效肥力。

1. 土壤有机质与土壤肥力的关系及提高措施

土壤有机质的含量与土壤肥力水平是密切相关的。虽然有机质仅占土壤总量的很小一部分，但它在土壤肥力上起着多方面的作用却是显著的。通常在其他条件相同或相近的情况下，在一定含量范围内，有机质的含量与土壤肥力水平呈正相关。土壤有机质的肥力作用如下。

（1）为植物提供营养的主要来源。土壤有机质中含有大量的植物营养元素，如氮、磷、钾、钙、镁、硫、铁等重要元素，还有一些微量元素。土壤有机质经矿质化过程释放大量的营养元素为植物生长提供养分；有机质的腐殖化过程合成腐殖质，保存了养分，腐殖质又经矿质化过程再度释放养分，从而保证植物生长全过程的养分需求。

（2）促进植物生长发育。土壤有机质，尤其其中的胡敏酸，具有芳香族的多元酚官能团，可以加强植物呼吸过程，提高细胞膜的渗透性，促进养分迅速进入植物体。胡敏酸的钠盐对植物根系生长具有促进作用。土壤有机质中还含有维生素、激素、生长素、抗生素等对植物的生长起促进作用，并能增强植物抗性。必须指出的是，有机质在分解时，也能产生一些不利于植物生长或甚至有害的中间物质，特别是在嫌气条件下，这种情况更易发生。

（3）改善土壤的物理性质。有机质在改善土壤物理性质中的作用是多方面的，其中最主要、最直接的作用是改良土壤结构，促进团粒状结构的形成，从而增加土壤的疏松性，改善土壤的通气性和透水性。腐殖质是土壤团聚体的主要胶结剂，土壤中的腐殖质很少以游离态存在，多数和矿质土粒相互结合，通过功能基、氢键、范德华力等机制，以胶膜形式包被在矿质土粒外表，形成有机-无机复合体。所形成的团聚体，大、小孔隙分配合理，且具有较强的水稳性，是较好的结构体。土壤腐殖质的黏结力比砂粒强，在砂性土壤中，可增加砂土的黏结性而促进团粒状结构的形成。腐殖质的黏结力比黏粒小，当腐殖质覆盖黏粒表面，减少了黏粒间的直接接触，可降低黏粒间的黏结力，有机质的胶结作用可形成较大的团聚体，更进一步降低黏粒的接触面，使土壤的黏性大大降低，因此可以改善黏土的土壤耕性和通透性。有机质通过改善黏性，降低土壤的胀缩性，防止土壤干旱时出现的大的裂隙。土壤腐殖质是亲水胶体，具有巨大的比表面积和亲水基团，能提高土壤的有效持水量，这对砂土有着重要的意义。腐殖质为棕色、褐色或黑色物质，被土粒包围后使土壤颜色变暗，从而增加了土壤吸热的能力，提高土壤温度，这一特性对北方早春时节促进种子萌发特别重要。腐殖质的热容量比空气、矿物质大，而比水小，导热性居中，因此，土壤有机质含量高的土壤其土壤温度相对较高，且变幅小，保温性好。

（4）促进微生物和土壤动物的活动。土壤有机质是土壤微生物生命活动所需养分和能量的主要来源。没有它就不会有土壤中所有的生物化学过程。土壤微生物的种群、数量和活性随有机质含量增加而增加，具有极显著的正相关。土壤有机质的矿质化率低，不会像新鲜植物残体那样对微生物产生迅猛的激发效应，而是持久稳定地向微生物提供能源。因此，富含有机质的土壤，其肥力平稳而持久不易造成植物的徒长和脱肥现象。土壤动物中有的（如蚯蚓等）也以有机质为食物和能量来源；有机质能改善土壤物理环境，增加疏松程度和提高通透性（对砂土而言则降低通透性），从而为土壤动物的活动提供了良好的条件，而土壤动物本身又加速了有机质的分解（尤其是新鲜有机质的分解），进一步改善土壤通透性，为土壤微生物和植物生长创造了良好的环境条件。

（5）提高土壤的保肥性和缓冲性。土壤腐殖质有着巨大的比表面和表面能。腐殖质胶体以带负电荷为主，从而可吸附土壤溶液中的交换性阳离子等，一方面可避免随水流失，另一方面又能保证被交换下来供植物吸收利用。其保肥性能非常显著。土壤腐殖质和黏土矿物一样，具有较强的吸附能力，单位质量腐殖质保存阳离子养分的能力比黏土矿物大几倍至几十倍，因此，土壤有机质具有巨大的保肥能力。腐殖酸是腐殖质的主要成分，本身是一种弱酸，腐殖酸和其盐类可构成缓冲体系，缓冲土壤溶液中 H^+ 浓度变化，使土壤具有一定的缓冲能力。更重要的是腐殖质具有较强的吸附性能和较高的阳离子代换能力，因此，使土壤具有较强的缓冲性能。

（6）有机质具有活化磷的作用。土壤中的磷一般不以速效态存在，常以迟效态和缓效态存在。因此，土壤中磷的有效性低。土壤有机质具有与难溶性的磷反应的特性，可增加磷的溶解度，从而提高土壤中磷的有效性和磷肥的利用率。

合理的耕作制度要有提高土壤有机质含量的技术措施。第一，提倡秸秆还田。研究表明，秸秆直接还田比施用等量的沤肥效果更好。第二，粮肥轮作、间作。随着农业生产的发展，复种指数越来越高，致使许多土壤有机质含量降低，肥力下降。实行粮肥轮作、间作制度，不仅可以保持和提高有机质含量，还可以改善土壤有机质的品质，活化已经老化了的腐殖质。第三，栽培绿肥。栽培绿肥可为土壤提供丰富的有机质和氮素，改善农业生态环境及土壤的理化性状。

2. 防治水土流失，保持土壤肥力

根据《第一次全国水利普查水土保持情况公报》(水利部，2013 年 5 月)，截止至 2011 年 12 月 31 日，全国（未含香港、澳门特别行政区和台湾省）共有水土流失面积 294.91 万 km^2。其中水力侵蚀面积 129.32 万 km^2，占水土流失总面积的 43.85%；风力侵蚀面积 165.59 万 km^2 占水土流失总面积的 56.15%（来源：中华人民共和国水利部官网)。

土壤水蚀是导致坡耕地的水土流失的主要原因，对土地资源破坏很大，直接影响到农业生产的可持续发展。据调查，由于水土流失，东北黑土区土壤有机质每年以 0.1%的速度递减。黑土区的开发已近百年，初垦时黑土层一般都有 60～80cm 厚，有的达 1m。开垦 20 年的黑土地土层厚度减少为 60～70cm，有机质下降 1/3；开垦 40 年的黑土层厚度减少为 50～60cm，土壤有机质下降 1/2 左右；开垦 70～80 年的黑土层一般都只剩下 20～30cm，有机质下降 2/3 左右。

土壤风蚀是发生在干旱、半干旱及部分亚湿润地区土地退化的主要过程之一，其实质是气流或气固两相流对地表物质的剥蚀、分选和搬运的过程。风蚀造成土壤表层粗化，细物质减少，同时有机质和养分质量分数也减少。土壤风蚀威胁着整个北方的旱作农田。据初步研究，内蒙古后山地区及河北坝上地区旱作农田的年风蚀深度 1～2mm，陕北长城沿线在 1.2mm 以上，山东黄淮海平原年风蚀深度 1mm 多；当风蚀深度为 1.5mm 时，仅由土壤风蚀所致的土壤有机质损失量就大于植物吸收量，上述3个典型的风蚀深度已接近这一界限，因而成为当地农业生产向精耕细作和高产水平发展的严重障碍（董治宝等，1996）。防止土地沙漠化蔓延，使沙漠化土地逆转首先必须防治土壤风蚀，其重点应放在农田土壤风蚀上。

（二）水资源利用可持续

1. 水资源现状

我国是一个缺水严重的国家。虽然淡水资源总量为28000亿m^3，占全球水资源的6%，仅次于巴西、俄罗斯、加拿大、美国和印度，居世界第六位，但人均只有2280m^3，仅为世界平均水平的1/4、美国的1/5，在世界上名列128位，是全球13个人均水资源最贫乏的国家之一。我国水资源紧缺、用水效率不高和水污染严重，已成为国民经济可持续发展的严重制约因素，水资源的可持续利用是我国经济社会发展的战略性问题。

2016年全国评价河长23.5万km，Ⅰ～Ⅲ类水质河长占76.9%；评价湖泊118个，Ⅰ～Ⅲ类水质个数占23.7%，富营养个数占78.6%；评价水库943座，Ⅰ～Ⅲ类水质座数占87.5%，富营养座数占28.8%；评价全国重要江河湖泊水功能区4028个，达标率73.4%；评价省界断面544个，Ⅰ～Ⅲ类水质断面占67.1%。由于工农业生产导致水资源被污染，不仅降低了水体的使用功能，进一步加剧了水资源短缺的矛盾，对我国正在实施的可持续发展战略带来了严重影响，而且还严重威胁到城市居民的饮水安全和人民群众的健康。

目前我国城市供水以地表水或地下水为主，或者两种水源混合使用，而我国一些地区长期透支地下水，导致出现区域地下水位下降，最终形成区域地下水位的降落漏斗。目前全国已形成区域地下水降落漏斗100多个，面积达15万km^2，有的城市形成了几百km^2的大漏斗，使海水倒灌数十千米。

水利部预测，2030年中国人口将达到16亿，届时人均水资源量仅有1750m^3。在充分考虑节水情况下，预计用水总量为7000亿～8000亿m^3，全国实际可利用水资源量接近合理利用水量上限，水资源开发难度极大。

2. 发展节水农业

中国水资源公报显示，2014年全国总用水量6095.0亿m^3。其中，生活用水占总用水量的12.6%，工业用水占22.2%，农业用水占63.5%，生态环境补水占1.7%。2015年全国总用水量6103.2亿m^3。其中，生活用水占总用水量的13.0%，工业用水占21.9%，农业用水占63.1%，人工生态环境补水占2.0%。2016年全国供用水总量为6040.2亿m^3。其中，生活用水占用水总量的13.6%，工业用水占21.6%，农业用水占62.4%，人工生态环境补水占2.4%。由此可见，全国总用水量为6040.2亿～6103.2亿m^3，农业用水量最高，占用水资源62.4%～63.5%。

农业以土而立、以肥而兴、以水而旺。水是最短缺的农业重要资源之一，也是制约农业可持续发展的关键因素。随着人口增长，特别是工业化、城镇化进程的加快，工农之间、城乡之间用水矛盾进一步加大，农业缺水形势日益严峻。而随着全球气候变暖，我国旱灾发生频率越来越高、范围越来越广、程度越来越重，干旱缺水对农业生产的威胁越来越大，旱情已成为影响粮食和农业生产发展的常态，农业可持续发展面临严重威胁。因此，必须把发展节水农业作为一项革命性措施，探索一条合理用水、高效节水的水资源利用途径。

第三节　建立科学耕作制度的依据与途径

既然耕作制度在农业生产中占有极其重要的地位，那么在生产中就需要建立一个科学的耕作制度。传统耕作制度是根据农业生产者在长期生产过程中总结获得高产的经验和从违背自然、经济规律造成减产的教训而逐渐形成的。在传统耕作制度中，生产者只能以全部耕地和手中仅有的生产资料来探索提高作物产量，向社会作出贡献和维持自己的生活，并寻求扩大经济再生产的途径。因此耕作制度发展极为缓慢，要通过多年、几十年甚至百年的时间，经过反复的各种气象年份和土壤肥力的检验，才能获得准确的增产技术，纳入原有的耕作制度之中，或形成新的、有改进的耕作制度。

随着农业科学的进展，人们逐渐认识到，自然界中生物和环境具有因果依存关系，它们是在长期进化中形成了一个地带的气候地理环境。农业则是开发和利用这种环境的生产事业。以现代的系统科学（如农业生态系统、农业生产系统、农业经济系统以及农业系统工程等）为理论依据，就可以在耕作制度内涵和外在环境的联系中，充分发展自然资源的优势，并用社会资源补偿自然资源不足，或者躲避自然条件的劣势。在物与环境之间也可人为地控制能量转移和物质循环，并在此基础上建立起全部耕地持续的、以最优化的产量产值为目标的技术体系，从而形成科学的耕作制度。

作物通过其有机体的生命活动，以环境资源为原料，以耕作制度的技术体系为手段，将环境资源转化为生产产量。在自然环境中，作物生育、转化必不可少的因素有光、热、水、空气和养分，称为作物的生活因素。其余的环境条件，虽对作物生育也有影响，如土壤和气候条件，它们是作物生活因素存在场所，而不是作物生活因素。了解作物生育与生活因素的关系，运用人为的手段，最大限度地满足作物生长发育的需要。

一、建立科学耕作制度的依据

（一）作物生育与其生活因素的关系

1. 作物生活因素的同等重要性和不可替代性

作物的生活因素对作物生长发育和产量形成各有其重要的生理作用，因而不能彼此相互代替。在同一因素中的不同因子也不可能彼此相互代替，尽管不同作物或不同品种对这些生活因素的要求有多有少，也不能因此而认为需要多的是最重要的，需要少的就不重要。例如，作物对微量元素需要量较少，如果缺失了它们，作物也容易出现缺素症而不能正常生育，影响产量。但是这一简单而重要的客观规律在农业生产和科学实验中常常被忽视，因而影响了作物产量或得出错误的结论。

H. 赫尔里格尔进行了盆栽大麦试验。选用 8 个盆，每盆中装有同样松紧度和一定体积的土壤。每盆播种精选过的大麦种子。差别在于各盆之间含水量不同。按各盆原土壤的持水力分别给以 5%、10%、20%、30%、40%、60%、80%、100%的水分。在大麦生育过程中，每天早晚各称重一次，然后补给各盆因土壤水分蒸发而损失的水量，试验结果见表 1－1、图 1－4 和图 1－5。

表 1-1　　**赫尔里格尔大麦水分试验结果**

试验的土壤湿度/%	5	10	20	30	40	60	80	100
全部干物质产量/(1/10g)	1	63	146	172 (190)	217	227	197	0
每一个产量与前一个产量之差/(1/10g)		62	83	26 (44)	45 (27)	10	−30	−197
每增加 10%水分后，后一个产量与前一个产量之差/(1/10g)		124	83	26 (44)	45 (27)	5	−15	198.5

注　盆栽土壤为富含有机质土壤，(　)中数字为理论产量。

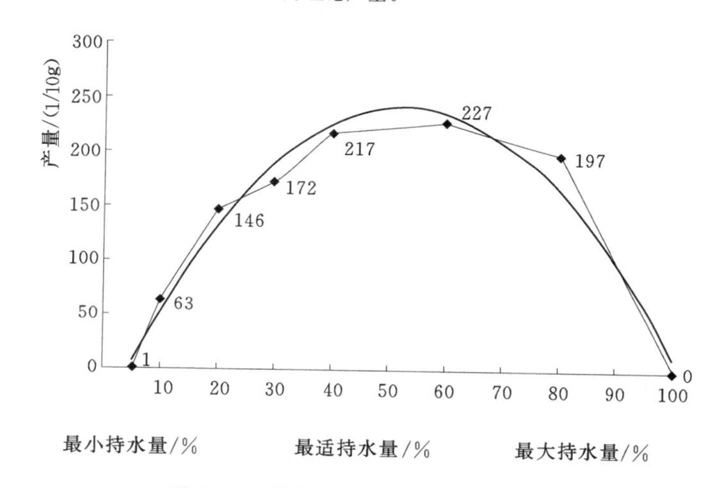

图 1-4　赫尔里格尔的大麦试验结果

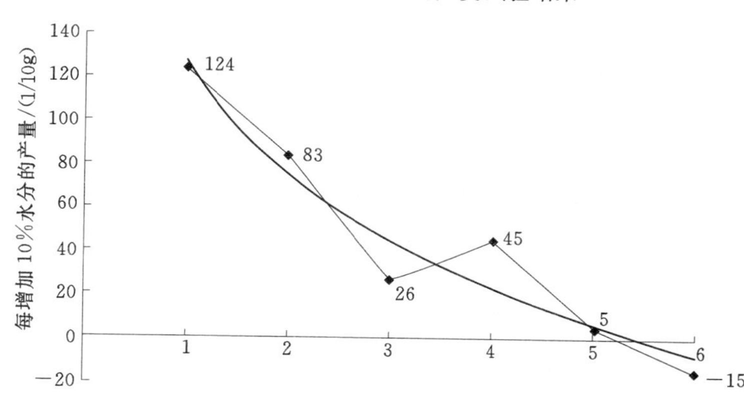

图 1-5　递加等量水分大麦产量递减曲线

横坐标数字代表第几次增加 10%的水分

图 1-4、图 1-5 表明：依土壤含水量递增，大麦产量呈抛物线状，第一盆、第八盆几乎全无产量，第六盆的产量最高。从这种现象得出生活因素的“最低、最高和最适量法则”和“报酬渐减律”。那就是水分由最低量逐渐增多时，产量逐渐增加，但增加的幅度逐渐减少；水分超过 60%时，产量反而逐渐降低，从而认为水分对作物生育的效能逐渐降低以至消失。依据表 1-1 数据拟合出土壤含水量与大麦产量间关系的函数方程为 $y=$

$-0.1026x^2+10.847x-44.524$，大麦的最高产量理论值为 242.16（1/10g），此时土壤含水量应为 52.86%，与试验所得结论基本一致，验证了“报酬渐减律”的存在。

这一试验的结论忽略了作物生活因素的同等重要性和不可替代性。水对作物生长的作用是重要的。以水培法种植作物，100%的水分也可得到好的收成。这一试验出现的产量差值，关键是在土壤水分逐渐增多，而其他生活因素相对地减少，超过 60%的水分，土壤空气逐渐减少，依靠好气性微生物分解的速效养分也随之减少。水分的增多并不能代替空气和养分。“报酬渐减”是因为其他生活因素逐渐不足而引起的。

在作物生活因素中，尤其是土壤中的生活因素，凡属于单因素量的试验，都会收到抛物线的产量趋势，如施用化肥量或不同耕深试验等。随着某一化肥量的增加，就会引起其他化学因素的不足而“报酬渐减”。但单因素试验是在当地其他生活因素稳定的条件下，求得单因素的最适量，对农业生产是有一定意义的。在实际生产中，很多土壤因素控制不变，只变动某一因素，则比较困难。因此对单因素试验的结果，要用综合观点看待和分析它，否则结论往往与生产实际不相吻合。

2. 限制因素的相对限制作用

通过上述典型试验，证明生活因素具有同等重要性，而且对作物生育存在着相互制约作用。如某一因素的数量不足，就会限制其他因素的作用效果，作物的产量就会受到这一不足因素的限制。这就是“最低因素法则”，这一最低的因素叫限制因素。如干旱地区的水分、瘠薄土地中的养分、高度密植条件下的光，等等。从事农业生产时，要对各生活因素的基本情况作具体的分析，对其中的限制因素，采取相应的技术措施加以调节或补充。

但是在作物生产过程中，总是存在着某个限制因素的，与其他的生活因素在数量上不配合，常常不能发挥限制因素的最大生产效果，甚至有非生产性消耗。例如在干旱地区农业生产中，有时不能把仅有的水分转化为干物质，如果土壤养分多一些，土壤通气性或温度适中一些就可以进一步发挥水分这个限制因素的最大生产效果。限制因素这一作用叫限制因素的相对限制作用。在农业生产及科学试验中，发挥限制因素的相对限制作用的实例层出不穷。如以肥调水，以光调肥，以磷调氮，等等。以磷调氮并不是磷可以代替氮的作用，而是磷在充分存在时，加强了作物对氮的利用，使作物不因氮的不足而大幅度减产，甚至可以稍有增产。

黑龙江省的生长季节短，低温和干旱都是农业生产中的限制因素。但是在短的生长季节时，正处在长日照和充分的太阳辐射强度条件下，如按每日增加两小时计算，等于增加 20d 的生育期，相当于向南推进纬度 3°～5°；气温低是高纬度高海拔的特点，但是土壤肥沃可以对气温做最大的利用；年平均降雨量虽少，但 60%的降雨落在 5—9 月期间，光和肥使作物充分利用降雨。黑龙江省每年平均产量在 200 斤/亩[1]左右，是对“短”和“低”没有充分利用的结果。近年来，生产上也有玉米、水稻亩产 500～600kg，大豆亩产 200～250kg 的时候，就说明了限制因素的相对限制作用。如果能发现当地、当时的限制因素，善于利用限制因素的相对限制作用，对提高作物产量是有积极意义的。

3. 生活因素的综合作用

生活因素在作物生育中相互制约，相互影响，表明作物的高产是它们综合作用的

[1] 1 斤＝500g＝0.5kg，1 亩≈666.67m^2。

结果。

19 世纪德国科学家沃尔尼所设计的 3 个生活因素试验，证明了生活因素既具有同等重要性和不可代替规律以及限制因素的相对限制作用。同时，他又提出生活因素的综合作用。他的试验表明（表 1－2，图 1－6）：在其他因素不变，只增加一个因素的数量，例如在光照和养分因素保持不变只增加土壤水分含量时，该因素等量增加的产量效果是递减的；如果同时改变两个因素甚至 3 个因素的数量（例如，在增加土壤水分含量的同时改善光照强度，以及进而改善养分状况时），则上述单一因素的效果有很大提高。

表 1－2　　不同水、肥和光对产量的影响　　单位：1/10g

处　　理	不 施 肥			施肥
土壤湿度（最大持水量的百分比）	20	40	60	60
强光照	110	320	403	584
中等光照	95	218	205	350
弱光照	88	185	208	223

由此可见，环境因素之间是相互影响，相互制约的，它们综合地影响作物，作物高产是各因素综合作用的结果。农业丰产是“土、肥、水、种、密、保、工、管”8 个方面综合运用共同保证的结果。当然，强调因素的综合作用不是否定单因素试验或从某一因素作用来分析问题的必要性。单因素分析是综合分析的基础，没有单因素试验就没有综合分析。但在实践中，必须注意因素的共同作用，应用单因素试验结果时，要考虑因素之间的相互促进或相互抑制。

生产上有时还能看到因素之间存在着相互补充和调节的作用。如强光下低二氧化碳浓度与弱光下高二氧化碳浓度能使作物光合作用保持同样的强度，即增加二氧化碳浓度可提高光能利用率，增加光强在一定范围内又能提高光合作用速度，因而达到相同的效果。当然这只是在一定程度上的相互补充和调节，决不能完全相互取代。

综上所述，为了使作物稳产，就必须有稳定的气候地理环境，要创造作物的生活因素在土壤中的稳定状态。为了使作物逐步高产，就必须有更加改善的气候地理环境，使土壤中的作物生活因素存在状况，更能满足高产的要求。图 1－7 列举了本节论述的各种情况下控制作物全部生活因素现有定性关系的技术措施群，并由其组成了技术体系。图 1－7中有耕作制度应包括的技术环节——作物种类及品种布局、种植方式、轮作、土壤耕作、施肥制。图 1－7 中也说明了林、牧、渔业在调控作物生活因素上的作用，它们是通过对作物生活因素的影响而与农业结合起来的。

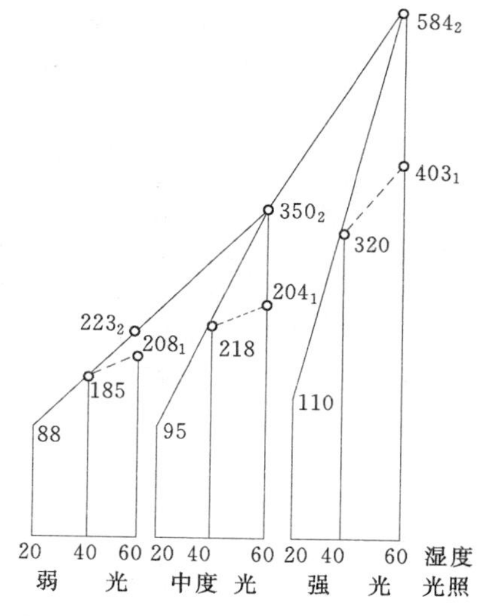

图 1－6　产量在光照、水分和养料影响下的图解（耕作学，1988）

（单位：1/10g）

图中数字—产量；下角数字 1—不施肥；2—施肥

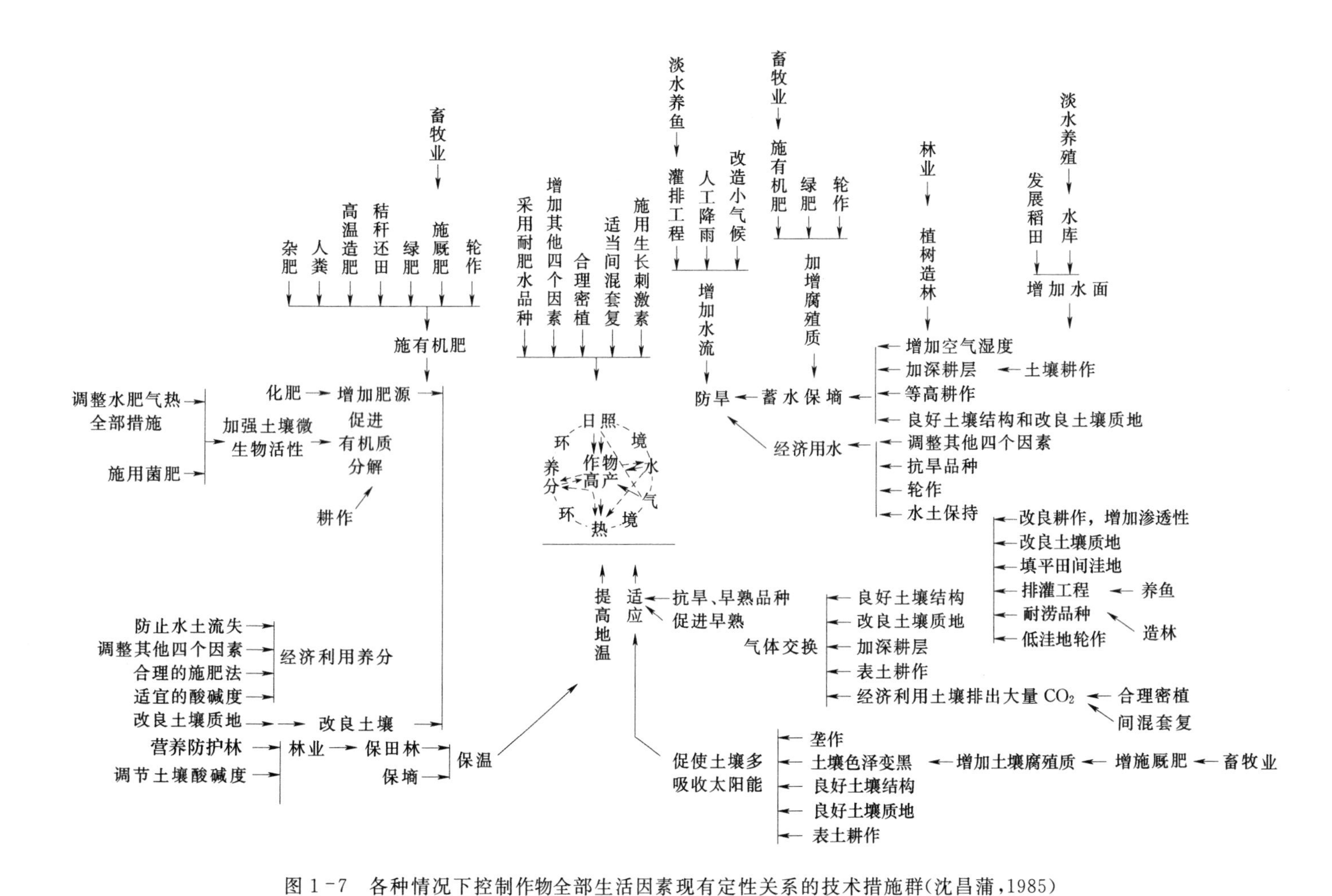

图1-7　各种情况下控制作物全部生活因素现有定性关系的技术措施群(沈昌蒲,1985)

（二）作物生活因素的控制

光、热、空气、水分和养分是作物生活甚至生存所必要的生活因素。这些因素，根据它们存在的场所和供给的途径可分为宇宙因素和土壤因素。宇宙因素指光和热，来自太阳，直接影响作物生育。在季节和地区之间有很大的变化，至今人类尚不能在大范围内控制。土壤因素指水分和养分，通过土壤影响作物生育，经常处在变化、供求不平衡的情况下，而且可能需要由人加以调节和控制。土壤肥力，是作物利用光能的物质基础，只有满足了作物对土壤因素的需要，作物对宇宙因素的充分利用才有可能。农业生产上土壤因素的问题是大量的、常见的问题，所以提高土壤肥力问题往往是农作物持续增产的关键所在。空气在地面上和土壤内部都存在，特性介于宇宙因素和土壤因素之间，土壤空气影响作物根系及土壤微生物的活动，并与土壤的肥力状况密切相关。

1. 作物生产与太阳能的利用

农业生产所转化的能量都来自于太阳。太阳辐射是农业的重要资源之一。

太阳全辐射为 1.9cal/(cm^2 · min)，经过大气和地面空气层反射和吸收，落到地面的只有其 30%以下，这部分辐射约 10%～20%被反射，5%～10%为地面吸收，其余落到作物植株上，而其中大部分为作物蒸腾时所散发。真正经光合作用利用的约 1%～2%。随着太阳的入射角（纬度）、地形、地貌以及云雨状况的不同，太阳辐射量是不同的（图 1-8），世界陆地上每年太阳辐射为 60～240kcal/cm^2。

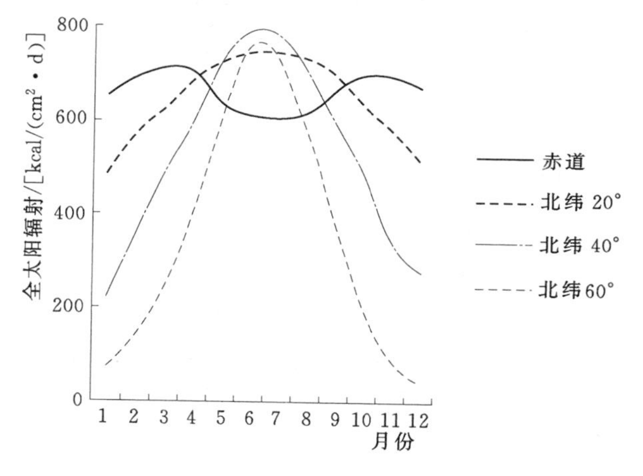

图 1-8 纬度与太阳辐射的关系（耕作学，1988）

在中国境内，每年太阳辐射为 80～220kcal/cm^2，而东北地区（N38°～N53°）大致在 120kcl/cm^2 左右。在一年中太阳辐射的分布见表 1-3，高纬度夏季的日辐射量高于低纬度的日辐射量，而其他季节则低于低纬度。东北 3 个市在作物生育的 5—8 月太阳辐射量较近似（55.6%左右），略低于同纬度的乌鲁木齐（干旱少雨）和略高于同纬度的巴黎（多雨）。由于地球的实际表面并不是完全如海平面那样处于水平的状态。在地球内部构造力的作用下，地球表面起伏不平的现象随处可见。这种地形的参差起伏，必然对于太阳辐射的分配产生影响。随着地表海拔高度的不同，这种太阳辐射值的分配也呈现出特定的规律。在有“世界屋脊”之称的青藏高原，由于地势峭拔，突兀高耸。在其上大气透明度很高，空气稀薄而洁净，因此所测得的太阳直接辐射值是相当高的，并且随着海拔高度的增加，所接受到的太阳直接辐射值也越大（表 1-4）。

表 1-5 为北纬 23°附近不超过 1°的地域范围内，在不同的海拔高度上其太阳总辐射值的分布资料，进一步说明太阳总辐射值随海拔高度的增加而增加，以此数据拟合分析表明二者间呈线性关系，根据回归方程可知，在北纬 23°附近，海拔高度每升高 100m，太阳

表 1-3　　东北三市及同纬度地区的太阳辐射　　单位：kcal/cm²

地点＼月份	1	2	3	4	5	6	7	8	9	10	全年
沈阳	5.2	7.4	10.6	13.4	15.2	14.5	13.0	12.6	11.6	8.4	121.7
长春*	5.3	7.2	11.2	13.0	14.8	14.4	13.3	12.9	11.2	8.3	112.2
哈尔滨**	4.8	6.5	9.2	11.5	13.4	13.5	13.6	12.3	9.8	7.9	112.2
乌鲁木齐	5.2	6.3	9.2	13.3	17.3	17.8	18.1	16.9	13.8	9.8	136.7
巴黎	2.2	4.2	8.5	10.5	13.2	14.7	14.6	12.3	9.0	3.7	99.5

*　吉林农业大学提供。

**　黑龙江省气象台 1971—1980 年平均。

其他来源：李立贤，1977。

表 1-4　　青藏高原上太阳直接辐射值随海拔高度的变化（牛文元，1981）

地点	海拔高度/m	太阳直接辐射/[cal/(cm²·min)]	太阳高度/(°)	纬度/(°)(北纬)	经度/(°)(东经)
樟木	2200	1.318	53.8	28.0	86.0
拉萨	3700	1.455	54.8	29.1	91.1
绒布寺	5000	1.632	52.3	28.2	86.8
东绒布冰川	6325	1.729	51.5	28.0	87.0
大气上界		1.940			

表 1-5　　北纬 23°附近太阳总辐射与海拔高度的关系（牛文元，1981）

地名	纬度/(°)	海拔高度/m	太阳总辐射/[kcal/(cm²·年)]	地名	纬度/(°)	海拔高度/m	太阳总辐射/[kcal/(cm²·年)]
广州	23.08	6.3	121	元江	23.88	396.6	128
高要	23.03	6.7	115	勐定	23.26	490.3	122
桂平	23.24	42.2	117	开远	23.43	1038.0	128
田东	23.37	111.2	118	澜沧	22.48	1054.8	129
梧州	23.29	119.2	122	景东	24.28	1162.3	136
南宁	22.50	123.2	117	蒙自	23.20	1300.7	134
百色	23.55	138.0	123				

总辐射随之增加 1.4979kcal/(cm²·年)（图 1-9）。

在作物生育期间，较丰富的太阳辐射可促进作物的光合作用。但作物对太阳辐射利用率有很大差异。除了 C_4 植物比 C_3 植物对太阳辐射利用率较高以外，和它们在田间种植的情况有密切的关系。在正常株行距及密度条件下，不同作物对地面的郁闭情况不同，距离地面的不同叶层太阳辐射都有不同程度下降。说明在同样的太阳辐射条件下，每种作物所能转化太阳辐射量是不同的。

从光合作用反应式 CO_2+H_2O+n 量子→（CH_2O）$+O_2$ 来看，式中，n 的数目一般为10，即还原一个CO_2分子需要10个光量子。10个量子一般可提供500～520kcal的日光能，而还原1个CO_2分子为植物物质其储藏的热能为105～112kcal，所以光合作用的量子效率是22.4%，即由于量子效率影响光合作用最大的能量效果只可能有22.4%。由于太阳辐射中对光合作用有效的生理辐射能约占总能量的47%；作物群体一般除反射、漏光、透射外，实际只能吸收到40%～80%，良好生长状态约为70%左右，光合作用制造的产品还要有20%～30%为呼吸作用所消耗。所以一般作物最大可能的太阳辐射能利用率为22.4%×(0.47×0.7×0.7)=5.16%，即理论上作物对太阳辐射能的利用效率仅在5%左右。

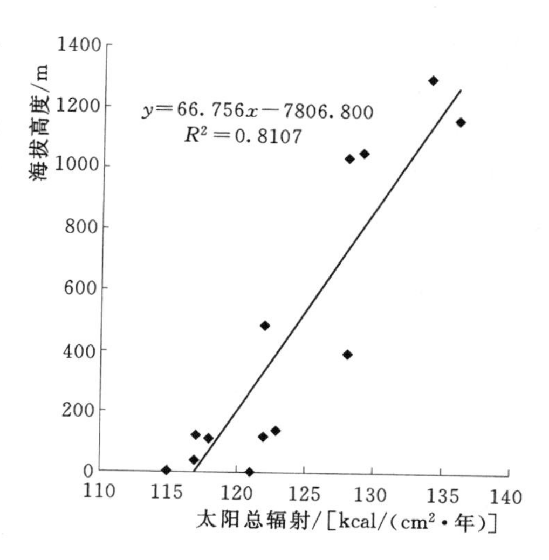

图1-9　北纬23°附近太阳总辐射与海拔高度的关系（牛文元，1981，略有改动）

目前在实际生产中，作物光合作用的太阳辐射能利用率仅在0.3%上下，造成作物太阳辐射利用率较低的原因是什么？第一，温度、水分等因素的限制。在高纬度地区，冬季气温在0℃以下，作物无法生长，冬性作物也不能种植；在干旱地区受降水的影响，白白浪费很多太阳辐射能。第二，作物生理转化能力弱，或因品种光合效率低，或因叶片面积过大或因叶平伸，致使上部叶片遮光，不利于下部叶片进行光合作用。这就要从培育优良品种着手，培育株型收敛、叶片窄而伸展角度小的品种。第三，作物的种植方式或植株配置的株行距不适于转化更多的太阳能。单作玉米如行距小于70cm，叶片接受太阳能的量受到限制。窄行密植玉米的高产，是以化学能大量投入，提高光能利用率为前提的。反之，如大豆（玉米）和小麦间作、套作，在小麦生育前期，大豆尚未播种或正处于幼苗时期，上午和下午侧向日照丰富，在大豆封垄时小麦已收获。因而大豆生育后期又得到充足的日照。但如大豆和玉米或高粱间作，它们的生育期基本一致，大豆虽为高粱或玉米创造了通风透光的条件，而本身却受到高秆作物的荫蔽。第四，在作物进行光合作用时，其他必要的生活因素——水分、养分、热量或空气的供应不充分，或不能协调供应，以致光合强度减弱，这就需要从耕作制度上着手，通过耕作制度各环节及措施尽量提高土壤肥力，满足作物对水分、养分、热量和空气的要求，可提高光能利用率。

2. 作物生产与农田热量的利用

热量是作物生产的重要资源。作物的生长、发育和产量形成都只能在一定热量范围内进行。热量资源的多少既影响熟制的安排，也影响作物种类和品种的选用。准确地利用热量资源对增产和稳产是很重要的。

空气和土壤热量都来自太阳辐射，因此它们的变化趋势一致。由于太阳的入射角和地形的不同，接受的热量也有所差异。温度是热量的反映形式，它不能反映全部的热量，但是温度便于测定，常作为气温和土温的热量指标。

东北地区冬夏的太阳入射角较大，因此，5月的气温急骤上升，8月中旬以后的气温急速下降，年平均气温较低（辽宁省、吉林省和黑龙江省分别为5～10℃、2～6℃和－5～4℃），但5—9月气温大致在15～30℃之间。这种冬寒夏暖的特点形成了无霜期短和作物生育季节热量丰富的条件，在无霜期内，由于日照时数较多，相应增加了热量。如以每日增加2h计，所接受的太阳辐射增加量计算，则相当于无霜期增长了11d（表1－6、表1－7）。

表1－6　　中国主要城市4—10月平均气温　　单位:℃

城市	4月	5月	6月	7月	8月	9月	10月
北京	11.2	21.7	24.7	28.6	26.5	21.3	13.6
上海	12.8	20.8	23.8	28.9	30.7	26.2	19.2
济南	12.5	22.4	25.8	28.2	25.1	21.3	15.3
武汉	14.8	21.5	25.2	28.5	28.6	24.1	16.7
海口	25.2	28.5	28.9	28.9	27.0	27.5	24.5
昆明	18.5	21.7	20.9	21.4	20.8	19.9	15.1
乌鲁木齐	8.7	16.2	22.5	24.0	22.8	18.0	9.7
沈阳	6.4	16.4	23.0	24.5	22.8	17.6	8.3
长春	4.3	16.0	23.6	23.1	21.8	16.8	6.8
哈尔滨	4.0	16.0	25.5	23.4	22.0	16.5	6.4

来源：中国农业年鉴，中国农业出版社，2011。

表1－7　　中国主要城市4—10月日照时数分布表　　单位：h

城市	4月	5月	6月	7月	8月	9月	10月	合计
北京	213.5	269.2	223.0	181.5	207.4	198.2	182.6	1475.4
上海	122.6	154.1	95.6	129.6	205.2	148.7	121.6	977.4
济南	200.1	239.9	179.1	167.9	110.9	121.0	210.3	1229.2
武汉	117.9	131.9	129.3	126.1	223.0	105.7	150.7	984.6
海口	123.6	208.6	193.1	247.2	195.4	188.0	107.2	1263.1
乌鲁木齐	242.2	251.4	121.5	110.4	135.8	119.8	89.5	1070.6
西安	286.9	309.1	315.3	301.7	309.2	283.2	229.6	2035.0
沈阳	182.7	212.6	260.5	126.9	195.5	189.3	195.2	1362.7
长春	186.2	206.0	306.5	155.3	212.0	242.7	171.6	1480.3
哈尔滨	195.1	198.1	287.4	178.7	203.1	264.5	176.8	1503.7

来源：中国农业年鉴，中国农业出版社，2011。

土壤温度与作物种子发芽、根系生长、土壤微生物的活动和土壤养分的释放有密切的关系，在东北地区，作物播种和拔节期主要受到偏低的土壤温度的限制，如5月沈阳10cm土层平均温度为16.0℃，延边为14.3℃，哈尔滨5cm土层平均温度只有11.5℃左右。因此采取技术措施对提高土壤温度是极其必要的。

农田热量状况决定于大气的温度，是人类难以控制的因素。但是改变作物种植密度，种群关系（如间作、套作等）、土壤表面状态（如垄作、干土覆盖和地膜覆盖等）、农田的耕层结构以及土壤有机质含量等都是提高土壤热量状况的有效措施。在玉米垄沟种植模式下，垄上覆盖普通地膜、5%生物降解膜及8%生物降解膜后均有明显的增温效应，表层日均增温分别为3.90℃、2.09℃和3.46℃。

3. 农田土壤水分的控制

水是作物生产中最重要的因素之一，也是农业生产不可缺少的宝贵资源，一个地区的光、热资源再充足，土壤再肥沃，如果没有相应的水分资源的保证，也难以发挥其生产潜力。所以，在光、热、土壤及其他条件满足的情况下，水分资源的数量及分配特点，决定了土地利用的程度和产量的高低。一个地区水分资源的数量、分布和作物群体的耗水规律，是研究耕作制度的重要依据。

根据美国出版的《世界百科全书》的统计，地球上的水资源共14亿km^3，其中海洋占97%，冰川占2%，其他不足1%。在这不足1%的水分中，大部分为地下水，其余才是降雨所补充的江河、湖沼以及大气水汽。如果地球上降雨均匀，年均660mm都可得到满足。但在实际上，世界各地的降雨绝大部分是既不均匀，又不稳定的。因此，以降雨为主要水分来源的作物生产，就要研究如何使不均匀、不稳定的降雨成为适宜而稳定的土壤含水量以配合作物各生育阶段的需水规律，发挥降雨的最大生产潜力。

东北地区年降雨量为350～1200mm，自西向东南逐渐增多，其中60%以上的降雨分布在作物生育的6—8月期间，因而使水、热和日照同期，对作物生长，尤其是对秋收的中耕作物的生产有利（表1-8）。但是降雨量在年内分布不均，也依此而有雨季、旱季之分。尤其是春旱在东北各地区时有发生，黑龙江省春旱与阶段性伏旱更为严重（表1-9）。由于降雨分布不均和降雨几率变化大，在作物各个生育期间都可能发生干旱和涝害，在岗、坡农田多以干旱为主，而低洼农田又多以涝害为主。地下水充足或靠近江河的农田，在干旱时期可进行灌溉，而东北地区大部分农田或因远离江河，地下水不足或因丘陵漫岗，难以灌溉，必须实施旱地耕作制度，即一方面以作物布局适应水分状况，另一方面运用措施改变农田土壤状况，使不均匀的降雨成为稳定的土壤水库容，减少各种水分的非生产性消耗，才可获得年际间的稳定产量和进一步提高产量。而对于带有明显半干旱气候特征的东北西部地区更需要采取多方面的措施在土壤中蓄积降雨。在东北地区的东北部与东部分布着大片低湿地或岗地间的低洼地。这些低湿农田的降雨量并不过多，只因土壤黏朽，透水性差，成为涝害的主要内因，而从高地地面和地下径流的侵入则是外因，且多在雨季发生，所以需要旱涝兼治。

表1-8　东北地区年降水量在不同区域和不同季节分配情况

地区	年降水量/mm	不同区域年降水量/mm		年降水量在不同季节分配比例/%			
		东部	西部	春（3—5月）	夏（6—8月）	秋（9—11月）	冬（12月至翌年2月）
黑龙江	532	650	450	12.9	65.4	19.4	2.6
吉林	609	780	420	11.6	69.6	17.5	2.4
辽宁	775	1 100	500	13.7	64.8	18.9	3.5

来源：东北农作制，中国农业出版社，2010。

表 1-9　东北地区与全国农业自然灾害情况　单位：$\times 10^3 hm^2$

地区	旱灾			洪涝灾		
	受灾面积	成灾面积	绝收面积	受灾面积	成灾面积	绝收面积
辽宁	18	13		708	531	115
吉林	349	225	120	373	266	106
黑龙江	1 012	776	36	221	125	43
全国总计	13 259	8 987	2 672	17 525	7 024	1 658

来源：中国农业年鉴，中国农业出版社，2011。

改善农田水分状况并提高土壤水分的生产潜力，则要依据农田水分的多种非生产消耗，采取综合性措施。首先是调整农林牧结构间的比例，以林地庇护农田，增加降雨量，减少径流量和蒸发量；以牧业的厩肥肥沃农田，增加土壤的持水能力。其次以作物根系及土壤耕作措施改善土壤结构和耕层结构，增强透水性，提高土壤储水量，减少蒸发，防旱防涝。

4. 农田土壤养分的控制

农田土壤养分状况决定了农田生产力、作物的布局、施肥技术和生产成本。

自然土壤生长的野生植被，通过吸收土壤水分、养分，转化了太阳能，将其地上部分、根系以及新陈代谢物质变成死亡的有机物质全部归还土壤。这样常年周而复始，土壤中原有各种矿物质养分依然存在于土壤中，同时每年又有新生的有机物质被（野生植物转化了的太阳能）投入土壤。通过以土壤嫌气微生物为主的微生物的生命活动，有机物质以腐殖质的形式存在且逐年增多。土壤养分的积累大于土壤养分的损失。

自然土壤开垦以后，利用各种耕作栽培措施，建立起与荒地迥然不同的土壤环境。地面裸露，土壤孔隙增多，好气性微生物的分解活动占了优势，促使养分矿化，同时释放出能量。这些物质和能量或逸出土壤，或被淋溶至土壤下层，或被作物吸收。

从农业生态系统（图 1-2）来分析，情况更有所不同，例如粮食是转化无机环境中物质和能量的产物，一部分籽实（能量和物质）作为当地农民的口粮，一部分作为商品调离当地。作物茎叶（约占生物产量的 30%～50%）作为烧柴转化为热能散失到环境中，充其量只有 5%的灰分归还土壤，作为微生物的养料。作物的根茎（玉米根茬占生物量的 10%～20%，大豆落叶和根茬占生物量的 30%～38%）留在土壤环境中，作为微生物的生活养分和能源。作物产品中尚有一部分作为饲料，经过家畜的生命活动，消耗了部分能量。同时生产的畜产品，除当地食用外，也有相当数量畜产品作为商品脱离了当地。只有家畜的排泄物（估计每 100kg 毛重，排泄出 1～1.5kg/d 干物质）归还到土壤中。作物摄取的物质，不可能 100%的归还土壤环境。商品生产量越大，归还到土壤环境中的越少。在无畜或少畜的生产单位，甚至将籽实、落叶也作为商品出售，归还土壤的就更少。黑龙江省国营农场，虽能做到部分茎叶直接还田，但籽实的商品量是极大的。因此，农田土壤养分在作物生产条件下，每经一次生产，就减少一部分。从而也证明农业生态系统从环境中摄取能量和物质，农业生态系统是一个开放性系统。

农田土壤养分逐年减少是世界大部分农业共同存在的问题。东北地区处于高纬度，冬季漫长，夏季多雨，便于土壤有机质的积累，尤其是黑龙江省北部的黑土区有机质含量可达10%左右。但是由于没有建立科学的耕作制度和输出的商品量较大，土壤有机质下降较为迅速（表1-10）。保持作物稳产或促进高产都必须对土壤养分“开源”和“节流”。“开源”是向土壤输入养分，实行农牧结合的农业。当农业丰收时，更应扩大牧业，使牧业促进农业发展；在耕作制度中适当增加肥田作物的比例或秸秆还田；适当地施用化学肥料，填补有机质分解量与作物吸收量中的差额。“节流”是减少土壤养分的非生产性消耗，改善土壤结构和耕层结构，创造养分适度释放和土壤有机质积累的土壤环境。

表1-10　黑龙江省北安县赵光农场土壤有机质含量的演变 %

土壤层次/cm \ 土地类别	自然土壤	开垦1年	开垦7年	开垦10年	开垦17年
0～12	11.55	9.31	8.91	7.19	6.72
12～22	8.27	8.52	5.68	5.45	5.27
25～33	5.36	5.64	4.38	4.09	4.17
40～50	3.89	3.29	2.27	1.96	1.90
60～70	2.09	1.66	1.64	1.53	1.55
70～80	1.32	1.51	1.47	1.39	1.47

来源：耕作学，东北农学院出版社，1988。

综上所述，为了促进作物高产，5个生活因素是同等重要而不可代替的。同时，作物生产过程也影响着5个生活因素的客观存在，而且5个生活因素在环境中还相互联系和相互制约。有计划地利用、调节和控制环境中的5个生活因素不是单一技术措施所能做到的，必须采取一系列的技术措施，甚至需要通过林、牧、副、渔业的配合，来提高这一系列技术的效益。这一系列技术措施概括起来有：作物及其品种的布局、种植方式、轮作制度、土壤耕作制度、土壤保护与培肥制度、植物保护制度和灌溉排水制度。所以，耕作制度需要由多个技术环节组成，而且是对各技术环节间进行总的调控的技术体系。

（三）农田不利的环境因素及其控制

稳定的气候地理环境也常常被农田的不利环境因素所干扰。

农田不利的环境因素主要有病害、虫害、杂草、雹灾、土壤侵蚀（soil erosion）和土壤的酸碱度等。为了发挥农田中生活因素的作用，必须对这些不利的农田环境因素加以控制，并建立植物和土壤保护技术体系（图1-10）。

例如病害与作物的类型和品种有一定的内在联系，培育抗病的作物品种并常在田间轮换作物是极为有效的。将受病害寄生的秸秆和残茬移出田外深埋，也是控制病害继续发生的有效措施。喷洒杀菌剂和采用药剂拌种对防治当年病害发生的效果较为直接，但需要投入一定的成本。防治虫害和防治病害的原理和措施是相似的。由于害虫有更大的迁移性，近年来利用天敌等生物防治是研究的新方向。杂草是伴随作物种植而产生的，它的种子和地下营养繁殖器官充斥田间，而且经常地、广泛地在田间与作物争夺日照、水分和养分。为杜绝杂草侵入农田，除对引进的作物种子进行检疫和播种前对作物种子进行清选以外，还需针对杂草的种类及其生活习性在田间采取轮作和土壤耕作等措施以改变杂草的生态环

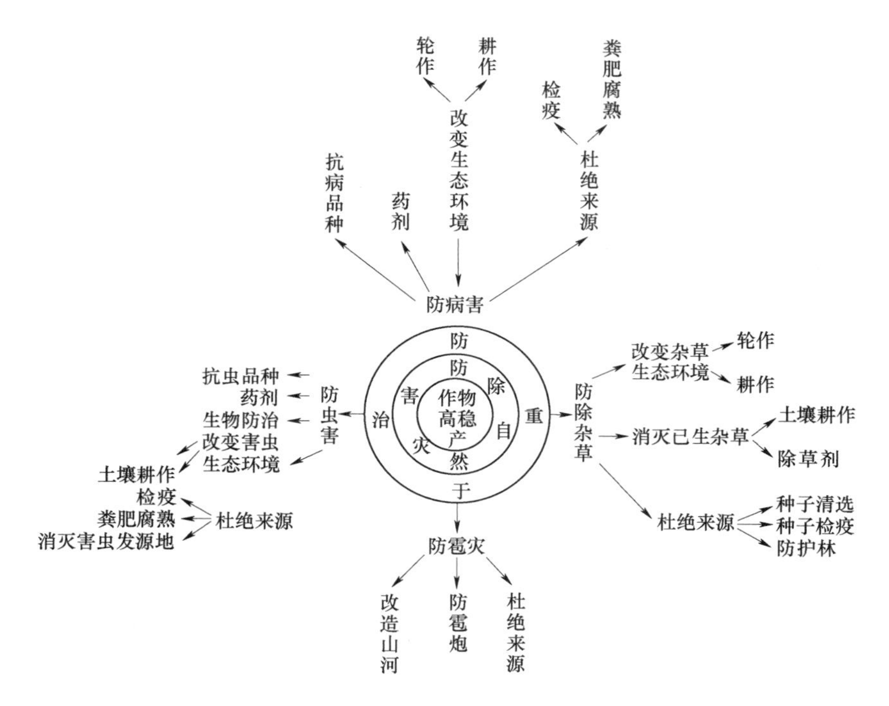

图1-10　植物和土壤保护技术体系（沈昌蒲，1973）

境并加以消灭。药剂除草是更直接的有效措施，但是它和杀菌剂、杀虫剂一样，在制造和农田喷撒过程中存在着要消耗一定的能源、增加农田生产成本和引起环境的污染等不足之处。病、虫、草的发生是多方面的，因此要采取措施综合防治、系统防治，以便发挥每项措施的效果。

二、建立科学耕作制度的途径

建立合理耕作制度必须做到：充分利用自然资源，特别是合理、充分地利用光热与土地，扩大生物小循环，缩小地质大循环，提高土地生产能力，实现农业持续高效生产；积极培肥土壤，保证充分供应持续增产的各种生活因素；充分发挥生产条件的作用；预防或减轻自然灾害；充分运用先进的生产经验和农业科学技术成就；贯彻农林牧副渔全面发展的方针；调解各项技术措施和制度的关系，不断提高劳动生产率。

概括起来，合理的耕作制度应该是：以农林牧相结合为前提，以土地用养结合为基础，以种植制度为中心，以实现农作物全面持续高产、高效为目标的一套农业技术措施体系。

在生产实践中，耕作制度能不能做到合理，除农业技术上的原因之外，更重要的则决定于在农村的有关方针政策能否很好落实，领导农业生产的思想方法是否合乎客观实际。所以要保证合理的耕作制度的实施，首先要认真落实方针政策，按经济规律办事，实事求是地领导农业生产，做好耕作改制工作。

自然土壤在生物小循环的作用下，土壤肥力是提高的。但是自然土壤开发为农田后，被开放系统的农业生产利用，如果不再注意有机物质和养分的输入和补偿，则作物产量越高，利用年限越久，土壤库的输出必然年复一年地大于输入，土壤肥力不可避免地就要下降。因此，为了农业持续生产，人们必须认真考虑如何使用地与养地相结合，保持和提高土壤肥力的问题。在土壤肥力学说一节中，已说明人们对土壤肥力的重视。

以农业生态和农业经济系统的科学理论为基础而建立起来的耕作制度，在其每一技术环节中，都有用地和养地作用，只不过有其各自的侧重面，而全部技术环节之间应相辅相成，形成用地和养地平衡的技术体系。

（一）用地和养地相结合

土地、气候与生物等资源的特点表明，合理利用它们，不仅可以增加产量，而且还可以不断地更新。长期不合理利用，超过其负荷能力，就会使其遭受破坏或恶化，使农业陷入困境，其中尤以土地资源为明显。土壤沙化、水土流失，都是从土地利用不当开始。土地是农业生产的基地，植物所需要的养分主要是经由土壤→植物→动物→土壤而流动的；植物所需要的水分主要是经由气候→土壤→植物→气候而流动的。在种植业中，土地不仅是影响当年产量的因素，也是持续生产和世代相继、永续使用的最基本的生产资料。

用地是指利用土地种植作物，蓄积光能，发挥土壤肥力各因素的作用，保证作物高产。养地是指采取技术措施培养、保护和提高土壤肥力，以保证持续地高产。保证作物高产与提高土壤肥力是耕作制度中用地（land－use）和养地（land－rear）这一对矛盾的两个侧面。可见，用地是需要，是目的；养地是手段，是保证。两者必须很好地结合，使作物生产不断发展，持久而不衰。

随着生产的发展，社会对农产品的需要量日益增多，人们常常囿于眼前的利益，注意加强对土地利用的长度和强度，而对养地水平如何适应用地程度注意不够。近期利益、经济利益考虑得多，长远利益、生态利益考虑的少。结果，用多养少，或只用不养，地力衰退，降低当年作物产量，也影响以后的生产。因此，要使作物持续增产，必须协调用养关系，使用地和养地相结合。用地和养地相结合具有两种含义，一种是使用地程度与养地程度取得平均，在用地过程中，使土地生产力能得到恢复，保持地力水平，使作物产量得到稳定（低水平的结合）。另一种是在用地过程中，提高养地水平，并以提高了的养地水平促进用地程度的加强，使用地与养地不断处于动态平衡状态，作物持续增产（高水平的结合）。后者促进农业生产不断向前发展。

用地和养地相结合比较广泛的概念，应理解为利用资源，发展生产，保护资源。因土壤肥力不仅随着作物产品的产出而变化，也随着气候因素的变迁而变化。风力和水力的侵蚀过程，在一些地区所造成的损失要比收获物携走的数量大许多倍。因此，只有保护好整个农业生产环境，才能保护住土地，达到维护和更新土壤肥力的目的。

耕作制度的发展历史证明，用地和养地如何结合是始终贯穿其中的根本问题。在最早的原始耕作制度阶段，人们开垦生荒地和熟荒地进行生产，用地程度低，养地靠自然。以后逐渐发展到休闲耕作制、常年耕种制以及集约耕作制，土地的利用程度越来越高，养地手段也由完全依赖植被的更替，逐步发展到在休闲地上进行土壤耕作，利用生物养地，直到将化肥、机械、农药、能源等其他工业品大量投入农田，大幅度地提高土地生产力。整个耕作制度的发展就是用地和养地矛盾不断取得统一，从用养分离到用养结合，从少用少养到多用多养的发展过程。再从耕作制度包括的两大组成来看，种植制度是耕作制度的中心环节，它是充分用地的制度，而另一组成——养地制度是根据用地的需要而采用的，只要种植制度发生改变，养地制度也必然相应改变。当然，施肥或灌溉、排水等养地制度的重大变化也能引起种植制度的变化，如施肥量显著增多，可由过去种植谷子改为种植玉米。华北地区在降水只有 500mm 的地方，一旦能够灌溉即可能由一年一熟改为一年两熟等。但是无论从哪一方面引起耕作制度的变化，改革后的耕作制度都需要并可能实现用地和养地相结合，而且其结合的程度直接关系到作物的持续增产的水平。

因此，建立或改革耕作制度必须以用地和养地相结合为核心。看不到用养结合的重要性，改革耕作制度时用养脱节，是不可取的，但是，只强调用养结合的作用，将其当作合理耕作制度的唯一原则，也不能发挥为农业生产而奠定基础的作用。

（二）用养结合的途径

1. 扩大营养物质循环

实施农林牧结合的耕作制度，可以利用农牧之间的物质循环——饲料和肥料关系，求得农业和畜牧业的共同发展。畜牧业的粪便是补充农田有机质的主要来源。单一经营种植业而没有畜牧业或有少量牲畜的耕作制度，难以使用地和养地相结合。林业在改善农田生态环境的同时，其树叶、嫩枝可补充牲畜的饲料，并将枝叶中的养分，通过牧业以粪肥的形式富集到农田土壤中，使林业向土壤输入有机物质。树枝含氮、磷、钾等成分远比作物秸秆少，但其发热量却比玉米秸秆多（表 1 - 11）。以树枝作燃料，可省出作物秸秆，增加秸秆还田的比例。同时也可节省草原上的牧草不做燃料而增加草原的载畜量。此外，农田四周的沟边、壕沿、道旁的青草沤肥转入耕地，或将这些青草通过牛羊放牧，以粪肥的形式输入农田。

表 1 - 11　　秸秆与薪炭林枝条的折算石油当量比值（联合国粮农组织）

物质种类	比　值	物质种类	比　值
小麦、大麦、水稻秸秆	2.85 : 1	燕麦秸秆	2.46 : 1
玉米秸秆	5.74 : 1	黑麦秸秆	3.0 : 1
谷子秸秆	2.87 : 1	薪炭林枝条	4.6 : 1

来源：耕作学，东北农学院出版社，1988。

2. 缩小农业的开放程度

农业生产特点之一是其开放性。作物的生物产量中，一般其籽实作为商品离开当地，秸秆常作为燃料，只以少量的灰分归还农田，如以麦秸作为造纸业的原料，甚至灰分也不能归还农田。作物秸秆中含有一定的作物养分（表 1 - 12），同时其纤维素可改善土壤的结构。2015 年我国秸秆资源量为 105757.7 万 t，其中粮食作物秸秆量为 90944.1 万 t，占 86.0%，油料作物秸秆量为 8848.7 万 t，占 8.4%，棉花、麻类、糖料等作物秸秆量为 5964.9 万 t，占 5.6%（表 1 - 13）。如以薪炭林为燃料，则只有作物籽粒离开当地的农业生态系统，而约有一半的生物量可以转移到农田。

表 1-12 作物秸秆的养分含量 %

秸秆种类	N	P_2O_5	K_2O	秸秆种类	N	P_2O_5	K_2O
小麦	0.5	0.2	0.6	棉花	0.6	1.4	0.9
玉米	0.78	0.4	0.6	花生	3.2	0.4	1.2
大豆	1.07	0.3	0.5	水稻	0.6	0.6	0.9
甘薯	1.65	0.25	2.5	绿肥鲜草	0.5	0.1	0.4

表 1-13 2015 年我国主要农作物的秸秆资源量 单位：万 t

粮食作物	秸秆量	油料作物	秸秆量	经济作物	秸秆量
谷物		花生	3288.0	棉花	4680.9
水稻	22904.8	油菜	4479.3	麻类	
小麦	14320.4	芝麻	192.0	黄红麻	9.0
玉米	44926.4	胡麻	80.0	苎麻	18.4
谷子	393.2	向日葵	809.4	大麻	4.6
高粱	550.4			亚麻	2.0
其他	678.0			糖料	
豆类	3179.6			甘蔗	1169.7
薯类	3991.3			甜菜	80.3
合计	90944.1		8848.7		5964.9

数据来源：中国农业年鉴，2016。

农作物秸秆经济系数来源：作物秸秆还田技术与机具（龚振平）。

3. 作物布局中加入豆科牧草及饲料作物

实行农林牧相结合的耕作制度，就要在作物布局中加入豆科饲料作物，为畜牧业发展建立巩固的饲料基地。将豆科饲料作物的地上部收割作为饲料，而庞大的根系留在土壤中，增加土壤的有机质，增加土壤中的生物孔隙和水稳性团粒结构。在牧草生育期中多次收割作为青饲料的同时，还可促进新根的萌发，使根系在土壤中分布更加均匀，从而使农田土壤肥力也更加均匀。

4. 综合运用耕作制度的技术环节

耕作制度中除施肥制，灌溉制度直接增加土壤养分和水分，其他环节皆属于合理利用气候资源和土壤肥力，或降低土壤肥力的非生产性消耗。轮作制度是根据其中全部作物吸收营养、水分的特点，作物根系、根系分泌物以及可归还农田的秸秆养分种类和数量，有顺序或有原则地轮换种植，巧妙地调节各种养分和水分的用、养、余缺，使土壤养分、水分不致片面消耗。土壤耕作制调整耕层三相比来控制轮作中各茬作物可吸收的养分和水分的供应，同时尽量减少土壤肥力的非生产性消耗和促进土壤养分的积累。

单一经营的耕作制度，没有林业和牧业向农业系统补偿有机质，往往是三料（饲料、肥料、燃料）俱缺。用地大于养地，导致单位面积产量不高，作物和土壤抗灾力弱，以致总产不稳。如果想要达到一定的产量，必须依赖大量的社会资源的投入和生产费用的提高，因而每元投资效果降低，农民的收益也相对降低，无力扩大经济再生产。

复 习 思 考 题

1. 简述农业生产的特点。
2. 如何理解农业生产三车间的关系？
3. 如何理解建立耕作制度的原则？
4. 如何根据农业自然资源状况建立合理科学的耕作制度？

第二章　种植结构与调整

作物种植制度是指一个地区或某个生产单位的作物种植结构及其在空间（地域或地块）对时间（季节、年际）上的安排。作物种植制度包括三个方面内容：一是作物结构与布局，二是种植方式，三是轮作与连作。作物结构与布局是种植方式和轮、连作安排的前提，而后二者又是执行作结构与布局的保证。三者呈现相互联系、补充和统一的关系，三者安排都很恰当，体现了科学的作物种植制度。

种植结构是整个农业生产的基础，是指种植业内部各种粮食作物、经济作物及饲料作物的比例关系。作物布局是指一个地区或生产单位种植的空间配置。种植结构与布局从宏观上、整体上、技术上科学地解决种什么、种多少和种在哪里的问题。合理的种植结构与布局，将为种植制度趋于科学化奠定基础，有助于充分发挥资源优势，促进农、林、牧、副、渔的综合发展，促进农业生态系统整体效益的提高。种植结构与布局的合理性是相对的，不是一成不变的。随着社会的变革，生产力的发展，科学技术的进步，人类利用自然的广度和深度的不同，种植结构布局将不断改变、调整和完善。

第一节　种植结构概述

一、粮食作物

粮食作为人类最基本的生存必需品，一直有着无法比拟的社会政治意义。在中国，从古代“深挖洞、广积粮”的施政纲领到新中国成立后“以粮为纲”的发展战略，都显示了历代政治家对粮食问题的极度重视。粮食的政治意义，不仅仅表现在发展中国家，也经常是发达国家和发展中国家之间爆发冲突的一个焦点。我国是一个人口大国，粮食是命根子，也是国民经济发展的重要基础。根据《中国农业年鉴》的分类，粮食作物包括谷物（稻谷、小麦、玉米、高粱、谷子及其他谷物）、豆类（大豆、其他豆类）、薯类（马铃薯、其他薯类）。粮食生产结构包括种植结构、产量结构和单产结构等几个部分，分别以种植面积、粮食产量和单产水平为主要衡量指标。我国粮食播种面积占总播种面积的比例一直保持在70%左右（表2-1），这种作物种植结构与我国人口较多、人均口粮消费压力较大相适应的。

表2-1　我国粮食作物占农作物播种面积的比重

年　份	1985	1990	1995	2000	2004	2008	2010	2015
农作物面积/万 hm^2	14362.6	14836.2	14987.9	15630.0	15355.3	15626.6	16067.5	16637.4
粮食作物面积/万 hm^2	10884.5	11346.6	11006.0	10846.3	10160.6	10679.3	10987.6	11334.3
粮食作物比重/%	75.8	76.5	73.4	69.4	66.2	68.3	68.4	68.1

来源：中国农业发展报告，中国农业出版社，2000，2011；中国农业年鉴，中国农业出版社，2015。

新中国成立以来，我国粮食作物增长与构成呈现出以下特点：①1975 年以前薯类面积一直保持最大的幅度增长，1975 年以后，玉米播种面积增长幅度处于领先地位；②稻谷保持稳定，小麦和大豆总体呈现下降趋势；③稻谷、小麦和玉米构成粮食的主体，2014 年三者的播种面积已占粮食总播种面积的 81.2%。

中国的粮食生产不仅影响本国，还直接影响世界粮食市场。粮食是宝中之宝，是治国安邦的要端，必须把握好国情、粮情和粮食商品的基本特征。粮食稳，市场稳；粮食定，天下定。这是由粮食在国民经济中具有不可替代的基础作用所决定的。粮食既是生产资料，又是生活资料。在当代中国，粮食具有很强的政策性和公益性，对稳定市场和稳定物价具有特殊的重要性。此外，粮食又是一种风险产业和弱质产业，粮食市场的波动是难免的，所以，在中国建立以粮食生产为主体的种植结构也有其重要意义。

1. 粮食生产变化特点

（1）我国粮食生产发展阶段。新中国成立以来，我国粮食生产从总体上来讲呈波浪形上升态势，大约经过了 2 亿 t、3 亿 t、4 亿 t、5 亿 t 和 6 亿 t 等 5 个台阶。

1949—1958 年为第一台阶，粮食产量达 2 亿 t。1950—1952 年三年恢复时期，由于实行了土地改革，农村生产关系的变革，农民有了翻身感，极大地调动了他们的积极性，粮食生产发展较快，平均每年增长 13.1%，人均粮食产量由 1949 年的 209kg 增加到 1952 年的 288kg。从 1953 年开始执行第一个五年计划，1957 年粮食总产量 1.93 亿 t，完成计划的 101.2%，1958 年首次突破 2 亿 t。9 年间播种面积由 1.1 亿 hm^2 增加到 1.28 亿 hm^2，粮食总产量增长 8680 万 t，年均增长 964 万 t，单产由 1.03t/hm^2 增至 1.57t/hm^2，增长 52.4%。总的来说，这一阶段，我国农业生产发展措施对头，政策得力，发展速度是正常的。

1959—1978 年为第二台阶，粮食产量跃上了 3 亿 t。1958 年以后，由于自然灾害以及“大跃进”和人民公社化运动中“左”倾思想的错误影响，出现了浮夸风和瞎指挥，严重违背了自然与经济等科学发展的客观规律，结果是“大跃进”变成了大倒退。1959 年粮食总产量比上年减少了 3000 万 t，1960 年又比 1959 年减产 2650 万 t，到 1962 年粮食总产量下降到 1.6 亿 t，比 1957 年减少了 3505 万 t，减产 18%；粮食单产 5 年下降了 10.3%。由于农业的大减产，破坏了国民经济按比例协调发展的规律，因此长时期农副产品供不应求，给人民生活造成了很大困难。1963—1965 年 3 年调整时期，纠正了“大跃进”等“左”的错误，粮食总产量达到 1.95 亿 t，3 年增产 21.6%，人均粮食产量由 241kg 增加到 272kg。1966—1970 年第三个五年计划时期，粮食总产量计划完成 2.2 亿～2.4 亿 t，实际完成 2.4 亿 t，5 年增长 23.3%，粮食单产 5 年提高 22.9%。20 世纪 60—70 年代粮食增产主要动力是绿色革命成果的全面引入和推广，特别是高产新品种如杂交玉米和杂交水稻等的培育和推广，以及化肥施用量、机耕面积、灌溉面积（包括机灌面积）的大幅度增加，农田基本建设和土壤改良等措施的强化。1971—1975 年第四个五年计划时期，粮食总产量虽增长了 23.3%，但没有完成预定计划；1976 年 10 月“文化大革命”结束后，粮食生产加速发展，1978 年达到 3 亿 t。1959—1978 年间，农田灌溉面积比重由 30.67%增长到 45.24%，化肥投入量由 54.6 万 t 增长到 884 万 t，粮食产量年均增长 520 万 t，单产增长 54.1%。

1979—1984 年为第三台阶，粮食产量达到 4 亿 t。1979 年后农村实行家庭联产承包与双重经营的经济体制改革，农民有了自主感，加上粮食收购价格提高，粮食生产快速发展，1980 年粮食总产量达到 3.2 亿 t。1981—1984 年是我国第六个五年计划中发展最快的时期，粮食连续 4 年增产，1984 年粮食产量突破了 4 亿 t，创历史最高纪录。4 年增产粮食 8675 万 t，平均每年增产 2169 万 t，年增长速度高达 6.2%，人均粮食产量由 343kg 增加到 393kg。这个阶段粮食增长主要是由于单产提高所致，而经济制度的全面变革是单产提高的主要原因。此外，化肥等的投入继续大幅度增加（从 800 万 t 增长到 1739.8 万 t），以及一系列新技术的推广应用等，也是粮食产量获得持续增长的重要原因。

1985—1996 年为第四台阶，粮食产量达到 5 亿 t。连续 4 年的粮食大幅度增长使人们对粮食形势认识过于乐观，甚至采取了一些抑制粮食生产的政策，致使 1985 年粮食播种面积比上年减少了 4000 万 hm^2，总产量下降到 3.8 亿 t，粮食又出现了新的徘徊。尤其是 1986—1988 年粮食生产形势是相当严峻的，粮食总产量连续 4 年没有完成国家计划，人均粮食占有量也连续 4 年没有恢复到 1984 年的水平，直到 1989 年才恢复到 1984 年的人均粮食水平。20 世纪 90 年代后根据粮食生产徘徊的形势，采取提高粮价等一系列措施，使粮食生产得到恢复和发展，1996 年创造历史最高纪录，超出 5 亿 t，比上年增长 13.4%。分品种看，稻谷总产量增长 5.3%，小麦增长 8.2%，玉米增长 13.8%，上述三大品种增产量占全部谷物增产总量的 95%以上。1996 年粮食大幅增产主要原因有：①各级政府对农业的高度重视，1996 年初中央再次决定较大幅度提高粮食定购价格，极大地调动了农民种粮的积极性，全年因面积扩大增产粮食占总增产量的 12.6%；②气候好于往年，虽然局部地区发生比较严重的水旱灾害，但总体气候较好，灾害较轻，这方面增产粮食占粮食总产量的 24%；③高产作物种植面积增加，因种植结构调整约增加粮食 2.1%；④科技推广在粮食增产中发挥了显著作用，增产贡献率约为 38%。

1997—2013 年为第五台阶，粮食产量跃上 6 亿 t。1996 年开始出现卖粮难现象，国家开始调整粮食结构，重视品质的提高，忽视产量的提升；1997—1999 年产量稳定在 4.94 亿～5.12 亿 t，从 2000 年开始粮食总产量持续下降，至 2003 年粮食总产量降至 4.31 亿 t，粮食播种面积下降是减产的重要原因，1999 年粮食播种面积 1.13 亿 hm^2，2003 年降至 0.99 亿 hm^2，播种面积减少 13.8%；2004—2013 年我国粮食实现连续增产，2011 年粮食播种面积恢复到 1.11 亿 hm^2，粮食总产量达 5.71 亿 t；2013 年粮食播种面积为 1.11 亿 hm^2，粮食总产量达 6.02 亿 t。粮食增产的主要原因是各级政府积极开展粮食稳定增产行动，对粮食生产的政策支持力度进一步加大，进一步提高农业科技应用水平，增加高产作物玉米、水稻种植面积的结果。

2014—2016 年粮食产量分别为 60.17 亿 t，6.21 亿 t 和 6.16 亿 t。

（2）增长方式变化。我国粮食增产方式由单产与总产并重向以提高单产为主转变。根据统计资料分析，中华人民共和国成立以来，我国粮食播种面积基本上稳定在 1.1 亿～1.3 亿 hm^2之间，少数年份，如 1956 年、1957 年粮食播种面积超过 1.3 亿 hm^2，2003 年降至 0.99 亿 hm^2，近几年来粮食播种面积大致保持在 1.1 亿 hm^2。新中国成立初期，我国粮食增产既靠播种面积扩大，又靠单产提高。1956 年是我国粮食播种面积最大的时期，达到 1.36 亿 hm^2，单产也达到 1.42t/hm^2。此后，粮食播种面积和单产呈现出明显的差异，粮食增产主要靠单产提高。到1996年全国粮食单产比1950年提高了将近2倍，2011年粮食单产达5166kg/hm^2，较1996年单产提高20.1%，而粮食播种面积与解放初相比还略有下降，这其中还包括由于自然灾害造成的粮食损失量需通过粮食单产的提高来补偿部分。

（3）作物结构变化。小麦、玉米在粮食中所占比重越来越大，稻谷的地位逐渐下降，品种结构变化较大。我国粮食生产一度以水稻为主，在较长时期内，全国粮食增产主要依靠水稻。20世纪80年代以后，水稻在粮食中所占比重逐年下降。1957—2014年间，水稻占粮食产量的比重由44.5%下降到34.0%，同期小麦由12.1%上升到20.8%，玉米由11.0%上升到35.5%（表2-2）。

表2-2 我国粮食作物结构变化 %

年份	水稻		小麦		玉米		大豆		薯类	
	面积	产量	面积	产量	面积	产量	面积	产量	面积	产量
1957	24.1	44.5	20.6	12.1	11.2	11.0	7.1	5.2	9.1	11.2
1970	27.1	45.8	21.3	12.2	13.3	13.8	6.7	3.6	9.0	11.0
1980	28.9	43.6	24.9	17.2	17.4	19.5	6.2	2.5	8.7	9.0
1990	29.1	42.4	27.1	22.0	18.9	21.7	6.7	2.5	8.0	6.1
1996	27.9	39.7	26.3	21.9	21.8	24.0	9.4	3.8	8.7	7.0
2008	27.4	36.3	22.1	21.3	28.0	31.4	8.5	2.9	7.9	5.6
2010	27.2	35.8	22.1	21.1	29.6	32.4	7.8	2.8	—	—
2014	26.9	34.0	21.4	20.8	32.9	35.5	6.0	2.0	7.9	5.5

2. 粮食作物地区布局变化

（1）南北布局。南方的粮食地位下降，北方在上升，南余北缺的粮食生产格局有较大改观。1949年南方粮食产量所占比重高达60.1%，1984年为58.9%，1996年降为51.7%，2008年降为46.6%；北方则由1949年的39.9%上升到2008年的53.4%，上涨了13.5个百分点，尤其是改革开放以来，南降北升的趋势非常明显。

（2）东、中、西三大地带粮食增长中心明显向中部转移。对其区域范围的确定沿用我国区域经济研究中最常用的东部、中部、西部三大地带划分方案（表2-3）。从典型年份粮食产量分析（表2-4）可以看出，东部地区粮食产量所占比重先扬后抑再上扬再下降，由1949年的37.9%升至1978年的41.1%，1996年又降为37.5%，2004年降为32.8%，2010年恢复到39.5%，而2014年恢复到27.2%，与改革开放之初相比下降了13.9个百分点。中部地区粮食产量处于上升趋势，1949年为37.9%，1996年上升到42.6%，2004

表2-3 东部、中部、西部三大地带分区（毕于运等，2008）

地带	区域范围
东部	北京市、天津市、河北省、辽宁省、上海市、江苏省、浙江省、福建省、山东省、广东省、海南省
中部	山西省、吉林省、黑龙江省、安徽省、河南省、江西省、湖北省、湖南省
西部	内蒙古自治区、广西壮族自治区、重庆市、四川省、贵州省、云南省、西藏自治区、陕西省、甘肃省、青海省、宁夏回族自治区、新疆维吾尔自治区

年为45.8%，2010年为45.0%，2014年为46.2%。西部地区则处于下降再上升通道之中，由新中国成立初的24.2%降至1996年的19.9%，2010年为15.5%，2014年为26.6%。

表2-4 我国东、中、西粮食产量分布 %

年份	1949	1978	1996	2004	2010	2014
东部	37.9	41.1	37.5	32.8	39.5	27.2
中部	37.9	38.5	42.6	45.8	45.0	46.2
西部	24.2	20.4	19.9	21.4	15.5	26.6

3. 粮食余缺平衡分析

(1) 全国粮食调出省份和数量减少，供求缺口趋于增大。1953年，全国粮食净调出省有20个，到20世纪80年代减少到7个，据国务院发展研究中心2015年的调查，到2014年仅有黑龙江、吉林、内蒙古、河南、安徽、江西6个省（自治区）可以净调出粮食。也就是说，20世纪50年代大多数省调出粮食，到目前全国粮食供求缺口日益扩大。

(2) 粮食生产余缺区的划分。1997年中国区域发展报告将人均占有粮食400kg作为余粮的低限，将320kg作为缺粮的高限。按上述标准，全国可分为余粮、基本平衡和缺粮3种类型区。

1) 余粮区。依据社会人均粮食占有量400kg作为区域粮食富余的低限，主要余粮区有15个（表2-5）。这些地区是中国的农业大省，其耕地及耕地后备资源丰富、传统种植技术较为发达，是粮食生产力和人均粮食占有水平较高的主要原因。

2) 基本平衡区。社会人均粮食占有320～400kg作为粮食供需基本平衡区，主要有辽宁、云南、重庆、山西、贵州、广西（表2-5）。这些地区在正常年份不存在买粮难或卖粮难的问题。

3) 缺粮区。依据社会人均占有粮食320kg为缺粮的高限，2014年全国缺粮省（区、市）共有10个，其中北方4个，南方6个（表2-6）。

表2-5 2014年按社会人均粮食占有水平划分的余粮与基本平衡地区

余粮地区				基本平衡地区	
地区	人均原粮/(kg/人)	地区	人均原粮/(kg/人)	地区	人均原粮/(kg/人)
黑龙江	1628.1	山东	470.9	辽宁	399.5
吉林	1283.8	河北	456.7	云南	395.9
内蒙古	1100.7	甘肃	448.0	重庆	384.0
新疆	620.0	湖南	447.0	山西	365.7
河南	612.5	湖北	445.0	贵州	324.8
宁夏	574.4	江苏	439.1	广西	324.0
安徽	564.0	四川	415.5		
江西	473.0				

来源：中国农业年鉴，中国农业出版社，2014。

表 2-6　　2014 年按社会人均粮食占有水平划分的缺粮地区

地区	人均原粮/(kg/人)	缺口率/%	地区	人均原粮/(kg/人)	缺口率/%
北京	30.0	92.5	福建	174.0	56.5
上海	46.5	88.4	青海	180.5	54.9
天津	117.7	70.6	海南	207.5	48.1
广东	127.0	68.3	西藏	311.2	22.2
浙江	137.6	65.6	陕西	317.8	20.6

来源：中国农业年鉴，中国农业出版社，2014。

4. 我国粮食供给的不平衡性

（1）粮食种类不平衡。我国谷类粮食生产基本可以满足国内市场需求，自给率接近100%；大豆主要依靠进口，我国消费大豆对国际市场的依存度高达 80%。据《中国农产品贸易发展报告（2011）》，2010 年稻谷出口 62.2 万 t，进口 38.8 万 t；玉米出口 12.7 万 t，进口 157.3 万 t；小麦出口 27.7 万 t，进口 123.1 万 t；大豆出口 17.3 万 t，进口 5478.6 万 t。稻谷、玉米、小麦净进口 216.6 万 t，占我国谷物总产的 0.45%；大豆净进口 5461.3 万 t，是国产大豆的 3.51 倍。

（2）区域间不平衡。缺粮区主要是东部发达的北京、上海、天津、广东、浙江、福建等地区；粮食产区由东部向中西部转移，由南部向北部转移，与我国降水区域分布相悖，加重了我国西部、北部的生态环境压力。

5. 粮食生产布局变化原因分析

（1）比较效益相对低下是东南沿海粮食生产萎缩的主要原因。从农业内部比较收益分析，粮食作物收益大大低于水果、蔬菜等经济作物，无论是土地收益还是资金、劳动收益在各农业生产部门中粮食生产都是最低的。2004—2009 年粮食种植每亩平均净利润，水稻为 232.69 元、玉米为 151.78 元、小麦为 134.49 元、大豆为 122.93 元、花生为 386.24 元、苹果为 1907.13 元、城市蔬菜为 1812.64 元，平均成本利润率水稻为 42.38%、玉米为 33.72%、小麦为 30.87%、大豆为 40.91%、花生为 68.92%、苹果为 93.91%、城市蔬菜为 89.74%（表 2-7）。

表 2-7　　作物成本收益比较

作物	收　益	2004 年	2005 年	2006 年	2007 年	2008 年	2009 年	平均
水稻	净利润/(元/亩)	285.09	192.71	202.37	229.13	235.62	251.20	232.69
	成本利润率/%	62.71	39.06	39.05	41.27	35.43	36.77	42.38
玉米	净利润/(元/亩)	134.94	95.54	144.76	200.82	159.22	175.37	151.78
	成本利润率/%	35.92	24.36	35.16	44.66	30.42	31.82	33.72
小麦	净利润/(元/亩)	169.58	79.35	117.69	125.30	164.51	150.51	134.49
	成本利润率/%	47.65	20.37	29.08	28.57	33.00	26.54	30.87
大豆	净利润/(元/亩)	127.06	81.48	67.84	175.21	178.45	107.52	122.93
	成本利润率/%	50.21	30.12	25.36	60.05	51.28	28.43	40.91

续表

作物	收益	2004年	2005年	2006年	2007年	2008年	2009年	平均
花生	净利润/(元/亩)	318.19	203.59	372.90	620.01	256.39	546.38	386.24
	成本利润率/%	70.89	42.98	74.00	107.19	37.87	80.59	68.92
苹果	净利润/(元/亩)	942.74	1533.86	1636.79	2442.57	1945.52	2941.28	1907.13
	成本利润率/%	70.34	119.49	101.87	102.01	86.18	83.54	93.91
蔬菜	净利润/(元/亩)	1562.91	1606.70	1509.94	2226.79	1881.69	2087.83	1812.64
	成本利润率/%	88.65	92.13	76.50	105.91	84.91	90.36	89.74

来源：全国农产品成本收益资料汇编，中国统计出版社，2010。

东部地区农业收入在家庭收入中所占比重较低，尤其是沿海地区（表2-8）。经济发达的沿海地区，乡镇企业的崛起，使农民家庭收入结构发生了重大变化。北京、上海、天津、江苏、浙江、广东等地区，农民人均纯收入很高，粮食生产在家庭收入中的地位已显得“微不足道”。

表2-8　2015年三大经济地带农业收入占农民总收入的比例

东部				中部				西部			
地区	总收入/(元/人)	农业收入/(元/人)	农业收入比例/%	地区	总收入/(元/人)	农业收入/(元/人)	农业收入比例/%	地区	总收入/(元/人)	农业收入/(元/人)	农业收入比例/%
北京	20568.7	1958.5	9.5	山西	9453.9	2624.4	27.8	内蒙古	10775.9	6185.4	57.4
天津	18481.6	4949.4	26.8	吉林	11326.2	7878.1	69.6	广西	9466.6	4359.4	46.1
河北	11050.5	3682.7	33.3	黑龙江	11095.2	7049.8	63.5	重庆	10504.7	3774.7	35.9
辽宁	12056.9	5573.7	46.2	安徽	10820.7	4214.4	38.9	四川	10247.4	4197.3	41.0
上海	23205.2	1462.3	6.3	河南	11852.9	4462.2	37.6	贵州	7386.9	2878.7	39.0
江苏	16256.7	5045.6	31.0	江西	11139.1	4431.3	39.8	云南	8242.1	4600.8	55.8
浙江	21125.0	5364.3	25.4	湖北	11843.9	5281.4	44.6	西藏	8243.7	4937.7	59.9
福建	13792.7	5455.6	39.6	湖南	10992.5	3911.7	35.6	陕西	8688.9	2908.6	33.5
广东	13360.4	3590.1	26.9	平均			44.7	甘肃	6936.2	3025.2	43.6
山东	12930.4	5856.4	45.3					青海	7933.4	3058.5	38.6
海南	10857.6	5013.2	46.2					宁夏	9118.7	3837.0	42.1
平均			30.6					新疆	9425.1	5397.5	57.3
								平均			45.8

来源：中国农业年鉴，中国农业出版社，2016。

（2）种植制度变革和复种指数的变化。1979—1994年间，北部和西部地区复种指数增加。北方15个省份中11个复种指数有不同程度的提高，山东省由147%提高至162%，河南省由153%提高到177%，宁夏由101%增至114%，而南方多熟制地区则因调减粮食种植面积导致复种指数下降。上海复种指数由1979年的217%减至1994年的183%，江苏由183%减至176%，浙江由247%减至233%，广西由217%减至212%。至2008年山东省的复种指数减至143%，河南省复种指指数稳定在178%，宁夏为109%；而南方多熟制地区的上海减至159%，浙江减至129%，广西减至135%。

西部和北部以一熟制为主的地区，由于水利条件的改善，间作、套作与轮作等多熟种植发展很快。其中，以春小麦间套玉米、玉米间套豆类作物、玉米间套马铃薯等为主体的立体种植模式，已成为目前北方一熟制地区粮食作物种植的主体优化形式，并为北部和西部一熟制地区普及推广多熟制积累了成功的经验。

(3) 人地矛盾的制约和影响。从耕地资源的地区分布来看，西部和北部地区耕地资源相对比较丰富，而东南沿海地区则人多地少矛盾突出，这是我国粮食增长中心“北上”“西移”的客观原因。

东北和西北地区地域广阔，其中黑龙江、内蒙古农业人口人均耕地分别高达 0.634hm^2 和 0.518hm^2，新疆、宁夏、吉林、甘肃农业人口人均耕地面积分别为 0.410hm^2、0.260hm^2、0.385hm^2、0.226hm^2；东南沿海、华中和华南地区以及直辖市农业人口人均耕地面积非常低（表 2-9）。

表 2-9　2008 年三大经济地带农业人口人均耕地

东部				中部				西部			
地区	耕地/($\times 10^3$ hm^2)	农业人口/万人	人均耕地/(hm^2/人)	地区	耕地/($\times 10^3$ hm^2)	农业人口/万人	人均耕地/(hm^2/人)	地区	耕地/($\times 10^3$ hm^2)	农业人口/万人	人均耕地/(hm^2/人)
北京	231.7	324.2	0.071	山西	4055.8	2365.1	0.171	内蒙古	7147.2	1378.6	0.518
天津	441.1	387.3	0.114	吉林	5534.6	1436.3	0.385	广西	4217.5	4108.1	0.103
河北	6317.3	5402.3	0.117	黑龙江	11830.1	1867.2	0.634	重庆	2235.9	2358.5	0.095
辽宁	4085.3	2186.2	0.187	安徽	5730.2	5158.2	0.111	四川	5947.4	6714.6	0.089
上海	244.0	338.9	0.072	河南	7926.4	7996.4	0.099	贵州	4485.3	3368.1	0.133
江苏	4763.8	4940.4	0.096	江西	2827.1	3239.6	0.087	云南	6072.1	3627.2	0.167
浙江	1920.9	3490.3	0.055	湖北	4664.1	3910.1	0.119	西藏	361.6	—	—
福建	1330.1	2683.8	0.050	湖南	3789.4	5196.3	0.073	陕西	4050.3	2750.3	0.147
广东	2830.7	5523.0	0.051					甘肃	4658.8	2058.6	0.226
山东	7515.3	7076.4	0.106					青海	542.7	369.3	0.147
海南	727.5	513.0	0.142					宁夏	1107.1	426.2	0.260
								新疆	4124.6	1005.1	0.410

来源：中国农业年鉴，中国农业出版社，2009。

(4) 市场与运输条件的变化。从 1984 年起，我国农产品批发市场相继建立，1990 年 10 月在郑州开办了我国第一家全国性粮食批发市场，此后，粮食批发市场逐步在其他地区兴起。在国家粮食局重点联系的 22 个粮食批发市场（表 2-10），分布特点是：①主要分布在北方地区，在北方的有 15 个，为北方地区粮食生产健康发展提供了良好的基础；②中部经济带有 16 个粮食批发市场，在全国占有相当的比重，这与中部粮食生产所占的突出地位有很大关系；③粮食批发市场均位于我国典型的交通枢纽城市，便利的交通为粮食生产发展创造了比较好的条件。

表 2-10 国家粮食局重点联系的粮食批发市场

中国郑州粮食批发交易市场	北京粮油交易信息服务中心	河北粮食批发市场	江苏粮油商品交易市场
长春国家粮食交易中心	内蒙古通辽玉米批发交易市场	宁夏粮油批发交易市场	湖南粮食中心批发市场
大连北方粮食交易市场	中国天津粮油批发市场	陕西省粮食批发市场	广东华南粮食中心批发市场
山东省粮油交易中心	黑龙江粮油中心批发市场	安徽粮食批发交易市场	四川粮油批发市场
新疆粮油中心批发市场	河南省粮食交易物流市场	湖北华中粮食批发市场	
山西省粮油批发市场	甘肃省粮油批发市场	江西省粮油批发市场	

来源：http：//www.chinagrain.gov.cn。

二、经济作物

经济作物又称为工业原料作物，是指除了粮食、饲料、绿肥等作物以外其他各种作物的统称。因地制宜积极发展各种经济作物，对提高人民生活、增加农民收入和发展国民经济具有重要意义。首先，经济作物产品是人民生活的必需品，是加工工业尤其是轻工业的重要原料，关系到人民生活的食、穿、用和出口创汇等各个方面。

1. 经济作物的特点

（1）种类繁多，用途广泛。我国由于南北地跨热带、亚热带、温带、寒温带等多种气候带，地形气候垂直分异明显，作物适应环境范围广，经济作物种类多种多样，几乎拥有世界上各种经济作物，包括：棉花、麻类、蚕丝等纤维性作物，花生、芝麻、油菜籽、胡麻、向日葵等油料作物，甘蔗、甜菜、甜叶菊等糖料作物，烟草、茶叶等嗜好作物，橡胶、咖啡、可可、胡椒等热带作物，蔬菜、花卉、栽培药材等园艺作物，薄荷、八角、花椒等特种经济作物。而现阶段大量种植和利用的经济作物，主要以棉花、麻类、油料、糖料、烟草和茶叶为大宗（表 2-11）。

表 2-11 2015 年我国经济作物播种情况

作物种类	$\times10^3hm^2$	作物种类	$\times10^3hm^2$	作物种类	$\times10^3hm^2$	作物种类	$\times10^3hm^2$
油料作物	14034.6	麻类	81.3	糖料	1736.5	棉花	3796.7
其中		其中		其中		蔬菜瓜果	24549.2
花生	4615.7	黄红麻	13.4	甘蔗	1599.6	烟草	1314.0
油菜	7534.4	大麻	6.5	甜菜	136.9	药材类	2043.8
芝麻	421.7	苎麻	55.7				
胡麻	292.3	亚麻	2.9				
向日葵	1036.3						

来源：中国农业年鉴，中国农业出版社，2016。

（2）技术性强，农艺要求高。经济作物也可以叫做“技术作物”，其栽培管理要求严格，生产过程中的各个环节，包括水、肥、土、种、密、保、工、管，都有特定要求，并要求经济作物栽培的经营者要有较高的生产技术知识和劳动素养（包括实践经验），且要投入较多的资金、物资和劳动力。

（3）商品性强，受市场影响大。经济作物具有高商品率，故也称为“商品作物”。绝大多数经济作物的种植完全是为出卖销售，而不是自身的消费。例如，橡胶、药材、花卉等商品率几乎高达 100%，棉花可达 95%，甘蔗、甜菜、黄红麻可达 80%以上。唯有油料作物具有较大的自给性，商品率在60%左右。由于商品性强，必然要求有较方便的交通运输条件，生产地尽可能接近加工地和消费地。同时深受市场供求关系、粮食与经济作物关系以及价格政策等因素的影响，而波动起伏大，风险性也较大，往往会出现卖难买难的现象。

（4）地域性强，适生要求较严。经济作物对适生环境要求较高，具有明显的地域性特征。各种经济作物对阳光、热量、水分、土壤等都有各自的特殊要求，有的对某一两项关键的自然条件的要求特别严格。例如，橡胶要求平均积温在7000℃以上，甘蔗的种植区年平均气温在20℃以上，不低于10℃积温在7000～8000℃，降水量在1500～2000mm。因此，经济作物布局要因地制宜，适地适种，布局要求集中连片，实行专业化、集约化和区域化种植。布局上的集中性和经营上的规模化，对生产管理、技术推广、新品种引进应用以及收购、调运和加工等，均较方便有利和经济。

2. 我国经济作物布局的基本特点

（1）发展较迅速，波动起伏较大。中华人民共和国成立以后，我国经济作物得到了迅速的恢复和发展，特别是改革开放以来，棉花、油料、糖料、茶叶、烤烟等大宗经济作物的发展更为迅速。但由于从计划体制向市场体制转变，受市场价格和政策因素的影响较大，播种面积不稳定，产量波动起伏现象时有发生，其中发展比较稳定的有花生、油菜、烤烟、茶叶等，波动性发展的有棉花、红黄麻、甘蔗、甜菜等。

（2）种植面积比较稳定，内部结构变化不平衡。中华人民共和国成立以来，我国经济作物播种面积在改革开放前的多数年份稳定在1100万～1300万hm^2，占作物总播种面积的8%～9%；在改革后由于实行家庭承包制后农民种植作物的自主权增大，粮食生产形势好转，粮经矛盾趋于缓和，经济作物播种面积有了较大扩展，多数年份在1700万～2400万hm^2，比改革开放前增加了50%～85%。

（3）分布广泛，集中与分散并存。根据经济作物的生态环境的适应程度以及经济布局特点，可分为4类：①以橡胶、咖啡为代表的热带作物，对自然条件适宜性较弱，分布具有明显的地带性，呈小面积集中种植，主要分布在云南、海南等北回归线以南的热带地区；②以甘蔗、柑橘、茶叶为代表的喜温作物分布的地带性明显，集中程度较高，主要分布在亚热带与热带地区，如广东、广西、云南、海南、福建、浙江、安徽等地；③棉花、油菜、花生、芝麻、麻类以及烤烟等作物，地带性分布不十分明显，但种植地区相对集中，目前棉花、油料、糖料等大宗经济作物生产规模大，分布普遍；④蔬菜、花卉等鲜活产品，其分布的广泛性类似粮食作物，每个省、自辖市、自治区都有种植。2008年蔬菜种植面积达1787.6万hm^2，仅次于油料作物，为第二大宗的经济作物。从动态变化来看，棉花、糖料的区域布局趋于集中，油料作物趋于分散（表2-12），使经济作物布局与地域分工发生新的变化。

3. 经济作物发展与布局

我国的经济作物生产，无论是棉花、油料、糖料，还是烟叶、麻类、花卉、蔬菜等，都有一定的基础和规模。今后的进一步发展，应在“决不放松粮食生产，积极开展多种经营”的方针指导下，稳定面积，增加产量，提高质量，因地制宜，适地适种，选择生态条件最佳和环境适宜的地区发展经济作物，以满足国内市场需求和出口创汇的需要。

表2-12　各地区主要经济作物播种面积占全国比重（2008年）

位次		1	2	3	4	5	6	7	8	9	10
棉花	地区	新疆	山东	河北	河南	湖北	安徽	江苏	湖南	陕西	陕西
	比重/%	29.87	15.44	11.99	10.53	9.44	6.78	5.22	3.18	1.55	1.48
油料	地区	河南	湖北	四川	安徽	湖南	山东	内蒙古	江西	江苏	河北
	比重/%	11.84	10.65	9.01	7.30	7.25	6.34	5.50	5.14	4.42	4.03
糖料	地区	广西	云南	广东	黑龙江	海南	新疆	内蒙古	四川	贵州	河北
	比重/%	54.78	15.57	7.52	4.54	3.95	3.58	2.45	1.17	0.89	0.79
花卉	地区	江苏	河南	浙江	四川	广东	山东	安徽	云南	湖南	黑龙江
	比重/%	13.32	12.14	9.02	8.28	6.86	6.39	4.87	4.50	4.14	3.94
茶叶	地区	云南	福建	湖北	四川	浙江	安徽	贵州	湖南	陕西	河南
	比重/%	19.52	10.99	10.72	10.34	10.13	7.50	6.12	5.00	4.02	3.20

（1）粮经协调发展。在安排农业生产土地、劳动力和物资的时空分配上，要正确处理粮食作物与经济作物的比例与搭配关系，使其能相互促进，协调发展。在粮经关系上往往存在两种倾向，一是粮食作物挤压经济作物，二是经济作物挤压粮食作物。过去，特别是改革开放前，由于粮食长期短缺，北方棉区单种普遍，粮棉套种很少，粮棉矛盾尖锐，为了解决温饱，粮食挤压经济作物的情况较多。近十多年来，情况正好相反，由于强调增加地方财政收入和农民纯收入，加上农民种植自主权增大，大量耕地被改作鱼池、果园和种植其他经济效益较高的作物，如棉花、甘蔗、烟草等。这里有合理因素，但盲目发展经济作物而不顾其他的现象，因此往往会出现经济作物挤压粮食作物的情况。上述这两种倾向都是不正确的，要注意防止。

要正确处理两者关系，就应做到：①应从当地的实际情况出发，根据市场需求，在土地安排、口粮供应、耕作制度、经营管理以及产供销各个环节上，经济作物与粮食作物二者兼顾、统筹安排，而不要顾此失彼。②无论粮食和经济作物，都应在提高单产上下工夫，通过先进的农业科技和农艺的推广和应用，在同样的土地上生产更多的农产品。同时，应扩大山地丘陵经济林生产，大力发展木本油料（如油茶）等，以便少占耕地，减少经济作物对农田的压力。③在市场经济条件下，仍要重视和妥善解决经济作物集中产区的吃粮问题和合理的价格政策。对一个省、地区来说，一般应努力争取粮食自给或有余，并通过合理调剂、调配，安排经济作物布局。

（2）集中与分散并举。应根据经济作物的适应性要求及“因地制宜，适当集中”的原则，合理调整经济作物布局。《中国综合农业区划》（1980年）中对如何调整经济作物布局提出了4条原则：①要向自然生态适宜、土地资源比较丰富、生产潜力较大的地区集中；②要考虑社会经济条件，尽量向生产基础和技术基础比较好，基本生产条件改造建设容易、投资少、见效快的地区集中；③集中产区要考虑粮食自给程度，或调剂的可能性；④要在较大面积上尽可能互相连片，以利于采用先进技术，提高管理水平和组织加工运销，逐步向区域化、专业化方向发展。这4条原则今天仍然基本适用。根据改革开放40年来经济作物布局的调整和劳动地域分工的新变化，可以补充一条，即向生产条件适宜，但经济比较落后，种植经验不多的经济欠发达地区转移和集中。原因是当地政府和农民有种植积极性，把种植经济作物作为增加地方财税和农民致富的重要途径。例如广西的甘蔗、水果、八角（调料）等经济作物的种植和发展就是明证。这些经济作物中不少是通过扶贫方式推广的，成为欠发达地区的农业结构调整和农民脱贫致富的先锋作物。因此，为了使国家需要的经济作物（如棉花、蚕茧、烟叶）产量有可靠的保证和稳定供应，要有重点地选择自然生态条件适宜、生产基础好、种植积极性高、产量大、品质好、商品率高的地区，以县为单位，集中连片，重点建设一批经济作物商品生产基地，包括老基地和新基地。如南疆棉区，粤西、桂中蔗区，松嫩平原、河套平原甜菜区，都是近二三十年发展起来的新基地。对那些与城乡居民需求普遍、适应要求较低的油料（不同的品种有不同适生要求）、蔬菜、花卉等作物，则可以采取“大分散，小集中”的原则安排种植。同时根据自然、经济、社会条件，建立面积相对集中、产量较大的全国性蔬菜基地，如海南、山东寿光、甘肃河西等地区反季节蔬菜基地。

（3）用地养地关系。由于经济作物（除油菜、花生等外）大多是耗地耗肥性作物，因此要保证经济作物的稳产高产，则应在集中种植某一主要作物时，要考虑与粮食作物、绿肥及豆科作物等保持合理的用地比例和科学的轮作倒茬，使用地与养地相结合。如甜菜、烟叶、亚麻等不宜连作，棉花连作年限不宜过长。目前各地普遍实行的麦棉套作、油棉套作、粮烟轮作等耕作制度改革和创新，不但有利于缓解粮经矛盾，而且也有利于用地养地。但目前有的地方（如南疆），棉田比重过大，高达60%、70%，连作时间过长，如巴楚一些地方长达5～7年以上，结果使地力下降，病虫害增加，不利于棉花生产的持续发展。

（4）市场放开与宏观调控关系。在市场经济条件下，经济作物生产与布局深受国内外市场需求和价格因素的影响，同时也常常受到政策因素变动的影响。回顾改革开放以来农产品价格放开的经验和实践，凡是市场价格早放开、由市场供需来调节的农产品，如蔬菜、水产、水果、猪牛羊肉和各种家禽等，生产与供应则比较稳定和正常，相反凡是未放开或半放开的粮食、棉花、蚕茧、饲叶等，则易受市场波动，卖难买难现象时有发生。随着综合国力和国家调控能力的增强以及市场体系和机制的完善，应逐步放开所有农产品市场，包括粮食、棉花、蚕茧、烟叶等，建立与市场相适应的、反映市场供求关系和农产品生产成本的价格体系。同时由于市场调节不是万能的，离不开国家宏观调控，因此国家应建立较完善的风险保障、基本价格保护以及其他相应配套的政策。此外，还应建立必要的仓储和运输系统，包括蔬菜的绿色通道的畅通。

三、饲料作物

饲料作物生产与畜牧业发展水平紧密结合的，受畜牧业水平所制约，牧区主要集中分布在西部，主要农产品产量分布状况区域分异很大。

全国主要畜产品的区域分异特点是：95%以上的肉类分布在农区或东部季风区内。这主要是因为猪肉是我国肉类的主体，牧区半牧区所提供的肉类比重十分有限。奶类的产区也主要分布在农区或东部季风区。仅毛绒的主要产区是牧区半牧区，或西北干旱区与青藏高寒区，而农区或东部季风区也占一定比重。

综上所述，我国畜牧业的分布与地域分异具有明显的规律性，全国的分布极不平衡。

这是由于各地的畜牧业生产条件不同，各地的自然条件与自然资源状况，特别是水热条件分布不同，地域分异明显所致。同时，各地的经济发展水平和畜牧业生产基础也不尽相同。所以，才有如此差异明显的地域分异。今后此种分异将随着社会生产力的发展以及对自然生态环境、自然资源利用合理程度的提高，而不断地发展变化。

人工牧草在全国的农区与牧区多年来提倡种植，但一直未能成为独立的产业。在我国西部与北部主要栽培的牧草有苜蓿、沙打旺、草木栖、胡枝子、羊草、无芒雀麦、苇状羊茅、老芒麦与披碱草等。南方农区主要是三叶草（红三叶、白三叶）、黑麦草、苇状羊茅与雀稗等。

农业种植的饲料及各种农作物的副产品，是农区畜牧业最主要的饲料来源，包括精料、粗料与青汁饲料等几大类，精料则包括谷实饲料、糠麸、饼粕、糟渣等；粗料以各种农作物秸秆为主；青绿多汁的饲料则以青贮料与块根块茎等为主。绝大部分饲用饼粕糠麸是消耗于农业中的畜牧业，占全国牲畜总数的22%的牧区半牧区仅利用了5%左右的精料。因此，占全国80%的牧区天然草地仍是其主要的营养物质来源。多年来我国农作物秸秆仅有1/3左右用于畜牧业，其余秸秆则用于农村燃料、肥料、建筑材料及工业原料。虽然，农业草料在我国农区畜牧业发展中具有举足轻重的作用，但绝大多数农区的饲料生产并未形成专门的相对独立的生产部门，实行产业化经营管理。谷物精料仍是人类口粮的粮食生产的一部分。除了有些已建立较发达的饲料工业生产的地区外，绝大部分地区仍不能摆脱农业中的副业地位，尚未改变我国农业生产中长期存在的“粮食—经济作物”的传统二元结构，“粮食—饲料—经济作物”的近代农业的三元结构模式尚未形成。这与我国畜牧业大好的生产形势及进一步的发展极不协调，应该通过畜牧业的深化改革，加以改善。

第二节　种植结构调整的原则与步骤

一、种植结构调整的含义

合理的种植结构，将为种植制度趋于科学化奠定基础，有助于充分发挥资源优势，促进农、林、牧、副、渔的综合发展，促进农业生态系统整体效益的提高。种植结构的合理性是相对的，不是一成不变的。随着社会的变革，生产水平的发展，科学技术的进步，人类利用自然的广度和深度的不同而不断改变、调整和完善。种植结构就是从宏观上、整体上、技术上科学地解决种什么、种多少和种在哪里的问题。

一般种植结构调整包括区域型调整和单位型调整两方面，前者是指范围较大、时间较长、具有战略作用的大区域结构调整，后者是生产单位内部范围小、时间短、具有战术灵活性的生产任务安排。

二、种植结构调整的原则

种植结构调整应当以客观的自然条件和社会经济条件为依据，按照自然规律和经济规律来制定。结构调整首先要服从农业生产的目标，其次决定于自然资源与社会经济条件的可能性。因此，种植结构调整必须遵守下列一些基本原则。

1. 满足社会需求的原则

满足社会需求是作物布局的前提，是农业生产的动力和目标。因此，种植结构调整首先取决于社会对农产品的需求。社会需求通常包括口粮、饲料、肥料、燃料、工业原料、种子等项目。进行作物结构调整时应根据社会需求的农产品种类和数量确定相应的作物种类、品种和种植面积。

东北地区扩大玉米等高产作物的种植面积，这与我国粮食短缺和畜牧业发展是相适应的。玉米主要作为饲料，其面积的扩大为我国以养猪业、养禽业为代表的耗粮型畜牧业的快速发展提供了饲料基础，满足了畜牧业对饲料粮的需求，促进了养猪业、养禽业的大发展。未来支持我国畜牧业发展的生长点是以奶牛、肉牛、肉羊为代表的草食性畜牧业，饲草需求加大，市场紧缺。根据市场需求，适当调整粮食种植面积，发展饲草业扩大其种植面积，既可以促进农业增效、农民增收，又可以促进种植业由“粮—经”二元结构向“粮—经—饲”三元结构发展，改善生态环境，增加农业生产的稳定性。

2. 生态适应性原则

服从作物生态适应性是作物结构调整的基础，不同作物和品种对光、热、水、气、矿质营养等生态因素的适应范围各不相同。在大范围内，决定作物分布的主要因素是气候因素和地学因素，即热量、水分、母质、土壤、地貌决定了作物能否生存和繁殖；在小范围内，气候条件相对一致，作物结构与布局主要由土壤、肥力、地下水等地学因素决定。

在进行种植结构调整时，根据当地的生态条件和作物的生态适应性实行因地种植，可以获得稳产、高产、投资少而经济效益高的效果。不同地区应趋利避害，发挥地域资源优势，选择与组配最适合当地生态环境条件的作物结构与布局方案。

3. 效益原则

获得经济效益的高低决定了种植结构调整的可行性，农作物生产是一种社会经济活动，获得合理的经济效益是生产目标之一。在进行作物结构时，不仅要考虑作物的生态适应性，还必须兼顾经济效益，使经济效益最大化，否则，难以持久。

4. 发挥区域优势，适当集中发展原则

种植结构要注意充分利用各地区的自然条件、社会经济和技术条件的特点和优势。因地制宜地建设一批商品粮基地和棉、油、糖等经济作物集中产区，这就是地区专业化生产。地区专业化生产是农业生产地域分工和商品经济高度发展的必然结果。

作物生产地区专业化，有利于充分利用各地区的自然条件和社会经济条件，发挥各地区的优势；有利于农业科学技术的推广应用和普及；有利于农业机械化水平、劳动熟练程度、生产技术水平和生产管理水平的提高；有利于加强国家的领导和支援，以及组织农业生产资料的供应和商业农产品的收购等。因此，农业劳动生产率、单位面积产量、农产品质量都得到了提高，并取得较大的经济效益。同时，专业化生产区能够在比较短的时间内为国家提供大量所需的商业农产品，并起到投资少、成本低、收效大以及可靠的保证作用。

但是，由于我国幅员广阔，地带性因素和非地带性因素所形成的地区差别都异常突出，自然条件十分复杂多样，现有农业生产力水平还比较低，科学技术的应用还不广泛，交通运输不发达，各个地区的经济水平和劳动力资源的分布状况也都很不均衡；以及农村经济正在由自给性经济向商品经济转化等的限制，地区专业化生产发展的过程还不能过分集中，只能逐渐过渡。因此，不论是省内，或是一个地区，一个县，甚至一个乡，目前都还需要在适当集中的同时，注意防止作物和品种的单一化，以利稳定高效，增强抗灾能力。

5. 随生产条件改善与经济发展不断调整的原则

一个地区或生产单位的作物布局不是一成不变的，随着水利、肥料、机械等生产条件的逐渐改善和农业科学技术的不断进步，人类对生态环境因素的调控力度不断增强，促使作物布局随之作相应调整，如一些耐旱耐瘠薄的低产作物种类被喜水耐肥高产的作物种类所取代。

种植结构还应随商品经济的发展作相应调整，不断减少作物结构中的作物种类数目，扩大能发挥地域资源优势和具有市场竞争能力的作物种植面积，提高农产品商品率，逐步形成较为明显的农作物生产地域分工，建立集中连片的农作物商品性生产基地。

三、种植结构调整的步骤与内容

种植结构调整是一项复杂的、综合性强的、影响全局的生产技术设计。其内容和步骤如下。

1. 明确社会对农产品需要的种类与数量

社会对农产品需求包括自给性需求和商品性需求两部分：一方面，根据当地人民的生活习惯和生活水平提高的要求，明确自给性需要的农产品种类与数量；另一方面，要了解农产品市场价格、需求量等市场信息和国家政策要求，确定商品性需要的农产品种类与数量。

2. 调查和收集资源环境与生产条件状况

需要了解的自然资源条件和社会科学技术条件主要包括热量、水分、光照、地貌、土壤、肥料、能源、机械、植被、种植制度、畜牧业、灾害、产值、收入、市场、价格、政策、科技水平等，尽可能地收集、量化数据资料，作为作物布局的基本参考资料。

3. 确定农作物的生态适应性，划分生态经济适宜区

采用一定的方法研究农作物的生物学特性及其对生态条件的要求与当地外界环境相适应的程度，根据适应程度，选择各生态类型区适应程度高的作物种类，并参考社会经济和科学技术因素，划分作物的生态经济适宜区。作物的生态经济适宜区可划分为四级。

（1）最适宜区。光、热、水、土等生态条件与作物适应性统一得最好，水利、肥料、劳力等条件都很适宜，作物稳产高产，品质好，投资省，经济效益高。

（2）适宜区。作物所需的生态条件存在少量缺陷，但人为地采取某些措施（如灌溉、排水、改土、施肥）容易弥补，作物生长与产量较好，产量变异系数小。投资有所增加，经济效益仍较好，但略低于最适宜区。

（3）次适宜区。作物所需的生态条件有较大缺陷，产量不够稳定，但通过人为措施可以弥补，或者投资较大，产量较低，但综合经济效益仍是有利的。

（4）不适宜区。生态条件中有很大缺陷，技术措施难以改造，投资消耗巨大，技术复杂。虽勉强可种，但产量、经济、生态等效益均得不偿失，包括完全不能种植的地区。

4. 确定作物组成

确定作物适宜区中各作物的面积比例关系，包括以下几种。

（1）粮食、经济、饲料作物的比例。根据社会对农产品需要的种类与数量，可以进一步确定粮、经、饲作物的面积比例。

（2）春夏收作物与秋收作物的比例。春夏收作物指春末或夏季收获的麦类、油菜、蚕豆、豌豆、饲料绿肥作物；秋收作物指秋季收获的中稻、双季晚稻、玉米、棉花、花生等作物。应以提高土地资源利用率为原则，确定合理的夏秋作物的面积比例。

（3）主导作物和辅助作物的比例。主导作物指社会需要量大而生态适应性好的作物，辅助作物指需要量少、面积小的作物。既要考虑主导作物的增产增收作用，又要兼顾杂粮、杂豆、饲料与绿肥等辅助作物生产的重要性，确定适宜的比例关系。

（4）禾谷类作物与豆类作物的比例。豆类作物是人类食物和家畜饲料中蛋白质的主要来源，根据膳食结构和饲料对蛋白质和热能等能配合需求，应确定适宜的禾谷类作物与豆类作物的面积比例，以满足适宜的C/N比要求。同时，豆类作物具有维持和培肥地力的作用，应根据地力与肥料状况，考虑豆类作物的种植比例。

5．综合划分作物种植区与田间配置

在作物结构确定后，进一步把它配置到各种类型的土地上去，拟订种植区划。在较小规模（如农户）上直接进行作物在田间地块的配置。按照相似性和差异性原则，尽可能把适应性相似的作物划在同一种植区，给出作物现状分布图与计划分布图。

6．可行性鉴定

将种植结构与配置的初步方案进行下列各项可行性鉴定。

（1）是否能满足各方面需要。

（2）自然资源是否得到了合理利用与保护。

（3）经济收入是否合理。

（4）肥料、土壤、肥力、水、资金、劳力是否平衡。

（5）加工储藏、市场、贸易、交通等可行性。

（6）科学技术、文化、教育、农民素质等方面可行性。

（7）是否促进农林牧、农工商综合发展。

第三节　种植结构调整的依据

农业生产过程是自然再生产过程和经济再生产过程的密切联系，彼此交错，相互作用的统一过程。农业生产作为自然再生产过程，它要受光、热、水、土等自然因素的影响；作为经济再生产过程，它又受社会经济、技术等条件的制约。所以，种植结构特点是由自然、社会经济和技术等各种条件的综合作用而形成的。因此，研究种植结构与布局就需要分析、评价各种条件的作用和影响。

一、环境因素

（一）光

光对作物的生态作用是由光照强度、日照长度、光谱成分的对比关系构成的，它们各有其空间和时间的变化规律，随着不同的地理条件和不同的时间而发生变化，同时光能在地球表面上的分布是不均匀的。光的这些特点及其变化，都会对作物产生各种影响，如光照强弱和光谱成分不同，会影响作物光合强度等生理活动的变化，特别是能刺激和支配组织和器官的分化，有形态建成作用。而日照时间长短则制约着很多作物的开花、休眠和地下储藏器官的形成过程，因为光是一切绿色植物进行光合作用的能量来源。光能条件与作物产量有直接关系，是作物高产的生理基础。因此，生产上应该设法协调作物和光的关系，满足作物对光的需要，以充分发挥作物的生产潜力。

1. 日照长度

植物在生长发育中要求一定的日照长度，每天昼夜长短对植物的生长发育有显著影响。即只有每天给予一定光暗交替的条件，植物才能开花，否则就不开花或延迟开花，这种现象称光周期现象。

根据植物开花过程对日照长短反应不同，可将植物分为三类。

(1) 长日照植物。长日照植物是指只有当日照长度超过它的临界日时，才能开花的植物。也就是日照长度必须大于某一时数（这个时数称为临界日长）或者说暗期必须短于某一时数才能形成花芽的植物。如果它们所需的临界日长时数不足，则植物就停留在营养生长阶段不能形成花芽。作物中冬小麦、大麦、春小麦、甜菜、马铃薯、甘薯、萝卜、豌豆等是长日照植物。

(2) 短日照植物。短日照植物是指只有当日照长度短于其临界日长时才能开花的植物。在一定范围内，暗期越长，开花越早，如果在长日照下则只进行营养生长而不能开花。作物中如水稻、大豆、玉米、谷子、高粱、烟草、麻、棉等是短日照植物。

(3) 日中性植物。这类植物的开花受日照长短的影响较小，只要其他条件合适，在不同的日照长度下都能开花。作物中如番茄、黄瓜、四季豆、番薯、早熟荞麦、莴苣等是日中性植物。

作物的开花要求一定的日照长度，这种特性主要与原产地在生产季节自然日照的长短有密切关系，也是作物在系统发育过程中对其所处的生态环境长期适应的结果。短日照作物都是起源于低纬度的南方（夏半年昼夜相差不大，但比北方的白昼要短），长日照作物则是起源于高纬度的北方（夏半年昼长夜短）。所以，越是北方的种或品种，要求的临界日长越长，越是南方的品种，要求的临界日长越短。因此作物的地理分布，除温度和水分条件外还受光周期的控制。在临近赤道的低纬度地带，一般长日照作物不能开花结实，不能繁殖后代；而在高纬度地带（纬度66.5°以上），在夏季几乎24h都有日照，因此，短日照作物不能在那里生长发育；在中纬度地带，各种光周期类型的作物都可生长，只是开花的季节不同。

我国北方的地理纬度均在60°以内，短日照作物、长日照作物和日中性作物都能生长。但因日照长短在季节上分布不同，春季日照时间逐渐加长，到夏季最长，以后逐渐缩短。这种日照长短的季节分布规律影响到作物的季节配置。如我国北方的长日照作物有小麦、黑麦、大麦、豌豆、油菜、甜菜、亚麻等适合秋播或早春播种，夏季收获。而短日照作物如水稻、玉米、高粱、谷子、糜子、大豆、棉花、大麻、芝麻等则适合晚春或夏季播种，秋季收获。可见，日照长短还直接影响到一个地区作物的季节布局。

了解日照长度对作物发育的影响，对作物的引种工作也很重要。在引种时应注意作物开花对光周期的需要，首先，要了解该作物原产地（或原分布区）和引种地日照长度的季节变化，以及该种作物对日照长度的反应敏感程度，再结合考虑该作物对温度等的需要，才不致使引种工作失败。一般来说，短日照作物由南方（短日照、高温条件）向北方（长日照、低温条件）引种时，由于北方生长季节内的日照时数比南方长，气温比南方低往往出现营养生长期延长，发育推迟的现象。如根据烟草、大麻等作物要求短日照的特性，南烟北移、南麻北种，利用长日照的条件促进它们的营养生长，多产烟叶和麻皮纤维。短日照作物由北向南引种时，则往往出现生育期缩短，发育提前的现象。而长日照作物由北向南移时，则发育延迟，甚至不能开花；由南向北移时，则发育提早。

2. 光照强度

在生产中可以观察到有些作物只在强光的环境中才生长发育良好，另一些作物却在较弱光照环境下才生长发育良好，说明各种作物需要光的程度是不同的，这是由于它们长期适应于不同的光照环境条件下，形成了不同的生态习性。

根据植物对光照强度的关系，可分为三种生态类型。

（1）阳性植物。凡是在强光环境中才能生育健壮，在荫蔽和弱光条件下生长发育不良的植物为阳性植物。人类栽培的大田作物，绝大部分要求强光环境。

（2）阴性植物。在较弱的光照条件下比在强光条件下生长良好的植物为阴性植物。但并不是说阴性植物对光照强度的要求是越弱越好，因为当光强过弱达不到阴性植物的补偿点时也不能得到正常的生长。所以阴性植物要求较弱的光也仅仅相对于阳性植物而言。人类栽培的一些药用植物，如人参、三七、半夏、细辛等要求较弱的光照强度。

（3）耐阴植物。介于阳性和阴性植物之间的植物为耐阴植物。这类植物能忍耐适度的荫蔽，但在弱光环境中生长最好。人类栽培的某些药用植物如桔梗、党参、沙参、肉桂等都属于耐阴植物。

了解植物对光照强度的生态类型，在作物的合理栽培，间作、套种、引种驯化以及造林营林等方面都是非常重要的。在生产上，应该根据不同种和品种对光的生态习性来调节生态环境中的光照条件，才能使不同生态类型的作物做到正常的生长，这是农业上选地、确定种植方式和栽培措施的依据之一。例如要种植的经济植物或作物是属于要求弱光类型的，则在选地时就要选择背阴的地块，而且为了满足它们对适度荫蔽的需要，还考虑采用搭棚或与其他作物进行间套作等措施。如很多药用植物在野生状态都分布在阴坡和半阴坡，因此在人工栽培时，就要给以一定程度的遮阴，如人参必须搭棚栽培，这样也为间作套种丰富了内容。

（二）温度（热量）

温度对作物的重要性在于作物的生理活动与生化反应都必须在一定的温度条件下才能进行。温度升高，作物生理生化反应加快，生长发育加速；温度降低，作物生理生化反应慢，生长发育迟缓。当温度低于或高于作物所能忍受的温度范围时，作物生长逐渐减慢、停止、发育受阻，作物开始受害，甚至死亡。温度的变化还能引起环境中其他因素如湿度、土壤肥力等的变化，而环境诸因素的变化又能影响植物的生长发育、影响作物的产量和品质。在进行作结构调整时，必须使当地的温度（热量）与作物各生育期所需的温度相吻合。

1. 作物三基点温度

作物的生命过程中都有最低温度、最适温度和最高温度，称作三基点温度。作物发育阶段对温度的要求最严格，能适应的温度范围最窄，一般在20～30℃之间，而生长要求的温度范围比较宽，大多在5～40℃之间（表2-13）。由于温度能影响作物的生长发育，因而制约着作物的分布。

表2-13　几种农作物的三基点温度

作物种类	最低温度/℃	最适温度/℃	最高温度/℃
小麦	0～5	25～31	31～37
玉米	5～10	27～33	44～50
水稻	10～12	20～30	40～44
大豆	10～12	27～33	33～40
棉花	15～18	25～30	30～38

来源：现代植物生理学，高等教育出版社，2002。

2. 积温

作物需要在一定的温度以上，才能开始生长发育；同时也需要一定的温度总量，才能完成其生命周期。在农业生产上，可以根据积温来确定作物区划、布局和引种（表2-14）。一个地区的耕作制度和复种指数，在很大程度上取决于当地的热量资源，而积温是表示热量资源既简便又有效的方法。但是，不宜仅根据积温指导生产，因为作物与热量的关系还受变温、温度的高限与低限的影响，作物品种的积温并不是固定不变的。因为积温建立在作物生育速度和温度成正比的假设上，但实际超过适温时，随着温度增高生育速度反而遭受不利影响，超过温度上限时，这种影响更大；当低于温度下限时，其累积的热量并无作用。因此，同一品种在年代间的活动积温值常不一致。高温年积温值较高，中温年较低，低温年变化最大，往往温度偏低，初霜来临延迟的年份积温值很高，因为低于下限的“无效”温度累积更多。栽培管理水平也影响作物需要的积温值，如管理良好，所需积温就少，反之则多，变幅在150～200℃的范围内。目前生产上一般仍需按各种作物对积温的要求，结合当地的热量资源状况，合理布局作物，以充分发挥当地的热量资源潜力。同时应充分考虑当地的栽培管理水平和年间积温值的变幅，留有充分余地。

表2-14　不同作物所需不低于10℃的活动积温　单位：℃

作物种类	早熟型	中熟型	晚熟型
水稻	2400～2500	2800～3200	—
棉花	2600～2900	3400～3600	4000
冬小麦	—	1600～1700	—
玉米	2100～2400	2500～2700	>3000
大豆	2000～2200	2500	>2900
马铃薯	1000	1400	1800

3. 极端温度

极端温度（最高、最低温度），它是限制作物分布的最重要条件。从作物对温度条件的要求来看，壮苗情况下，黑麦的分蘖节可以经受－30～－25℃的低温；冬小麦的分蘖节可以经受－10～－17℃的低温，在有雪层覆盖情况下还能经受－20℃的严寒，这个温度指标也是确定我国冬小麦分布北界的界限温度（大致在长城附近，东北地区大致在绥中一带），而冬大麦只能耐－10～－12℃的低温。越冬所能承受的极端温度和当地的极端温度，决定了分布范围。

温度是影响作物生长的主要生态因子之一。各种作物在适宜的温度范围内，才能正常地生长发育，温度过高或过低都会延缓农作物的生长发育，或者使作物不能正常开花结实，以致死亡。在我国，根据作物对温度的需求，划分为以下3类。

（1）喜凉作物。喜凉作物要求温度水平低，一般生长盛期适宜温度为15～20℃，整个生长期需要积温少，一般需不低于10℃积温1500～2200℃，有些作物只需900～1000℃。喜凉作物主要分布在无霜期较短的北方或者南方山区，在暖温带或亚热带还可作为冬春季节的复种作物或填闲作物。喜凉作物又可分为两类。

1）喜凉耐寒型：如黑麦、冬小麦、冬大麦、青稞等。这类作物适宜生长温度为15～20℃，冬季可耐－18～－20℃的低温，冬小麦可耐－22℃低温，黑麦可耐－25℃低温。

2）喜凉耐霜型：如油菜、豌豆、大麻、向日葵、胡萝卜、芥菜、芜菁、菠菜、大白菜、春小麦、春大麦等。生育期适宜生长的温度为15～20℃，不怕霜，可耐短期－5～－8℃的低温。此外，荞麦、亚麻、莜麦、马铃薯、蚕豆及某些谷、糜品种比较耐凉，能耐0～4℃低温。

（2）喜温作物。我国大部分农区气候温暖，主要种植喜温作物。这类作物生长发育盛期适宜温度为20～30℃，需要不低于10℃积温2000～3000℃，不耐霜冻。这类作物又可分为3类。

1）温凉型：如大豆、谷子、糜子、甜菜、红麻等，生长适宜温度20～25℃，需要不低于10℃积温1800～2800℃。低于15℃或高于25℃不利于生长。

2）温暖型：如水稻、玉米、棉花、甘薯、黄麻、蓖麻、芝麻、田菁等，生长适宜温度25～30℃，温度低于20℃或高于30℃都不利于生长。

3）耐热型：如高粱、花生、烟草、南瓜、西瓜等，可以忍耐30℃以上的高温，花生可耐40℃高温，烟草可耐35～37℃高温，南瓜、西瓜可耐35℃以上高温。

（3）热带、亚热带作物。我国主要的热带作物包括橡胶、油棕、椰子、可可等，要求最冷月平均温度18℃以上才能生长，5℃左右即受冻，主要分布在华南地区。

亚热带作物包括茶、油茶、柑橘、油桐、马尾松、杉木、楠竹和甘蔗，一般需要年平均温度高于15℃，1月平均温度不低于0℃。冬季的极端最低温度是限制北移的主要因素，不得低于－15℃，主要分布在秦岭淮河以南地区。

4. 温度与作物分布

基于各类作物对温度条件的要求，对照我国北方地区的热量资源，可以看出我国北方冬麦区与冬麦要求的温度条件大体相吻合，冬季最冷的1月平均气温在－4～－8℃之间，个别时候极端最低气温达到－20～－30℃。一般年份冬小麦可以生长并越冬良好。新疆北部冬季虽然严寒，因当地冬季有积雪覆盖，防寒效果好，土温日变化较小。一般说来，在气温为－9～－30℃时，有5cm以上雪层覆盖，可使冬小麦分蘖节下深度3cm处的最低温度高于气温，差值达9～17℃。因此，北疆成为种植冬小麦和春小麦混合地区。从东北地区冬季极端最低温度和最冷的1月平均温度低于冬小麦越冬温度，积雪不稳的情况来看，冬小麦发展的前景不大。生产实践证明冬小麦只能在辽东半岛南部种植，这样较为安全。

在越冬作物越冬条件不具备的地方，在水肥条件许可下，均可种植耐霜作物。如高纬度低海拔的东北各省和高海拔低纬度的西北高原、内蒙古及山西、河北北部，大都是冬麦越冬温度不足，因而种春小麦、莜麦、青稞、马铃薯、甜菜、油菜、蚕豆、豌豆等耐霜喜凉爽气候的作物。

我国北方地区，除了西北高原某些海拔在2000m以上的高寒山区，限于气候冷凉，积温不高，无霜期短，不宜种喜温作物外，基本上均可种植水稻、玉米、高粱、大豆、谷子、糜子等喜温作物。东北地区之所以能以上述几种喜温作物为主要粮食作物，温度起到决定性作用。它们一般晚春播种，秋后成熟。

喜温作物中以棉花要求温度条件最高。据资料记载，我国北方各地能否植棉决定于4—10月平均温度的高低，以16℃为下限。我国北部早熟棉区，在棉花生育的4—10月平均温度都在16～19℃之间。东北地区只有辽南和辽西可种棉花，其他各地都不适合种植。

东北地区从热量条件来看，虽然一般能够满足喜温作物的要求，但是年度间变化极大，常常遭受低温冷害的侵袭。吉林省高温年和低温年间的积温差可达800℃，如榆树县平均积温为2814℃，最高年为3206℃，最低年为2417℃。

温度能限制作物的分布，当然也就影响作物的引种。因此在引种工作中必须注意以温度为主导的气候条件特点，必须遵循气候相似性原则。

（三）水分

水分是作物生长的主要生活因子之一，对作物分布影响很大。在相同的热量带内，由于降水量及其季节分布的不同，造成了作物分布的巨大差异性。

1. 根据不同作物对水分的适应性分类

（1）喜水耐涝型。以水稻最为典型，其根、茎、叶组织中有通气组织（占25%），喜淹水或适应在沼泽低洼地生长。

（2）喜湿润型。生长期间需水较多，喜土壤和空气湿度较高，如陆稻、燕麦、苘麻、黄麻、烟草、甘蔗、茶、柑橘、毛竹、黄瓜、油菜、白菜、马铃薯等。

（3）中间水分型。如小麦、玉米、棉花、大豆等，既不耐旱，也不耐涝；一般生育前期较耐旱，中后期需水较多。

（4）耐旱怕涝型。许多作物具有耐旱特性，通过特定的形态特征和生理机制减少水分蒸发，如谷子、甘薯、糜子、苜蓿、芝麻、花生、向日葵、黑豆、绿豆、蓖麻等，但这些作物不耐涝，适宜于在干旱地区或干旱季节生长。

（5）耐旱耐涝型。这类作物既耐旱又耐涝，如高粱、田菁、草木樨等是耐旱作物，又可忍耐短期淹水。

2. 根据需水特点和北方降雨季节分布规律分类

（1）不耐春旱的作物。有小麦、大麦、亚麻、豌豆等，它们要求秋、冬雨水充沛，底墒充足，以利早春播种出苗、分蘖。在春季4—6月期间有适量降水，可满足麦类分蘖、拔节、抽穗开花的水分需要。如果一个地区底墒不足，常年春旱，4—5月降水分布很少，又无灌溉条件，应少种这类作物。

（2）耐春旱的作物。有玉米、高粱、谷子、糜子、大豆等，它们要求在底墒充足的条件下晚春播种，在苗期需要蹲苗发根，可耐短期干旱，而不显著影响产量，只是在禾谷类作物拔节期，大豆分枝期以后，才进入需水的关键时期，这类作物生长发育的需水特点，大体上与北方春旱、夏秋多雨的特点相吻合。因此，春旱地区，应以多种秋收作物为主，这也是东北区作物结构以秋粮为主的原因。

影响作物的布局的水分指标主要为年降水量及其季节分布、灌溉条件、地下水埋藏量及其埋藏深度。在东北地区，江河、湖泊沿岸，地势平坦，均开发种植水稻。土壤有机质含量丰富，持水性能较好的地区，如黑龙江省三江平原、松嫩平原北部以及地下水储藏大、埋藏不深的地区，打井灌溉，种植水稻；其非灌溉旱地以栽培玉米、大豆等秋收作物为主。这种以秋收作物为主的作物布局是与东北大陆性季风气候的特点分不开的。大陆气候强烈表现之一是夏热冬寒，而季风气候的特点则是夏季雨量集中，冬季干旱少雨。这样一种春旱而夏季暖多雨型的气候对夏收作物不利，但却适合秋收作物的生育（图2－1）。

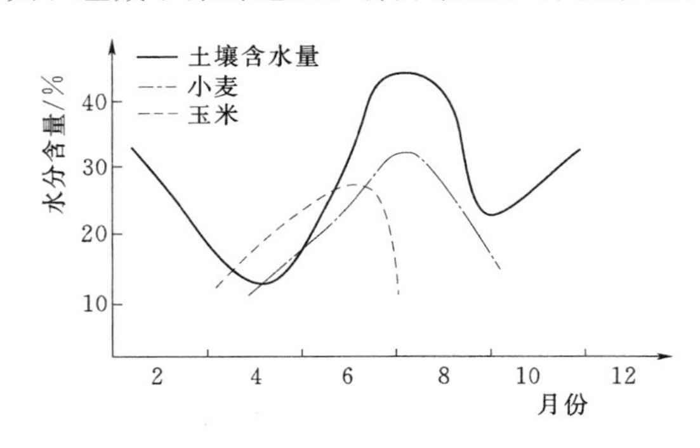

图2－1　东北地区土壤含水量与玉米和小麦的需水关系模式

（四）土壤

根据不同作物对土壤的要求，掌握土壤的特性，合理种植作物，是一个地区或生产单位进行作物结构调整与空间布局的中心内容之一。所谓土壤的特性，除泛指土壤肥力外，还包括土壤质地、土层深浅、土壤层次构造、土壤反应及含盐量等特性，即应根据这些土壤特性来安排不同的作物。

1. 对土壤养分的适应性

（1）耐瘠型。能适应在瘠薄地上生长，大体上包括三类：一是具有共生固氮能力的豆科作物，如豆类作物和豆科绿肥作物；二是根系强大，吸肥能力强的作物，如高粱、向日葵、荞麦、黑麦等；三是根系和地上部不太强大，但吸肥能力较强或需肥较少的作物，如谷子、糜子、大麦、燕麦、芝麻、荞麦、胡麻等。

（2）喜肥型。这类作物地上部生物量大，根系强大，吸肥多；或根系不发达，要求土壤耕层深厚，供肥能力强，如小麦、玉米、棉花、大麦、水稻、蔬菜等。

（3）中间型。这类作物需肥幅度较宽，适应性广，在瘠薄土壤中能生长，在肥沃土壤中生长更好。如水稻、谷子、棉花、小麦等。

2. 对土壤质地的适应性

（1）适沙土型。沙土质地疏松，总孔隙度虽小，但非毛管孔隙度大，蓄水量较小，蒸发量大，蓄水保肥能力差，土壤温度升降快，昼夜温差大，很适宜花生、甘薯、马铃薯、瓜类等作物生长。

（2）适壤土型。壤土质地适中，通透性好，土壤肥力较高，适宜大部分作物生长，包括棉花、小麦、大麦、油菜、玉米、豆类、麻类、烟草、谷子等。

（3）适黏土型。黏土有机质含量较高，潜在肥力高，但通透性差，供肥缓慢，苗期发苗慢，适宜种植水稻。小麦、玉米、高粱、大豆、小豆、蚕豆等也可在偏黏土上生长。

3. 对土壤酸碱度pH值的适应性

（1）宜酸性作物。适宜在pH值为5.6～6.0的酸性土壤中生长，包括黑麦、燕麦、马铃薯、水稻、甘薯、荞麦、花生、油菜、烟草、芝麻、绿豆、豇豆等。

（2）宜中性作物。适宜在pH值为6.2～6.9的中性土壤中生长，包括小麦、大麦、玉米、大豆、油菜、豌豆、向日葵、棉花、水稻、甜菜、高粱等。

（3）宜碱性作物。适宜在pH＞7.5的土壤中生长，包括苜蓿、棉花、甜菜、草木樨、高粱、苕子等。

4. 对土壤盐碱度的适应性

（1）耐盐性较强的作物。如稗、向日葵、蓖麻、高粱、田菁、苜蓿、草木樨、苕子、紫穗槐、芦苇等。

（2）耐盐性中等的作物。如水稻、棉花、黑麦、油菜、黑豆、大麦等。

（3）不耐盐或忌盐的作物。如糜子、谷子、小麦、甘薯、燕麦、马铃薯、蚕豆等。

（五）地势、地形

地势和地形影响到光、热、水、气、土、养分等植物生活因素的重新分配，因而影响到作物的空间配置。

1. 地势

作物分布与地势的关系集中表现在作物分布的垂直地带性上。按照一般的气象规律，海拔每升高100m，气温降低约0.5～0.6℃。据河北气象材料的统计，高度每增加100m，积温约减少150℃。相当于纬度北移（纬度每增加1°，约减少积温110～140℃），雨量随着地势的升高而增加。因此，作物的生态环境因地势的升降而显著不同。在高山区的有利条件是太阳辐射强降水多，植被繁茂，土壤有机质因温度低而分解慢，比较肥沃；但不利条件是温度低，作物生长季节短，生育前期因低温有机质肥效发挥不出来，生长不良，高温季节来到时，又因降雨过多会引起徒长，造成后期贪青晚熟，易遭早霜冻害。因此，在高寒山区宜种植耐寒、喜凉爽的作物和生长期较短的品种。据资料记载，甘肃祁连山北麓作物分布具有明显的垂直地带性（表2-15），在地势较高的农区以种植麦类、青稞、豌豆、马铃薯为主，而地势较低的农区则以种植棉、稻、玉米为主。

表2-15　祁连山北麓作物的垂直地带性分布（甘肃省乐县）

海拔/m	作　　物	海拔/m	作　　物
＜1300	棉花	＜2000	冬麦
＜1400	高粱	2000～2400	春小麦为主，还有青稞、马铃薯、豌豆、蚕豆
＜1500	水稻		
＜1600	玉米	2400～2800	青稞为主，还有马铃薯、豌豆、蚕豆
＜1700	谷子	＞2800	草地

来源：耕作学，中国农业出版社，1981。

2. 地形

（1）坡向、坡度。坡向影响光照强度，在坡地上太阳光线的入射角随坡向和坡度而变化。在北半球的温带地区，太阳的位置偏南，因此南坡所接受的光比平地多，北坡则较平地少。这种差别是由于在南向坡上太阳的入射角较大，照射的时间较长；北坡则相反。北纬 20°～50°南、北坡地上不同坡度的可能直接太阳辐射年总量见表 2-16。

表 2-16　北纬 20°～50°南、北坡地上不同坡度的可能直接太阳辐射年总量　单位：kcal/cm²

坡度 纬度	南坡						北坡					
	5°	10°	20°	30°	40°	50°	5°	10°	20°	30°	40°	50°
20°	311.4	316.9	320.5	315.1	300.6	277.3	294.0	282.1	252.5	216.4	175.6	105.5
30°	294.0	303.6	316.0	369.0	313.3	298.4	269.0	253.3	217.7	177.4	137.7	103.9
40°	268.8	282.1	302.5	314.2	316.7	310.3	236.5	218.7	179.1	140.1	106.8	77.9
50°	236.9	253.1	280.5	299.6	310.3	311.9	200.5	180.8	142.9	110.0	82.6	59.8

无论在什么纬度，南坡的太阳辐射量都比北坡大，而且坡度越大差异越显著；在南坡上随着纬度的增加，最大辐射量的坡度也随之增大；在北坡上无论什么纬度都是坡度越小承受到的辐射量越多；较高纬度的南坡得到的辐射量可比较低纬度的北坡为多。

由于南坡的太阳辐射量大于北坡，所以南坡的空气和土壤温度都比北坡高，但土壤温度则西南坡比南坡更高，这是因为较南坡蒸发耗热少，用于土壤、空气增温的热量较多的缘故。坡向的气温差异随着海拔高度的增加而减少，南坡土壤温度比北坡高，而湿度则比北坡小。南坡和北坡这种在生态环境上的差异，反映在作物布局上也有所不同。南坡日照充足，温度较高，有效养分含量较多，作物正常成熟，产量较高；而北坡则相反。一般在南坡适宜种植喜温和湿度要求较低的作物如甘薯、玉米、谷子、糜子、胡麻等；北坡则宜种植耐涝喜湿的作物，如马铃薯、油菜、豌豆、荞麦等。沟壑区也有同样的气象效应。

在坡地上，上坡的土层薄、水分少，而下坡相对增加，因而下坡的土壤肥力均优于上坡，这种差异与坡度，母质、土层厚薄也有关，与坡长关系也很大。坡度陡、坡长大，土壤流失重，上坡土层偏浅，肥力低。在辽西地区，下坡能种高粱，而上坡只能种谷子和小豆、绿豆。

（2）岗、洼。在平原地区有岗洼之分，作物布局上要特别重视低洼易涝地的问题，灌排不畅而积涝成灾。因此，要针对季节性的水分特点进行调整与布局。对易涝地，水源条件好可以旱改水，改种水稻；无水源的地可种植高粱、蓖麻、陆稻或水稻旱种；有一定排水条件的低洼易涝地才可种小麦、玉米、大豆等作物。

二、经济和科学技术因素

农村经济正在由自给自足经济向商品经济转化，因此，市场要求、经济效益高低明显地制约着种植结构。在自然资源条件适合种植的诸多作物类型中，在确定种植何种作物，种植比例时，生产者很大程度上要根据市场需求和经济效益高低来决定。国家则通过价格政策的调整，来引导生产者生产某些作物的积极性，以满足国家对农产品的需要。

科学技术的发展，对种植结构的影响也是很明显的。地膜覆盖栽培技术的应用，既能提高地温，又有保墒效果，对东北地区春季低温干旱条件下针对性很强。20 世纪 80 年代以来，由于该项技术在棉花、花生、玉米、蔬菜上广泛采用，使得棉花面积扩大，花生、玉米单产进一步提高，等等。

总之，生态环境因素的变化是缓慢的、持久的，是作物结构调整与布局的基础；市场、价格的变化是经常的、活跃的，科学技术又是不断发展的，它们往往是影响作物结构调整的关键，并起着主导作用。因此，作物结构调整总是在相对稳定基础上不断进行调整，以便提高生产者的经济收益，促进生产力的发展。我们既不能把作物结构与布局看成固定不变，不允许去调整的，我们也不能因为作物结构与布局具有多变性，就大起大落地每年改变作物结构与布局，忽视自然条件的基础作用。这两个方面的偏向都值得注意。

复习思考题

1. 如何正确认识中国种植结构的变化特点及趋势？
2. 如何理解种植业结构调整的原则与步骤？
3. 种植业结构调整如何考虑环境因素？

第三章　种　植　方　式

在一块地上一年内或一季内安排作物种植的形式，统称为作物种植方式。尽管世界上栽培作物有百种以上，但从种植方式而言，仅有5种：单作、间作、混作、套作与复种。各种种植方式在我国农业生产中皆有应用，且历史已久，即使间混套种也有近2000年的历史。这是我国农民在发现和认识了自然植物群落中存在层次结构和演替规律，且有益于充分利用时间、空间和提高土地生产力，同时又认识和掌握了多种作物的生物学特性及其相互关系的基础上，充分发挥主观能动性，创造和逐步完善的农作物增产保收技术措施。随着科学技术的进步和农业生产的发展，间混套种出现了许许多多新的形式，在技术上有了新的提高，在理论上亦有新的发展。

间作、混作、套作、复种在国外也有较广泛的应用，形式也很多。一般来说，以亚洲与非洲国家应用最多，但在南、北美洲、欧洲的有些国家，近年来也开始用来提高作物的产量。

第一节　种植方式的概念与意义

一、种植方式的概念

单作、间作、混作、套作、复种，是一年内在土地上的种植安排，与年间的轮作、连作有所区别。

1. 单作

在一块地上一年或一季只种一种作物的种植方式，又称清种，华北称为平作。为单一作物群体。作物生育全田比较一致，便于机械播种、管理与收获，也便于使用同一种农药，制订耕作栽培技术时考虑因素不如其他方式复杂。作物生长中只有单株之间的竞争，而无种间的竞争和互补。

2. 间作

在同一块地上成行或带状（若干行）间隔种植两种或两种以上（通常为两种）生育季节相近（亦有不相近者）的作物。如四行棉花间作四行甘薯，两行玉米间作三行大豆等。间作因为成行或成带种植，可以实行分别管理，特别是带状间作，较便于机械化或半机械化作业，与分行间作相比能够提高劳动生产率。农作物与多年生木本作物（植物）相间种植，也称为间作，有人称为多层作。木本植物包括林木、果树、桑树、茶树等；农作物包括粮食、经济、园艺、饲料、绿肥作物等。采用以农作物为主的间作，称为农林间作；以林（果）业为主，间作农作物，称为林（果）农间作。间作与单作不同，间作是不同作物在田间构成人工复合群体，个体之间既有种内关系，又有种间关系。间作时，不论间作的作物有几种，皆不增加复种面积，间作的作物播种期、收获期相同或不相同，但作物共处期长，其中，至少有一种作物的共处期超过其全生育期的一半，间作是集约利用空间的种植方式。

3. 混作

在同一块地上不分行地种植两种或两种以上（通常两种）生育季节相近的作物。主作物一般成行种植，副作物则可能呈不规则（满天星）或规则的（串带）分布于主作物行内。间作与混作在实质上是相同的，都是两种或两种以上生育季节相近的作物在田间构成复合群体，是集约利用空间的种植方式，也不增加复种面积。但混种在田间一般无规则分布，可同时撒播，或在同行内混合、间隔播种，或一种作物成行种植，另一种作物撒播于其行内或行间。混作的作物相距很近或在田间分布不规则，不便分别管理，并且要求混种的作物的生态适应性要比较一致。在生产上有时还把间作和混作结合起来。如大豆、玉米间作，在玉米株间又混种小豆，这就叫间混作。

4. 套作

也称套种，是在前作物生育后期或收获之前，于其行间播种或栽植另一种作物，在田间两种作物既有构成复合群体共同生长的时期，又有两种作物分别单独生长的时期，充分利用空间，是提高土地和光能利用率的一种措施。如于小麦生长后期每隔3～4行小麦播种一行玉米。对比单作，它不仅能阶段性地充分利用空间，更重要的是能延长后作物对生长季节的利用，提高复种指数，提高年总产量。它主要是一种集约利用时间的种植方式。套作与间作都有作物共处期，所不同之处，前者作物共处期较短，每种作物的共处期都不超过其全生育期的一半时，为套作；只要有一种作物超出，则为间作。

在选用两种或两种以上作物进行间、混、套作时，常根据生产要求，把它们分成主作物（生产第一目的）和副作物（生产第二目的）。如玉米混作大豆则常以玉米为主作物；但小麦间种玉米，则无主作物和副作物之分。

上述各种作物种植方式如图3－1所示。

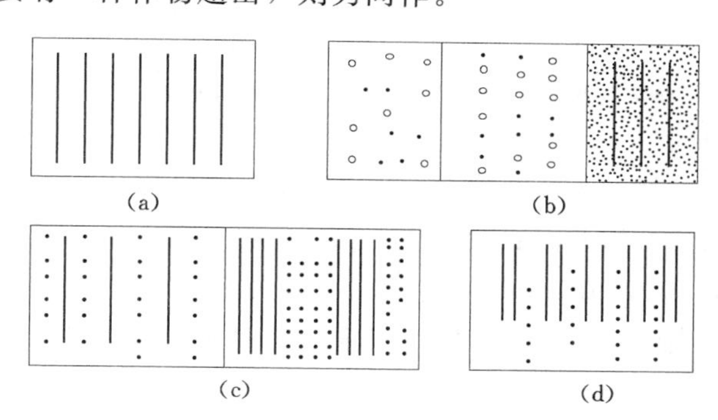

图3－1 作物种植方式示意图（耕作学，1994）

(a) 单作；(b) 混作；(c) 间作；(d) 套作

5. 复种

在同一田地上，一年内接连种植二季或二季以上作物的种植方式。复种方法有多种，可在上茬作物收获后，直接播种下茬作物，也可在上茬作物收获前，将下茬作物套种在其株间、行间（套作），这两种复种方法在全国应用普遍。此外，还可以用移栽、再生作等方法实现复种。根据一年内在同一田上种植作物的季数，把一年种植二季作物称为一年两熟，如冬小麦—夏玉米（符号内“—”表示年内复种）；种植三季作物称为一年三熟，如绿肥（小麦或油菜）—早稻—晚稻；二年内种植三季作物，称为二年三熟，如春玉米→冬小麦—夏甘薯（符号“→”表示年间作物接茬播种）。

耕地复种程度的高低，通常用复种指数来表示，即全年总收获面积占耕地面积的百分比。其公式为

$$耕地复种指数=\frac{全年作物总收获面积}{耕地面积}\times 100\%$$

式中作物总收获面积包括绿肥、青饲料作物的收获面积在内。根据上式，也可计算粮田的复种指数以及某种类型耕地的复种指数等。

二、种植方式的生产意义

1. 增加产量，提高土地利用效率

试验研究和生产实践证明，合理的间作、混作、套作、复种比单作具有促进增产高产的优越性。从自然资源来说，在单作的情况下，时间和土地都没有充分利用，太阳能、土壤中的水分和养分有一定的浪费，而间作、混作、套作、复种构成的复合群体在一定程度上弥补了单作的不足，能较充分地利用这些资源，把它们转变为更多的作物产品。从社会资源利用来说，我国人均耕地少，但劳动力资源丰富，又有精耕细作的传统经验，实行间作、混作、套作、复种可以充分利用多余劳力，扩大物质投入，与现代科学技术相结合，实行劳动密集、科技密集的集约生产，在有限的耕地上，显著提高单位面积土地生产力。

农艺上合理的间作、混作、套作和复种，一般都表现有增产效果，增产的表现形式有如下三种：

第一种是间作、混作、套作的混合产量常介于两种作物分别单作时的产量之间，即比单作时高产作物产量低，比单作时低产作物产量高，但一公顷耕地上的产量高于两作物单作时各半公顷产量之和。中国农业科学院棉花研究所 7 年（1959—1965 年）的试验结果表明，麦棉套作平均亩产籽棉 177.4kg，仅比单作棉花少收 22kg，而增收小麦 156.8kg，综合产量增加 67.4kg。我国东北在改革开放前，玉米与大豆间作面积很大，可以实现大豆不减产或少减产，而通过玉米大幅度增产实现总产增加，混合产量介于玉米和大豆之间。

第二种是间作、混作、套作混合产量不仅高于联合单作产量，而且还高于作物的单作产量。黑龙江农业科学院进行的春小麦和大豆套作试验，单作小麦 $2644.5kg/hm^2$，单作大豆 $2739kg/hm^2$，而小麦与大豆 2∶2 套作，产量达到 $3330kg/hm^2$。套作的混合产量高于大豆单作产量 21.5%，高于小麦单作 25.7%。

第三种一年两茬复种产量比一季单作产量高。只要积温允许，肥水条件保证，上下茬品种搭配适合，一般复种比单作增产增收。如在辽南平肥地小麦、向日葵复种，小麦产量可达 $5250kg/hm^2$，向日葵产量达 $2250kg/hm^2$。复种的绝对产量虽不如单作，但全年产量明显提高，但如品种搭配不理想或栽培技术不保证，也会产生相反的结果。

一般采用土地当量比（LER）来反映间混套作的土地利用效益。土地当量比即为了获得与间、混作中各个作物同等的产量，所需各种单作面积之比。其公式为

$$LER=\sum_{i=1}^{m}\frac{Y_i}{Y_{ii}}$$

式中：Y_i 为单位面积内，间作、混作、套作中的 i 个作物的实际产量；Y_{ii} 为该作物在同样单位面积上单作的产量。

例如，玉米、大豆以 1∶1 间作，混合产量 $3750kg/hm^2$，其中玉米产量 $3150kg/hm^2$，大豆产量 $600kg/hm^2$；而玉米单作产量 $4500kg/hm^2$，大豆单作产量 $1500kg/hm^2$，它们各

半的产量之和是 3000kg/hm²。

$$\text{土地当量比}(LER)=\frac{\text{间作玉米公顷产量}}{\text{单作玉米公顷产量}}+\frac{\text{间作公顷大豆产量}}{\text{单作大豆公顷产量}}$$

$$=\frac{3150}{4500}+\frac{600}{1500}=0.7+0.4=1.1$$

$LER>1$，表示间作、混作、套作有利。大于 1 的幅度越高，增产效益越大。目前，我国已较广泛地采用土地当量比表示间作、混作、套作的高产效益。$LER=1$，说明间作与单作产量相等；如 $LER<1$，说明间作产量低于各自单作。

2. 稳产保收

在自然界，植物群落几乎都是由几个以上的植物种以复合群落的状态出现的，经过长期的自然选择，形成了在空间上的成层性和时间上的演替性，从而使群落更有利于充分利用自然资源和抗御变幻莫测的环境条件。组成植物群落的植物种越多，昆虫和其他动物出现的种类亦越多，从而形成多条食物链，交织成复杂的食物网，提高了系统的自我调节能力，保证了整个系统的稳定性。

在农田中，则是单一地种植某种作物，或小麦，或水稻，甚至是单一的品种，杂草均要清除干净，相应地昆虫种类减少，食物链简单；某些有害昆虫在条件适宜时就容易产生在数量上的突发性波动，从而造成极大的危害；出现灾害天气时，作物生物产量和经济产量均将大幅度降低。总之，单作种群抗逆力弱，稳定性差，需要更严更多的人工调节。实行间作、混作、套作，形成人工复合群体，与单作种群相比较，对同类型灾害性天气的忍受性大，受损害的程度小；人工复合群体内形成特有的“植物环境”（小气候、土壤和分泌物等）对一些病虫害的发生蔓延可起抑制作用。这样，就相对地提高了系统的抗逆能力，增加了稳定性，大致有可能减轻，甚至避免灾害而引起的生物产量和经济产量的大幅度上下波动。因此，在目前人类还不能完全控制自然，经常受到自然灾害威胁的情况下，利用间作、混作、套作的作物的不同特性和形成复合群体的特点，就有着稳产保收的可能性。如宁夏回族自治区的山区，由于雨量不稳定，往往把胡麻和芸芥混播，叫作“花子”，胡麻喜湿，芸芥耐旱，在雨水多的年份可多收胡麻，而干旱年份则多收芸芥，总产比较稳定。又如淮北地区实行麦豌混作，小麦忌霜害，怕蝼蛄；豌豆比较耐寒，不怕蝼蛄，就有抗灾保收的作用。德国在气候不稳定地区，燕麦和大麦混作很普遍，一般在旱年大麦生长良好，多雨年份对燕麦有利，两者混作，无论是旱年或多雨年份产量都比较稳定。

3. 用地与养地相结合

间作、混作、套作不仅充分地利用了地力，在一定条件下还有某种程度的养地作用，使用地与养地更好地结合起来。

豆科与禾本科作物间作、混作、套作时，由于豆科作物有根瘤菌能固定大气中的氮素，间作、混作、套作的土壤含氮量往往高于禾本科作物单作的土壤含氮量。肖焱波等（2007）研究表明，蚕豆利用土壤速效氮少于小麦，两种作物间作可以充分利用蚕豆固氮满足部分氮营养需求，减少小麦对土壤氮的过度消耗，间作土壤 0～30cm 土层的硝酸盐比小麦单作高，从而改善了间作小麦的生长。

间作、混作、套作还可以使根系增加，从而增加土壤中的有机物质，创造和恢复团粒结构来提高土壤肥力。如小麦与豆类混作时的根量增加，大麦与豆类混播，根量增加。随着土壤中的有机残留物质的增加，必然有利于改善土壤的物理特性和肥力的提高。

在水土流失严重的丘陵地区和山区，实行间作、混作、套作能增加地面覆盖度，防止水土流失。杨友琼等（2011）在10°坡地上研究玉米间作蔬菜和牧草对径流、土壤侵蚀的影响，间作比玉米单作分别减少24.4%～34.1%和13.0%～50.9%，其中玉米间作牧草水土保持效果最好，其次是玉米间作马铃薯及间作甘蓝。

粮肥的间作、混作、套作也是用地与养地相结合的一种措施。正确地进行粮肥的间作、混作、套作，当季粮食可以不减产或少减产，多收绿肥，提高土壤肥力，使下茬显著增产。黑龙江省西部地区采用玉米与草木樨2∶1间作，当年增加玉米行的密度，总株数与单作相等，可与单作玉米平产或减产1%～2%，草木樨地上部割下做饲料，草木樨后茬种甜菜增产8.8%，马铃薯增产13%，大豆增产12%～37%。

4. 促进多种经营，增加经济效益

在有限耕地上采用间作、混作、套作，可以在一定程度上调节粮食作物与经济作物（包括药材）、蔬菜、饲料作物以及果林间争地的矛盾，从而可以起到促进多种经营的作用。林地果园实行间作、混作，不仅对增产粮食、油料、蔬菜、饲料和药材等有重要作用，而且间作、混绿肥可以提高林木果树的成活率和生长速度，对林业和果树园艺业的发展也有特殊意义。粮食作物和豆科饲料作物间作、混作、套作，对建立巩固的饲料基地、提高饲料品质，发展畜牧业都有较大的现实意义。

在农业现代化进程中，如何解决农业比较效益低、农民收入少的问题，在高产的基础上，进一步实现高效益很有必要。合理的间作、混作、套作、复种能够利用和发挥作物之间的有利关系，可以较少的经济投入换取较多的产品输出。因此，我国南方、北方都有大量生产实例证明其经济效益高于单作。

总之，采用间作、混作、套作、复种相对的花工不多、成本不高，但增产保收，有利于发展多种经营，经济效益比较明显；在提高单位面积产量上比单作的潜力大，在当前必须把粮食生产抓紧抓好的形势下，具有特别重要的意义。但是，也应该指出，在间混作条件下，机械作业不便，化学除草往往无法进行，病虫害防治增添了困难，对实行轮作也有不少障碍。必须一分为二地来看待这个问题。

第二节　种植方式的评价

一、间作、混作、套作的群体内关系

栽培植物在人的主导作用下，在田间构成一个特殊的群落类型——栽培植物群体，它们彼此之间，以及它们与环境之间存在着一定的相互关系，有着自己的外貌、结构和功能。间作、混作、套作的作物组合，属于栽培植物群体中的复合群体，它比单作构成的单一群体具有更复杂的特点。群体结构内部，除了水平结构复杂化以外，垂直结构出现了明显的层次；田间生态条件也因此发生了变化；群体的内部联系除了种内关系之外，又增加了种间关系。因此，研究和实行这种种植方式需要运用群体的观点、理论和方法来指导，才能收到良好的效果。

（一）空间上的互补与竞争

间作、混作、套作复合群体在空间上的互补与竞争，主要表现在光与 CO_2 等方面。

1. 空间上的互补

合理的间作、混作、套作，在空间上配置的共性是将空间生态位不同的作物进行组合，使其在形态上一高一矮，或兼有叶型上的一圆一尖，叶角的一直一平，生理上的一阴一阳，最大叶面积出现的时间一早一晚等。利用作物这些生物学特性之间的差异，使其从各方面适应其空间分配的不均一性，则可在苗期扩大全田的光合面积，减少漏光损失；在生长旺盛期，增加叶片层次，减少光饱和浪费；生长后期，提高叶面积指数，在整个生育期内实现密植效应。密植效应是指间（混）作、套作复合群体的混合密度大于单作所起到的增产、增值效应。据山东农业大学（1984，1985）的研究，在玉米单产 350～400kg 产量水平下，玉米同大豆间作，玉米密度与单作相同，当玉米与大豆的行比为 2∶3、3∶3、4∶3、6∶3 等 4 种情况时，对比单作，叶面积可增加 20%～40%，光能利用率提高 17%～22%，产量增长 9.1%～17.1%，产量土地当量比为 1.40～1.69。密植效应的具体表示方法，一种是在不减少主作物密度（比单作）的基础上，增种副作物株数；一种是主作物密度略有减少，但单位土地面积上主副作物混合总密度比两种作物单作时要高（以密度土地当量比表示）。套作时，前后两种作物共处，相当于高、矮作物间作，可使前作的生长后期或后作物的生长前期光合面积增加，减少漏光损失，提高对光能的利用。并可弥补农耗期对光能的损失，实现“四季常青”。

为什么间（混）、套作能够实现密植效应，而又不出现过密的弊害呢？主要原因如下。

（1）透光，能充分、经济地利用光能。高位作物与矮位作物间（混）作、套作，对比单作，首先是全田群体结构高矮相错，相当于单一作物种植时的伞状结构，改变了单一群体的平面受光状态，而为分层用光。当早晚太阳高度角小时，高位作物的叶片可以最大限度地吸收太阳辐射，矮位作物多接受高位作物对太阳光的反射光。而在中午太阳高度角大的时候，能使高位作物叶片减少向空中反射，强光能较多地透射到下层，为矮位作物的水平叶所截获、利用，减少漏光，使更多叶片处于中等光下。特别是当高位作物具有窄叶，或近直立叶的形态特征，如玉米、谷子、甘蔗、木薯等，矮位作物具有近水平叶，如豆类、马铃薯、甘薯等，这一结构特点更加明显。

另外，高位作物与矮位作物间（混）作、套作，高位作物除了能截获从上面射来的光线外，还增加了侧面受光（图 3-2）。据山东农业大学于间作玉米雄穗分化和籽粒形成期的株高 2/3 处的全日测定结果，玉米群体内的光照强度都高于单作玉米，幅度为 8.5%～38.2%。侧面受光，可增加高位作物中下部叶片的受光面积，改单作的平面用光为立体用光；同时光线由射到平面上改为射到侧面，使受光面积由小变大、由强光变为中等光，也提高了对光能的经济利用。据北京农业大学测定（1979），在 9—15 时期间内，单作群体的“光

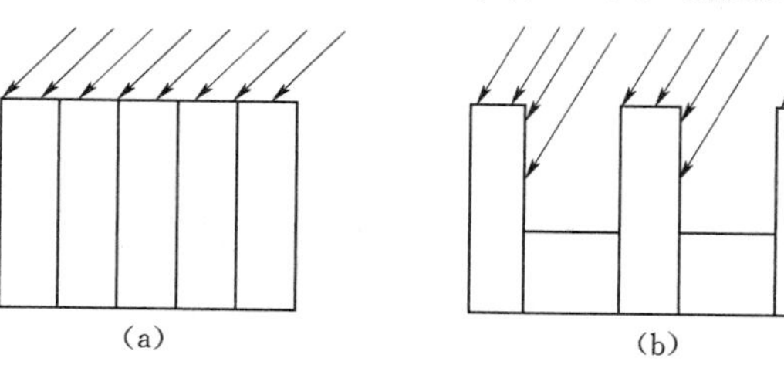

图 3-2 单作与间作采光示意图（王立祥，2001）

(a) 单作；(b) 间作

时面积”（作物群体受光面积与时间的乘积）为 4000.2m^2/亩时，2.5m 带间作的为 5330.7m^2/亩时，间作的“光时面积”增加 3.3%。这样，在单位土地上单位时间内，光量并没有变化，但是间套作复合群体的受光面积和对光强的利用程度，却都有所增加。

采用喜光作物与耐阴作物合理搭配，还可在采光上起到异质互补的作用，充分用光。尽管现代种植的作物几乎所有的都可以说是喜光的，但相对喜光程度不同。在生产上，多采用喜光、喜温的作物如玉米、高粱、甘蔗、小麦、大麦等作为高位作物，而以相对较耐弱光的豆科、马铃薯和某些蔬菜作为矮位作物。药用植物具有广泛的生态适应性和特殊经济意义。怕光的砂仁和三七，喜光的薄荷和地黄，还有怕光的多种食用菌都是合理间（混）作、套作中可供选择的作物。

（2）通风，能改善 CO_2 的供应。CO_2 是光合的主要原料，光合所需 CO_2 主要由叶从空气中吸收。目前大气中 CO_2 约含 0.034%（340ppm），相当于 0.67mg/L。而小麦、甘蔗、亚麻等作物的 CO_2 饱和点约为 0.05%～0.15%；马铃薯、甜菜、紫花苜蓿等 CO_2 浓度在正常浓度的 4～5 倍范围内，光合大体上仍能成比例地增强。由于空气中低含量的 CO_2 不能充分满足叶片光合的需要，而且田间作物在迅速进行光合时，作物株间浓度可降至常量的 2/3，个别叶片附近可降至 1/2。所以提高 CO_2 浓度，可以提高光合速率。

采用高、矮作物间作、套作，矮位作物的生长带成了高位作物通风透光的“走廊”，有利于空气的流通，加速 CO_2 的交流，减少输送阻力，加强扩散。此外，复合群体内，不同作物的群体受热不匀，也促进湍流交换的加强，间套作显著地改善了株层内 CO_2 供应状况。

2. 复合群体内光与 CO_2 的竞争

复合群体内光的竞争，又叫冠竞争，主要表现在间（混）作时，由于上位高秆作物截走了较多的阳光，使下位矮秆作物受遮阴，套作时后茬作物受前茬作物遮阴。即高位作物所获得的立体受光优势，往往是建立在矮位作物受光劣势的基础上。争光的后果是：处于间（混）、套作的矮位作物受光叶面积减少，受光时间缩短，光合作用效率降低，生长发育不良，最后导致生物产量与经济产量下降。并且高位作物株型松散、叶角越接近水平的，矮位作物受遮阴越重；矮位作物行数越少（即所占地面宽度越窄），越不耐阴，减产幅度越大；高矮作物高度差过大，全天受光时间越短；套种的时间越早，受遮阴时间越长。据北京农业大学测定，在 1.7～3.3m 的种植带中，玉米下间作的谷子全天受光时间比单作减少 50%～75%，辐射强度减少 36%～72%；间作下的矮秆作物被遮阴后，光合速率比不遮阴处减少 59%～79%。

在间套作情况下，为了取得两种作物的双丰收，提高单位面积的总产量，除了考虑单一作物所接受的光照强度外，还必须从有利于缓和两种作物的争光矛盾，提高全田的光照强度着眼。如果一种作物的光照强度略减，可使另一作物的光照强度显著增加，从而提高全田群体的光合总产量，这对提高单位面积总产量也是有利的。据北京市农科院农业气象研究室等单位的研究，在北纬 40°左右的地带，间作、套作中的两种作物的高度差若能控制在 0.93～1.17m，东西向种植对矮秆作物还是有利的，全天光合作用旺盛时期，畦的中部和北部都能得到阳光，如果将矮秆作物种在靠畦面的中北部，则可躲过遮阴的南侧畦面。若两种作物高度差过大，则南北行向种植好，南北行向种植，不管两种作物的高度差如何，中午前后总能接受全日照。但行向的效应也随纬度而不同，纬度越低，东西向种植越有利，纬度越高，南北向种植越有利。据山东农业大学（1973）对玉米间作7行大豆方式的调查，东西行向各行大豆自7—19时的光照强度总量（每小时测定一次）比南北行向要高出11.3%，其中除11—14时南北行向的光照比东西向略高外，其他时间皆以东西行向为高。尤以上午7—9时最为突出。从大豆结荚情况来看，东西行间的大豆空荚率低，结实荚数多，比南北行间作的大豆结荚数增多7.1%。但是紧靠玉米种植行以北（即南侧畦面）相当玉米株高1/3范围内的大豆，比南北行向任何一行大豆所接受的光照皆少，产量也低。

在CO_2的竞争方面，有人认为，作物在进行旺盛光合作用时，群体内CO_2浓度常低于常量，但一时的微风也可使CO_2得到补充。也有人认为，除非在封闭的群体中，竞争CO_2的现象实际上并不发生。但在高密连片种植情况下，也有类似封闭的状况。所以作物间是否对CO_2产生竞争，尚需进一步研究明确。

（二）时间上的互补与竞争

复合群体在时间上的互补，表现为时间效应，即根据时间的延续性，正确处理前后茬作物之间的盛衰关系，因延长光合时间所起的增产增值效应。

各种作物的时间生态位不同，都有自己一定的生育期。在单作情况下，只有前作物收获后，才能种植后一种作物。而套作可将秋播作物和春播作物、秋春播作物和夏播作物、甚至多年生与一年生作物，在不同季节里巧妙搭配，在前茬作物生长的后期套种后茬作物，使在一年内一熟有余、两熟或三熟生育期不足的地区，解决前后茬作物争季节的矛盾，实现一年多熟，充分利用一年之中的不同季节。例如一熟棉区，棉花4月播种11月拔秆，有5个多月的冬闲；小麦10月播种6月收割，如果种冬小麦时预留棉行，4月套种棉花，在棉花收获前套播小麦，增加麦棉共处时间，就可改一年一熟为麦棉两熟。

又如四川丘陵旱地，全年热量两熟有余，三熟不足，采用小麦、玉米、甘薯三茬作物连环套种，小麦、玉米共处40～50d，玉米、甘薯共处50～60d，可争取近100d的生长期，能实现一年三熟，比小麦玉米、小麦甘薯两熟，增产1/2～1/3，经济效益显著。

套作应用于原为一年两熟或三熟但农事紧张的地区，还有利于保证作物生育期，能够选用生育期较长、增产潜力较大的中、晚熟品种。据山东掖县农业局调查，当地夏玉米早、中、晚熟种对不低于10℃积温的要求分别为2200℃左右、2300～2600℃、2500～2800℃。在正常年份，直播夏玉米从播种到收获的积温为2300℃左右，只能满足早熟种的要求。若进行麦田套种、全生育期积温可超过2600℃，而且可以避免接茬期间因田间裸露而浪费光热，这样就可以种植产量较高的中晚熟品种。

我国早有将生育期长短不同的作物，进行间作的实践和经验。如甘蔗苗期与大豆间作，棉花与绿豆、大蒜间作等。一般认为，如果两个作物没有25%的生育期上的差别或者30～40d成熟期的间隔，间混作的好处可能不大。如国际水稻研究所用生长期80d的玉米与160d的稻子间作，增产达30%～40%。

时间的充分利用，避免了土地和生长季节的浪费，意味着挖掘了自然资源和社会资源的生产潜力，有利于作物产量和品质的提高。然而实行套作也存在着前后茬作物争季节的矛盾。在一年只种一季作物时，可从获得最高产量出发，选择最适宜的作物种类和品种，但套作时，为使套种的后茬作物及早播种，良好生长，前茬作物、品种的生育期则不能太长，不适晚熟。例如小麦套种（麦收前7～10d）玉米，小麦品种鲁麦1号和鲁麦15号都可获得小麦高产，但前者收获期较晚；要使玉米保证有足够的生育期，则以种植鲁麦15号为好。另外，前后茬作物也存在着争播种面积的矛盾，因为前茬作物要套种后茬作物就需要预留套种带（行），这样一般使前作的播种面积都较单作时为小。

所以，套作时要处理好利用光合时间方面的矛盾，也需要从作物种类、品种以及田间结构等方面予以解决。

（三）地下养分、水分的互补与竞争

间作、混作、套作地下因素的互补，表现为营养异质效应，即利用作物营养功能的差异，正确组配作物所起到的增产、增收作用。

作物的营养生态位不同，利用其营养生态位的异质性，可以协调地全面均衡地利用地力，提高产量。首先，作物的根系有深有浅，有疏有密，分布的范围，尤其是密集分布的范围都不相同。深者，如乔木树种可达数十米；浅者，如草本植物仅数十厘米。在农作物之间也有较大的差别，棉花、高粱、玉米的根系较深，而水稻、谷子、甘薯、花生较浅，例如小麦最深的根可达150cm以上，向日葵达240cm，而水稻只有50～60cm，大豆根系86.5%处于10cm土层内，至40～50cm处只占其根量的6.4%。由于各作物根系的不同，它们种植在一起，在地下分布的位置存在着互补现象。黄淮海平原的桐农间作，其中泡桐的主根深，须根少，功能根群主要分布在土壤50cm以下的层次内；而小麦属于须根系，根细而密，功能根群主要在40cm土层以内。它们间作起来能够恰当地利用不同土层的水分和养料。稻田放养红萍，它们的根系分别伸展在土层和水层之内，吸收不同空间的养料，互不妨碍，各得其所。红萍又可与蓝藻共生，固定空气中的氮素可增加水稻的产量。

不同作物的根系从土壤中吸收养料，在种类上和数量上也有不同。玉米和小麦都是需水需肥较多的作物，并且更需要较多的氮素养料；烟草和甜菜施用氮肥偏多，反而影响其工艺品质；豆类能固定自身需氮总量的1/4～1/2，绿肥作物还能增加土壤中的氮素；甘薯和芝麻对于钾素有着特殊的需求；紫云英、油菜则具有较强的吸收难溶解磷素的能力等。所以，将需肥和吸肥特点不同的作物搭配种植，能互补地全面均衡地利用土壤中的养分，充分发挥土地生产潜力。

豆科与非豆科作物间混套作，作物之间还有互利作用。豆科作物通过根系分泌物可供给非豆科作物以氮素营养，而非豆科作物把豆科固定的部分氮素取走后，刺激和促进了根瘤菌的固氮作用，如同一个化学反应的继续进行，必须把生成的产物取走，不然化学反应就会停止一样。山东省农业科学院（1964）在盆栽条件下，研究了春玉米混作春大豆根系分泌物的关系、该研究证明混作对玉米、大豆的生长发育都有良好的影响。在缺氮砂培条件下，大豆所排出的氮素中有90%被玉米吸收，混作玉米比单作玉米叶面积增大，干物质增加，根系发育良好，体内含氮量增加；而大豆由于根系分泌物的氮被吸收或受玉米分泌物的有利影响，根瘤数增加、总体积增大，植株含氮量提高，单株干重增加。

此外，实行间混套作，在水土流失严重的山丘地区和沙土地区，还能增加地面覆盖度和地下根量，防止或减轻水土流失和风蚀。

间（混）作、套作时，作物的地下部分不可避免地也发生着水肥竞争，又称根竞争；

竞争力弱的作物营养状况将变劣。如据试验资料，小麦套种棉花方式，在春旱的4月、5月内，套种棉行土壤含水量常较单作棉田少2%～3%，旱情严重时，甚至要少4%～5%；5月中下旬，套种棉边行0～30cm土层的硝态氮含量仅为单作棉的37.5%。作物种间的水肥竞争强度与作物本身所处生育阶段和生长特性，不同种作物之间相隔距离，水肥供应以及种植密度密切有关。

作物种间的间隔距离（间距）对水肥竞争的影响与作物根系生长动态有关，一般作物根系吸收水肥后，在根和根系附近出现水肥梯度差较低的水肥贫乏区。根幼小时根域小，贫乏区也小。随着植株的生长，贫乏区不断扩大，相互连接时，竞争开始发展，根系重叠、特别是严重重叠时，水肥竞争加剧。例如：小麦拔节后，在预留套种带中套种棉花，由于小麦生长后期伸向套种带的水肥贫乏区距离为33～40cm，所以将套种作物种在距小麦行33cm地方时，基本上可避开水肥贫乏区，受到的影响较小。但如将棉花正好套种在小麦的水肥贫乏区内，由于小麦处于生长盛期，对水肥有强大的竞争优势，在水肥不足情况下，棉花则会发芽出苗困难，幼苗的竞争力也弱小得多，形成弱苗或中途夭折。因此，确定作物的适宜间距非常重要。在小麦收获前7～10d于行间套种玉米的方式中，由于套种时小麦已基本停止从土壤中吸收水肥，因而即使玉米套在小麦水肥贫乏区内，在水肥方面也不会受到大的影响。又说明掌握套种时间也是缓和水肥竞争的重要方面。

复合群体内作物种间水肥竞争的强度还决定于：一是水肥供应数量及供应的时机；二是单位面积内植株的密度。水肥量供应不足，不及时，种植密度大，水肥竞争就越激烈。而且间（混）套作时，为争取提高单位面积内的总密度，高位作物往往缩小株距，放大行距，使单株营养面积不均衡，从近似正方形改成为狭长形，从而加剧了作物种内对水肥的竞争。

因此，在间（混）套作复合群体中，加强水肥管理，掌握合理的种植密度，确定作物种间的适宜间距，合理的确定套种时间，都有利于发挥营养异质效应，缓和水肥竞争。

（四）生物间的互补与竞争

间混套作复合群体中的种间相互关系，除了表现在对空间、时间，水肥利用方面的互补与竞争外，通过植物本身及其分泌物也还直接产生生物间的互补与竞争影响。

1. 对病虫害发生环境的影响

间混套作复合群体改变了作物单作时的田间小气候状况，直接影响到病虫害发生环境，合理的间混套作可使病虫害减轻，但不合理的组合也会加重。

辣椒和玉米间作对辣椒疫病和玉米大、小斑病的病害发生均有显著的控制效果。与单作相比，间作对辣椒疫病的防治效果随辣椒行数的减少由35.0%逐渐增加到69.6%；间作对玉米大、小斑病的控制效果随辣椒行数的增加由43.0%逐渐提高到69.3%（孙雁等，2006）。蓖麻与黑豆间作，对防除田间大豆蚜虫和大豆食心虫有明显效果，但因品种不同，防虫效果有差异；蓖麻与抗虫性较差的品种“吉黑豆1号”间作，单株蚜虫头数比清种下降61.5%；蓖麻与抗虫性较强的品种“吉黑豆2号”间作，单株蚜虫头数、比清种下降32.4%（丁爱华等，2003）。杏棉间作棉田牧草盲蝽和棉叶螨发生量轻于单作棉田，棉蚜在中度发生年份，单作棉田棉蚜发生量显著性高于杏棉间作棉田（王伟等，2010）。叶火香等（2010）研究茶园间作柑橘、杨梅或吊瓜对叶蝉及蜘蛛类群数量和空间格局的影响时发现，与纯茶园相比，间作茶园叶蝉种群数量和蜘蛛类群个体数量显著地增加，间作茶园的蜘蛛种数显著增加；间作茶园茶丛上、中、下层叶蝉、蜘蛛个体数量分布明显区别于纯茶园茶丛上、中、下层叶蝉、蜘蛛个体数量分布；茶丛上层的嫩梢是制作高档茶的原料，而纯茶园茶丛上层叶蝉虫口百分率为54.16%，间作茶园茶丛上层叶蝉虫口百分率皆减小，并且叶蝉高峰期间蜘蛛的跟随效应增强。甘蔗玉米间作时，甘蔗净种田与间作田棉蚜的虫情指数变化趋势一致，但净种田棉蚜虫情指数显著高于间作田；净种田与间作田瓢虫虫口密度变化趋势一致，但间作田瓢虫虫口密度显著高于净种田，表明间作田中捕食性瓢虫在甘蔗棉蚜种群控制中发挥着重要的作用（张红叶等，2011）。

间混套作时田间生态环境的改变，也可使某些病虫害的环境条件较为适宜；或者间混套作的作物有着共同的病虫害，而使一些病虫害发生或为害加重。如玉米棉花间作，红蜘蛛的寄生部位升高，借风力传播加快。麦棉套作，红蜘蛛、小地老虎和玉米螟发生得早，增长得快，特别是棉麦连续套作，促使传毒介质灰飞虱寄生，引起小麦丛矮病大量发生，甚至使小麦严重减产。因受同种害虫为害的作物植株增加，而使这种害虫为害加重的多为食性广泛、寄主范围广的害虫，如玉米间作棉花，玉米螟、棉铃虫对两种作物相互危害；玉米间作烟草，烟青虫增多等。因此，间混套作时，为抑制致害效应，必须加强对某些病虫的预测预报及防治。

2. 分泌物（生物化学）的相互影响

20世纪30年代以来，关于植物之间生物化学相互关系的研究资料表明，作物（植物）在它的生育期间，通过其地上部分和地下部分经常不断地向环境中分泌气态或液态的代谢产物，这些有机物质的混合物有碳水化合物、醇类、酚类、醛类、酮类、酯类、有机酸、氨基和亚氨基化合物等。这些分泌物对周围的微生物或其他作物能产生有利的或不利的影响（或互不影响）。作物之间通过生物化学物质，直接或间接地产生有利的相互影响，称为正对应效应；产生不利的相互影响，为负对应效应。

一些作物可促进其他作物的生长发育，如洋葱对食用甜菜和莴苣，马铃薯对玉米和菜豆，大麻对向日葵；而另一些作物则能抑制其他作物的生长发育，鹰嘴豆根系和叶、茎分泌的草酸、苹果酸等酸性物质对蓖麻起抑制作用，与鹰嘴豆间作的蓖麻生长缓慢，植株矮小，就连根系都朝与鹰嘴豆相反方向伸展。胡桃叶子分泌的胡桃醌，在一定的浓度条件下，对苹果有害，能引起细胞的质壁分离，阻碍植物种子发芽。茴香常影响许多植物生长，在栽培植物群落中是一个不受欢迎的伴生植物。大麻对大豆的生长发育不利，荞麦对玉米起抑制作用等。

此外，作物的分泌物对病虫害的发生也有影响。大蒜的根系分泌物对莴苣种子发芽和幼苗生长及对黄瓜枯萎病菌、西瓜枯萎病菌的化感效应，对黄瓜枯萎病菌和西瓜枯萎病菌的菌丝生长及孢子萌发均表现为抑制作用，随着根系分泌物浓度的提高，抑制作用增强（周艳丽等，2011）。大蒜根系分泌物对枯草芽孢杆菌的增殖具有较强的促进作用，石榴园套种大蒜结合枯草芽孢杆菌的施用有望作为控制石榴枯萎病蔓延的一种方式（汤东生等，2011）。洋葱的分泌物，在数分钟内能杀死豌豆黑斑病菌；蓖麻的气味有驱除大黑金龟子的作用；亚麻与马铃薯伴生，可制止马铃薯盲蝽为害；薄荷种在甘蓝周围会驱逐粉蝶等。

（五）边行的相互影响

间套作时，作物高矮搭配或存在空带，作物边行的生态条件不同于内行，由此而表现出来的特有产量效益称为边际效应。高位作物边行由于所处高位的优势，通风条件好，根系竞争能力强，吸收范围大，生育状况和产量优于内行，表现为边行优势或叫正边际效应；同时，矮位作物边行由于受到高位作物的不利影响，则表现为边行劣势或叫负边际效应。

造成边行优势的原因在不同条件下表现不同。一般在低产稀植的条件下，水肥条件的改善是其增产的主要原因；而在高肥高密度条件下，改善光、热气条件则成为主要原因。据沈阳农业大学（1963，1964）研究，玉米大豆间作时用玻璃板将玉米、大豆的根系进行隔离与不隔离的比较，如以单作玉米为100%，根系隔离的玉米产量为118%，根系不隔离的为132%。说明在间作增产的32%中，有18%是受地上部分光热气的影响，14%是受地下部分肥水的作用。北京农业大学（1977）在产量250kg/亩水平的小麦套种玉米田中，进行了类似的试验研究（用塑料膜将小麦与玉米根系隔开），隔根的小麦边行比内行增产28.4%，不隔根的比内行增产61.3%；即在增产的61.3%中，由于土、肥、水等地下因素引起边行增产为32.9%，由于地上光照CO_2等因素增产为28.4%。

边行优势的大小，依作物种类、品种而异。据山东农业大学（1972）研究，同是高秆作物，玉米的边行优势较明显，而高粱的边行优势则较小；同是小麦，蚰包品种边行比内行增产27%，而矮济六号则增产145%。从边行优势的范围来看，沈阳农学院（1960）调查，间作玉米超过4行以上时，增产的效果有逐渐减少的趋势。其他许多研究报道也都认为，在与矮秆作物间作时，玉米超过6行，增产效果大为降低，或者说，除两侧边际各有3行有增产效果外，其余的中间行的产量基本上与单作相等。另外，边行优势的大小与范围还与地力水平、种植方式、播种密度、种植行向等因素有关。据西北农学院调查（1977）：小麦单产200kg/亩以下的地力水平，边行优势纵深范围33cm左右，以16cm以内的边行优势为显著，边行较内行增产幅度为10%～30%；小麦产量200～300kg/亩的地力水平，边行优势纵深范围达50cm左右，以33cm以内的边行优势为最显著，边行较内行增产30%～40%；小麦产量300～400kg/亩或以上的地力水平，边行优势纵深范围达67cm左右，以33cm左右的边行最为显著，边行较内行增产幅度约为40%～50%。

与上述情况相反，两种作物共处期间，位于高位作物之下的矮位作物，无论是在地上部还是地下部，一般都处于不利地位。在环境条件方面，表现为受高位作物的遮阴，受光时间短，受光叶面积小，光照弱，水肥条件差；在生长发育方面，则表现为光合速率较低，生长弱，发育迟，往往导致产量下降。边行劣势的大小决定于高位作物的高度、密度、叶片结构与叶角，矮位作物的高度，矮位作物与高位作物间的距离，矮位作物的行数或占据地带的宽度以及作物本身的遗传特性等。据沈阳农学院调查（表3-1），同是与玉米间作，棉花、谷子、甘薯减产较多，而大豆、马铃薯则减产较小。因此，间套作时必须正确制订有关技术措施，才有利于发挥边行优势，减轻边行劣势，获得全面增产增收。

表 3－1　不同作物与玉米间作的边行效应

作物种类	边 1 行/%	边 2 行/%	中间行/%	测定点数
大豆	93.4	96.8	103.0	1
谷子	49.7	80.1	91.0	1
花生	67.6	83.0	85.0	6
甘薯	61.2	73.9	81.0	2
棉花	36.8	55.7	71.0	2
马铃薯	86.3	100.2	99.7	3

注　以单作产量为 100%，表中数据为相对于单作产量的百分比。
来源：耕作学，中国农业出版社，1981。

二、复种的效益

（一）充分发挥农业资源增产潜力

充分利用农业自然资源、提高光能利用率是增加作物产量的中心问题。正确运用复种可以获得多方面的效益，而延长光合时间，发挥农业资源增产潜力是其主要的效益。

1. 充分利用光能

太阳光能一年四季不断投向大地，而一季作物的生长期一般只有 4～7 个月，高叶面积时间更短，一般仅 2～3 个月。因此，在生长期长的地区一年一熟，由于光合时间短，则光能利用率低，而且生长期越长、光合时间浪费越多。如东北的沈阳，一年种一季玉米，浪费生长期 15%；而在南方的南宁，一年种一季玉米，光合时间的浪费接近 70%。在其他条件允许的情况下，将适合不同季节生长的作物合理搭配进行复种，可以有效地延长光合时间，增加年光能利用率。北京农业大学经 5 年（1974—1978）的试验比较，北京、天津一带，一年一熟冬小麦产量 307.6kg/亩、春玉米产量 400.5kg/亩，年光能利用率分别为 0.44%和 0.47%，而一年两熟的冬小麦、玉米年产量 613.5kg/亩，年光能利用率为 0.79%。两熟比一熟光能利用率提高 68%～80%，提高的主要原因是增加了 59%的生长期。江苏无锡，由稻麦两熟改种三熟后，总产显著增加，光能利用率提高（表 3－2）。

表 3－2　不同作物和熟制的产量水平与光能利用率

作物与熟制	三麦	前季稻	后季稻	单季稻	油菜	麦—稻—稻	油—稻—稻	麦—稻	油—稻	双季稻
产量/(kg/亩)	250	400	350	500	125	1000	875	750	625	750
光能利用率/%	0.824	1.102	0.947	1.116	0.577	2.873	2.627	1.940	1.693	2.079

注　三麦指大麦、小麦和裸大麦；前季稻指双季早稻；后季稻指双季晚稻；双季稻指早、晚稻。
来源：耕作学，上海科学技术出版社，1984。

2. 充分利用热量资源

热量是作物进行光合作用的动能，要延长光合时间，必须有一定的热量保证，提高太阳能利用率的同时也充分利用了热量资源。从热量资源看，除东北、西北少部分地区处于寒温带，不低于 10℃积温小于 2000℃只能一年一熟以外，东北地区南部，不低于 10℃积温 3000℃以上，一年一熟有余，采用合理的套作复种，可以一年两熟；华北地区，不低于 10℃积温为 3600～5000℃，利用小麦与夏玉米（大豆）等复种，一年两熟；广大的亚热带地区，不低于 10℃积温为 5000～8500℃，可以稻麦两熟及双季稻三熟，等等。

3. 充分利用水土及社会资源

位于我国东部和南部的主要农区受夏季季风影响，雨量充沛，为湿润、半湿润地区，年降水量 600～2000mm，有利于复种。而且我国降水的地带分布及季节分配大致与热量一致，作物生长的温暖季节也正是降水较多的时期，利用复种在充分利用热量资源的同时也可以充分利用水资源。

由于作物产量是全部生活因素综合作用的结果，所以复种在充分利用气候资源的同时，必须充分利用耕地，并使劳力、资金、农机具、农用物资、水利设施等社会资源发挥最大的经济效果。

（二）促进农业的全面发展

我国人多地少，2008 年全国耕地面积为 18.25 亿亩，人均耕地 1.37 亩，要在人均如此少的耕地上解决粮、棉、油、饲、菜等农产品以及部分燃料、肥料的供应，运用复种的意义重大。扩大复种面积，增加种植作物的种类，可以适当解决粮、经、饲、菜、肥等作物争地的矛盾，有利于各种作物的全面发展，促进农牧结合、农工结合。如，长江流域采用麦—稻—胡萝卜、饲用甜菜、秋甘蓝、饲料玉米；西南水田区采用春马铃薯—中稻—秋马铃薯；黄淮棉区采用麦棉套播复种等。

第三节　间混套作的技术要点与主要类型

间作、混作、套作的增产效果已为科学试验和生产实践所验证。但是，如果对复合群体中的种间及种内关系处理不当，竞争激化，结果也会适得其反。如何选择好作物组合，配置好田间结构，协调好群体矛盾，是间作、混作、套作技术特点的主要内容。

一、间作、混作的技术要点和主要类型

间作、混作的特点是两种以上的作物在田间构成复合群体，它们之间既有互相协调的一面，也有互相矛盾的一面，处理不好，或条件不具备，不仅不能增产，甚至会导致减产。因此，间作、混作的技术要从具体要求出发，在作物种类和品种选择，作物行比和密度，种植方式、水肥和田间管理等各方面互相配合，尽量克服或减少不同作物之间矛盾的一面，充分利用和促进协调的一面。

（一）间作、混作技术要点

1. 选择适宜的作物种类和品种

进行间作、混作首先要把间作、混作的两种或两种以上的作物和品种选择好，做到巧搭配。要从具体的自然条件和生产条件出发，根据不同作物的生物学特性来进行选择。在作物种类的搭配上主要注意两个方面，通风透光和对养分水分的不同需要。农民群众形象地总结为：“一高一矮，一肥一瘦，一圆一尖，一深一浅，一早一晚，一阴一阳”。“一高一矮，一肥一瘦”是指作物的株型，即高秆和矮秆作物的搭配，株型松散和株型收敛的搭配（两者皆收敛更好）以使增加密度的情况下仍有良好的通风透光条件。“一圆一尖”是指叶

片的形状，圆叶主要是指豆科作物；尖叶是指禾本科作物，叶形的判别也是株型上的差异，两者搭配有利于通风透光。“一深一浅”是指深根与浅根的作物搭配，合理利用土壤中的水分和养分，如浅根的豆类或甘薯和深根的高粱或玉米搭配。“一长一短”和“一早一晚”是把生长期长的和短的作物搭配在一起，利用它们的生长期长短和发育早晚的不同，以充分利用空间，减少矛盾，如玉米和马铃薯、小麦和大豆的搭配。“一阴一阳”是指耐阴作物与喜光作物搭配，如某些药用作物和玉米等。在作物搭配上有时还要考虑其他方面的情况，若主要是为了增加对不良的自然条件的适应能力以保稳产，那就要选择两种适应性不同的作物，搭配种植。

在品种选择上也要注意互相适应。如玉米和大豆间作、混作时，大豆选用分枝少或不分枝的亚有限结荚习性的较早熟品种，株高要求矮一些，使玉米有最好的通风透光条件。高秆作物则要选择株型不太高大，比较收敛抗倒伏的品种，使矮秆作物有较好的光照条件。但当矮秆作物植株较高时，如玉米与谷子间作，高秆作物则又要选择植株较高的品种，以便使株高有更显著的差异。还要考虑田间作业的方便，如在混作时两种作物分期收获有困难的，则必须选择成熟一致的丰产品种。

2. 确定合理的种植方式和密度

间作、混作的种植方式对多种作物有着不同的影响，在作物种类、品种确定之后，合理的种植方式是能否发挥复合群体充分利用自然资源，解决作物之间一系列矛盾的关键。只有种植方式恰当，才能既增加群体密度又有较好的通风透光条件，发挥其他技术措施的作用。如果种植方式不合理，即使其他技术措施运用得再好，也往往不能解决作物之间争光、争水肥，特别是争光的矛盾，密度是在合理的种植方式基础上取得增产的中心，密度不当，不能发挥间、混作的增产作用。在确定种植方式和密度时，要从间作、混作的类型出发，考虑到水肥条件，作物的主次，不同作物在间作、混作时的反应，以及田间管理和机械化要求。

不同的间作、混作类型，它们的出发点不同，对种植方式在考虑上也就不同。有的主要是为了增强对不良的或多变的自然条件的适应能力，种植方式不变，两种作物的比例宜根据具体条件加以改变。有的主要是利用空间，主作物不减产或少减产，增收副作物，一般是主作物的种植方式不变而密度变，或者相反。副作物的多少根据水肥条件决定，水肥条件好，可多带一些，反之就少带一些，以基本不影响主作物的产量为原则，保证有最大的增产效果。主作物为高秆作物时，可改成大小垄，在大垄的行间种植副作物；或者主作物扩大行距，缩小株距，或一穴多株使副作物有较大的空间；若以矮秆作物为主时，则副作物的株距不能过近，以免主作物减产过多；如为了获得更大的增产效果，副作物的株数较多，可以采取放大穴距，一穴多株（最大可以达到3～4株）的方式。

高矮作物的间作近几年来发展较快，面积较大，也是类型较多的一种形式。如玉米与大豆、玉米与花生、玉米与谷子、玉米与甘薯，经验也十分丰富。在这种形式下，高秆作物利用矮秆作物作它的通风道，处于优势的地位，它的行数越少，优势越显著，增产幅度也越大。如黑龙江省农业科学院（1988）的调查结果是：玉米为36行时，增产幅度是1.2%～4.3%，12行时为11.8%，8行时为18.6%，6行时为30%，4行时约为40%，2行时为60%。从上述数据可以看出，玉米的行数在12行以下的增产幅度都是比较大的。

但是进一步分析各行的玉米产量时发现，超过6行的增产效果则大为降低，或者除两边的各3行有增产效果外，其余的中间行的产量基本上已与单作相等。因此，间种时从增产的效果看，玉米的行数最多不超过6行。矮秆作物的情况正好与高秆作物相反，由于光照条件的变坏和对水肥的竞争，处于受抑制的地位，而且是行数越少，减产越大。仍以玉米与大豆间作为例，据黑龙江农业科学院的调查，大豆为12行时，与单作相比，约减产1.8%～11.5%，6行约减产10%～20%，4行减产20%～30%，2行约减产30%～40%。不同的矮秆作物在间作时的减产幅度是不同的；沈阳农学院的调查结果是：与玉米间作，大豆减产量少，花生、谷子减产较多，甘薯减产更多，棉花最多，得不偿失。上述这些矮秆作物在作物布局中占有较重要的地位，为了使它们少减产，在间作时行数不宜小于6行。上述结果，也就是农民群众总结出的，"矮要宽，高要窄"的经验科学根据。"矮要宽，高要窄"这是一个原则，在具体条件下究竟各以多大的比例为合适，要结合作物布局，轮作和机械化耕作等来考虑。谢运河等（2011）以早熟春大豆为材料研究表明，采用1∶3的玉米与大豆间作行比能形成最佳的玉米与大豆间作复合群体，早熟春大豆能充分利用玉米间剩余资源，比清种大豆、清种玉米分别高56.9%和13.4%。乐光锐等（1995）认为，玉米大豆2∶3较好，比单作增产17%。若当玉米的面积小、大豆的面积大，从增产的效果出发可以采取2∶6或2∶8的方式，以充分利用边行优势。若玉米的面积较大，可采取4∶6或6∶6的方式，玉米的增产幅度虽然小一些，但扩大了间作玉米的面积，有利于提高总产。若从机械化耕作考虑，则大比例的间作，如6∶6比较方便，也便于轮作。近些年来，盛行高宽矮窄的玉米与大豆间作3∶1、2∶1等行比，使大豆产量降低，品质变坏。

间作、混作与单作相比，一般应有较大的密度，使混合的叶面积系数比单作时的平均叶面积系数高，以充分利用光能，取得较大幅度的增产效果。而当矮秆作物与高秆作物进行间作时，高秆作物一般地都应加大密度，以充分利用改善了的通风透光条件，发挥增产潜力。水肥条件越好，行数越少，密度相应越大。矮秆作物的情况则相反，由于受高秆作物的影响通风透光条件不及单作，容易徒长，特别是高秆作物采取较大的密度时矮秆作物的密度应小于单作的密度。

3. 采取相适应的栽培措施

在间作、混作情况下，虽然进行了作物的巧搭配、田间的合理安排，但它们互相间（包括种间和种内）仍然有矛盾，争光、争肥、争水。由于这些矛盾，即使在间作、混作中处于优势地位的作物也在一定程度上受到抑制；如玉米与豆科作物间作、混作时，玉米由于豆科作物对水分的竞争也受到一定的抑制，叶面积缩小，株高变矮，抽雄吐丝期延迟，单株重减轻，特别是在干旱的年份表现得更为明显，在养分方面也是如此。由于间作、混作时单位面积上总的密度增加，对养分的要求是更高了，因此，保证有良好的耕层条件，有充足的水分和养分，深耕细作，增施粪肥，合理灌水，成为间作、混作大幅度增产的基础和前提。没有这个条件，间作、混作增产幅度就不会高，甚至可能不增产或减产。

间作、混作时两种作物生长速度往往是不一致的，生长慢的作物容易受到抑制，在栽培管理上要注意促使它们平衡，如调节播期、及时间苗和中耕除草，按不同作物的要求分别进行追肥，甚至偏水偏肥，以及加强后期田间管理等。在播期的调节上，容易受抑制的作物可以先播，以增强竞争能力，或使其在临界期能处于较好的条件下。

（二）间作、混作主要类型

我国各地气候、土壤复杂，间作、混作的类型很多，主要有以下几种。

1. 玉米与豆类、薯类作物间作

（1）玉米与大豆间作。这种类型是配合恰当的一个间作典型，玉米属禾本科、须根系，大豆属豆科、直根系，间作时可以改善玉米的通风透光状况和改善土壤氮素状况，在田间结构配置恰当情况下，粮食总产增加。东北地区一般在中等地力以上的地块上应用，以大豆4～6行、玉米2行为理想（图3-3）。否则，将因大豆单产下降，而影响效益。一般采用同时播种，玉米可随行数减少而适当缩小株距增加密度。

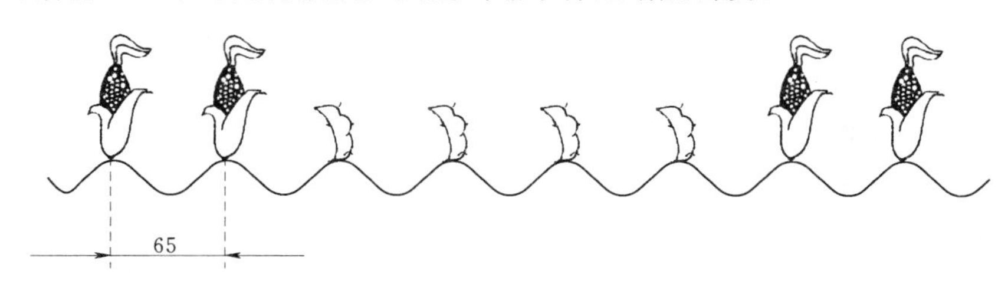

图3-3　东北玉米大豆间作（耕作学，1994）（单位：cm）

玉米大豆间作在华北多为夏播，其田间结构应根据具体情况和任务来安排。在玉米主要产区，可在玉米的宽行内间作或混种适量的大豆。一般带宽133～167cm，玉米大豆各2行，玉米行距33～50cm，大豆行距30cm，间距33～42cm（图3-4）。在大豆主要产区，水肥条件差，大豆生产任务大，大豆仍按生产上单作的行距种植，而后隔4～8行大豆间作1～2行玉米，行距和间距均在33～50cm。在机械化程度较高的地区，田间结构应根据农机具的性能来调整，适当加大带宽和行比。

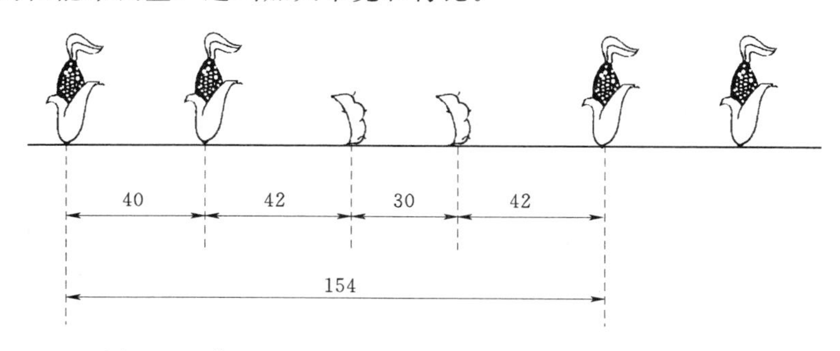

图3-4　华北玉米大豆间作（耕作学，1994）（单位：cm）

（2）玉米与芸豆间作。黑龙江省等地农民在生产中，利用芸豆生育期短的特点，采用玉米与早熟芸豆2∶1间作，丰产增收效果明显。其特点是，玉米加大密度30%，利用芸豆给玉米通风透光优势，实现2行玉米达到3行玉米的产量，保证玉米不减产；而芸豆生育期短，玉米与芸豆同时播种，当玉米封行时，芸豆已成熟，玉米对芸豆的影响较小，也可以保障芸豆的产量。

（3）玉米与马铃薯间作。一般采用2∶2间作，也可以每隔2行马铃薯间作1行玉米。东北地区采用早熟马铃薯与玉米间作效果好，其技术特点也是加大玉米密度30%，利用马铃薯给玉米通风透光优势，而早熟马铃薯生育期短，玉米对其影响较小，也可以保障马铃薯的产量。

（4）玉米与甘薯间作。以山东和河北两省面积较大。一般以甘薯为主时，按甘薯既定行株距每隔2～4行种1行玉米（图3－5）。如果多收玉米，可按4：2或6：2的行比进行间作，玉米株距可适当大一些，以减轻对甘薯的遮阴。

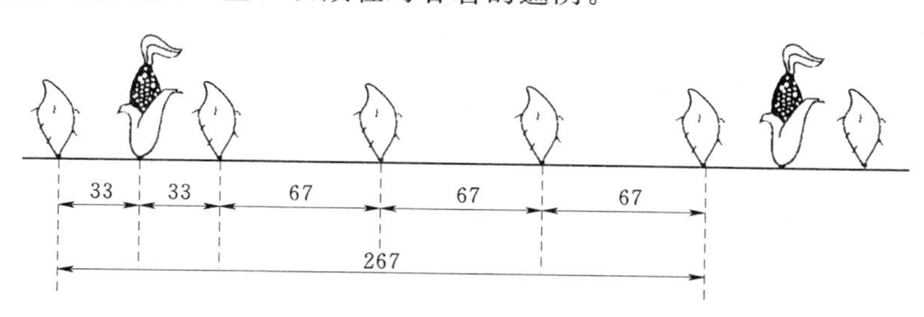

图3－5　玉米甘薯间作（耕作学，1994）（单位：cm）

2. 玉米与小麦、谷子间作

（1）玉米与小麦间作。黑龙江省利用春小麦与玉米间作，取得了很好的增产效果。一般是小麦幅宽是播种机播种宽度的倍数，保证机械播种作业方便，在播小麦时预留2行或4行玉米播种带，在小麦出苗后，播种玉米。

（2）玉米与谷子间作。这是东北西部常用的种植方式，行比通常是2：4或2：6，其优点是谷子可受玉米屏障，减轻落粒和倒伏；玉米行数少，边行优势大，混合产量高。

3. 粮菜、棉菜间作

我国的蔬菜生产注意应用精耕细作和间混套作技术，体现了耕作制度的高度集约化。粮菜间作和棉菜间作把这些宝贵的经验带向大田应用，除了有效地增加经济效益之外，将使作物生产技术得到相应的改变，促进农业高效生产的发展。

蔬菜种类甚多，有的生产周期短，如水萝卜40多天即可收获，叶菜类不论大小，随时可以割收。有的株低叶小，如洋葱、大蒜和菠菜等。还有的耐阴，如生姜、马铃薯等。它们与粮棉间种都可收到较好的效果。如山东省费县为了减轻和控制辣椒病毒病的发生及蔓延，推广玉米和辣椒间作栽培技术，取得了明显的经济效果（常守瑞等，2007）。辣椒单作时干辣椒产量417.3kg/亩，纯收入1884.5元；玉米单作时产量510.2kg/亩，纯收入438.7元；玉米辣椒间作时，干辣椒产量396.7kg/亩、玉米产量293.0kg/亩，混合产量689.7kg/亩，土地当量比（*LER*）为1.52。

粮菜间套作过去在市郊和城镇附近比较普遍，目前已向远郊发展。有小麦与菠菜、蒜苗间作；春玉米与马铃薯、大蒜、水萝卜等春菜间作；夏玉米与白萝卜、胡萝卜、大葱和大白菜间作，充分利用多种多样的蔬菜，填空补缺，发挥自然资源的潜力。如山东省在小麦大畦背上种三行菠菜或大蒜（收蒜苗）与小麦间作，菜收后套种夏玉米；小麦收后，还可在玉米行间套种两行白萝卜或撒播胡萝卜。

棉菜间作在棉区也逐渐发展起来。一般棉花实行宽窄行种植，在宽行内间作一行洋葱等早熟春菜。如山西省河津市采用洋葱棉花间作，山东省汶上县采用西瓜棉花间作，天津采用甜瓜棉花间作，在不影响棉花生长的情况下，增收一季蔬菜和瓜果。粮棉与蔬菜间作要在水肥较充足的田地上采用，不然关键时刻缺肥，蔬菜就会减产。蔬菜的病虫害较多，尤其是与棉花间作时，要特别注意选用与作物没有共同的或者少有病虫害的蔬菜，并加强防治。

4. 农桐间作和果农间作

（1）农桐间作。属农林结合的一种好方式，对于改善农田生态条件和增加农业经济收入有着明显的效果。农桐间作后，由于泡桐与作物的根、茎、叶在深度、高度和大小方面对应，泡桐树又可减少风速，减轻风害；减少土壤水分的蒸发，提高空气的湿度；在炎热的夏季也可使气温有所降低，在白天比无林地气温低 0.4～2.4℃，减轻了干热风的危害（表 3-3）。据调查，农桐间作地的 10 年生兰考泡桐单株材积 1.016m^3，最高可达 2m^3，每亩按 4 株计算，平均每年生产木材 0.4～0.8m^3。

表 3-3　农桐间作与无林地的风速和相对湿度比较

观测日期/(月．日)	风速/(m/s)		空气相对湿度/%	
	间作地	无林地	间作地	无林地
4.21—4.22	3.8	3.8	62.4	34.0
5.20—5.22	1.5	3.3	64.3	58.0
6.3—6.4	2.5	2.9	36.4	30.0
8.4—8.5	1.3	2.2	76.1	71.1

来源：耕作学，中国农业出版社，1981。

在长期与自然灾害作斗争的过程中，黄淮海平原的群众总结出一些适宜农桐间作方式，已在生产上推广应用。在风沙较轻，土壤质地适宜的肥沃的土地上，以农为主，泡桐行距 30～50m，株距 3～6m，密度 2～5 株/亩，以间作小麦玉米为宜。在风沙较重的粉砂土，农桐并重，行距 20m 左右，株距 5m，密度 6～7 株/亩，间作小麦、甘薯和花生。在人少地多的河滩地或丘陵坡地，以桐为主，一般密度 14～40 株/亩，幼树时，间作粮食作物；树大时即变成单纯的用材林的形式。

由于泡桐不耐水淹，实行农桐间作，要选择地势高燥、排水良好的土地，以免雨涝淹死幼树。泡桐采用大壮苗栽培，坚持高干造林，这样不仅木材质量高，对作物影响也轻。特别注意泡桐栽植密度要适当，不可因过多栽树，影响作物产量。

（2）果农间作。我国各地果树种类和分布不同，果农间作的类型和方式也是多种多样的。在北方主要有枣农间作、农柿间作和其他各种水果与农作物间作。由于果品经济价值较高，在组合恰当和配置合理的情况下，都可在不同程度上提高生态效益和经济效益。枣农间作就是一个典型，由于枣树叶小枝疏、冠小树矮，萌芽较晚，落叶又早。它与农作物间作，不仅对光照影响较小，而且对温度、湿度以及干热风都有调节作用。

二、套作的技术要点和主要类型

套作的两种作物既有共同生长的时期，又有单独生长时期，因此在技术上，既有与间、混作相似之处，又有不同之处。

（一）套作的技术要点

1. 选择适合的品种

套作时对品种的选择主要是考虑两个方面：一是尽量减少上茬同下茬之间的矛盾；二

是既要尽可能地发挥套作作物的增产潜力，又不影响后茬作物适时播种和成熟。为减少上茬作物对套种作物的遮阴程度和遮蔽时间。有利于套种作物早播和正常生育，对上茬作物品种的要求与间作中对高秆作物的要求相同，如小麦套种大豆、小麦应选用秆矮、抗倒伏、叶片上举的早、中熟品种，从麦田套种的大豆品种来看，则宜选用秆强不倒、分枝多、结荚密、生育繁茂的中熟或晚熟品种。视套作方式、时间而有不同。这样的品种搭配可减轻共生期间的矛盾。

2. 改进种植方式

在种植方式上，需要考虑最大限度地利用土地和光能，又要考虑播种、收获和田间管理的方便，注意减少在构成复合群体期间两种作物的矛盾。通常有加大上茬和下茬行比，或采用大小垄等。套作时上茬与下茬往往有主次之分，要在保证主作物产量的基础上照顾好另一作物，可基本上按主作物的要求确定种植方式。如春小麦套种玉米，若水肥条件比较好，小麦是主作物，套作时要保证小麦占到足够的实播面积或能有显著的边行优势，同时适当照顾玉米。如套种玉米的时间要较晚，行距要大，株距稍小。小麦收获后，玉米的通风透光良好，加强管理也可获得较高的产量；若水肥条件较差，小麦的产量低，主要靠下茬玉米保证高产，则小麦的种植方式要随玉米的要求而定，如行距较大，密度也较大。这样不仅可以保证玉米的密度而且有较大的单株营养面积，并可选用中晚熟或晚熟品种，使玉米获得较高产量。

3. 掌握适宜的套作时期

套作时期是套作成败的关键之一。套作过早，共生期长，植株生长过高，在上茬收获时下茬易受损伤。一般要求尽量缩短共生期，当然也不能过短。在生长季节本不太长的地区，共生期过短势必要选用早熟品种，套作的意义就不大，甚至不起增产作用。套种时期要考虑多方面的情况，如种植方式、上茬和下茬的长势、作物种类和品种等。大垄宜早，小垄宜晚；上茬作物长势好宜晚，长势差宜早；下茬无早熟品种宜早，反之可晚；较耐阴的作物宜早，易徒长倒伏的宜晚。上述因素之间又有联系，要统一考虑。如果选用较晚熟的品种，若上茬是主作物，在种植方式上又不能更多的照顾，下茬就应选用较早熟的品种，适当晚播。在套种时期确定上，还要考虑播种和收获时对上茬的影响；宜选择对上茬损伤最小的时期进行套种，并使下茬在上茬收获时有适当的叶龄，有较大的抵抗能力。

4. 加强田间管理

套作存在共生期，共生期内下茬受光弱、生长不壮。因而，套作下茬作物时宜增施一部分复合肥料，留苗要均匀，上茬收获后要促进下茬幼苗的茁壮成长，上茬作物收获后要中耕，将土培于下茬作物根部，促进下茬作物根系发育。要注意共生期间防治下茬作物的病害。

（二）套作的主要类型

1. 东北地区

东北地区无霜期较短，套作不如间作普遍，每一套作类型推广的面积也不大。但经过试验而有一定示范面积的类型还是有的。

（1）春小麦与大豆套作。这有两种方式：一是以垄距为单位曾在吉林、黑龙江两省推广。据吉林省吉林市农科所试验，4 年平均两作物混合产量比两作物各自单作的半公顷之和高。分别计算，大豆比单作增产，春小麦比单作增产。黑龙江省农业科学院大豆研究所试验套作，混合产量比各自单作的半公顷之和高。这一方式能有效地发挥小麦、大豆边行优势，适于水肥条件较好的土地上种植。二是同一垄上垄台播春小麦，6 月于垄沟播早中熟大豆，而后于 7 月收割小麦。辽宁省辽河两岸河套地多用之。其目的主要是因辽河两岸土地较低洼，7—8 月常受内涝灾害，种秋收作物虽能高产，但不稳产，而采用麦套豆至少有一季收成。当年雨水少还能增收下茬大豆。这种方式以麦为主，一般小麦产量为 3750～4500kg/hm^2，大豆产量也可达 1200～1500kg/hm^2。春小麦 2∶2 套作大豆的产量与单作比较见表 3－4。

表 3－4　　春小麦 2∶2 套作大豆的产量与单作比较

种植方式	小麦产量/(kg/hm^2)	大豆产量/(kg/hm^2)	总产量/(kg/hm^2)	土地当量比	年光能利用率/%
小麦单作	2632.5		2632.5	1	0.229
麦豆套作	1455.0	1879.5	3334.5	1.24	0.309
大豆单作		2722.5	2722.5	1	0.263

(2) 冬（春）小麦套玉米。全东北都曾试验示范成功。但辽宁有推广面积。海城、兴城以南多冬麦，以北为春麦，有 1∶2、2∶2、4∶2、1∶3 等行比（以原垄距为一行），故又称带田。一般 9 月下旬播冬麦或 3 月下旬播春麦，4—5 月种玉米，7 月中旬收麦。共生期南部 40d 左右，北部 60d 左右，可发挥前期小麦，后期玉米的边行优势。在水肥充足条件下公顷产量很高。如沈阳农业大学在铁岭试验，2∶2 套作春小麦和玉米产量为 2625kg/hm^2 和 5947.5kg/hm^2，而在相同条件下春小麦单作 3457.5kg/hm^2，玉米单作 8617.5kg/hm^2。

小麦比例大的，生产上均采用平畦，可灌溉，但两垄玉米仍为垄作，称为高垄平畦，适应小麦玉米对水分的不同需要。小麦比例小的，生产上多为垄作，多不灌溉。故前者以小麦为主，后者以玉米为主。而目的相同，主要是充分利用季节和地力，提高作物产量。此种形式在 20 世纪 70 年代辽宁省曾有很大的面积。

(3) 马铃薯与玉米套作。4 月中旬垄上开沟种马铃薯，5 月下旬甚至 6 月上旬在垄沟种玉米，7 月中旬收马铃薯，9 月底至 10 月上旬收玉米。用于东北南部平肥地，垄宽 60～70cm，复种指数达 200%。马铃薯、玉米均用早中熟种，密度与各自单作相似。每公顷可收马铃薯 22500kg，玉米 6000kg。

(4) 夏菜与玉米套种。夏菜有圆葱、蒜苔、矮芸豆、青豌豆等。1∶2 等比，为城郊型兼顾粮菜的一种种植方式。春季 3 月下旬至 4 月中旬种菜，4 月下旬至 5 月上旬种玉米。玉米比单作减产 3%～9%，但每公顷多收 1500～2250kg 高价的蔬菜。从经济效益看，比单作玉米增收一倍以上。

2. 华北地区

套作具有充分利用时间和空间双重的意义，在生产上，比间混作有着更明显的增产作用。在华北地区，套作类型有小麦玉米套作、小麦春棉套作、小麦花生套作、麦烟套作、小麦套作喜凉作物、小麦套作瓜菜、粮肥套作、棉肥套作、麦豆套作、麦薯套作等，以下介绍几种。

（1）小麦玉米套作。小麦、玉米是华北地区面积最大的两种作物。两者组成的两熟也是本区最主要的种植类型，其种植方式有小麦套种玉米与小麦复播夏玉米两种。小麦套种玉米在充分利用热量资源和提高玉米产量方面占有明显的优势，种植面积曾一度占夏玉米面积的70%以上。近几年由于小麦机收，其面积有下降趋势。

小麦套种玉米的好处是：应用于种植一季作物生长季有余，种植两季尚嫌不足的地区，可实现一年两熟，提高复种指数。应用于原为一年两熟但生长季紧的地区，可因增加共生期增多玉米的积温和利用麦收到夏播之间的农耗期的光和热，使玉米、小麦适期收获、播种而稳产，并可改早、中熟的玉米品种为中、晚熟的品种，发挥玉米的增产潜力。另外，也可变涝为利。玉米苗期怕涝，拔节以后需水量逐渐增多。套种玉米播种早，在华北地区可避开芽涝或苗涝，夏季雨季来临时，又正逢玉米需水增多时期，从而把涝害变成水利。同时，可有效缓和用工高峰。套种玉米使玉米播种提早到麦收前的农闲季节进行，可减轻三夏用工的压力；套种玉米收获早，又可减轻三秋时的用工高峰，提高小麦整地、播种的质量。

窄背晚套：主要在不低于10℃积温大于4100℃，复种玉米热量仍较紧张或两熟热量足，为保玉米稳产地区采用。要求在小麦播量、产量不受影响的前提下，通过套种保证玉米所需积温，使玉米稳产和增产。典型的具体模式见图3-6，较麦后直播玉米稳产并增产10%以上。技术特点是玉米按栽培需要确定行距，宽窄行或等行距，小麦播种时依据夏玉米所需行距预留出套种行，套种行的宽度只要能够进行套种作业即可。预留套种行之间的小麦行距依小麦品种丰产要求而定，从而可以决定小麦的行数。小麦收获前10d左右套种玉米，使小麦收获时玉米正值3叶期，小麦、玉米共处阶段，玉米仅处于种子根生长时，受小麦的抑制作用很小。该套作模式可因地制宜确定具体规格：①大穗大粒小麦品种要求行距较宽，一般小麦是“三密一稀”（即三行小麦留一条玉米套种行）；在采用适宜窄行距的小麦品种时，以“四密一稀”（即四行小麦留一条玉米套种行）为好。②麦行中预留玉米套种带的具体宽度，如套种工具配套，操作精细，19cm即可；反之，有的需要加宽到33cm才行。③套种玉米的行距确定时，如采用紧凑型玉米种，一般多为等行距且行距较窄，而采用松散型玉米种时，则行距较宽或在高地力上可能成为宽窄行。④套种时期的早晚，可以麦收前10d左右为依据，视当地灌水、降水、积温、劳力等状况予以适当伸缩。

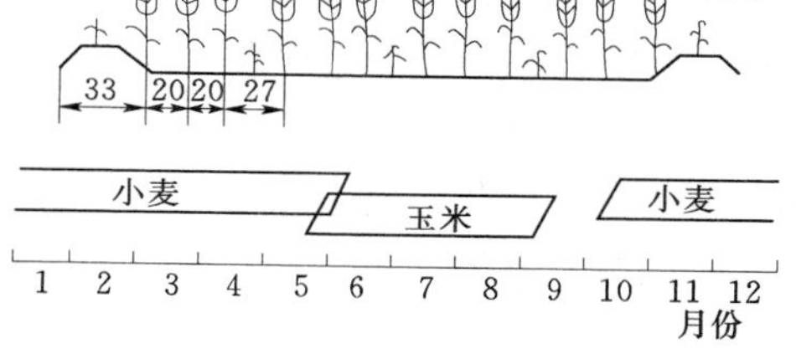

图3-6 小麦窄背晚套玉米典型模式
（单位：cm）（耕作学，1994）

宽背早套：在不低于10℃积温为3600～4100℃地区，为能在麦行中早套中、晚熟玉米，以显著提高玉米产量，并保持小麦产量基本不减产时采用。玉米早套的具体时期，依据当地麦收后直播夏玉米所缺少的积温为标准，但套种的最早时期不能使玉米在麦行中进行穗分化，以免小麦直接影响玉米穗分化过程和中、上部叶片生长，降低玉米产量。小麦、玉米共处期间为减少小麦对早套玉米的不利影响，必须预留较宽的套种行，但又要保证小麦实播面积和玉米密度，故宜每套种带套种双行玉米，双行玉米之间窄行距宜在

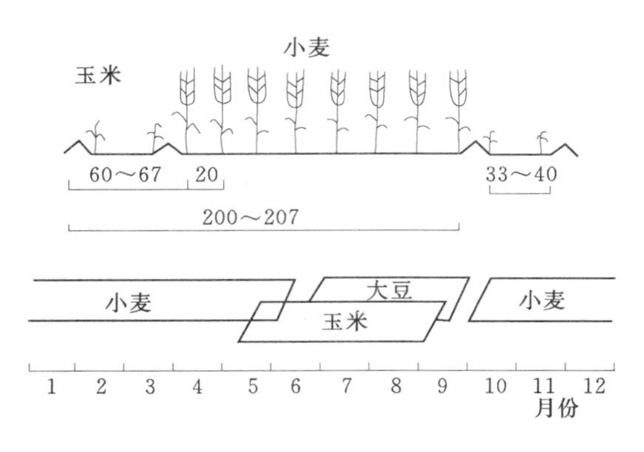

图 3-7 小麦宽背早套玉米的典型模式
(单位：cm)(耕作学，1994)

40cm 左右。确定套种玉米的宽行距，应使全田玉米平均行距不超过单作玉米的最大可能行距（一般为 1m)，这样有利于保证玉米的正常密度，玉米的最小株距可为 13～20cm。套种带之间小麦播种的行数与行距，依地力及小麦品种特性而定，地力高的，可成畦种植，行数较多；地力差时，可种在沟底（垄上种玉米)，行数较少。为增加小麦边行优势，可增加边行播量。生产上也可以在小麦收获后，播种夏大豆，典型模式见图 3-7。山东省烟台市的资料表明，小麦因实播面积缩小 16.6%，减产 7%，但套种玉米比直播夏玉米增产 33.5%～44.5%。

小麦套作玉米存在问题：①作物共处期间，套种玉米在光、水、肥等方面受小麦抑制，黏虫危害易加重，往往造成缺苗断垄，不易保证全苗，并易形成弱苗及大小苗；②对比麦后复播操作较费工，机械化较困难。因此，采用时要注意选用低秆、早熟的高产小麦品种，共处期间田间管理狠抓一个“早”字，促苗壮，保全苗，特别对早套小麦要施用基肥、种肥，适期进行苗期管理；麦收后，狠抓“抢”字，抢时间进行各项田间管理，促弱苗向壮苗迅速转化。从适用地区看，在生长季较长、机械化程度较高的单位，复播与套种搭配应用时，复播的比重大，反之，套种的比重宜加大。

(2) 小麦春棉套作。我国的主产棉区同时也是主要粮区，粮棉生产矛盾突出。实行粮棉套作两熟，可以缓解粮棉争地矛盾，提高土地利用率，促进粮棉双增产，这是我国独特的棉花增产途径。

麦棉套作的特点主要是能从时间和空间两方面充分利用全年生长季节，小麦利用了冬季和早春棉花所不能利用的时间、空间和光热水肥条件。并且在带状套作的情况下，根系吸收营养范围大，病害也轻，具有明显的边行优势，因而小麦按实际占地面积计算，往往可成倍增产；套种棉花与小麦共处期间存在着相互争光和争水肥矛盾，生长弱，发育迟，但麦收后通风透光好，中部果枝成铃多、晚熟，但也能获得较好的产量。此外，小麦对棉苗有防风保温作用，有利于减轻大风、寒流对棉苗影响，在盐碱棉田对抑制返盐有明显效果，有利于保苗；麦棉套种田还因小麦屏障，可以减少棉蚜迁入，并能利用小麦田积集瓢虫等多种天敌，控制棉蚜危害。

为缓解麦棉共处期间的竞争矛盾，促进麦棉两熟增产，生产中总结配套的技术结果是：①因地制宜确定田间配置，主要有三二式、四二式及三一式（图 3-8)。三二式有利于保证棉花产量比单作略减，增产小麦；四二式有利于多产小麦，兼顾粮棉产量；三一式有利于多产小麦，麦收后可复种矮秆作物。它们的共同点是采用高低畦种植，高畦上种棉，低畦上播麦，低畦播麦的好处是利于解决麦棉共处期间需水肥的矛盾；棉花密度与单作相同，棉花的平均行距基本与单作棉花相同；麦棉间距，实践经验以保持 30cm 左右为宜。②选配适合两熟栽培的麦、棉早熟、抗病、丰产品种，小麦还应适于迟播，抗倒伏。

③棉花地膜覆盖，能有效地利用光、热、水等自然资源，缓解棉花迟发晚熟的问题。④科学施肥，一般是重施底肥，巧施追肥，配方施肥。⑤棉花系统化调，根据苗期促、蕾期调、花期控、铃期养的化调思路，运用植物生长调节剂，协调棉花正常生长发育。⑥加强对病虫害的综合防治，大力推行有效的农业、生物防治措施，发挥棉田生态系统的自控作用，尽量减少化学药剂防治次数。

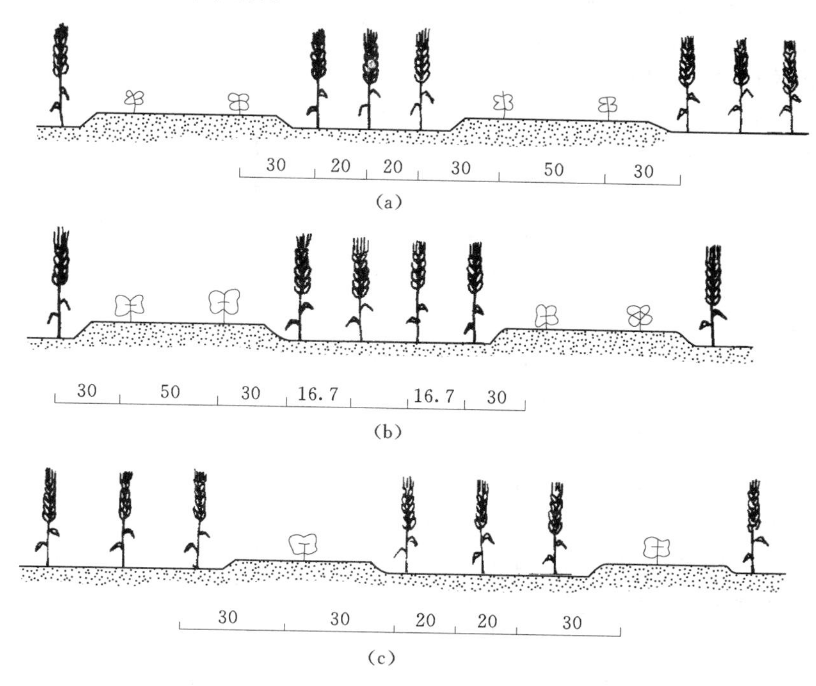

图 3-8　小麦套种棉花方式（单位：cm）（作物栽培学概论，2007）
(a) 三二式；(b) 四二式；(c) 三一式

棉花采用营养钵育苗移栽，可使棉麦共处期缩短，小麦对棉花的影响减小，而且对套种行的宽窄、棉花品种生育期的加长要求不严，适应的地区较为广泛。有的地区，在小麦播种时，于预留的套种棉花行内播种越冬蔬菜（或春播速生蔬菜），棉花播种前收获，增效明显。

(3) 小麦花生套作。这种方式在花生产区较多，改单种春花生为小麦、花生两熟的主要种植方式。主要有以下两种套种模式。

小沟麦套作花生：秋季按花生栽培种植要求起垄底宽 30～40cm、高 7～10cm 的小垄，沟底秋季播种幅宽 5～10cm 的小麦，翌年麦收前 20～25d 垄顶播种一行花生。沟底种麦的好处是可以集中施肥和管理，积蓄冬季雨雪和挡风保暖，春季抗旱保墒，并可降低小麦与花生的高度差以减少小麦对花生遮光的影响。翌年春季花生适期迟播，在产量不减前提下，缩短与小麦的共处期，密度与单作相同。

大沟麦套作花生：秋季小麦播种前起大垄，垄底宽 70～80cm，垄高 10～12cm，垄面宽 50～60cm；垄上种两行花生，垄上小行距 30～40cm；沟底宽 20cm，播种两行小麦，行距 20cm。花生播种同春花生或适期迟播。

以上两种模式相比：①花生平均行距相等；②小沟麦套种模式，小麦占比重大产量高，花生产量相对较低，对地力要求较高；③大沟麦套作模式，小麦比重较小，花生产量高。

（4）麦烟套作。这种方式在黄淮海烟区、西南烟区都有分布，南方其他地方种植烤烟也有采用麦烟套作的。

麦烟套作的田间配置依小麦所占比重的大小有多种做法。近年来，在黄淮海烟区比较理想的套种模式是：黄烟宽窄行播种，其平均行距和亩株数与单作黄烟相同；秋种时，小麦畦播，留畦埂，翌年春在畦埂两侧各栽一行黄烟。为提高麦烟套作方式的经济效益，小麦收获后，在黄烟窄行距内再栽一行甘薯。

在黄淮海地区，生产实践证明，单作春烟改为麦田套作，有利于提高黄烟品质。据1991年山东潍坊市植物典型户调查，一般单产小麦360kg/亩左右，黄烟单产200kg/亩左右，瓜干119kg/亩，比种植单作春烟增产值60.5%，比春烟田内间作甘薯增产值40.1%。

麦、烟套作共处期间争光、争水肥矛盾也较大，要掌握好黄烟移栽适期，一般在小麦齐穗期至乳熟期移栽为好，并要加强共处期和麦收后的及时管理。此外，也要注意选用小麦早熟、抗倒伏的丰产品种。

（5）小麦套作喜凉作物、小麦套作瓜菜。小麦套种马铃薯、糜子、甜菜，分布在东北中南部、西北、内蒙古河套、甘肃河西走廊等一年一熟热量有余、两熟不足的地区。播种春小麦时预留出后作的套种行，后作的行距、密度一般与单作时相同。套种的马铃薯由于结薯期延迟半个月左右，能避开高温季节，进而有利于减轻种薯退化。

小麦套种瓜菜，近年来在黄淮海精耕细作地区有所发展，如陕西关中发展小麦套种辣椒、西瓜。辣椒因相对耐阴，幼苗怕风寒，小麦上的瓢虫能消灭蚜虫，减轻其传播病毒病，套种后反而比春季单作高产。山东省小麦套种生姜在产姜基地全面推开，不仅为生姜生长创造了遮阴的条件，而且以还田麦秸代替影草，还节省了物质投入，降低了成本。田间种植时，菜瓜的行距株、密度与单作相同，秋季播麦时预留出套种地带。

3. 麦田套作三熟

麦、玉米、甘薯在南方盆地丘陵地区，一年三熟不足、两熟有余的气候带，旱地发展“麦、玉、薯”三熟制，即小麦套玉米，小麦收后在玉米行间套插甘薯，简称“旱三熟”。近年来发展迅速，面积大。仅四川省即占旱地的78%，占旱地三熟制的79%。而且云、贵、鄂西、桂西等丘陵旱地也在推广。“麦、玉、薯”三熟制增产效果显著，综合各地调查和试验结果，与小麦—玉米一年两熟相比，平均增产80%以上。

“麦、玉、薯”间套三熟制关键技术：①种植带宽2m对半开，一半播种小麦，另一半播种绿肥饲料或蔬菜，作为玉米预留行，翌年收饲料后播种2行玉米，小麦与玉米间距21～24cm，小麦收后起垄，套栽甘薯。②在品种选择上，小麦宜选耐迟播、早熟、矮秆抗倒、抗病的丰产品种；玉米选用紧凑型的品种；甘薯为短蔓、高抗病的品种。③适期种植，因作物管理。各茬作物均按当地适期播种，主攻共生期的管理。套播玉米力争实现全苗、壮苗，甘薯在移栽后15d必须进行追肥，松土以促藤蔓迅速生长，搭起丰产架子。

4. 粮饲套作

绿肥种植，在20世纪六七十年代，对培肥地力增加农作物产量起到过积极作用；20世纪80年代发展商品生产，由于绿肥直接回田无直接经济收入，种植面积下降。近年来将绿肥作为饲料，综合利用可起到良好的经济生态效益。据试验，每亩产3000kg紫云英作青饲，加配合饲料，可生产50kg猪肉；间作田的草木樨喂羊，可生产30kg羊肉。为此，绿肥的种植近年有新的突破，如南方稻田，绿肥—双季稻，过去是以肥肥稻，以稻养猪，现在是以肥养猪，猪粪肥稻，肥—猪—稻三者建立起良性循环，达到肥—肉—粮三丰收，大大提高了稻田生产力。

晚稻套作绿肥，这是南方双季稻田较普遍采用的方式。冬季绿肥主要为紫云英（少有苕子、黄花苜蓿）。套播绿肥时，要解决好水稻需水与绿肥发芽出苗怕水渍的矛盾。一般的做法是，稻田最后一次中耕要求保持田面平整，开好三沟（厢沟、腰沟、围沟）。水稻开始灌浆时，浅水撒播绿肥种子。绿肥出苗后遇旱，要勤灌跑马水湿润土壤。水稻收后，及时清沟排水。

小麦套作绿肥这种方式在西北各省、东北各地都较普遍，它具有春夏不占地、秋季不争水、粮肥协调、用养结合、农牧兼用的特点。套种的绿肥种类有草木樨、绿豆、田菁、毛苕子、箭豌豆等。近年来在内蒙古河套、陕北、甘肃肃清的河西走廊、新疆等地小麦套种草木樨发展很快，除小麦套种外，还与油菜、玉米等作物间混作。

三、间混套作的发展趋势

间混套作是种植业中的种植方式类型，它与单作共同构成种植业的整体，而种植业又是整个农业系统中的局部，因此，从宏观上进行间混套作规划时，要考虑到多方面的有关情况。既要涉及当地的自然资源、生产条件，农、林、草的布局，耕地中粮、经、饲、菜、果等的布局，耗肥多与需肥少作物的布局以及间套作与单作各自所占的比例等，还要考虑到如何为全面发展农、林、牧、副、渔五业生产以及农、工、商、服务业等农村产业结构奠定基础。如果不顾及间混套作和种植业整体以及其他有关方面之间的联系，脱离农业这个整体观念，就不能合理确定间混套作的作物组成以及各类间套作模式的面积和比例。同样，没有农业的整体，也不可能应用间混套作促进农业的全面发展。因此在间混套作的发展过程中，应当因地制宜地以促进农业的全面发展作为出发点；以获得单位耕地面积上的高额产量和高经济效益为目标，统筹兼顾，合理规划。

（一）技术发展与间混套作应用的关系

1. 化学除草剂对间混套作应用的影响

采用化学除草剂除草已成为农业生产的一种常规技术，而且随着我国经济的快速发展和农村人口的减少，化学除草剂的使用将更普遍。间混套作构成复合群体，两种作物有很长的共生期，这将严重障碍除草剂的使用，如何协调两者关系，已成为发展间混套作的关键问题。如黑龙江省，玉米与大豆间作在改革开放前应用非常普遍，但是，由于玉米大豆间作时影响化学除草剂的使用，目前生产上几乎没有应用。

2. 农业机械化生产对间混套作应用的影响

农业机械化是农业现代化的重要内容和标志，是现代农业的重要物质基础，加快农业机械化的发展，既是提高农业劳动生产率、改善农民生产生活条件的重要措施，也是提高农村和农业经济整体水平、缩小城乡差距的重要条件，对于促进我国农业和农村经济全面发展具有重要意义，间混套作的发展要与农业机械化生产相适应配套。如黑龙江省在推广玉米大豆间作时就充分考虑机械化生产问题，玉米与大豆2∶2、2∶4对综合产量最有利，但是玉米大豆当时中耕机作业是6行，因此生产上主要采用6∶6间作方式。目前，华北地区小麦普遍采用机械收获，这就将影响小麦套作的应用，而开始普遍采用麦后免耕播种，以缩短接茬播种时间，减少农耗的热量损失。

（二）社会经济发展与间混套作应用的关系

1. 作物结构调整对间混套作应用的影响

间混套作需要多种作物组合到一起，建立复合群体，由于作物区域化种植的发展，各地区作物结构单一也会明显影响间混套作的应用。如在东北地区小麦与玉米间作的增产效果非常好，但由于近几年玉米面积迅速增加，而小麦面积明显减少，小麦与玉米间作面积越来越少。

2. 市场需求促进间混套作模式的应用

现代化农业必须提高商品生产率，间混套作的产品只有符合商品生产发展的需要，才能提高经济效益。因此，发展间混套作，对粮食和棉、油、烟等主要经济作物，应根据国家大宗农产品的需求情况，有目标地安排生产；对间混套的菜、瓜、果、药等作物的生产，要预测和掌握市场需求，做到以销定产，产销对路，及早落实产品销售渠道。如近几年黑龙江省芸豆畅销，价格高效益好，玉米主产区大力发展玉米与芸豆 2∶1 间作，取得了很好的经济效果；中药材市场好，吉林省开展了五味子与细辛间作立体栽培，娄底市开展了退耕还林地间作南五加，广东省开展了胶园间作耐阴性姜科药材等栽培技术。

3. 农村劳动力变化对间混套作应用的影响

间混套作是一种集约化种植方式，可以充分利用自然资源，但是也需要投入更多的劳动力。目前，农村人口减少，从事农业劳作的青壮年越来越少，也会进一步限制其应用。

第四节　复种的条件与主要类型

一、复种的条件

复种能多种多收，是时间上的集约种植，必须具备一定的条件。生产中，能否复种，可以复种到何种程度，与下列条件密切相关。

（一）热量条件

热量条件是决定能否复种的首要条件，其中积温、生长期和界限温度是复种的决定因素。

1. 积温

复种所要求的积温，不仅是复种方式中各作物本身所需积温（喜温作物以不低于10℃计算，喜凉作物以不低于0℃计算）的相加，而应在此基础上有所增减。如前作物收获后再复种后作物，应加上农耗期的积温；套种则应减去上下茬作物共生期间一种作物的积温；如果采取育苗移栽，应减去作物移栽前的积温。一般情况下，不低于10℃积温在2500～3600℃范围内，只能复种早熟青饲料作物、或套种早熟作物；在3600～4000℃范围内，则可一年两熟，但要选择生育期短的早熟作物或采用套种及育苗移栽方法；在4000～5000℃范围内，则可进行多种作物的一年两熟；在5000～6500℃范围内，可一年三熟；大于6500℃，可一年三熟至四熟。不同作物、品种对温度的要求不同，复种时要根据热量资源、品种特性以及不同作物组合而定，不同作物组合要求的热量不同（表3-5）。

表 3-5 不同复种组合对热量资源的要求

复种方式	不低于10℃积温	不低于0℃积温
小麦—玉米	≥4100	≥4500
小麦—水稻	4200～4500	≥4500
小麦—大豆	≥4100	≥4500
小麦/棉花	≥4500	≥5000
小麦—甘薯	≥4200	≥4700
稻—稻—小麦	≥5300	5700～6100
绿肥—稻—稻	4900～5200	≥5500
油菜（大麦）—稻—稻	≥5000	≥5600

来源：耕作学，中国农业出版社，1992。

2. 生长期

作物从播种、出苗到成熟，需要一定的生长期。生长期常用大于0℃、10℃日数表示。一般大于10℃的日数少于180d的地区，多为一年一熟，复种极少，只能套种或接茬复种生长期极短的作物。180～250d范围内，可实行一年两熟；250d以上的可实行一年三熟。华北地区，冬作物主要是冬小麦，也常用麦收后到日平均15℃的终止期考虑复种。如以麦收到日平均15℃的日数计算，一般是75～80d地区，以冬小麦复种夏大豆或谷子为宜；85d以上，可进行冬小麦复种夏玉米。

3. 界限温度

界限温度指作物各生育时期（包括播种、发芽、开花、灌浆及成熟等）的起点温度，生育关键时期的下限温度以及作物停止生长的温度等。如冬天的最低温度能否保证冬作物的安全越冬，一般冬季最低温度－20～－22℃为种植冬小麦的北界；夏天要种植喜温作物，夏季的温度要满足喜温作物抽穗开花的需要，一般最热月平均18℃为喜温作物的下限。云南高原的西蒙（海拔4900m）全年不低于10℃积温达5100℃，但由于最热月缺乏较高温度，水稻难以成熟。这是因为水稻要求最热月大于20℃的日数要60d以上。四川的广汉与江苏的苏州全年积温都在5100℃左右，但广汉秋季降温早，晚稻安全齐穗期（要求22～23℃）比苏州提早半个月，所以产量很不稳。

（二）水分条件

在热量条件能满足复种的地区，能否进行复种，主要决定于水分条件。如热带非洲热量充足，可以满足一年三熟、四熟，但是一些地区由于干旱，在没有灌溉条件下，却只能一年一熟。实行复种耗水量增加，但复种时上下季作物有共同使用水分的时期。如小麦—玉米一年两熟方式中，小麦的麦黄水可以作为夏玉米的底墒水或播种水，玉米后期的攻粒水可作为小麦的底墒水等。因此，复种所耗的水量一般比一年一熟多，但比复种中各季作物耗水量的累加数量少。

从降水量看，我国一般年降水量达到600mm的地区，相应的热量可实行一年两熟，但水分不能满足两熟的要求。如华北小麦—玉米一年两熟至少需要460m^3/亩的水量，相当于700mm的降水，高产一年两熟地块需要600m^3/亩的水量，相当于900mm降水。因此，华北要复种两熟，就要有灌溉。年降水量大于800mm的地区，如秦岭淮河以南、长江以北，可以有较大面积的稻麦两熟。年降水量800mm以下，有灌溉条件的地区才能进行稻麦两熟。种植双季稻三熟，要求降水量1000mm以上。降雨的季节分布也明显影响复种方式，如长江中下游春雨秋晴地区，晚稻产量较稳，因此双季稻比例大，而冬作物（小麦、油菜、马铃薯）面积小；而春旱、伏旱、秋雨地区，因水稻插秧期缺水和晚稻不够稳产，则双季稻比例少，冬作物比重大。

（三）地力与肥料条件

在光、热、水条件都具备的情况下，地力条件往往成为复种产量高低的主要矛盾，只有增施肥料和较高的地力水平才能保证复种的高产。地力不足，肥料少，往往出现两季不如一季产量高的现象。生产中有关“三三得九，不如二五一十”的争论，其实质往往是与土肥水等条件有关，尤其是肥料因素。河南商丘的早期调查，在较低的地力条件下，每亩施基肥1500kg以下时，一年两熟产量不如两年三熟产量。

进行复种对土壤的利用强度加大，在保证大量施化肥提高产量的同时，注意增加有机肥的施入，将更有利于保持和提高土壤肥力。

（四）生产条件与效益

复种主要是从时间上充分利用光热和地力的措施，需要在作物收获、播种旺季，能在短时间内及时完成上季作物收获、下季作物播种以及相关田间工作。所以，必须有充足的劳动力和机械化条件，随着机械化水平的提高，也可以促进复种面积的扩大。20世纪70年代华北地区，人均耕地1.5亩以下，灌溉面积90%以上，施肥较多的社队，复种指数一般在180以上；人均耕地2亩左右，灌溉面积50%以下，施肥较少的社队，复种指数一般在150%～160%左右。说明复种指数高低与人口、劳动力多少有直接关系。

复种是一种集约化的种植，高投入、高产出。因此，经济效益也是决定能否复种的重要因素。生产单位在确定复种时，除求得产量高外，还必须考虑如何以最小的投入取得最大的经济效益。只有产量提高的同时经济效益也增加，复种才具有生命力。

二、复种技术

复种后，作物种植由一年一季改为一年多季，在季节、茬口、劳力、资金投入等方面出现许多新的矛盾，需要采取相应的栽培技术措施加以解决。

（一）选择适宜的作物组合和品种

1.选择作物组合

熟制确定后，选择适宜的作物组合，有利于解决复种与所处热量和水肥条件的矛盾，以及提高抗自然灾害的能力。在华北地区，实行一年两熟，当热量资源紧张时，采用短生长期的谷子与小麦组合，较小麦与玉米复种稳产；在水肥条件较差的两年三熟中，选用耐旱、耐瘠薄的春甘薯→小麦—夏花生作物组合较采用喜肥水的春玉米→小麦—水稻的作物组合稳产；在低洼易涝地为适应夏季降雨集中的气候特点，采用小麦和喜水多、耐涝的水稻旱种或高粱的作物组合较小麦玉米组合高产又稳产。在南方地区，如四川省7月下旬至8月中旬多数年份伏旱严重，小麦收获后复种玉米，因遇伏旱导致产量不高、不稳，通过改玉米接茬复种为套作复种，在3月中下旬将玉米套种于麦田，7月上旬收获，可以充分利用5月、6月的光热及水分资源并避开“卡脖旱”；另外，采用麦收后大苗移栽甘薯，因甘薯抗旱性强，伏旱时虽受到一定影响，伏旱后却可继续良好生长，可有效规避旱灾。

2. 选择适宜品种

选择适宜的作物品种是作物组合确定后，进一步调节复种与热量条件紧张矛盾的重要技术措施。一般情况是生长期长的品种比生长期短的品种增产潜力大，但在复种时不能仅考虑作物的产量，必须从全年高产、整个复种方式全面增产进行考虑。复种热量条件不足时，复种上下茬作物都要选择早熟品种。如苏南地区双季稻三熟，季节特别紧张，以绿肥、大元麦作物为双季稻的前作，并配以早配中或中配中的双季稻品种搭配方式较为适宜。热量条件充足时，复种的上下茬作物中，增产潜力大的作物选择生长期长一些的品种。如浙江双季稻三熟，冬作物选早熟品种，双季稻以迟熟品种增加产量。

（二）采用套作和育苗移栽

套作是我国南、北方提高复种指数，解决前、后茬作物季节矛盾的一种有效方法，一般普遍采用冬作物行间套种各种粮食作物和经济作物等。华北地区在不低于10℃积温3600～4200℃的地方，一年一熟热量有余，两熟热量条件紧张，小麦收后直接复种玉米产量不高而不稳，采用套种可以明显提高产量效益。若在劳力充足，水利条件较好的地区，采用育苗移栽，缩短本田生长期也是有效的途径。如甘薯、烟草、玉米、蔬菜等，可采取育苗移栽。

（三）抢时播种，促早熟

华北地区麦后免耕直接播种下作物，南方稻田板田移栽旱作物，都是抢时播种的典型事例。随着免耕和少耕的发展，将会进一步促进新的复种方式的产生。新技术的应用和推广，也有助于进一步解决复种中争季节的矛盾。如覆膜技术可以明显促进作物的早熟，有效地应用可以明显提高复种指数。

三、复种类型

（一）二年三熟

二年三熟是一年一熟向一年两熟的过渡类型，指的是在同一块地上两年内收获三季作物。主要分布于暖温带北部一季有余两季不足，不低于10℃积温在3000～3500℃的地区。在适于一年两熟、三熟的气候区，由于生产条件的限制，也有二年三熟的形式。如江淮丘陵区、西南山区也有一定的二年三熟。

1. 春玉米→冬小麦—夏大豆（甘薯）

以春玉米或冬小麦为主要作物，两种作物的产量都比较高，利用麦收后的剩余季节，复种一季生育期较短与施肥较少的夏大豆，适于热量条件紧张和土壤肥力较差的地区采用；在热量条件较好的地区，可以复种甘薯。

2. 冬小麦—夏大豆（谷糜、绿豆）→冬小麦—夏闲

适宜于旱、薄地区采用，如豫西、渭北一带，小麦生育期降水少，要依靠土壤蓄水供应。

3. 春甘薯→冬小麦—夏花生（芝麻、大豆）

主要是抗旱耐瘠薄作物，适宜于热量条件好而土壤肥力低的地区采用。

4. 小麦—夏大豆→春高粱

适宜于低洼易涝地区采用。

5. 小麦→小麦—夏玉米

适宜于生产水平较高地区，接近一年两熟的利用程度。

(二) 一年两熟

不低于 10℃积温 3500～4500℃的暖温带是旱作一年两熟的主要分布区，如黄淮海平原。不低于 10℃积温 4500～5300℃的北亚热带是稻麦两熟的主要分布区，并兼有部分双季稻的分布，如江淮丘陵区、西南地区；这一地区的旱地以麦（油菜、绿豆、蚕豆）—玉米、麦—甘薯、麦—棉花两熟为主。

1. 麦田两熟

小麦、玉米是中国播种面积占第三位和第一位的作物，2010 年我国小麦播种面积为 3.6 亿亩、玉米播种面积 4.9 亿亩。暖温带冬小麦区一年两熟为主，麦后复种玉米为主要形式，其次为大豆、花生、棉花、甘薯、烤烟等复种形式（图 3-9）。

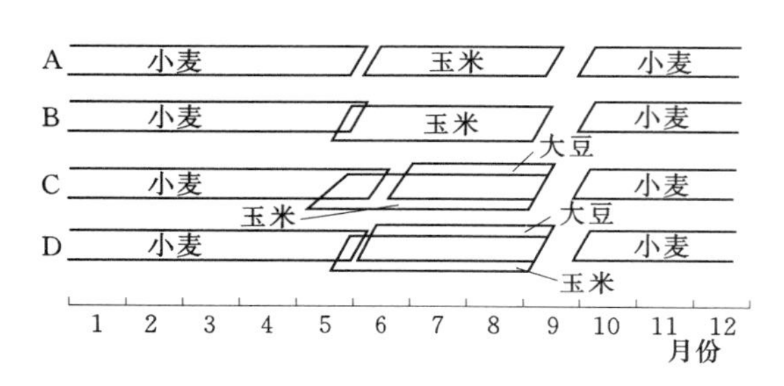

图 3-9 小麦玉米两熟（耕作学，1994）

A—小麦复种玉米；B—小麦套玉米；C—小麦早套玉米间大豆；D—小麦晚套玉米间大豆

(1) 麦玉两熟。小麦玉米两熟主要分布于黄淮海地区以及鄂西北、川东、湘西、滇东北、贵州等地。小麦—夏玉米是一种高产、互补效应好的复种形式，两种作物都有较好的生态适应性，在播期上、种植技术上，互补效应好。小麦对播期要求不严，夏玉米对播期要求严格，早播增产显著。因此，种植技术上小麦要求精细播种，足肥壮苗，玉米播种要求不那么细，可免耕抢时早播，缩短农耗期，发挥追肥增产作用，与麦收季节紧、种麦季节松相适应。

小麦套作玉米也是麦玉两熟的重要形式，20 世纪 80 年代，黄淮海地区小麦套作玉米占麦玉两熟面积的 50%以上。但是，由于小麦机械收获的普及将影响小麦套作玉米的应用。

(2) 麦豆两熟。小麦大豆两熟主要分布于黄淮海平原与江淮丘陵的大豆集中产区。大豆喜湿耐涝，生育期较短，后期比玉米耐低温，所以能适应比小麦玉米热量略低的气候。如大豆需积温较玉米低 100℃左右，玉米在温度低于 15～16℃时停止灌浆，而大豆要到 10～12℃时才停止灌浆。另外，大豆有根瘤固氮，需肥较少，适应低肥力土壤能力强，对调养地力有很好作用。

(3) 麦棉两熟。20 世纪 80 年代，随着生产条件和麦棉品种及栽培技术的改善，在黄淮棉区小麦棉花两熟面积迅速扩大，成为缓解我国北方棉区粮棉争地矛盾的重要措施。小麦棉花中熟品种一年两熟，需要不低于 0℃积温 5000℃，不低于 15℃积温 3900℃。据此，在北纬 38°线以南地区，其热量条件可满足麦棉一年两熟的热量要求。麦棉两熟主要有麦套春棉、棉套夏棉两种方式，生产上要特别加强田间管理，促进麦收后棉花生长。

(4) 小麦甘薯两熟。主要分布在水肥条件和热量条件较好的旱地和丘陵坡地上，以山东、河南、河北、四川、广西及江苏北部为多。甘薯吸收氮肥较低，但生物量大，要提高小麦甘薯的产量，需提高施肥水平。

(5) 小麦花生两熟。黄淮海平原过去为一年春花生区，近年小麦花生两熟发展较快。热量条件充裕的地区采用麦茬复种花生，麦套花生两熟面积也很大。

(6) 麦烟两熟。小麦套烤烟两熟已成为河南、山东烤烟种植的主要形式。一般是带宽140cm，种麦时预留行宽40cm，麦收前10～20d套栽一行烤烟。

2. 稻田两熟

主要有冬作物、马铃薯、大豆、烤烟、玉米等与单季稻两熟等多种形式。

(1) 冬作—单季稻两熟。冬作物有小麦、大麦、油菜、蚕豆等（图3-10），以麦稻两熟最具代表性。其优点表现为：气候利用稳妥，风险小；单季稻生长季节较充裕，增产潜力大，可选用生育期长的品种；省工、省成本，便于用养结合。

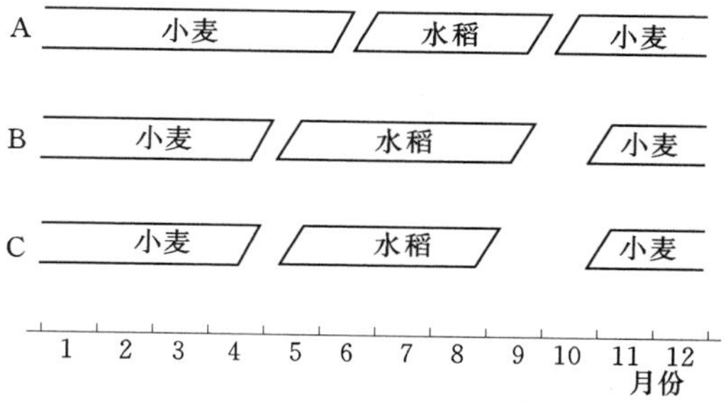

图3-10　麦稻两熟生育期差异（耕作学，1984）
A—北京；B—云南昆明；C—四川广汉

(2) 马铃薯水稻两熟。在西南山区、广西山区、四川等地均有种植，马铃薯既是粮食又是饲料，而且产量高，又不影响水稻插秧季节，水稻产量也很高。

(3) 水稻大豆两熟。有早稻—秋大豆与春大豆—晚稻两种形式，近几年南方稻区有一定面积，其作用有利于改良水田理化性状，增加水稻产量。

(4) 烟稻两熟。贵州、湖南、郑州地区、云南玉溪等地，种植春烤烟后再栽种一季中稻或晚稻，增加效益明显。

（三）一年三熟

1. 稻田三熟

稻田三熟是以双季稻为基础的三熟制，主要分布于中亚热带以南的湿润气候区，北亚热带也有少量分布。主要是冬作双季稻三熟，包括麦—稻—稻、油菜—稻—稻、蚕豆（豌豆）—稻—稻、绿肥—稻—稻等4种形式。在不低于10℃积温在5000～5500℃的地区，双季稻较为紧张，冬作物宜用生育期较短的作物及品种，如大麦、元麦、油菜，早稻晚稻采用早中熟品种，称为早三熟。不低于10℃积温在5500～6000℃的地区，早稻与晚稻宜用中熟与晚熟品种，称为中三熟。不低于10℃积温在6000～7000℃的地区，早稻晚稻用晚熟品种，称为晚三熟。

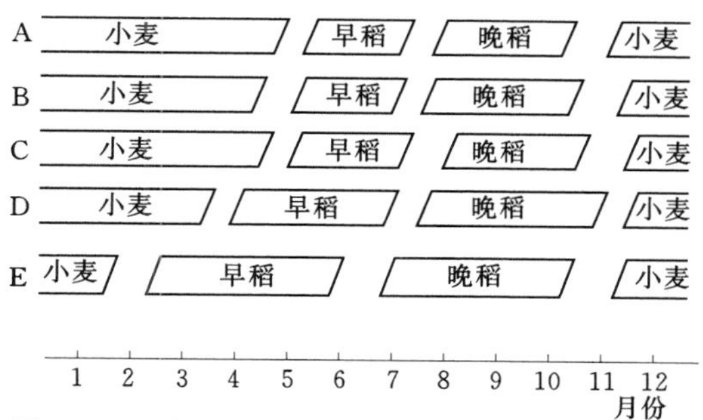

图3-11　水田三熟生育期差异（耕作学，1984）
A—四川广汉；B—江苏苏州；C—湖南长沙；
D—广西南宁；E—台湾台北

(1) 小麦（油菜、蚕豆、马铃薯、绿肥）—双季稻。小麦双季稻三熟是主体形式，粮食增产潜力大（图3-11）。油菜较小麦早熟，而且经济效益好，油菜—双季稻三熟目前发展很快；蚕豆、绿肥与双季稻三熟是养地的好形式，年间与麦稻稻、油稻稻轮作；马铃薯双季稻、冬蔬菜双季稻可作为搭配形式使用。

(2) 两旱一水三熟。由于水源限制，或调整饲料结构的需要，也常采用两旱一水三熟。如小麦/玉米—水稻，小麦—大豆或花生—水稻。伏旱严重的地区也常采用小麦—早稻—泥豆，小麦—早稻—花生等三熟形式。

(3) 热三熟。在不低于 10℃积温 7000℃以上的地区，冬季已无霜，可种植冬甘薯、冬花生，采用甘薯—稻—稻、花生—稻—稻等喜温作物的三熟制。

2. 旱地三熟

四川、重庆、贵州、云南、广西等西南丘陵、山区，旱地面积比重大，复种程度高，是我国南方典型的旱作多熟农业区。类型主要有：麦/玉/薯、油—玉/薯、麦/玉/豆。

复习思考题

1. 如何理解种植方式的生产意义？
2. 如何理解间混套作的作物群体内关系？
3. 如何理解复种充分利用农业资源的效益及效果？
4. 间混套复种的主要类型有哪些？如何理解其技术要点？

第四章 轮作与连作

第一节 轮 作

一、轮作的概念与我国轮作的应用状况

（一）轮作的概念

农业生产对耕地的利用是具有连续性的，因而在作物栽培上，存在如何安排种植顺序的问题。一种作物收获后换种上另一种作物称为换茬或倒茬。而在同一块地上，在一定的期限内有顺序地轮种不同作物则称为轮作。如一年一熟条件下的大豆→小麦→玉米三年轮作，这是在年间进行的单一作物的轮作。在一年多熟条件下，轮作则是由不同复种方式组成的，既有年间的轮作，也有年内的换茬，可称复种轮作，如南方的绿肥—水稻—水稻→油菜—水稻—水稻→小麦—水稻—水稻三年的复种轮作。可见换茬多考虑两种作物的轮换关系，轮作则有一定的周期。生产上把轮作中的前作物（前茬）和后作物（后茬）的轮换，通称为“换茬”或“倒茬”。换茬和轮作关系密切，不少地区也把换茬直接称之为轮作。因为我国的作物轮作多数是一种换茬式轮作。连作与轮作相反，是在同一田地上连年种植相同作物的种植方式。而在同一田地上采用同一种复种方式称为复种连作。

（二）我国轮作的应用状况

轮作和换茬是我国农民利用耕层与培养耕层相结合的基本形式，同时又是经济有效的农业增产的技术措施。轮作和换茬的实质是通过茬口协调作物与土壤的关系，维持一定的肥力水平和产量水平。

在国外，如苏联等国家，或我国一些大中型国营农场，过去常采用定区式轮作（表4-1）。这种轮作一般规定轮作田区数目与轮作周期年数相等，有比较严格的作物轮换顺序，同时进行时间上和空间（田地）上的轮换。所谓时间上的轮换，就是一块农田上逐年（逐季）轮换种植不同作物；所谓空间上的轮换，就是同一作物（或同一组作物）每年在不同田块上种植，两者紧密结合，时间轮换和空间轮换的顺序是一致的。因此，轮作周期和轮作田区数是一致的。为了保证每种作物每年有比较稳定的播种面积和各类作物产量比例的均衡，要求同一轮作中的每一轮作田区面积大小相近；为了便于机械化作业和管理，还要尽可能连片。

我国广大农村，定区式轮作基本上不存在，均实行比较灵活的换茬式轮作（田块大小不等，缺乏明显的周期性与空间轮换）或连作，即轮作中的作物组成、比例、轮作顺序、轮作周期年数、轮作田区数和每区面积大小，均有一定的灵活性。时间上的轮换比较规则，而空间上的轮换则变化较大。因此，与定区轮作比较，具有较大的适应性和可行性。在轮作中着重考虑前后茬病害以及作物茬口衔接关系，特别是对于某些经济作物，如西

表 4-1　定区式轮作轮换体系

轮作区（空间）	轮作周期（时间）		
	第一年	第二年	第三年
一年一熟区三年轮作			
Ⅰ	大豆	玉米	小麦
Ⅱ	玉米	小麦	大豆
Ⅲ	小麦	大豆	玉米
二年三熟区轮作			
Ⅰ	春作物	冬小麦—夏作物	
Ⅱ	冬小麦—夏作物	春作物	
一年两熟区三年轮作			
Ⅰ	绿肥—水稻	油菜—水稻	小麦—水稻
Ⅱ	油菜—水稻	小麦—水稻	绿肥—水稻
Ⅲ	小麦—水稻	绿肥—水稻	油菜—水稻

瓜、亚麻、红麻、蔬菜等。土传性病害多，必须换茬轮作，否则严重影响其生长发育。在生产条件优越和商品经济发达的地区，连作的面积日益扩大，从需求出发更换作物（也缺乏明显的规律性）。我国主要农区的小麦、玉米、水稻和棉花等多实行连作或复种连作，在生产水平较高的水浇地和水田上，复种连作占绝对优势。

赵秉强（1996）将我国轮作换茬的发展过程划分为 3 个阶段。

（1）撂荒、休闲轮作时期。汉代（公元前 3—前 2 世纪）以前的农业，由于地广人稀，生产力水平低下，作物种植最原始的是生荒制，后来逐渐发展为熟荒制，进而又演变为休闲制。以撂荒和休闲作为恢复地力的主要手段，称为撂荒、休闲轮作时期。

（2）以豆科、绿肥和施用有机肥为主要养地特征的轮作换茬时期。这一时期大致从汉代（公元前 2 世纪）开始，贯穿了我国封建统治两千多年漫长的历史。这一时期轮作换茬的主要特点是：豆类作物和绿肥在轮作体系中占有重要地位、重视茬口特性，轮作换茬有较大的灵活性，轮作换茬技术逐渐向集约化方向发展，奠定了我国轮作换茬技术的理论基础。

（3）现代集约种植的轮作换茬时期。我国传统的轮作换茬技术，虽逐渐向集约方向发展，但由于受生产力水平的制约，集约的程度仍然相对较低。新中国成立后，长期受到束缚的生产力得到了解放，国家把农业置于国民经济基础的地位，农业投入迅速增加，科技水平迅猛发展。另外，1949 年新中国成立后，我国人口剧增，耕地又不断减少，现今人均耕地只有一亩多。所有这些社会经济条件的改变，导致我国的农业向高度集约化方向迅速发展，轮作换茬制度也发生了深刻变化。我国当前轮作换茬制度的现状和主要特点是：灵活性大、适应性强、生物养地在轮作体系中的地位下降、复种多熟、轮连相间、轮作类型和模式繁多。

二、轮作换茬的作用

轮作和换茬能够增产，这是世界各国的科学研究机关和农民生产实践早已肯定了的事实。我国在《吕氏春秋》的《任地篇》中就有“今兹美禾，来兹美麦”的记载，而在《齐民要术》（成书于 533—544 年间）中，记载了当时通行的轮作方式就有一二十种之多，并明确了大多数作物需要轮作，某些作物也可连作；豆类作物是禾谷类作物的良好前作；粮食作物和绿肥作物轮作可以提高土壤肥力等，目前仍然是正确的技术原则。此后，广大农民在继承与改革相结合的基础上，对轮作复种，间混套作等技术经验和理论基础，又有了进一步的发展和丰富。农谚“换茬如上粪”“地肥人吃饱，三年两头倒”“谷后谷坐着哭，豆后谷享大福”“旱改水，一年顶三年”等，都说明了轮作和换茬的必要性及其增产作用。

轮作和换茬能够增产的耕作学理论基础，是有效地利用了不同作物对耕层土壤肥力因素（主要是水、肥）和耕层结构方面的差异，以及在感染或抵抗草害和病虫害能力方面的差异。下面我们用种过不同作物的农田——茬口在这些特性方面的资料来加以论证。

（1）不同茬口对土壤水分的影响。各种作物对土壤水分的要求不同，因此种过不同作物的茬口耕层土壤水分状况也不同。根据谷峙峰于哈尔滨市郊淋溶黑土（岗地）上对不同前茬土壤水分含量的测定，其结果见表4-2。从表中可以看到3月下旬以麦茬和玉米茬的土壤水分最多，甜菜茬和谷茬最少。在4月中旬返浆开始后，各茬口的水分状况又发生了改变，以玉米和大豆茬最多，甜菜茬最少。同时，不同作物对不同层次的水分利用也不一样。可见虽经冬季耕层水分再分配之后，在3月下旬不同茬口不同层次内的含水量仍然是不同的，且差别比较大。在黄土高原半干旱偏旱区，随着苜蓿生长年限的延长，苜蓿草地土壤干层（土壤干层湿度范围以土壤稳定湿度作为判断土壤干燥化的上限，萎蔫系数为下限）厚度逐渐增加，3年生苜蓿草地土壤干层深度达到760cm，6年、7年、10年生苜蓿草地土壤干层深度均超过1000cm，6年生苜蓿地1000～1500cm土层仍为干燥层，土壤平均湿度为9.68%；采用草粮轮作能明显减小苜蓿草地干层的厚度和范围，0～1000cm土壤水分较10年生苜蓿草地都有不同程度的恢复，轮作2年、6年、8年、12年和18年粮田平均土壤水分恢复速率25.2mm/年，年均累积恢复土层厚度123.1cm，0～300cm土层水分恢复程度较高，且轮作年限越长，土壤水分恢复效果越好，轮作18年粮食作物后0～660cm土层土壤水分恢复量达到了531.1mm；苜蓿草地适宜翻耕年限为5～6年，且6年生苜蓿草地0～1000cm土壤水分恢复到当地土壤稳定湿度值需要23.8年，该地区适宜的苜蓿—粮食轮作模式为“5～6年生苜蓿→24年粮食作物”（孙剑，2009）。

表4-2　茬口对耕层土壤水分含量的影响　　%

调查日期/（月．日）	层次/cm	茬口					
		小麦	马铃薯	谷子	玉米	大豆	甜菜
3.26	0～10	20.25	19.30	15.40	22.50	27.10	16.90
	10～20	21.95	20.50	13.60	21.80	31.70	16.90
	20～30	25.05	17.95	20.95	21.85	33.10	18.25
	平均	22.42	19.25	16.65	22.07	19.03	17.63
4.16	0～10	19.10	18.80	19.85	21.05	19.85	15.55
	10～20	17.20	19.25	19.10	22.15	20.65	16.55
	20～30	19.80	19.70	18.80	24.35	26.10	19.60
	平均	19.70	19.25	19.25	22.52	22.20	17.10

来源：耕作学，东北农学院出版社，1988。

（2）不同茬口对土壤养分的影响。不同茬口的养分状况，与造成含水量差异的原因一样，但也有不同，由表4-3可见，小麦、大豆、马铃薯等茬口的氮素供应水平较高，谷子茬最差。从磷素供应水平来看，则小麦、马铃薯等茬口最好，大豆茬最差。在中亚热带红壤地区，与常规稻作系统相比较，在稻—草轮作模式下，稻田土壤养分含量增加，物理性状改善，土壤生物活性提高，土壤生物数量增加。

表4-3　茬口对耕层土壤养分含量的影响

茬　口	全氮含量/%	全磷含量/%	备　注
小麦	0.1907	0.2758	3年的平均资料
大豆	0.1809	0.1854	
马铃薯	0.1933	0.2705	
玉米	0.1732	0.2092	
谷子	0.1649	0.1935	

（3）不同茬口对微生物的影响。不同作物都有它自己所特有的根际微生物，因此不同茬口在收获后土壤微生物的种类和数量都有不同。中国农业科学院油料研究所（1988）测定其结果见表4-4。由于土壤微生物种类和数量上的差异，收获时土壤中氨化细菌含量（千万/克土）油菜茬为171.60，谷子茬为14.73，大麦茬为2.11，相差很多。豆科作物和根瘤菌的共生关系，是人们在轮作和换茬中有意识地加以利用来达到增产目的的原因之一。新疆棉花多年连作造成土壤中可培养微生物数量减少，连作6～8年、9～12年、大于13年的棉田与连作小于5年的棉田相比，土壤微生物总量分别下降了40.2%、46.7%、52.4%。连作超过5年后，土壤微生物菌群结构逐渐从高肥的“细菌型”向低肥的“真菌型”转化，细菌/真菌（B/F）和放线菌/真菌（A/F）比值均降低，拮抗菌减少，病原菌积累。氮素生理群氨化细菌、硝化细菌、好气性自生固氮菌数量下降，反硝化细菌数量增加。连作还导致土壤呼吸强度、纤维素分解强度下降，微生物活性降低。连作棉田与草木樨、番茄、春麦、玉米倒茬轮作能使土壤微生物数量明显增长，有益于调节菌群平衡，提高微生物活性，固氮菌数量呈现显著增长。不同轮作作物的效应不同，以草木樨、番茄的效应更为突出。轮作处理显著提高黄瓜产量，有效地改善了土壤微生态环境。其中小麦—黄瓜轮作，黄瓜产量极显著高于对照，增产28.04%，其多酚氧化酶、过氧化氢酶及脲酶活性总体较高。毛苕子—黄瓜处理增产16.78%，并增加了土壤养分含量，转化酶活性较高，极显著高于对照。轮作有助于根际土壤细菌种类的增多及结瓜后期真菌种类的减少，其中毛苕子—黄瓜处理的影响更为明显。小麦—黄瓜轮作对土壤真菌与定植后30d土壤细菌群落结构具有一定的影响。总之，小麦、毛苕子与黄瓜轮作有利于缓解黄瓜连作障碍，改善土壤微生态环境，提高黄瓜产量。

表4-4　茬口对土壤微生物的影响

茬　口	收获时的土壤微生物/（千万/克干土）	
	氨化细菌	根瘤菌
油菜	171.60	0.3277
大麦	2.11	0.3385
谷子	14.73	1.7562

(4) 不同茬口对耕层土壤物理性状的影响。由于根系发育特点上的差异，对土壤的穿插、挤压的能力大小是不同的，影响面和深度都有差别。据中国农业科学院高惠民等研究，在麦收后，绿肥茬土壤容重显著下降，孔隙度增加，土壤容重从试验前的 1.57g/cm^3，下降并稳定在 1.26～1.35g/cm^3 范围内，孔隙度为 52.2%～49.9%，休闲地土壤反比绿肥茬口紧实（表 4-5）。水旱轮作有利于土壤水稳团聚体的形成，小于 0.01mm 土粒团聚度增大，水旱轮作消除了因长期淹水对土壤结构的不良影响。稻田长期水旱轮作 0～10cm 土层的土壤容重比 1 季中稻处理高 23.4%，土壤收缩量小 38.2%。

表 4-5　　茬口对土壤容重和孔隙度的影响（10～20cm 土层）

测定时期	休闲茬		绿肥茬		夏玉米茬		青饲玉米间作大豆茬	
	容重/(g/cm^3)	孔隙度/%	容重/(g/cm^3)	孔隙度/%	容重/(g/cm^3)	孔隙度/%	容重/(g/cm^3)	孔隙度/%
试验前	1.52	43.5	1.57	41.6	1.52	43.5	1.52	435.5
1961 年麦收后	1.46	45.7	1.26	52.2	1.50	44.2	—	—
1962 年麦收后	1.49	44.6	1.32	50.9	1.41	47.6	1.46	45.7
1963 年麦收后	1.43	46.9	1.35	49.9	1.41	47.6	—	—

(5) 不同茬口的杂草混杂度。杂草是影响肥力的因子之一。茬口的形成与作物相伴随的耕作技术有关，当然，作物本身对杂草的抑制能力也是有差别的，所以不同茬口的杂草混杂度也不一样。据黑龙江省甜菜研究所的调查，1959—1963 年 5 年平均，以马铃薯茬和玉米茬为最严重，无论是生育中期或苗期均是如此（表 4-6）。作物轮作显著影响杂草种子库的密度和种类组成，进行玉米—小麦或大豆—小麦轮作 2 年后，杂草种子库密度分别比稻麦轮作降低 27.16%、44.44%。采用定位试验方法研究了北方旱作玉米长期（10～12 年）连作、米豆米迎茬和豆麦米轮作条件下玉米田杂草群落变化。结果表明，3 种茬口杂草密度以米豆米迎茬最小，杂草密度在不同年际间存在着差异，随着连作年限的增加，使连作区一些杂草种类增加，同时也有些杂草种类减少，但这种差别主要是在双子叶杂草之间，单子叶杂草种类没有变化，如连作 12 年较连作 10 年杂草增加了牛繁缕，减少了鸡眼草。2 年调查结果可知，连作、迎茬和轮作三个茬口相比，米豆米迎茬较连作和轮作杂草种类发生的少。

表 4-6　　茬口与杂草混杂度的关系　　单位：株/m^2

生长期	小麦茬	马铃薯茬	大豆茬	玉米茬	谷子茬
苗期	375.7	464.3	298.5	477.3	361.9
生育中期	184.9	447.7	286.9	464.3	299.3

(6) 不同茬口与病虫害发生的关系。轮作和换茬是防除病虫害的有效措施，据研究，许多作物不能连作的主要原因之一就是由于病虫害太严重，例如不同前茬与大豆病虫害的关系就是一个证明（表 4-7）。

表 4-7　　不同前茬与大豆病虫害的关系　　%

前茬	黑金龟子幼虫（蛴螬）为害率	立枯病的发病率	前茬	黑金龟子幼虫（蛴螬）为害率	立枯病的发病率
谷子	2.9	50	大豆	40.6	95.6
高粱	5.7	30	甜菜	—	40

上述差异的产生，除了形成茬口的作物本身的生物学特性不同（如地上地下部的发育状况，根系分泌物，成熟早晚等）之外，与之相伴随的耕作栽培技术，土壤原来的肥力状况亦有很大关系。

不同茬口对土壤肥力、耕层物理状况、杂草和病虫害感染有很大的影响，必然对后作物的生育亦产生不同影响。如果我们能深入地掌握各种茬口的特点及作物的生物学特性对茬口的要求，在作物配置和耕种法上做到因茬口制宜，把茬口、作物和措施三者统一起来，就可能保证作物产量。

轮作和换茬是保持和提高耕层土壤肥力的措施之一，但是究竟轮作与肥力的关系如何？是否一切轮作本身能够保持和提高耕层土壤肥力？这是不一定的。它决定于轮作周期中的作物组成，以及相伴随的农业技术措施。关于轮作与肥力的关系，在我国还缺乏长期的、系统的试验资料，下面引用国外一个长期轮作试验来说明轮作与肥力的关系（表 4-8），从表中材料可以看到，在上面几种轮作方式中，以玉米→小麦→红三叶草轮作对土壤肥力的影响最好，玉米连作最差。有的轮作方式，虽然种有豆科牧草但并未抑制地力的下降，虽然它延缓了下降的速度。苏联 B. Вморов 等在生草灰化土开垦 50 年后有机物质变化的研究中亦发现，在该类土壤上，不施有机肥料栽培大田作物，即使在有三叶草轮作的情况下，50 年来腐殖质也发生了损失。在包括中耕作物，三叶草和全年休闲的轮作中，如果不采取施肥措施就不能保证土壤有机质的平衡，50 年后下降了 24%。东北地区过去大豆→高粱→谷子为常见的轮作方式，如果不施有机肥，就轮作本身来看，也避免不了造成土壤肥力下降的趋势。

表 4-8　　轮作与土壤肥力的关系

轮作方式	含氮量/(磅/英亩)[①]		
	1915 年	1936 年	1915—1936 年
玉米→燕麦→苜蓿三年	2325	2708	+383
玉米→小麦→红三叶草	2325	2893	+568
玉米→玉米→玉米→小麦→红三叶草	2325	2304	−21
玉米→燕麦→甜菜→草木樨→玉米→小麦→红三叶草	2325	2552	+227
玉米→燕麦→草木樨→玉米→小麦→草木樨	2325	2295	−30
大豆干草和休闲	2325	2340	+15
玉米连作	2325	1530	−795

① 1 磅=453.59g；1 英亩=4046.86m^2。

各类作物对于沉淀性元素（磷、钾、钙）都是消耗的，但对于氮素和碳素却有消耗和增加之分。在合理安排轮作顺序的基础上，结合施肥措施，就可以减少土壤中氮素和腐殖质的损失，达到平衡甚至不断提高肥力水平（表 4-9）。从表 4-9 中可以清楚地看到，同一种轮作方式，前20年由于施肥多，每英亩含氮量568磅，后15年由于施肥量减少，含氮量比1935年减少280磅。

表4-9 施肥对轮作和土壤肥力的影响

年份	轮作方式	施肥量		含氮量增减/(磅/英亩)
		化肥/(磅/英亩)	厩肥/(t/英亩)	
1915—1935	玉米→小麦→红三叶草	200	6	568
1935—1950	玉米→小麦→红三叶草	150	0	-280

富氮类作物主要是豆科作物，包括多年生豆科牧草、一年生豆科绿肥和食用豆科作物。豆科绿肥年固氮量一般30～45kg/hm^2，翻埋后可全部归还土壤，具有一定的养地作用。多年生豆科牧草根系发达，重量占总生物量的1/3，高于一年生豆科作物的1/8～1/10,有利于促进土壤有机质积累。绿肥对积累土壤有机质没有明显作用，但可改善有机质品质和土壤结构。

对表4-10说明在轮作方式、施肥量都相同的条件下，由于作物秸秆处理的不同，对轮作与肥力的关系也产生不同的影响，秸秆还田的要比取走的含氮量增加110磅。这也就是为什么南方提倡水田稻草还田，东北提倡玉米和小麦秸秆还田以及许多单位将粮食、豆科作物的地上部粉碎通过饲养牲畜或作褥草成为厩肥返还农田的理由。因此，当我们研究轮作与土壤肥力的关系时，不仅要考虑轮作方式和作物排列顺序，还必须考虑到与轮作有关的其他农业技术措施。不同的耕作方式对秸秆还田后土壤有机质的影响是不同的。土壤耕作方式能显著影响土壤有机质的垂直分布，其中隔年旋耕+秸秆还田、隔年浅翻耕+秸秆还田两种耕作方式可以显著提高土壤的有机质含量。保护性耕作条件下玉米—小麦秸秆还田各处理的小麦田土壤有机质含量较无秸秆还田处理都有大幅度提高。在0～10cm土层，朱利群研究认为一年免耕一年浅翻耕+秸秆还田处理最能有效增加土壤有机质含量。

表4-10 秸秆处理方式对轮作和肥力关系的影响

轮作方式	施肥量		秸秆处理	含氮量/(磅/英亩)		
	化肥	厩肥		1955年	1956年	增加
玉米→小麦→苜蓿	150	0	取走	2798	2809	11
玉米→小麦→苜蓿	150	0	还田	2552	2673	121

现代农业有了迅速的发展，化学肥料在生产上大量应用，农药在防除农作物病虫害及农田杂草上取得了很大的成就。但是。即使如此，仍不应忽视实行合理轮作在农业生产上的重要意义。关于这一点，我们也可以从世界上一些农业发达的国家实行轮作的经验中取得一些有益的借鉴。长期以来，欧洲、北美、亚洲等农业发达国家都各自形成适应不同条件的轮作制度。例如：西欧在18世纪前就实行过三田制轮作（冬谷物→春谷物→休闲），后来在休闲地上种植豆作作物三叶草，发展成为改良三田制。以后随着畜牧业的发展，在轮作中加入了饲料作物的根菜类，如马铃薯和芜菁等，而形成中耕作物→春谷物套种三叶草→三叶草→冬谷物轮作。这对于农牧业结合，地力培养和作物产量的增长，发挥了良好

的作用。现在欧洲许多农业发达国家，对轮作一直给予很大的重视。美国过去利用发达的农业机械化、化肥、农药条件，在有良好气候和肥沃土壤的中部地区开垦后多年连作玉米，加上耕作管理不当，引起土壤有机质很快地消耗，土壤肥力降低和加剧土壤侵蚀，病虫害严重，产量降低。迫于这些原因，许多农场主不得不放弃单一玉米的种植，减少玉米连作年限而实行轮作，如玉米→玉米→燕麦或小麦→三叶草四年轮作或玉米、大豆轮作。二次世界大战后，日本由于有大量应用化肥和农药的条件，而轻视了轮作，旱作物连作盛行，出现了土壤中有机质耗损、土壤肥力降低、产量不稳的情况。因而，近些年来有关农业部门提出了“轮作是旱田之水”，要认真对待轮作的强烈呼声，在实行合理轮作上已开展了大量工作。此外，英国、美国、苏联和日本等许多国家曾进行了许多长期试验（十几年或几十年)。结果表明，许多作物在轮作中均较连作增产，同时施用氮、磷、钾，化肥增产的效应，轮作也优于连作。甘蓝和白菜种植在前茬为异科作物莴苣的茬口上都是增产的。连作最大的害处就是造成作物产量下降，品质降低。种植甜菜最忌重茬和迎茬，因为重茬和迎茬对土壤养分和水分消耗量过大，还会引起病害大量发生，致使甜菜大幅度减产，含糖量显著降低。为了实现我国农业现代化，随着生产规模的逐步扩大，农田基本建设水平的不断提高，农业机械化程度迅速地发展，对于实行合理的轮作不仅提出了进一步的要求也开辟了广阔的前景。

三、轮作增产的原因

和连作相比，合理轮作显著增产的主要原因有下列几方面。

（一）改善土壤理化、生物学性状，提高地力和肥效

作物必须从土壤中吸取养分，但不同作物对土壤的营养元素，具有不同的要求和吸收能力。例如稻、麦等谷类作物，对氮、磷和硅的吸收量较多，对钙吸收较少。豆类作物对钙、磷和氮的吸收较多，吸收硅的数量较少。烟草、薯类等作物消耗钾较多。小麦、甜菜、麻类等作物，只能利用土中易溶性磷，而豆类、十字花科和荞麦等作物利用土中难溶性磷的能力较强。因此，不同类型的作物轮换种植，便能全面而均衡地利用土壤中各种营养元素，充分发挥土壤的生产潜力。

作物的根系有深有浅，在土壤中摄取营养物质的范围也不一致。谷类浅根性作物根系主要分布在土壤表层，只能在浅层土壤中吸收养分与水分，但其庞大根群则可疏松土壤。棉花、玉米、大豆等浅根作物的强大根群可以利用深层土壤中的养分与水分。深根与浅根作物实行轮作，则可充分利用耕层以及耕层以下土中的养料和水分，减少流失，节省肥料。

绿肥和油料等作物以其残茬、落叶、根系及麸饼等归还土中，可直接增加土壤有机质，既用地，又养地。因此，在轮作中安排一定比例的绿肥作物，发挥豆科作物的固氮增肥作用，并注意安排一些可提供较多的残留物或饼肥（还田）的作物，达到生物养田的目的。

不同类型的作物实行轮作，尤其是水旱轮作，可明显增加土壤非毛管孔隙，改善土壤通气条件，提高氧化还原电位，防止稻田土壤次生潜育化过程，消除土中有毒物质，促进有益的土壤微生物的繁殖，从而提高地力的施肥效果。在南方水稻地区采用较长周期的水旱轮作，对改善稻田土壤通气不良，有效肥力低下的状况有显著效果。据福建省福清县原

音西大队观测，水旱轮作田比水稻连作田，土壤容重降低，非毛管孔隙增多，土壤通气状况有所改善，土壤有机质含量虽有下降，但有效肥力却显著提高。

在干旱地区旱作农田进行合理轮作，可以提高有限降水的利用率和提高粮食产量水平。如麦—豆—油轮作比连作小麦 3 年总增产 45.8～46.8kg/亩，增产幅度 36.4%～37.2%，3 年增值 33.81 元/亩，增值幅度 37.37%，水分利用率提高 0.054～0.161kg/mm；洋芋（马铃薯）—油—豆轮作比连作小麦 3 年总增产 138.1kg/亩，增产幅度 1 倍，3 年轮作产值增加 153.55 元/亩，增值幅度近 2 倍，水分利用率比连作小麦增加 0.161kg/mm，合理轮作是此类型地区调控水分和提高生产力的有效措施。

华中农学院（1977—1981 年）定位定点试验结果表明，稻、棉轮作田比长期冬作双季稻田，水稻、小麦均明显增产。实行轮作特别是水旱轮作还能均衡利用上下层土壤中的营养元素，改善土壤理化性状，因而提高施肥效果。据湘、鄂、赣三省农科院稻田轮作定位试验协作组 1977—1978 年试验结果，轮作田氮肥和磷肥利用率分别为 51.66% 与 23.53%，均显著高于绿肥—双季稻连作田（氮肥利用率为 32.12%，磷肥为 16.5%），而且土壤中速效养料氮、磷、钾及早稻植株中的氮、磷、钾含量也较多。

日本大久保隆弘曾综合其所进行的试验结果（完全消除土壤病虫害的影响），发现在前作物相同、土壤养分含量也基本相同的情况下，如果以前的种植历史是轮作，则后作对于氮、磷、钾的吸收量，要比以前是连作的多。可见，轮作能使土壤有效养分增多，根的活力加大，而连作则使土壤理化性状恶化。

（二）改善农田生物种群结构，清除土壤有毒物质，减少病虫危害

作物的许多病虫害是通过土壤感染的，如水稻纹枯病，棉花枯、黄萎病和红蜘蛛，油菜菌核病，烟草青枯病，玉米的食根虫，甘薯、烟草、花生、甜菜的线虫病，马铃薯的晚疫病，甘薯黑斑病和甘薯瘟等。每种病害都有一定的寄主，有的害虫也有专食性或寡食性，如果多年连续种植同一作物，这些病虫害就会大量滋生。中国农业科学院陕西分院和西北农林科技大学在陕西省关中地区 5 个县的棉田进行调查，调查结果表明，连作年限越长，棉花黄萎病的发病率越高。

但是，寄生病菌在土壤中的生活能力，都有一定年限，大多数只能在土壤中栖息 2～3 年，只有少数可长达 7～8 年（如棉花和亚麻的枯萎病菌，但在水淹条件下，也只能维持 1～2 年）。在这期间，如果遇不到它们的寄主，就会逐年消失，或者数量减少到不能引起作物发病的程度。因此，抗病作物或非寄主作物与容易感染这些病害的作物实行定期轮作，便可消灭或减少这些病菌在土壤中的数量，从而减轻作物因病害所遭受的损失。但有些病菌能侵害数种作物，故轮作中的作物应慎重选择。

水旱轮作，由于淹水能显著减轻旱田作物土壤病虫害的感染。据试验（日本九州农试站，1975 年）油菜菌核病在淹水条件下，可使菌核在 2～3 个月内完全死去或者子囊盘灭绝；紫云英菌核在淹水 4 个月后子囊盘的发生迅速减少；烟草立枯病在淹水 2 个月后，患病指数近于零；小麦条斑病菌等在淹水几个月能完全死亡。据试验表明，任何病原菌在淹水 3 年左右的情况下，都能消灭或者显著减少。又据日本本谷氏等研究（1965 年），大豆芜菁夜蛾（黄地老虎）、大豆食心虫等危害情况，轮换地比普通地有所减少。

轮作还可利用前作的根际微生物抑制某些为害后作的病菌，以减轻病害。根据 M. B.

鲍尔杜科娃的试验结果，前作的根系分泌物有的可以抑制后作的某些病害。如甜菜、胡萝卜、洋葱、大蒜等的根系分泌物，可以抑制马铃薯晚疫病的发生。

因此，采用轮作防治病虫害，是既经济有效、又安全可靠的措施之一，是综合防治的基本环节，而且还可降低成本和减少环境污染。

轮作又能改善土壤和微域生态条件，消除有毒物质。作物根系分泌物及作物残余物分解的有毒物质能引起作物自身中毒。例如豌豆连作，在土中累积了对自身不利的腺嘌呤、鸟腺嘌呤、乙醛等有毒的根分泌物，如果和其他作物进行轮作，这些有毒物质对另一些作物可能无害，甚至有的还可能成为其能量、养料的来源，从而消除这些有毒物质。

稻田在长期淹水的状态下，由于土壤还原优势，往往产生硫化氢等有毒物质，影响作物的生长发育。稻田进行水旱轮作，便能改善这一状态。据湖南省农科院（1988 年）测定，常年双季稻田，还原性物质总量为 16.91mg/100g；水旱轮作田只有 5.32mg/100g，显著降低。

轮作还可改善土壤微生物区系结构，据湖南省农科院（1988 年）分析，水旱轮作田土壤，有益的自生固氮菌、氨化细菌、硝化细菌和纤维分解细菌的数量均比绿肥—双季稻复种连作田多，而有害的反硝化细菌则显著减少。据报道，豆类作物连作后，根瘤的噬菌体不断增加，有效的根瘤菌则减少；油料作物、纤维作物连作后，许多噬食有益细菌的原生动物如变形虫、滴虫类、鞭毛虫类、轮虫类等会大量繁殖起来，致使有益的土壤微生物减少。因此，在轮作中合理搭配作物是很重要的。

据湖南农学院（1979—1980 年）测定，轮作区（蚕豆—双季稻→油菜—双季稻；油菜—双季稻→小麦—双季稻）与绿肥—双季稻连作区相比，轮作区的土壤肥力、酶（过氧化氢酶、脲酶、蛋白酶）的活性和土壤呼吸强度都高于连作区，放线菌数量也比较高，认为这是轮作区的土壤有机质含量较高、土壤理化特性较好的缘故。

（三）改变农田生态条件，减少田间杂草

严重危害作物生长的田间杂草，往往是对生态环境的要求与作物相似的类群，如稻田中的稗草，棉田中的莎草，粟田中的狗尾草，麦田中的野燕麦和看麦娘，大豆田中的菟丝子，还有许多难于防除的多年生杂草等。这些杂草的生长季节和要求的生态条件以及生长发育属性，都与所伴生或寄生的作物相似，有时连形态也相似，不易根除。因此，作物长期连作则其生态环境变化很小，必然有利这些杂草大量滋生，草害严重。实行轮作后，由于不同作物的生物学特性、耕作管理技术不同，能有效地消灭或抑制杂草。如大豆与甘薯轮作，菟丝子就因失去寄主而被消灭。水旱轮作，由于改变了生态环境，更容易达到防除杂草的目的。据观察，老稻田改为旱地后，一些生长在水田里的杂草，如眼子菜、鸭舌草、瓜皮草、萍类、藻类等，因得不到充足的水分而死去；反之，旱田改种水田后，香附子、苣荬菜、马唐、田旋花等旱地杂草，泡在水中则被淹死。猪殃殃、大巢菜等旱田杂草种子，在水田浸泡一年左右时，大部分已失去生命力。湖北省亲洲县农科所 1979 年调查，旱改水后，早稻、中稻田杂草每平方米有杂草 48 株，比连作田减少 64.4%。因此，水旱轮作是防除农田杂草的好办法。

在黑龙江省中北部的海伦市采用定位试验方法研究了北方旱作玉米长期（10～12 年）连作、玉米—大豆—玉米迎茬和大豆—小麦—玉米轮作条件下玉米田杂草群落变

化。研究发现，三种茬口杂草密度以米豆米迎茬最小，杂草密度在不同年际间存在着差异，随着连作年限的增加，使连作区一些杂草种类增加，同时也有些杂草种类减少，但这种差别主要是在双子叶杂草之间，单子叶杂草种类没有变化，如连作 12 年较连作 10 年杂草增加了牛繁缕，减少了鸡眼草，玉米—大豆—玉米迎茬较连作和轮作杂草种类发生得少。

生产实践中，还通过在轮作中安排棉花、玉米等中耕作物或生长特别繁茂的作物，以清除或控制田间杂草。

（四）有利于合理利用农业资源，提高经济效益

根据作物的生理生态特性，在轮作中前后作物搭配，茬口衔接紧密，既有利于充分利用土地和光、热、水等自然资源，又有利于合理均衡地使用机具、肥料、农药、灌溉用水以及资金等社会资源。还能错开农忙季节，均衡投放劳动力，做到不误农时精细耕作。由于轮作具有培肥地力和减轻农作物病虫害的作用，无须肥料、农药、劳力等资源的过多投资，只需作物合理的轮换就可获得与连作在高投入条件下相当的产量，降低了生产投资成本，提高了经济效益。

此外，合理轮作，还能错开农忙季节，均衡投放劳动力，做到不误农时和精耕细作，达到提高复种、用地养地和增产增收的良好效果。总之，实行合理的轮作制度是经济有效、安全可靠、成本低、效率高的增产技术。

四、轮作在现代农业中的地位

在低投入无肥或少肥的传统农业阶段，轮作的主要作用集中体现在地力的培养上。我国的农谚“倒茬如上粪”“要想庄稼好，三年两头倒”就是对这一历史阶段轮作作用的生动描述。它主要依靠禾豆轮作中豆科作物的生物固氮维持土壤氮素平衡；依靠谷类作物和绿肥牧草残留的茎叶、根茬及施用有机肥等维持土壤中有机质的平衡；依靠不同作物生育期间所采取的农业技术措施及其根系生长特性等差异进行合理的作物轮换，维护了土壤良好结构；依靠轮作换茬和相应的栽培管理技术，有效地控制病虫草害，避免了土壤肥力的无效损失，起到间接养地的作用。该阶段上述轮作的积极作用得到了大家的充分肯定。

在高投入的现代农业阶段，轮作的上述作用受到了削弱。随着化肥和农药施用量的大量增加，可用各种化肥培肥土壤肥力，用杀菌剂、杀虫剂和除草剂等各种农药对付连作导致的病虫草害，而且日益成为现代作物生产的主要手段。于是，轮作似乎可以被连作所替代，成为过时的作物生产技术。但国内外大量生产实践和轮作试验证明，轮作在现代农业中仍有不可替代的作用，特别是轮作防治病虫草害的作用不但不能削弱，而且应该得到加强。某些障碍性病虫草害，特别是病害，如大豆紫斑病、花生褐斑病及棉花枯黄萎病等，即使应用最新型的农药也无济于事，唯有作物轮作才能有效地控制这类病害，这是目前现代农业手段所不能代替的。同时，随着农药的大量施用，病虫草害的抗药性增强，农药施用剂量持续加大，造成了农田生态系统有毒农药的大量积累，破坏了生态环境，成为现代农业生产中的公害之一。此外，采取合理的轮作，可以继续发挥豆科作物的固氮养地作用和减轻病虫草害，减少对化肥和农药的消耗，降低生产投资，提高经济效益。因此，在现代农业阶段，轮作不应该被否定，而应该是在发挥轮作养地作用的基础上，强化防治病虫

草害的作用，保护农业生态环境，提高生产经营效益。

五、轮作的主要类型与形式

1. 根据轮作中养地手段特点划分

可分为撩荒轮作、休闲轮作、换茬轮作、草田轮作、绿肥轮作、离区轮作、禾豆轮作。

(1) 撩荒轮作：是原始轮作形式，采用耕种与撩荒相轮换，利用自然植被恢复地力。在原始农业阶段和非洲人少地多的地区采用，如欧洲的“田草制”、我国的“熟荒制”即属于此类。

(2) 休闲轮作：在轮作中有一定比例的全年休闲，利用休闲蓄纳雨水，熟化土壤，恢复地力，是一种生产水平较低的轮作制度。如18世纪欧洲的“三圃制”轮作：休闲→冬谷类作物→春谷类作物，我国西北半干旱偏旱地区的休闲轮作制：休闲→春小麦→糜谷。

(3) 换茬轮作：也叫轮种轮作，将不同作物进行轮换种植，包括禾谷类作物之间的轮换，也包括禾谷类作物与豆科作物之间的轮换。如欧洲的改良三圃式：中耕作物→禾谷类作物→春谷类作物，我国西北半干旱地区换茬轮作：大豆→小麦→谷子。

(4) 草田轮作：将多年生牧草作物与大田作物进行轮换种植，恢复和提高土壤肥力。在人少地多和畜牧业比重大的地区适用。如苏联的草田轮作制，就是将多年生豆科与禾本科牧草混播再与大田作物轮换种植，多年生牧草一般利用2～5年。我国黄土高原地区采用苜蓿与大田作物的轮换即属于此类。

(5) 绿肥轮作：轮作中有一年生或多年生绿肥作物如草木樨、毛孔苕子、紫云英等参加，利用绿肥翻压恢复地力。如南方的绿肥—水稻→油菜—水稻→小麦—水稻，北方的苕子—棉花→苕子—棉花。

(6) 离区轮作：在实行草田轮作时，多年生牧草作物通常利用2～5年，组成的轮作方式年限就很长，通常达8～10年，不便于轮作。可将多年生牧草种植区脱离原来的轮作顺序，待利用年限完成后，再加入轮作中。如黄土高原地区苜蓿参加的草田轮作多采用离区轮作：小麦→小麦→玉米→小麦—谷子×苜蓿→苜蓿 (5年)。

(7) 禾豆轮作：指一年生豆科作物与禾谷类作物轮换种植，属换茬轮作的一种形式。此种形式在我国旱作地区运用的历史长、范围广。

2. 根据轮作的生产任务及其作物组成划分

可分为大田轮作、饲料轮作和蔬菜轮作。

(1) 大田轮作：以生产粮食和工业原料为主要任务，又可进一步分为粮食作物轮作、经济作物轮作及粮、经作物轮作等。大田轮作是农业生产单位轮作类型的主要部分。

(2) 饲料轮作：以生产饲料为主，粮食作物为辅，草田轮作即属于此类，随着农区畜牧业发展，饲料作物比重上升，一年生饲料作物参加的饲料轮作比重有所增大。

(3) 蔬菜轮作：以生产蔬菜为主，主要集中在城市及工矿区附近。可以与大田轮作和饲料轮作相结合形成粮菜饲复合轮作。

3. 根据农业主要生态环境划分

可分为旱地轮作、水旱轮作和水田轮作。

（1）旱地轮作：在旱地生态环境条件下，全部由旱作作物参加的轮作。

（2）水旱轮作：实行水稻（水田）与旱作作物（旱田）交替种植的轮作类型。如“绿肥—水稻—水稻→油菜—水稻—水稻→小麦—水稻—水稻”组成的“二水一旱”轮作，“马铃薯—玉米—水稻→小麦—玉米—水稻”组成的“二旱一水”轮作即属于此类，北方地区“小麦→玉米→水稻”也属于水旱轮作。

（3）水田轮作：在难以实行旱作的水田种植水稻、莲藕、茭白等水生作物进行轮作。

4. 按熟制划分

可分为一年一熟轮作、二年三熟轮作、一年两熟轮作和一年三熟轮作，后两者由不同复种方式组成，又属于复种轮作。

（1）一年一熟轮作：一年一熟地区采用的轮作多为此类，如大豆→小麦→玉米。

（2）二年三熟轮作：如小麦→小麦—谷子，玉米→小麦—大豆。

（3）一年两熟轮作：小麦—玉米→小麦—大豆，小麦—水稻→油菜—水稻→绿肥—水稻。

（4）一年三熟轮作：如绿肥—水稻—水稻→油菜—水稻—水稻→小麦—水稻—水稻→蚕豆—水稻—水稻，油菜—早稻/大豆→小麦—早稻—玉米→蚕豆—早稻—甘薯。

5. 按轮作周期长短划分

轮作实施一周所需要的年数，称为轮作周期。轮作周期2～5年为短周期轮作，轮作周期6年以上为长周期轮作。有人按轮作年限分为年间轮作和年内轮作，上述所讲的轮作均属于年间轮作，指作物或复种方式在年际之间的轮换。年内轮作指一年多熟地区在同一年份之内，不同作物的轮换，如小麦—水稻—水稻，小麦/玉米/甘薯。

第二节 连 作

一、连作的概念及在生产中的地位

同一作物在年内或年间连续重复种植于同一块田地上，称为“连作”或“重茬”。例如在南方水田中有春季栽早稻，早稻收获后秋季再栽晚稻；或者在旱地上春季种春玉米，收获后再种夏玉米，分别称为双季连作稻和双季连作玉米均属年内连作。在一年一熟地区，连年在同一块地上种植玉米、小麦、高粱或棉花者，则属于年间连作。

从茬口关系的分析来看，连作的实质就是加深了这种作物和土壤环境之间的矛盾，因而使作物生育不良，产量降低。甚至某些作物长期连作会形成土壤环境完全失去栽培这种作物的可能性，这就是一般所谓的“土壤衰竭”现象。这种现象在果树和蔬菜作物方面较多，大田作物较少。例如桃、无花果、西瓜、番茄、大豆、亚麻等都有这种现象。因此长期的农业生产实践就给我们形成轮作和换茬增产、连作和重茬减产的深刻印象。但在具体对待这些问题的时候，不能把它绝对化。轮作换茬并不一定绝对增产，而连作重茬也并不一定绝对减产，不同作物在不同的土壤气候和栽培管理条件下对连作的反应是不同的，就是同一种作物在不同的时间和条件下也是不同的。例如棉花连作2～3年无论在产量和质量方面都没有恶化的现象，只有在连作年限增长时才逐渐开始减产。同时，这种减产，我们还可以通过其他的农业技术措施来补救。近些年来，东北南部有同一地块连年种植玉米的，只要每年施厩肥 45000kg/hm² 以上，再加上适量的化肥，采用抗病强的单交种，公顷产量均可连年达到 7500kg 以上。

同一种作物长期连作会使土壤中某种营养元素缺乏，加剧土壤养分供给与作物需要之间的矛盾，容易引起土壤传染病虫害和杂草的蔓延与危害。连作情况下，植物残体和根系分泌物中的有毒物也可能在土壤中积累，而使自身中毒。因而长期连作会导致作物生长不良，产量降低，品质变劣。根据沈阳农业大学的研究，大豆连作 3～5 年，分别比同年的轮作区（向日葵→大豆；玉米→大豆；草木樨→大豆），产量降低 21.2%～67.6%，平均为 43.9%；玉米连作 4～5 年，分别比轮作区（向日葵→玉米；草木樨→玉米）减产 10.8%及 15.5%，平均为 13.2%。但是，必须指出连作减产并不是绝对的，在生产上连作又是不可能完全避免的，有时甚至是必要的。连作烟株的田间长相长势、产量、产值、外观质量均低于轮作，连作的产量仅有轮作的 59.12%，产值仅有轮作的 29.93%，中上等烟比例仅有轮作的 52.7%，均价仅有 50.6%。烟叶的致香物质检测结果表明，轮作烟叶中致香物质含量大多数高于连作烟叶。连作与轮作土壤养分对比结果表明，连作田土壤中的有效磷和有效钾含量明显地高于轮作田，轮作土壤的 pH 值、有机质、全钾、速效硼、速效锌、CEC、交换性镁均高于连作。连作与轮作土壤中微生物总量差异不明显。与轮作相比，烤烟连作后黑胫病和赤星病的发病率升高。蒜→烟轮作能促进烤烟植株健壮生长，提高烤烟中上等烟的比率，提高烤烟的产量和品质，增加烤烟的产值，更能提高单位面积土地的总体经济效益，是兼顾社会与经济效益的较好模式。

我国自古以来，农业生产上一直就有轮作和连作的长期存在，既肯定了大多数作物轮作是经济有效的增产措施，在实际生产中又并不排除对某一些作物耐连作特性的运用，这是深入地掌握了农作物的生物学特性的结果。今后在农业生产上，随着集约化专业化程度的提高，连作应用的比重将会更大，应予特别重视。

二、连作的作物种类

作物的连作在各地相当普遍。据华北地区各高等农业院校 1984 年在华北四省一市的调查，结果表明：①小麦、玉米、水稻和棉花等主要作物多实行连作或复种式连作，即在同一田地上，连年采用同一种复种方式。②在生产水平较低的水浇地和水田上，复种式连作占优势，主要方式是小麦—水稻→小麦—水稻→小麦—水稻→小麦—水稻；小麦/玉米→小麦/玉米→小麦/玉米→小麦/玉米；小麦/玉米→小麦—玉米→小麦/玉米→小麦—玉米→小麦/玉米等。据调查统计，水稻连作占 100%；棉花连作 5 年以上的占 62%，连作 3 年的占 23%，连作少于 3 年的占 15%。小麦/花生多连作 3 年或 3 年以上。可见，在一定条件下适当连作是可能的，而且在生产中还占有相当重要的地位。

为了在轮作中能够有效地应用连作环节，需要掌握各种作物对连作的反应。生产实践和科学研究证明，不同作物对连作的反应是不同的，有的比较耐连作，有的对连作有明显的不良反应。不同作物、不同品种、不同栽培管理方法，对连作产生的弊端及程度有着不同的反应。

1970 年日本对连作的有害性作了一次全国性的调查，结果 65 种作物连作有害，以番茄、黄瓜、陆稻、豌豆、魔芋、大豆、西瓜、白菜等较甚。连作无害的有 44 种，以水稻、圆葱、甘薯、玉米、小麦、大麦、胡萝卜、南瓜为最多（表 4-11）。

表 4-11 各种作物对连作的反映

作物	连作有害的	连作无害的	大致减产/%	作物	连作有害的	连作无害的	大致减产/%
番茄	23		35	胡萝卜	6		30
黄瓜	21		40	小麦	3	8	30
陆稻	18	1	20	玉米	3	8	40
豌豆	10		50	甘薯	3	9	25
青芋	14	1	30	水稻		12	
魔芋	14		30	大麦		7	
西瓜	12		30	圆葱		10	
白菜	11	1	40	意大利黑麦草		2	
大豆	9	2	30	南瓜	1	5	20
茄子	8		20	葱	1	6	30
啤酒大麦	6		40	烟草	2	1	15
花生	5		30	油菜	1	2	17
甜菜	3		15	甘蓝	4	2	56
蚕豆	2		30	马铃薯	4	3	20

来源：耕作学，中国农业出版社，1992。

综合各国的试验结果，按作物对连作的反应，可以分为三类。

第一类，为不宜连作的作物。如茄科、豆科、葫芦科和菊科作物以及亚麻（表 4-12），大麻、甜菜等。但同科的作物也不完全一样，如茄科中的烟草、马铃薯、豆科中的蚕豆、豌豆、大豆；葫芦科的西瓜等作物最不耐连作，日本学者初田勇一认为是根系分泌出抑制生长的有毒作物——水杨酸造成的；而花生及南瓜、冬瓜等作物，连作一年减产幅度较小或减产不甚明显。这些作物对连作反应十分敏感，连作则迅速出现生长受阻，发育不正常特别是迅速蔓延某些专有的毁灭性病虫害，导致严重死苗减产，需间隔时间较长，一般需间隔五六年以上方可再种。

表 4-12 亚麻连作的结果 单位：kg/hm^2

连作年限	种子产量	麻皮产量	连作年限	种子产量	麻皮产量
不连作	1120	2160	连作三年	90	1360
连作两年	480	1770	连作四年	0	0

来源：原北京农业大学《耕作学》教材，1964。

第二类，能够耐一定程度的连作，但长期连作要显著减产。如大麦、小麦、黑麦、燕麦、高粱、油菜、甘薯、芝麻等作物。麦类在生长期间要消耗土壤中的有机质和氮素营养较多，在施足肥料而无障碍性病害的情况下，长期连作产量也较稳定，如果施肥不足或不施肥，长期连作则明显减产。英国洛桑试验站小麦 80 年长期连作试验结果就是一个例证（表 4-13）。

表 4-13　　小麦长期连作对产量的影响

（英国洛桑试验站，1852—1931 年）　　单位：蒲式耳/英亩①

时　　间	不　施　肥	施　　肥	施化学肥料
第一个十年	17.2	28.0	—
第二个十年	15.9	34.2	36.0
第三个十年	14.5	37.5	40.5
第四个十年	10.4	28.7	31.2
第五个十年	12.6	38.2	38.4
第六个十年	12.3	39.2	38.5
第七个十年	10.9	35.1	37.2
第八个十年	9.1	27.1	27.4

①　对小麦来说，1 蒲式耳/英亩=0.0671987654t/hm^2。

美国玉米地带利用秸秆还田，施足化学肥料（每季每公顷施 120kg 氮素）结合免耕法长期连作，也获得较高产量。若不施足氮肥，则产量很低，并引起土壤冲刷。

第三类，为较耐连作的作物。如棉花、水稻、玉米、甘蔗等作物，只要农业技术配合得当，连作年限较长，减产不显著。其中水稻与棉花耐长期连作。水稻起源于沼泽植物，适于较长期在淹水条件下生活，可通过体内透气组织把氧气送到根部，使根际的还原性 Fe^{2+}、Mn^{2+} 氧化为 Fe^{3+}、Mn^{3+}，沉淀在根表免受其他还原物质侵害中毒。在水旱交替的土壤中，可较长期连作，受害不明显。棉花根系深，营养范围大，吸收土壤中肥料较多，在无黄萎病、枯萎病感染的情况下，充分施用有机肥和化肥，加强化学防治病害，长期连作受害不明显。据江西省彭泽棉花试验站报道，棉花连作 3～5 年，生长比较稳健，霜前花增多，纤维品质较好。在棉区有的地块连作长达一二百年以上。甘蔗再生能力很强，蔗区常有栽培宿根蔗进行甘蔗连作的习惯，一般宿根年限 1～3 年，也有年限更长的。在施足肥料与加强管理的情况下，宿根蔗通常比新植蔗增产 15%～20%，而且省工省种。

由上述情况可见，禾谷类作物一般比较耐连作。但是，各种作物耐连作的程度，并非绝对的，还受着作物品种、土壤种类、施肥水平和栽培技术状况等因素的影响，因此在生产中往往也会遇到这样的情况，即在甲地农民说这种作物连作好，而乙地农民则认为不可连作。如大麻、烟草、花生、马铃薯就是如此，有的地方认为大麻连作后品质好、纤维细、拉力强；烟草连作后烟味良好；花生连作后皮薄油多；马铃薯连作后光滑块大，但另外一些地方则认为不能连作；油菜在旱地土壤上，对连作特别敏感，而种植在稻田，由于夏季淹水，菌核病受到抑制，连作两年受害较轻。绿肥—双季稻复种连作若较长时期种植在土壤黏重、地下水位较高、排水不良的稻田中，容易出现土壤次生潜育化，引起减产；而种在排水良好、土壤不黏重的稻田上，次生潜育化则不明显。同是稻谷，水稻较耐连作，而陆稻连作，则立枯病等严重发生，引起死苗减产。因此在分类上也很不一致。其原因是什么？现在就一些国内外的研究资料来说明这个问题。

（一）施肥与连作的关系

根据东北国营农场的材料，在不施肥的耕地上大豆连作减产 19.9%，如果每公顷施基肥 25.5t，追施硫铵 79.5kg，连作大豆比前茬玉米地不施肥的产量还高 26.1%（表 4-14）。

表 4-14　　施肥对大豆轮作和连作产量的影响　　单位：kg/hm^2

施肥情况	前作	产量	与不施肥前作玉米的产量百分比/%
不施肥	大豆	1845	80.1
不施肥	玉米	2305.5	100.0
基肥 25.5t，追施硫铵 79.5kg	大豆	2902.5	120.1

在连作施肥情况下，其增产效果或减产速度因作物种类而不同。一般说来，吸肥力强的作物在连作时施肥后减产缓慢，而吸肥力较弱的作物连作时虽施肥而减产速度仍较快。日本南鹰次郎 1935 年在北海道砂质壤土地进行了各种作物 25 年试验中施肥与不施肥的对比试验中可以看出这种效果（表 4-15）。

表 4-15　　各种作物施肥与不施肥对其产量的影响　　单位：kg/亩

施肥与产量的关系 \ 作物		大麦	黍	荞麦	油菜籽	大豆	小豆	马铃薯
籽实	无肥区	31.4	78.0	44.0	15.0	94.5	43.3	
	施肥区	44.5	85.7	38.0	39.2	97.6	61.4	
茎秆	无肥区	65.9	41.6	38.9	7.8	78.3	24.2	33
	施肥区	61.7	64.2	45.5	48.1	86.8	25.7	56

此外，根据前公主岭农业试验场 1936 年的试验，施肥与否与作物的发病率有关，在谷子的连作试验中，施肥者谷子白发病率平均为 54.25%，而未施肥者为 77.82%，因此施肥对某些作物的病害减轻，也可减少连作的受害程度。

（二）品种与连作的关系

同一作物的不同品种对连作的反应也不同，例如亚麻是不能连作的作物，但是选用抗病品种的亚麻，连作也能增产或使减产缓慢。这由日本南鹰次郎的另一次试验可以说明。

由表 4-16 可见，普通品种在不施肥连作情况下，第二个五年的平均产量就较第一个五年的平均产量显著降低，降至 35.2%，至第五个五年，仅有 14.3%；而在施肥情况下，虽然同样减产但比较缓和。在采用耐病品种时，不施肥连作也要减产，但比较缓慢，产量较施肥的普通品种要高些；而施肥情况，耐病品种连作还有产量提高的趋势。茎秆的产量则下降速度更快，但其趋势和籽实产量是类似的。

我国南方水稻区的农民，也有通过更换品种来获得连作增产的经验。例如浙江兰溪农民就有这样的一句农谚："种田要换种"，就是说种水稻要经常换品种。应用不同的品种连作，因各品种对土壤环境的要求不同，抗病虫害的能力也不同，可收到类似轮作的效果。

（三）土壤与连作的关系

同一作物的不同品种对连作的反应不同，已如上述。同一品种连作，其反应亦因土壤条件而有差异。这可由东北国营农场的材料以及日本南鹰次郎的试验资料得到证明。

东北国营农场的调查材料表明，新熟地连作大豆的产量较老熟地连作大豆的产量高 9%～13%。这显然是与新熟地肥力较高，结构状况较好有关。

表 4-16 亚麻连作中品种对产量的影响（各个五年期间平均产量对比） 单位：kg

亚麻部位	处理	第一个五年	第二个五年	第三个五年	第四个五年	第五个五年
籽实	无肥区	91086.8 (100)	32105.9 (35.2)	A 14970.7 (16.4) B 43469.2 (47.7)	A 9739.9 (10.7) B 59882.8 (45.9)	A 12986.6 (14.3) B 49421.4 (53.9)
	施肥区	88561.7 (100)	57718.4 (65.2)	A 40943.9 (46.2) B 84773.9 (95.7)	A 30843.3 (34.8) B 90004.6 (101.6)	A 37516.9 (42.4) B 109304.2 (123.4)
茎秆	无肥区	393 (100)	159.6 (41.6)	A 642 (16.9) B 171.6 (15.0)	A 40.8 (10.7) B 183.6 (48.2)	A 33.6 (8.8) B 190.2 (49.9)
	施肥区	379.8 (100)	259.8 (68.6)	A 149.4 (39.3) B 317.4 (83.6)	A 94.2 (24.8) B 348.6 (91.8)	A 75.6 (19.9) B 359.4 (94.0)

注 第五个五年连作期间平均产量为第一个五年连作期间平均产量的百分数。A 为普通品种，B 为耐病品种。

其次，在不同质地土壤上连作也不一样（表 4-17）。由表中可见，豌豆连作施肥时，以砂壤土上对产量影响最小，腐殖质土上连作为害最大；但在不施肥区内，壤土上减产相对较小。燕麦是比较耐连作的作物，在壤土和腐殖土上连作，影响比其他土壤上严重。马铃薯在砂壤土和砂土上施肥连作，第二个 4 年的平均产量较第一个 4 年的平均产量还高，在腐殖土壤上连续栽培，受害最大。

表 4-17 土地种类与连作为害的关系

作物		重黏土	壤土	砂壤土	砂土	腐殖土
豌豆	12 年连作中第二个 6 年平均粒重	65.50	78.50	94.67	77.70	15.61
	为第一个六年的/%	22.34	50.00	18.52	19.57	19.46
燕麦	6 年连作中第二个 3 年平均粒重	105.20	89.65	95.67	102.90	98.87
	为第一个 3 年的/%	97.85	86.38	94.38	95.41	84.92
马铃薯	8 年连作中第二个 4 年平均产量	95.20	94.10	127.20	113.30	55.82
	为第一个 4 年的/%	61.28	79.33	93.22	88.32	51.56

来源：耕作学，东北农学院出版社，1988。

在不同质地的土壤上，不同作物对连作产生不同反应的原因是比较复杂的，因为土壤质地既影响到土壤的肥力因素，又影响到物理性状，从而对生物学活动也发生作用。

此外，不同的土壤耕作管理亦对作物耐连作的程度有所影响。在深翻结合精细管理的时候，连作受害的程度就会小一些，或者是大大地缓和了。

综上所述，连作的危害是相对的，作物耐连作的程度，可以因耕作、施肥、土壤、品种等因素而有不同。

三、连作有害的原因

关于作物连作有害，产量降低，品质恶劣的原因，可以概括为化学的、物理的和生物学3个方面。现就已有资料归纳整理如下。

（一）化学的原因

1. 营养物质的片面消耗

在同一块土地上连年种植同一作物，每年都将吸收相同的养分，从而引起营养元素的片面消耗，造成土壤中养分状况的不平衡。例如大豆虽然是培养地力的作物，但其吸收磷、钙元素的能力强，连作后就会使土壤中的有效磷供应不足，因而降低产量。据东北国营农场的调查，大豆连续种植4年后，有效磷降低了44%（表4-18），可见大豆连作减产的重要原因之一是连作种植不施肥料或施肥少。

表4-18　大豆种植年限与土壤养分的关系

种植年限/年	含氮量/(kg/hm^2)	含磷量/(kg/hm^2)	有效磷/(kg/hm^2)
4	24.9	24.90	56
3	28.2	25.20	81
1	27.0	31.05	100

在国外，也有很多研究连作问题的试验资料。美国俄亥俄州农事试验场曾做了比较长期的连作轮作的研究。试验用地排水良好并施用石灰，但不施用任何肥料，种植作物32年之后，分析每英亩内6英寸表土中所含氮素和有机质的成分，发现在连作的情况下，土壤中的有机质和氮素的损失量最多，其中以高产作物玉米连作最甚，32年之后所含有机质及氮素量与原来的土壤含量相比较，几乎消耗了其总量的2/3（表4-19）。

表4-19　轮作与连作对土壤肥力的影响

轮作与连作类型	表土中含量/(磅/英亩①)	
	有机质	氮素
玉米连作	12516	820
燕麦连作	21722	1300
小麦连作	21826	1320
玉米、燕麦、小麦三叶草、狗尾草轮作	26515	1540
玉米、小麦、三叶草轮作	29549	1760
原来的土壤	36825	2240

①　1英亩约为6亩；1磅为0.45kg。

土壤中营养元素的片面消耗，还易引起其他问题的产生。马铃薯连作消耗了土壤中的氮素和钾素，造成这类元素的供应不足就容易引起疫病的发生和发展。某些作物的连作大量吸收了土壤中的盐基性营养元素，会造成土壤酸度提高，酸度大，盐基代换量小，有效磷的固定增大，减弱了土壤中有效养分的保蓄能力。有机质的消耗，又会影响到土壤有益微生物的活动与可给态养分的补给，以及土壤物理性状的恶化。

2. 根系分泌物对本身有害的物质

植物在其生命活动过程中常在根和地上部分泌出化学成分不同的有机物质。某些作物的分泌物对本身是有害的，如什赖伊涅尔（耕作学，1988）从扁豆连作的土壤中分离出了结构式不明的结晶，将此加入培养液中培养扁豆，则受到显著的毒害。林武（耕作学，1988）用豌豆培养的残液来培养豌豆时，则发现明显地阻碍豌豆根系的发育生长。大豆分泌的是酸性物质，妨碍后作大豆的生长。群众反映天旱年份大豆重茬减产严重，生育不良，多雨年份则较轻微，甚至并不出现植株生育不良的现象，就可能是分泌物在旱年浓缩，湿润年被稀释，因此抑制作物加重或降低的一种外在表现。日本初田勇（耕作学，1988）认为西瓜不能连作的原因是由于西瓜根系分泌物——水杨酸抑制本身的生长。

（二）物理学的原因

某些作物的长期连作，可以使土壤物理性状显著变坏而不利于同种作物的生长，如甜菜、向日葵吸水量较多，如连作甜菜、向日葵更显得土壤水分不足，影响保苗。

向日葵连作还会加重土壤干旱，因向日葵是耗水多的深根作物，根系吸水能力很强，向日葵一生总耗水量为435mm，比玉米耗水多16.0%，比谷子多57.0%。向日葵可吸取土壤水分深度达100～120cm，虽然经过秋冬两季水分的补给，土壤水分仍然不能恢复，在干旱的年份，干旱层可延续2～3年。

（三）生物学的原因

生物学原因主要有3个：一是杂草严重；二是病虫害的蔓延加重；三是土壤微生物类群的演变。

各种作物有其伴生杂草，如狗尾草与粟、燕麦草与麦类、亚麻与亚麻荠等。这些杂草的生理生态与作物相近，不易消灭，逐年连作，则混杂严重，导致产量下降、品质降低。另外，寄生性杂草，如大豆菟丝子、向日葵列当、瓜列当等连作后不易防除。

其次，连作减产很重要的原因之一是病虫害加重所致，特别是病害，迄今很难用其他方法来控制。如亚麻的立枯病、炭疽病、甜菜的褐斑病、西瓜的枯萎病、棉花枯萎病与黄萎病、小麦的根腐病等，连作都会加重，甚至使作物减产绝收。在黑龙江省国营农场，由于小麦根腐病的蔓延加重，本来比较耐连作的小麦也不能连作了。某些镰刀菌的孢子可在土壤中生活好几年，大量发生时，即使施肥充足，也不能避免减产，如亚麻连作产生的所谓“土壤衰竭”现象，就是这个原因。吉林省农安县玉米连作减产原因之一就是黑粉病的蔓延加重。在虫害方面，如棉花的红蜘蛛、谷子的粟灰螟、花生、烟草、甜菜和大豆等的蚜虫，连作越久，危害越重。

此外，连使土壤微生物类群向一个方向发展，最终反而不利该作物生长，产生连作障碍。某些作物连作还因噬菌体的产生而受害。据法国莫伦的研究，三叶草连作所引起的“土壤衰竭”现象，其原因就是由于在长期连作下，三叶草的根瘤菌受到噬菌体的危害而失去其固氮作用所造成的。

四、连作的应用

不同作物耐连作的程度是不同的，同一作物不同品种也有差异。不宜连作的作物可因消除连作受害的因素而可以实行连作，耐连作的作物也可因一旦失去连作可能的依据而变得不宜连作。在这里，人类劳动的能动作用是非常重要的。

连作之所以还会在生产中大量存在，原因是：①在某些地区，气候和土壤条件比较适宜某种作物的种植。②专业化程度高，生产者掌握其高产栽培技术，积累了丰富的高产稳产经验。③在一些生产单位，适合于某一作物种植的机械化程度较高，种植作物种类少，相应的机械设备投资就少，降低了生产成本，提高了经济效益。在商品生产较高的地区，为了赚取更多的利润，不可避免地出现商品性作物的连作。④农田基本建设的改善和某些新技术（包括农药、化肥）的应用，克服了连作中产生的问题。⑤不同作物对连作的反应不同，这是连作大量存在的原因。

在生产实践中，对于那些高产粮食作物和经济作物，往往希望增加种植比例，以满足经济上的需要，过分强调换茬种植，在棉产区就会因此而减少棉田面积，影响国家的棉花总产；在水稻产区则会降低灌溉水和渠道建设的利用率，甚至减少粮食总产量。但是，长期连作又会引起病虫蔓延、杂草滋生、养分片面消耗、“土壤衰竭”等不良现象，导致产量降低，造成事与愿违的后果。这就是矛盾，解决这个矛盾的办法就是掌握连作有害的原因及其影响因素，采取相宜的农业技术措施，变不利为有利。长春市农科院 1987—1990 年 4 年试验得出，因病虫害加剧的影响，玉米连作 4 年减产 5.2%，但纯收益却比玉米→大豆→高粱→玉米 4 年轮作高出 9.2%，在未施任何有机肥料的情况下，玉米连作土壤有机质由 2.13%增加至 2.28%，并高出轮作区（2.33%）。

当轮作方式中应用连作这个环节时，需要在农业技术措施上做到以下几点。

（1）精耕细作，保持良好的耕层结构和田间清洁度，并定期加深耕作层，充分发挥土壤的潜在肥力。

（2）合理施肥，防止某种营养元素的片面消耗而造成的养分不平衡现象。需要基肥、追肥结合；有机肥料为主，与化学肥料结合。

（3）更换品种，采用耐病高产品种。

（4）控制病虫蔓延和杂草的滋生。

总之，实行连作，要采取较换茬时高而严格的农业技术措施。因此，在当前科学技术水平下，要想完全消除连作带来的不良因素是比较难办到的。即使做到了，成本也比较高。同样是为了增产，轮作和换茬是简而易行、经济有效的。那么在能够保证完成国家粮食安全的前提下，应尽量减少连作，或减少连作的年限。归根到底应根据当地的具体条件和作物特性，全盘考虑，权衡利弊，扬长避短，灵活运用。

五、连作的类型与模式

我国的作物连作制包括单作连作制和复种连作制两种类型，其主要模式与分布地区如下。

1. 小麦连作制

（1）春小麦连作制。主要分布在东北平原地区。

（2）冬小麦连作制。主要分布在北方无灌溉的冬麦区。

2. 冬闲—玉米连作制

主要分布在辽东半岛和黄淮海北缘地区。

3. 冬闲—水稻连作制

（1）单季稻连作制。南北都有分布，主要分布在长年积水或冬旱的稻田。

（2）双季稻连作制。多分布于南方双季稻区的冬晒与早秧双季稻田。

4. 小麦—单季稻复种连作制

主要分布在淮河以南及长江两岸。

5. 麦（以大麦为主）—稻—稻复种连作制

主要分布在长江以南至华南人口稠密地区。

6. 小麦—玉米复种连作制

主要分布于黄河流域南部的平原地区和长江流域山地。

7. 小麦/棉花复种连作制

主要分布于长江流域集中棉区和黄淮地区的集中棉区。

8. 棉花连作制

主要分布在新疆棉区。

第三节　合理轮作制的制定

一、茬口特性的分析

合理轮作是运用土壤—作物—气候的关系，通过用地来养地的措施，在轮作中主要是根据作物茬口特性把各种作物按一定顺序来轮换。茬口又称迹地。茬口特性是指栽培某一作物后的土壤生产性能，是作物生物学特性及其耕作栽培措施对土壤共同作用的结果。由于这种特性不同，而对不同后作的影响有好坏之分，因此，掌握茬口特性的形成和特点，及前茬对不同后作的影响，是安排适宜的前后作以及整个顺序的基本依据。

（一）茬口特性的评价

对于茬口特性的评价，一般是从土壤的养分（包括有机物质）、水分、空气和热量状况以及耕性等各个方面来进行分析。不同作物的影响又各有其突出的方面，从而形成茬口的特点。

如在土壤有效肥力方面，豆类作物、瓜类、芝麻等作物茬地有效肥力较高，后作在施肥较少的情况下，也能有较好的收成。农民群众把这类茬口称为油茬，是好的茬口。反之，作物种植后土壤有效肥力低，下茬作物必须施肥，才能长好的，如甘薯、谷子、荞麦等茬口，群众称为穷茬、白茬，而麦类、玉米等作物介于其间，称为平茬。

在土壤有机质方面，中耕作物对土壤有机质耗损较大，麦类损耗较小，而豆科作物、绿肥、牧草等就有弥补或增加土壤有机质而培肥土壤的作用，有的根据这方面的特点，把作物分为三类，即耗土（地）作物、保土（地）作物和培养土（地）作物。

土壤耕性这也是评价茬口好坏的一个重要方面。群众常根据耕性状况把茬口分为硬茬和软茬。硬茬，土性紧，耕耙时易起硬坷垃。如高粱、谷子、糜子、向日葵等多具有较强大坚韧的根系，使土壤板结，不易分散，必须大力消除残茬，细致整地，才能种好下茬作物。软茬则土性较软，易整地，如豆类、薯类的茬地。对于小粒种子作物来说，前茬茬地的耕性状况如何，是一个重要条件。

评价茬口特点时，还要考虑对后作发苗情况的影响。如有的作物植株荫蔽性强或收获晚，在气温较高的季节里没有充分晒田的机会，茬地土壤物理性状不好，释放土壤有效养分迟缓，而影响后作发小苗，群众把这类茬口称为冷茬（如甘薯、白菜、荞麦、甜菜等）；

而覆盖度小，需要多次中耕的作物，或收获较早，有晒土的时间，有利于提高地温，促进养分转化，改善土壤物理性状的群众称为热茬，如大麦、小麦、马铃薯、谷子、糜子等。在气候寒冷、生长季节较短的东北地区，要求幼苗早发，这个特性就比较重要。

在土壤水分方面，有的茬口土壤水分少（如荞麦、向日葵、甘薯），有的发润（如大豆、玉米等），干旱地区对这一特点就比较注意。

以上是评价茬口特点的主要方面，带有普遍性。至于如病虫害、杂草状况、根分泌物的影响等，对某些作物可能是主要的，但不是普遍性的。东北地区大豆茬蛴螬多，使高粱苗期受害（俗称黄病）。葱茬有利于玉米发苗。

前作物对土壤产生这些不同方面和不同程度的影响，通过土壤又影响其后作，产生了不同的生产效果，茬口的好坏最终体现在后作的生育和产量上，研究茬口特性的实际意义也就在此。

但是茬口的好坏又是相对的，因为一种作物对土壤的影响不仅在作物本身，还包括它的耕作栽培措施。如高粱茬、谷子茬本是硬茬，但施有厩肥并耕翻了的高粱、谷子茬要比未施肥、未耕翻的茬口好得多，同时不同作物对土壤的要求不同，所谓茬口好坏，要看对什么后作而言，对某一作物或大多数作物来说，可能是好茬口，但对个别作物却不一定好。如大豆茬，一般都认为它是好茬口，许多作物在大豆之后都能获得较好的产量，但是根据辽阳棉麻所的试验结果，大豆茬不利于棉花幼苗的生长。因为东北地区是极早熟棉区，大豆茬种棉花常使得幼苗徒长，发育推迟，反而少收霜前棉花。荞麦一般认为是不好的茬口，但是因为杂草少，所以有“荞后谷，享大福”的说法，荞麦茬种油菜也很好。苜蓿地是许多作物的好茬口，但是苜蓿茬种啤酒用大麦，因种子含氮多，反而影响啤酒质量。

因此，判断茬口好坏不能离开具体条件。我国地域广阔，各地气候、土壤各异，因此对同一作物茬口特性的评价，在不同地区也常有差异，应具体条件具体分析才是。

（二）茬口特性的形成

合理轮作是根据不同作物的茬口特性，组成适宜的前后作和轮作顺序。为了更好地利用茬口特性，需要了解茬口特性的形成条件。茬口特性的形成是在一定气候、土壤条件下，栽培作物的生物学特性及其耕作栽培措施共同作用的结果。

从作物的生物学特性来说，主要有如下几方面。

1. 覆盖度

作物覆盖度对茬口特性的影响主要表现在土壤湿度、温度、雨水拍击土壤的程度等土壤物理状况上。覆盖度对土壤松紧度和保持水土有很大关系，土壤容重通常可以作为判断土壤松紧度的一项指标。根据连续两年对不同作物茬地土壤（0～20cm）容重的测定（表4－20）可看出：覆盖度小的玉米、高粱的茬地土壤容重较大，而覆盖度大的大豆、谷子茬地土壤容重则较小。在降雨量不同的两个年份所得的结果趋势是一致的。

2. 根系生长的特点

作物根系和土壤的关系比地上部更为直接、密切和复杂。表4－21总结了某些作物根和根毛的相对长度和表面积。其中以燕麦为例，例如根是平均展开并垂直生长，那么每条根的间距为1.2mm，如果根毛是和根成直角，每条根之间的距离为0.07mm。

表 4－20　　各种作物茬土壤容重比较（原北京农业大学）

项目＼作物		大豆	谷子	玉米	高粱	备注
土壤容重 /(g/cm³)	1962 年	1.282	1.178	1.322	1.299	旱年
	1963 年	1.363	1.328	1.439	1.422	多雨年
最大覆盖度/%		99.8	93.8	85.9	76.3	

表 4－21　　不同作物和根毛的长度和表面积

（深度 15cm×1cm² 面积土柱中的根和根毛）

作物	根			根毛			根和根毛占土表容积/%
	数量/千条	长度/m	表面积/cm²	数量/千条	长度/m	表面积/cm²	
大豆	—	6.3	8.80	133	0.13	6.03	0.91
燕麦	102	9.8	6.85	137	1.74	74.0	0.55
大麦	142	13.9	11.3	272	3.66	167.0	0.85
六月禾	1840	83.5	25.0	1120	11.2	344.0	2.85

来源：耕作学，东北学院出版社，1988。

作物根系的形状、粗细、分布与数量，对土壤中有机物质的补给和理化性状的影响极大，如黑钙土上各种作物的根量占地上部干重的百分数：玉米为 16%，小麦为 10%，苜蓿为 166%。作物根系组织的 C/N 的比值和成分不同，与根系分解快慢、土壤养分的转化速度以及腐殖质的水平均有密切关系。如不同作物根中的含氮量，大豆为 2.04%，甘薯为 1.86%，油菜为 1.04%，小麦为 0.81%，谷子为 0.58%，荞麦为 1.05%。含氮量高的分解较快。此外，作物根茬大小、留茬高低、根系分布深度、幅度对土壤的耕性和结构状况也有直接的影响。

根系在生活过程中常分泌许多可溶性化合物到土壤中去。其中包括：矿物质养分、酶、氨基酸、HCN、有机酸、碳水化合物、乙醇和糖分，等等，进一步影响土壤微生物状况。大豆生育期间，根的分泌物、脱落物质能改善土壤团聚体的品质。

如果作物残留的残茬在分解过程中会固定土壤中的硝酸盐，它对下季作物就会产生有害的作用，高粱对后作的减产影响就是一个突出的例子。根据研究（J. P. Conrad）由于高粱根茎含有高量的糖分，靠近作物基部的土壤含蔗糖量相当于 200ppm，距离 22cm 处则降到 15～20ppm。而玉米根归还给土壤的蔗糖只相当于 2～3ppm。当土壤分解糖分时，固定了硝酸盐，并造成不良的土壤结构。因此，高粱茬的冬小麦比玉米茬的冬小麦产量低，据 1918—1941 年的长期试验结果（H. E. Myers 和 A. L. Hallsted），小麦平均单产减产 20%。因此，研究作物根系在土壤中的发育和功能，对于了解作物的茬口特性十分重要。

3. 有机物和养分的平衡

栽培作物从地上部带走大量的有机质和养分，但残茬、根系和落叶又在土壤中遗留相当数量的有机质和养分（表 4－22）。大豆生育过程，新老根系代谢旺盛，而且含氮较多

（表 4-23），实际上比不易腐解的禾谷类作物残留的根系要多。种植作物对土壤有机质及氮、磷、钾和其他营养元素的收支情况是造成作物茬口特性差异的一个方面。

表 4-22　　不同作物残留有机质数量（风干重）　　单位：kg/亩

项目＼作物	大　豆	谷　子	玉　米	高　粱
残茬	91.7	150.4	143.3	166.6
落叶	147.7	16.5	5.2	5.0
根	74.4	180.2	139.0	176.4
合计	313.7	347.6	287.5	348.1

来源：耕作学，黑龙江朝鲜民族出版社，1985。

表 4-23　　几种作物根茬成分　　%

作　物	N	P_2O_5	K_2O
大豆	1.31	0.14	0.39
谷子	0.58	0.14	0.70
玉米	0.75	0.15	0.74
小麦	0.94	0.21	0.43

来源：耕作学原理，中国农业出版社，1981。

作物的茬口特性还包括作物抑制杂草的特性，伴生的病原菌、害虫和茬地微生物特性等。日本研究认为禾谷类根际微生物中纤维分解菌多于豆科作物；而豆科作物根际微生物中，硝化细菌和氨化细菌多于禾谷类作物。据沈阳农业大学对玉米、大豆、向日葵、草木樨四作物轮作、连作研究，前茬作物根际微生物类群影响后茬作物直到作物生育中期。此后，后茬根际微生物类群才占主要地位。重茬的真菌数多于换茬，而细菌数量却少于换茬。作物的耕作栽培措施，特别是施肥的种类、数量和土壤耕作深度及耕层是否翻转等在作物茬口特性的形成上也要发生深刻的影响。

二、各类作物的茬口特性

我国农作物种类繁多，每一种作物的茬口特性各有特点，而同一作物在不同条件下其茬口特性也表现不同，这里只概括地按几大类作物来分析它们的茬口特性。

（一）禾谷类作物

禾谷类作物在出穗以前，根、叶已陆续伸出和展开，禾谷类作物的有机物总生产量比豆类作物要多。根据试验（北京农业大学，1962—1964 年）观测，玉米地上部干物重每公顷为 12090kg，高粱为 17565kg，谷子为 10785kg。这类作物收获时，比豆科作物落叶少，只有通过残茬，根系在土壤中残留一部分有机物质，其数量一般约占总干物重的 10%左右，如玉米为 11.2%，小麦为 10.1%，谷子为 6%～7%。另外禾谷类作物的秸秆可以通过堆肥或厩肥而大量的归还农田，所以，如与豆科作物相比，禾谷类作物生产的有机物质数量大，归还给土壤的也多。此外，禾本科作物的残茬和根的 C/N 比率较豆科作物、薯类作物为高，分解较慢。根据这一点来说，禾谷类作物对于补充和保持土壤中有机物的作用比其他作物要强，而通过有机物分解释放养分的速度则较差；但是对与丝状菌有关的病害的微生物有抑制作用。且禾谷类作物作为精粗饲料与畜牧业结合，可以协调农业经营内部的有机质循环，而有利于保持和提高土壤肥力水平。因此，禾谷类作物是轮作中不可缺少的组成部分。

禾谷类作物为须根系，在较浅的耕层部分形成根群，但根的一部分可以伸长很深，如麦类和玉米的根可能伸到1m以上，冬小麦在西北黄土高原可深达2m以上，据观测（北京农业大学，1962—1964年）玉米根系在0～30cm土层内根量占94.6%，谷子占92%，而0～10cm又占65.1%；高粱0～20cm土层内根量占88.9%，根系分布有明显的集中区；小麦在15cm以下土层中根的重量仅占总根量的10%以下。因此，禾谷类作物的残茬和根系对22cm的表层土壤的理化性状有较强的影响。

禾谷类作物，一般对氮的吸收数量比其他作物多，氮的吸收量中的大部分，可由残茬和根归还土壤。因此，除了施肥多的情况之外，施肥量一般比收获带走的氮素数量少，茬地土壤氮的收支为负值。禾谷类作物对磷的吸收量的5%～10%可由残茬及根归还土壤。对钾的吸收量，一般比其他类作物要少些，但高粱、水稻吸收钾较多，每亩高粱生物量大，吸收钾量可达到24.7kg。钾通过残茬和根也可归还一定数量。

总之，禾本科作物对土壤氮、磷营养元素吸收量较多，需要施用较多的肥料，也不适于长期连作。根据利用^{15}N测定的试验资料（日本农事试验场，1970年）在大麦—早稻两茬复种的情况下，作物所吸收的氮素，其中来自化肥的占全部氮素的23%～40%，而57%～77%是来自土壤无机化的氮素，即来自地力的氮素。这一点也说明，即使在化肥施用较多时，土壤有机物的无机化仍然是重要的，同时也是施用有机肥料重要性的一个根据。

禾本科作物种类很多，生理、生态特性又各有特点。其中冬小麦等密植谷类作物，成熟前对一年生晚春杂草生长有一定的抑制作用。玉米适种性较广，在轮作中可以作为“调剂茬口”。高粱、谷子前期生长较慢，要求草少的前茬，并且消耗地力较大，在施肥少的地区是中下等茬口。水稻具有长期淹水的生态环境，因此土壤的理化特性容易变坏。水稻虽耐一定的连作，但从改良土壤理化特性和消灭杂草来看，进行水旱轮作具有特殊意义。

（二）豆类作物

豆类作物种类繁多，并且可与其他作物间、混、套种和复种，历来是我国各地轮作中的重要组成部分。

粒用豆类作物的有机物生产总量少于禾谷类和薯类作物，但在整个生育期间，由落叶可以留给土壤较多易分解的有机物质，这对茬地土壤带来良好物的影响。

豆类作物的有机物质生产量因种类、品种和栽培技术差异很大。豆科多年生牧草的有机物生产量最多。一年生粒用豆作物的有机物生产量是：大豆＞菜豆＞小豆＞绿豆。豆科作物生产的有机物残留给土壤的比率约占有机物生产总量的30%～40%，比禾本科作物的比率大。如大豆包括落叶的残留量较多，可以达到39.3%，花生残留量约占15.2%，但如将茎叶全部还回土壤则可达50%。

豆类作物的落叶量多，如花生每公顷可达到1912.5kg，大豆可达到1387.5kg。豆类作物的落叶及叶柄中的C/N比率较禾本科作物小，如大豆叶中含氮量为1.89%，分解快，所含的养分易被下茬作物吸收利用。因此，不能忽视由它们所供应的有机物和养分数量。

此外，豆类作物叶片呈水平分布，透光弱，有抑制杂草的作用。

豆类作物为直根系，特别是大豆、草木樨、苜蓿等根群向地中伸长较深，并分生很多支根（这与禾本科作物在靠近表层土壤分布密集细根的根型不同），如大豆在 0～30cm 土层内根量占 85%（玉米、高粱、谷子等占 92%以上）。而在 40～50cm 土层内，大豆还可以达到 4.7%。在 50cm 以下仍有部分侧根，可以横向伸展 45cm 距离。豆科作物根茬含氮量也比其他作物高，如大豆为 1.91%。因此，豆科作物对土壤表层作用的同时，对下层土壤的理化性状和微生物状况都可能发生一定的影响。

豆类作物吸收氮养分的数量，一般比禾本科作物要少（表 4－24），而对钾钙的吸收量较多。吸收磷量虽不甚多，可豆类作物茬地往往缺磷，下茬要施磷肥。豆类作物由落叶及根系可以有一定数量的养分归还，如大豆田落叶每亩可归还 0.95kg；P_2O_5 0.085kg；K_2O 1.6kg；Ca 2.05kg；Mg 0.55kg。

表 4－24　　三种作物对土壤养分状况的影响

作物	取样时期	有机质/%	全氮/%	全磷/%	全钾/%	水解氮/(mg/kg)	速效磷/(mg/kg)	速效钾/(mg/kg)
大豆	播种前	2.97	0.183	0.068	2.39	163.8	57.9	152
	收获后	3.02	0.181	0.061	2.30	182.0	45.5	143
	次年播前	3.05	0.184	0.067	2.25	—	69.8	136
玉米	播种前	2.98	0.181	0.064	2.32	172.1	40.0	153
	收获后	3.21	0.167	0.053	2.51	134.6	38.5	146
	次年播前	3.07	0.193	0.067	2.23	—	58.4	123
谷子	播种前	3.05	0.185	0.069	2.43	185.2	56.0	147
	收获后	3.19	0.169	0.058	2.48	135.2	35.4	139
	次年播前	3.17	0.184	0.061	2.27	—	56.3	122

来源：耕作学，东北农学院出版社，1988。

根瘤菌固氮是豆科作物最突出的养地作用，固氮数量因作物种类、土壤条件差异很大。下列作物每年每亩的固氮量为：苜蓿 20.16kg，草木樨 12.16kg，红三叶草 10.9kg，大豆 7.62kg，毛叶苕子 4.85kg，菜豆 4.26kg，豌豆 3.44kg（耕作学，1988）。但是，豆科作物固氮量不是固定不变的，它与土壤条件、作物品种、营养状况有关。生长发育健壮时，固氮量也较多。土壤含氮量和微量元素含量均影响根瘤生长和固氮量。阿江教治报导：根瘤呼吸量是大豆根的 5～7 倍，达 10～30μL O_2/(g·分)。土壤中氧分压从 10%增至 40%，根瘤固氮量增大；降至 10%以下时，几乎失去固氮能力。

一般的趋势是：种植叶用的豆类作物，如三叶草、苜蓿等可以增加土壤氮素含量，并对后作有明显的益处。而收获种子的豆类作物，如大豆、蚕豆、豌豆、花生等，每公顷固定大约 45～105kg 氮素，但基本上全部由收获物带走，因此会降低土壤氮素含量。可是这类豆科作物通过残留在土壤中的根及部分落叶尚可归还给土壤少量氮素，一般约为原土壤含氮量的

5%。可缓和土壤氮素消耗。因此，在创造有利于共生固氮的条件下，轮作系统中适当安排豆类作物，较之单一禾本科作物长期连作仍然有利于土壤肥力的保持和提高。

对于豆科作物固氮作用在近代农业上的意义，仍需要加以强调。根据资料，1973年全世界的氮肥用量共计约为3650万t，而据估计由生物固氮作用供给土壤的氮量至少为这个数量的5倍，其中主要是豆科作物的根瘤菌的固氮作用。此外，还有许多禾本科作物根际非共生固氮菌及其他土壤细菌，兰藻类等生物也有固氮作用。

由于豆科作物的固氮作用，残根和落叶数量多，对土壤的肥力状况有明显的良好作用。所以我国各地对豆类作物的茬口都有好评价，如东北地区称大豆为油茬、软茬、热茬，是养地的茬口。西北地区对菜豆、豌豆有“豆不离麦、麦不离豆”的经验。并且，豌豆、蚕豆、菜豆和扁豆均因收获较早，而对后作有利。南方的稻田、棉田普遍有与蚕豆、大豆、绿肥等豆类作物倒茬的习惯，表4-25为各种豆科作物根冠比例及含氮量。

表4-25　各种豆科作物根冠比例及含氮量　%

项目		大豆	豌豆	白花草木樨	苜蓿	三叶草
干物质比例	地上部	87.8	85.5	73.5	66.5	66.5
	地下部	12.2	14.5	26.5	33.5	33.5
含氮量	地上部	2.58	2.70	2.41	2.96	2.70
	地下部	1.91	1.45	2.04	2.07	2.34

大豆根系的C/N比较小，易于腐解，而且大豆新老侧根代谢旺盛，在老根腐解的过程中，随腐解，随被附近土壤吸收，留出根的孔道。根据东北农业大学耕作教研室试验：大豆根系代谢营养液培养土壤后，形成不同粒级的水稳性团粒比玉米、谷子的多（表4-26）。因此，大豆对改善土壤物理状况的作用不次于它对土壤的化学作用。

表4-26　四种培养液处理土壤后水稳性团粒含量

代谢培养液	水稳性团粒平均/%	差异显著性	
		5%	1%
大豆	28.7	a	A
玉米	21.0	b	B
谷子	16.5	bc	B
无作物	14.7	c	B

来源：耕作学，东北农学院出版社，1988。

豆类作物的土壤病害，如大豆紫斑病、花生褐斑病，连作年限多时，发病程度增大，利用农药土壤消毒可以直接防除，但它的效果有一定的限度。因为在大面积上土壤消毒困难，同时，农药不能达到土壤的深层；此外，也不能杀死根、残茬等有机物内部的病菌，仍有再发生的危险性。因此对于这些土壤病害的防除仍要利用轮作的生态作用防除。

豆科作物连作，可能加剧某些线虫病的危害，而根瘤量明显降低，应予注意。根据沈阳农业大学试验（1983—1984年），大豆连作胞囊线虫的胞囊平均每株16.2，较玉米、高粱、谷子茬平均数高15倍；连作单株根瘤量39.6个，仅为与玉米、高粱、谷子茬平均数的40.2%，大豆单株干重因而减少52%。

（三）绿肥和多年生牧草

绿肥作物多数是豆科作物，也有一部分禾本科作物或十字花科作物。我国在生产上种植绿肥历史很长，现在全国各地，绿肥作为积极养地的一个重要环节仍受到很大的重视。

绿肥的作用，首先是改善土壤养分状况，多数常用的豆科绿肥作物翻压后，把所固定的氮素全部归还土壤，这个数量因绿肥种类和许多条件而不同。大约每年每公顷可给土壤中增加固定的大气氮素21.75～56.25kg，有的可以达到84kg。这是种绿肥给农业生产带来的最大好处之一。绿肥翻压后，如果土壤温度、湿度适宜，分解迅速，开始释放氮素及其他营养元素，使土壤中有效态氮素增加。如根据甘肃省农科院土肥所（1975年）报导，在播种香豆的土壤0～20cm土层中，播种前，土壤速效氮含量为35mg/kg，速效磷为1.23mg/kg，而压青后，速效氮和速效磷分别为60mg/kg和1.25mg/kg。在翻压后最初的一两个月内，养分常常释放得很快，并且可以保持一定的后效。为不断地释放供后作所需的有效养分是栽培绿肥作物的重要依据之一。此外，栽培绿肥作物还可增加土壤覆盖，减少土壤覆盖，减少土壤养分随雨水的流失，从而保持水土。

绿肥对土壤有机物质的补充，常被认为是绿肥养地的又一个重要作用。每公顷如翻压15～30t新鲜绿色体（干物质约占15%），可以给土壤补充大量的新鲜有机物。但根据研究证明，如果土壤连续耕种，绿肥对土壤总的有机质水平的影响是极小的。因为翻压绿肥会扰动土壤，使氮化作用加速，加之这些绿色体容易分解，有激发好气性微生物活性的作用；所以翻压绿肥不太可能提高土壤腐殖质含量的水平。不过，利用绿肥经常补充活性的易分解的有机质的作用仍然非常重要，特别是在缺少有机肥料的地方，或复种程度高的地区，绿肥可以用来补充对有机质的迫切需要。

绿肥作物生长过程中，根系对土壤物理性状有良好的穿插和挤压作用。它能使耕层以下黏重逐渐得到改善，在白浆土这样一些土地上，深松和种植绿肥配合可能更彻底改变白浆层的结构。

绿肥翻入土壤经过彻底分解，有机物质与土壤充分相融，也能促使细黏粒团聚和容重降低而改善土壤的物理性状。中国农科院土壤肥料研究所分析了小麦绿肥轮作（小麦→绿肥→小麦）的历年土壤，观察到在10～20cm土层，容重由1.52g/cm^{3}降至1.22g/cm^3，因而对小麦根系发育有利。

由于绿肥作物有上述提高土壤肥力的作用，特别是增加土壤有效态养分的作用，所以翻压绿肥后，能使后作产量增加，根据各地大量的试验和生产调查，一般可增产10%～20%。在东北一些地多人少的农业地区，在施肥量少、土壤瘠薄、产量较低的情况下，种植绿肥的增产效果更为显著。此外，由于绿肥作物茎叶繁茂、根系发达，减轻了雨点打击土壤破坏土壤团聚体，减缓了地表径流而能防止土壤侵蚀，据测定生长草木樨的土地比裸露地径流量减少79.2%，冲刷量减少62.7%。

我国有丰富的种植绿肥的经验，各地绿肥种类很多，如紫云英、苜蓿、苕子、豌豆、蚕豆、肥田萝卜、香豆子、绿肥、草木樨、田菁、胡枝子、芝麻、黑豆等，可以利用间、套复种多种方式，与各种大田作物配合种植。不仅在我国南方，而且在北方各省也有了较大的发展前景。对培养和提高土壤肥力，提高作物产量发挥着显著的作用。东北牡丹江地区低产的白浆土种植绿肥对于改土、增肥、增产取得了显著的效果，许多国营农场已将绿肥纳入了轮作体系。对兼具绿肥和饲料价值的草木樨，不仅在东北西部半干旱地区参加轮作，在较肥沃的松辽平原，也开始和玉米间套种，一般玉米不减产，每公顷还增加7500～15000kg 绿肥体，翻压、肥田或作饲料。根据东北农业大学的玉米间作草木樨 2∶1 试验，草木樨植株全部作为饲料，而只以根系肥沃土壤，在原垄的条件下，次年 6 月大部分腐解后，土壤有机质比玉米行的增加 0.58 个百分点（29.6%），8 月增加 0.13 个百分点(6%)，而且使后茬大豆增产 12%～30%，马铃薯增产 13%，甜菜增产 8.8%。如以植株作为饲料，发展畜牧业则当年绿肥地产值较大。

绿肥作物翻压后对后作也可能产生一些不利的影响，在附近的土层可能造成高浓度的 CO_2，产生过量的氨和亚硝酸，也可能产生有毒物质致害；绿肥翻压后，因有较好的营养条件，对于猝倒病菌活动有利，有时会对播种较早的棉花和大豆等幼苗造成危害。

多年生牧草不仅是牲畜的良好饲料，而且也是培养地力，提高作物产量的有效手段。在陕西、甘肃、宁夏、新疆以及吉林、辽宁西部等地有较多的苜蓿和草木樨的种植，是轮作中的一个养地环节。

多年生牧草有强大的根系，在土壤中可以积累大量的有机物质和所固定的氮素。根据陕西绥德水土保持试验站的观察资料，生长第四年苜蓿每公顷地（0～30cm）可残留 12600kg 根茬有机物，黑龙江省 20 世纪 80 年代测定二年生白花草木樨残留约为 7500kg，而一年生豌豆，黑豆仅残留 675kg 左右。据测定，苜蓿根部含氮量为 2.03%，草木樨为 2.04%。一般苜蓿在土壤中每公顷可残留 75kg 氮素。

在多年生牧草强大根系的作用下，可以显著地改善土壤物理性状。如根据宁夏银川盐土改良试验站的测定，原始地土壤 0.25～5mm 各种团粒总量为 8.7%，而种植草木樨两年的增至 16.04%。

多年生牧草具有深广的根系和茂密的茎叶覆盖，所以在盐碱地上种植，能减少蒸发而加强叶面蒸腾，起到生物排水的作用，对降低地下水位，消除返盐危害有利。根据新疆八一农学院测定，种植苜蓿能降低土壤总盐量 40%～80%，对氯化物和碳酸盐排除的作用均很显著，宁夏银川盐土改良站对草木樨的观测也有同样效果。

多年生牧草在水土流失地区可以防止雨滴直接冲击表土，阻截径流固结土粒，起到保持水土的作用。据绥德水土保持试验站观测草木樨和苜蓿分别比谷子地的水流失量减少 14%～17%，土的流失量减少 66%～88%。

多年生牧草的种植年限，应根据牧草的生物特性和生产需要而定，如苜蓿与大田作物轮作，主要目的是恢复培养地力，最多种 2～3 年。多年生牧草茬地肥沃，在西北地区“有种几年苜蓿收几年好麦”的农谚。据中国农科院西北生物土壤研究所在武功旱原进行的多年轮作试验表明，与小麦连作和豌豆茬小麦相比，苜蓿茬小麦三年平均产量增产 16.2%～22.3%。

欧美各国常在草田轮作制中引入豆科——禾本科牧草，既可满足牲畜的饲料，又可通过豆科共生固氮，植物残体及牲畜排泄物来提高土壤肥力，从而保证农牧业的均衡发展。例如荷兰很多地区，虽然那里氮肥施用量很高，但仍采用这种轮作。这种方式既可以获得经济上的效益，又可使豆科作物在较长生长期间充分发挥共生固氮的作用，达到改良土壤的效果。澳大利亚引种适合的豆科牧草大面积改良草原，已取得显著的成果。在其南部地区主要引种三叶草，并对三叶草进行有效的根瘤菌接种和施用矿质肥料（主要是磷肥）及微量元素肥料。三年后牧草干草产量增加了7.4倍，土壤肥力逐步提高，大力地促进了畜牧业的发展和谷类作物的增产。这些经验对我国西部地区以及东北西部广大牧区有参考意义。

（四）薯类作物和甜菜

甘薯、马铃薯和甜菜等块根块茎类作物生产的有机物质较多，并且薯类和甜菜的地上部可以全部还田或做饲料。马铃薯在寒冷地区收获期叶子变黄或落叶，茎秆枯萎，地上部的有机物及所含的养分均可还回土壤。据测定，甘薯落叶每公顷可达690kg（风干重），而到收获期还可残留2625kg的茎叶（或是收走），薯类作物生产的有机物质的残留率（落叶、残茬及根系）约为10%，如甘薯的残留率为10.6%，马铃薯为9.1%。甜菜的落叶量每公顷为1350kg。

另外，马铃薯和甜菜等残留的有机物大都是比较容易分解的，翻入土中的叶子短期内就可以分解，有积蓄土壤有机质的作用。

薯类和甜菜等对养分的吸收特点是对钾的吸收量比其他类作物要多，如甘薯在收获时茎叶含水量钾量少于生育期的含量，而在块根中含量高。马铃薯的块茎中含钾也高。因此，薯类作物在收获时所带走的钾数量较多。马铃薯吸收氮素较多，而甘薯和甜菜吸收量相对较少，生产上除甘薯施肥较少外，马铃薯、甜菜，一般施肥较多，在土壤中还可能残留一部分氮素。因此，一般认为马铃薯茬还较好。

甜菜是深根性作物，甘薯、马铃薯的根系比甜菜稍浅，但由于起垄、培土的关系，实际上入土也较深，在下层土壤中可以有较多的细根的残留物。由于块根、块茎在土壤中形成，由细根向下层中伸展，收获时又经过深刨，所以是具有深耕特点的作物，在轮作中块根块茎作物可以起到一定程度深耕的作用。但是甘薯、甜菜在生长膨大过程中，对耕层土壤挤压严重，土层耕起时易起坷垃；并且地上部叶片覆盖度大，时间长，土壤接受阳光少，土壤比较冷僵，是这类茬口的缺点。

薯类作物和甜菜不宜连作，连作时易受病虫危害，如马铃薯疮痂病、软腐病、晚疫病、甘薯黑斑病、甜菜褐斑病等，连作时线虫病也会加剧，从而降低了商品价值和产量。因此，为了稳产高产提高品质，这类作物有必要实行轮作，如与禾本科作物轮作可以防止病害，并在一定程度上可以降低土壤中线虫的密度。

（五）工业原料作物

向日葵、棉花、烟草、麻类等工业原料作物，多属于经济价值高、地区性较强的作物，在主要产区的专业轮作中往往占主要地位，多数对肥、水条件要求较高，并要求有良好的播种和幼苗生长的土壤环境。

向日葵根系强大，吸肥力强，消耗土壤中的养分很多，尤以钾素为甚。向日葵集中产区，土地一般比较瘠薄，施肥水平不高，加之根茬处理困难，因此通常认为不是较好的前茬。但向日葵是中耕作物，田间杂草较少，植物旺盛生长时，荫蔽度大，可以防止地面蒸发，特别是在盐碱地上种植，有一定程度的压碱作用；加上收获后除根茬外，还有部分叶片留落田间，葵盘、籽饼和叶片可用作饲料再以粪肥还田，起到部分养分还田的作用。所以只要实行精耕细作，及时管理，增施粪肥，仍不失为较好的前茬。据辽宁农业科学院（1981—1984 年）研究：向日葵茬口特性总的评价可与玉米茬相当；向日葵对土壤条件要求不严，除低洼易涝、积水的地块外，一般土壤均可种植；因此对茬口的要求也不严，但以草木樨、麦类作物、大豆、玉米、棉花等茬口为佳；向日葵不宜连作。连作一年减产16.6%，连作两年减产25.1%，连作三年减产36.2%，连作四年减产47.5%。连作使土壤向真菌型转化，产生真菌富集，细菌抑制的选择效应。据铃木和石泽对陆稻的一系列试验发现，健全的植株一般是细菌占优势，生育不良的植株真菌占优势，高肥力土壤为"细菌型"，低肥力土壤为"真菌型"。连作还使养分片面消耗和病虫害加剧。

棉花、烟草、麻类等作物在主产区，一般土壤条件较好，施肥水平和管理水平较高，种植以后土壤常有余肥，因而对多数后作常是较理想的茬口。这类作物的土壤传染病较多，在主要产区种植比例又较大，所在在轮作中值得注意的问题是耐连作的程度。如棉花较耐连作，在东北棉区可以连作 2～3 年，但也要注意黄萎病和枯萎病的危害。棉花可以与玉米、谷子、甘薯等作物换茬。烟草连作病害严重，茄科和葫芦科作物与烟草有共同病害，不能作为烟草前茬。此外，前茬土壤含氮素过多时，使烟草品质变劣，所以豆类作物一般不能作为烟草的前作。亚麻最忌连作；大麻在东北地区有连作习惯，认为连作大麻的纤维品质好，拉力强，但是也要注意病害。

以上叙述了各类作物的茬口特性。我国农业生产的历史悠久有丰富的关于作物茬口特性和换茬经验。一般地说，各种作物本身的生理、生态特性不同，因而形成了各类作物的茬口特点，但是由于各地气候土壤条件相差极大，经济和生产条件也不一致，即使在同一地区同一作物又因施肥、灌水等耕作栽培措施的不同，往往使作物的茬口特性表现的程度差异很大。因此在实际安排前后作的组合和轮作顺序时，必须考虑到这些具体的情况，因地制宜地做到合理的配置。

三、轮作制的制订

一个生产单位内部自然条件与生产水平差异小、作物种类少时，该单位种植体制相对比较简单，由 1～2 种轮作方式组成。当耕地类型多样、生产条件各异、作物种类繁多时，轮作方式往往较复杂。为了不断提高土壤肥力，获得农作物稳产高产和全面持续增产，促进各业全面发展，取得更大的社会效益、经济效益、生态效益，必须在作物合理布局的基础上，有计划地实行合理的轮作。制订正确轮作的要点如下。

（一）当地资源调查和信息收集

调查和收集当地自然、社会经济条件、轮作与连作现状、农田病虫草害与防治状况、土壤耕作与施肥的特点以及今后农业生产发展方向等基础，作为轮作与连作方案设计的依据。

（二）确定轮作区数量

根据作物布局方案要求和种植模式类型，确定参与轮作的作物种类、轮作类型、划分轮作区。一般要求组成一个轮作区的田块在地形、地势、地力条件上应相对一致。一个生产单位可划分若干个轮作区。

（三）确定轮作种类、数目和轮作区面积

一个生产单位的轮作种类、数目和轮作区的面积，应根据本单位的土地规划、生产任

务和生产条件及主要栽培作物的种类而定。划入同一轮作区的土地，应该尽量集中连片，便于耕作管理。但是连片面积的大小要因地制宜。平原区可大，丘陵区要小；旱地可大，水田要小；机械作业为主的要大，机械作业水平不高的要小些。如丘陵地区由于地形、地势、土壤、水利等条件复杂，不能把一个轮作的土地连成一片，也可以把几片相邻的、性质相类似的土地划入同一轮作。至于零星或条件特殊的土地，则不划入轮作区中，可作小宗作物栽培或作特殊利用的机动地段。

（四）确定每一轮作中适种的作物和面积

首先安排对土壤条件要求较高的作物，尤其是经济价值高的主要作物，尽量把它们安排在最合适的土地上。但也不要过于集中，以便能调开茬口。适应性较广的作物可最后安排，或者是先安排适种性较狭的地块，然后再安排适种性较广的地块。要考虑在每个轮作中安排有养地作用的作物（或环节）。

个别播种面积很小的作物，或播种面积不稳定的作物可另行安排。

（五）确定轮作周期的年限

根据我国各地轮作的经验，在多数情况下，以短期比较合适，如3～5年。在复种程度较高的地区可以短些，复种程度低的地区可以稍长些，但是也不宜过长。这样比较能够保证轮作计划的实施。

只是在种植多年生牧草（如苜蓿）的轮作中，因多年生牧草要生长2～3年才能较好地发挥作用，因此轮作年数要较长，轮作区数也要增多。针对这种情况，有的地区采用“离区”轮作的办法，可以做到一定程度的调节。所谓离区轮作是指将苜蓿单独做一区，其他作物另组成一个短周期轮作，经过2～3年再将苜蓿地与轮作中的一块地轮换，这样可减少轮作区数。

（六）确定轮作中作物轮换顺序

在确定作物轮换顺序时，首先应当使轮作中前作与后作搭配合适，也就是根据作物的茬口特性，安排适宜的前后作。这一般有三种情况：第一种是前作能为后作创造良好的条件，后作利用前茬所形成的好的条件以补自己之短。使后作有一良好的土壤环境（或者土壤肥力高或者杂草少，或者耕层土壤紧密合适等）。在花费少的条件下，可以收到较大的经济效益。如东北地区，用豆茬地种谷子就是这种情况。第二种是前作虽没有给后作创造显著的土壤环境，但是也没有不良影响，如玉米茬种高粱（东北）；玉米茬种冬小麦（华北、西北）；第三种是后作（包括伴随的耕作栽培措施）之长能克服前作之短，不需要另外采取特殊措施可以得到较好的生产效果，在经济上也有利。如谷子茬（易草荒）种玉米（易于除草）。以上三种情况并不是截然分开的，有时互相交错的，往往后作既有利用前作长处的一面，也有克服前作短处的一面。

其次，主要作物要配置在最好的茬口上。好茬口的比重总是有一定限度的，如东北大豆茬或麦茬是好茬口，对其他作物大都是比较理想的，但是它们的面积有限，不能把所有其他作物都配置在豆茬上，所以必须分清主次，在好茬口上优先安排主栽作物。如在东北地区粮食基地的旱田轮作中，高产作物玉米应首先安排在好茬口上，在甜菜产区甜菜应当安排在对它合适的小麦茬口上。

再次，要充分利用养地作物（环节）的茬口及其后效，轮作中为养地环节的茬口如苜蓿、绿肥茬或豆茬以及休闲地，在安排轮作时要合理利用它们的养地作用，并要充分发挥其后效。此外，对于不宜重茬或迎茬的作物，要注意排开茬口。

作物轮作顺序确定后，就可列出轮作周期表。所谓轮作周期表，是指一个轮作中各轮作田区各年的作物分布表。同一轮作的各个田区，虽然以同样的循环次序来轮换种植各种作物，但是它们以不同作物作为循环的开始。因此，在每一年中，各个田区所种植各种作物将基本上包括该生产单位所要播种的全部作物。只有这样，才能保证各种作物每年收获量的平衡和计划生产。

应当指出，当前广大农村的土地虽然经过了不同程度的规划和整理，然而就大多数农村来说，地块分布仍比较分散，面积的大小相差也很大。因此，从目前实际情况出发只有国营农场才能实行上述一个轮作有若干田区，逐年轮作的办法，广大农村的轮作安排仍以每块田为单位来进行为好。即每块地实行年代间轮作，各块地之间不构成严格的轮作顺序。在黑龙江省把这种轮作方式称为地号轮作。这种轮作方式的安排，虽然也遵循一定的换茬习惯，但是只有一个大体上的趋势，并没有明确的轮作周期和作物轮换顺序的计划。每年（每季）根据具体情况临时安排每块地的种植作物种类，在安排时虽也要考虑一定的换茬原则，如大豆、高粱、谷子不重茬，不迎茬，小麦、玉米为调剂茬口等，但往往不易保证。其具有灵活性较大的特点，对于种植计划的调整，自然条件的变化有较大的适应性；同时，也不会受到地块规划状况的限制。另外，这种轮作比较分散，缺乏全面的和较长期的规划，所以在临时安排时，往往会出现土地利用不够合理、换茬不顺，甚至出现重茬和迎茬的现象，以致给生产带来无形的损失。从有计划地进行生产经营管理的高度来看，它又是不太合适的。

复习思考题

1. 如何认识轮作增产的作用?
2. 如何理解作物对连作的不同反应?
3. 如何理解在生产上连作大量存在的原因?
4. 如何根据作物的茬口特性制定合理的轮作制?

第五章 传统土壤耕作

土壤是作物生活的基质，它不仅给作物以物理支持，而且提供作物生活所必需的水分和养分。因此，它主要从肥力条件与肥力因素两个方面决定作物产量的高低。在土壤肥力特性的复杂关系中，土壤的物理性质起着主导作用。土壤耕作就是通过农机具的机械力量作用于土壤，调整耕作层和地面状况，以调节土壤水分、空气、温度和养分的关系，为作物播种、出苗和生长发育提供适宜土壤环境的农业技术措施。

土壤耕作是农业生产活动的一项主要内容。调查表明，农业生产劳动量中约有 60％从事于各种土壤耕作，农业生产资金中约有 1/3 消耗于土壤耕作。因此，研究采取适宜的土壤耕作技术，对减少劳动量、节约能源、提高耕作效益具有重要的意义。

第一节 土壤耕作的技术原理

一、土壤耕作的实质与任务

土壤耕作的实质是通过农机具的物理机械作用创造一个良好的耕层构造和适度的孔隙比例，以调节土壤水分存在状况，协调土壤肥力各因素间的矛盾，为形成高产土壤奠定基础。据此，土壤耕作的有以下主要任务。

（一）调整耕层三相比，创造适宜的耕层构造

耕层（又称熟土层）是指农业耕作经常作用的土层，也是作物分布的主要层次，通常厚约 15～25cm。耕层构造是指耕层内各个层次中矿物质、有机质与总孔隙之间以及总孔隙中毛管孔隙与非毛管孔隙之间的比例关系。它是由各层次中的固相、液相和气相的比例所决定的，对协调土壤中水分、养分、空气、温度等因素具有重要作用。

1. 土壤肥力因素间的互作关系

作物根系生长同时需要有适当的水分、养分、空气、热量的供应，缺一不可。其中水分和空气的矛盾是主要的，它们主要影响到养分与温度。水分和空气都存在于土壤的孔隙中，它们基本上是互不相容的，水来气走，水去气存。水的传热力和热容量都比空气大，如果进入土壤孔隙的水分少，或持续时间短，可促进土壤气体交换更新，而且地温容易提高，有利于作物的生长；如土壤的水分多，持续的时间长，则空气得不到交换，氧气消耗多，常常造成土壤的缺氧状态，而且地温偏低。由于土壤中水、气、热条件的变化，使土壤微生物的种类和生物化学活性的强度以及养分的积累和释放也发生相应的变化。当土壤温度降低时，微生物的生物化学活性弱。大多数土壤微生物在常温下的最适湿度为田间最大持水量的 60％～80％。湿度加大，空气减少，有机质好气分解过程变成嫌气积累过程，直接影响土壤养分的供应。只有土壤湿度、温度和空气状况适宜时，好气性微生物活动旺

盛，土壤潜在养分迅速转化。若温度或湿度高于或低于适宜点，有机质分解减弱。当其中的一个数值增大，而另一个减小时，有机质分解强度则受最小量的因素所制约。由此可知，土壤养分供应的多少，也受土壤水分和空气矛盾的影响。

2. 协调土壤肥力因素的措施

达到水肥气热诸因素协调供应，关键是要求土壤的三相具有适宜的比例，即固、液、气三相在耕层占据合适的位置和结构。土壤大孔隙是土壤空气存在的地方，毛管孔隙是土壤水分存在之处，它们之间的比例适合，包括毛管孔隙和非毛管孔隙在内的总固相部分的比例也要合适。

在作物生长过程中，耕层构造受到自然和人为因素的影响，经常处于变松或变紧过程中。例如干湿、冻融交替，根系与土壤动物（蚯蚓等）、微生物等的作用，有机肥与秸秆还田都利于耕层变松。另外，由于土壤自身的重力作用，人、畜、机械的压力以及降雨和灌溉等因素的影响，常会使土壤变紧，容重加大，孔隙度减少，机械阻力增大。据测定，一次大雨可使耕后疏松土壤的容重增加 0.1g/cm^3。下大雨或灌溉后，使表土结构破坏，土粒悬浮起来再沉积在表面，失水后干缩结皮而形成硬壳，阻碍幼苗出土，影响空气交换与水分渗透。

适宜的土壤耕作措施，并不直接向土壤增加任何肥力因素，但通过机械作用，改变了耕层土壤存在的状况，调整了各种孔隙的数量和比例，改善了土壤通透性能，利于土壤水分的蓄纳和保存、土壤热状况的调节、土壤微生物的活动和营养物质释放以及作物根系的呼吸和生长。

上述分析表明，土壤耕作的中心任务是调节并创造良好的耕层结构，即适宜的三相比例，从而协调土壤水分、养分、空气和温度状况，以满足作物的要求。

（二）创造深厚的耕层与适宜的播床

1. 耕层深度

作物地上部生长发育与地下部生长关系极大。一般而言，根深、根多植株健壮，根浅、根少植株弱小，产量亦如此。土壤疏松，耕层深厚，土壤水分和养分供应充足，都有促进根系生长、增大根冠比的作用。根系分布越深，吸收水分、养分的领域越广，越有利于地上部生长发育。闫惊涛等（2011）在禹州市研究表明，增加耕层深度对小麦产量因素和产量产生积极影响，小麦产量随翻耕深度而增加（表 5-1）。

表 5-1　　不同耕深对小麦产量及产量因素的影响（闫惊涛等，2011）

耕翻深度 /cm	穗　数 /(万穗/hm^2)	穗粒数 /(个/穗)	千粒重 /g	产　量 /(kg/hm^2)	较对照增产 /%
不耕翻（CK）	466.5	28.3	42.2	4735.5	
10	490.5	30.4	43.4	5500.5	16.2
20	529.5	34.7	43.1	6732.0	42.2
30	526.5	36.5	48.1	7219.5	52.5

但是，耕层加深受到动力和农机具性能的影响。如一般畜力只能耕 14～16cm 的深度，中等马力（50～75 马力）拖拉机最大耕深 22～25cm，深松机最大耕深 27～50cm。

同时，它还受到以下因素干扰：一是作业成本，耕层每加深 3cm 约增加机耕费用 20%，作业速度降低、油耗也随之增加；二是有些地区气候、土壤条件限制着耕作深度。如风沙或干旱地区深耕要选择季节，避风防旱；山坡地活土层浅，不应一次加深等；三是作物增产值与耕深值不呈直线相关，耕深从原来的 14～16cm 增加到 20～25cm，增产效果显著，但是超过 25～30cm 时，增产效果不显著；四是增加耕层必须与施肥配合。虽然如此，耕作层加深到 25cm，乃至 30cm，仍是土壤耕作的方向。因为作物吸收水分和养分是连续不断的，而降水、灌溉、施肥等条件与措施都具有间断性，加深耕层可以形成较稳定的水分和养分库容，弥补了上述的不足。因此，在应用机械力的同时，如何有效地利用有机物、微生物、作物根系等的生物改土作用，是实现作物高产稳产的一个重要方面。

2. 适宜的播床

在播种前，土壤耕作的任务是精细整地，为作物的播种和种子萌芽出苗创造适宜的土壤环境。一般要求播种区内地面平整，土壤松碎，无大土块，表土层上虚下实，使种子播在稳实而不再下沉的土层中，种子上面又能盖上一层松碎的覆盖层，促进毛管水不断流向种子处。整平地面可以使播床深浅一致，保证出苗整齐均匀。小粒作物种子（如油菜、苜蓿、芝麻）对细碎要求更为严格，而大粒作物种子（如大豆、玉米、小麦、水稻等）则可稍粗糙点。

当然，不同地区对播床的要求不同，如在低湿地播种时要做畦或作垄，开沟排水，改善通气性；在风沙地区，表土层不宜过细过平，应保持较大土块或开沟作垄减少风蚀；在干旱半干旱地区，疏松的表土层不宜过厚，否则将松多深干多深，跑墒严重；在气候寒冷，无霜期短的我国北部地区，垄作有利于提高地温；坡耕地为减轻水土流失与截留雨水，应进行等高耕作、沟垄种植。

（三）翻埋残茬、肥料和杂草

作物收获后，田间常留有一定数量的残茬落叶、茎秆等，为了便于播种并翻埋肥料，需要通过翻耕将它们翻入土中，并通过耙地、旋耕等措施的搅拌作业，将肥料与土壤混合，使土肥相融。

杂草不仅与作物争夺水分、养分，也争夺阳光。作物病虫害对作物的威胁更大。通过耕作措施直接杀死杂草或将杂草种子、害虫卵及某些病菌深埋入土，减少危害是土壤耕作的主要作用之一。通过翻耕，使杂草、病虫等处于缺氧条件，使其窒息死亡，也可将躲藏在土中的地下害虫、病菌等翻到地表，经曝晒或冰冻而死亡。当杂草种子翻入土中后遇到疏松湿润的土壤环境，可促使其发芽并随后予以消灭。

综上，土壤耕作就是为作物出苗、生长创造一个松、净、平、暖、肥的土壤环境。至于运用哪些措施实现这一目的，则要根据当地的作物、土壤和气候条件以及经济效益来确定。

二、土壤耕作的主要依据

土壤耕作是在一定的时间和空间内进行的，在不同的时间、气候、土壤、作物环境里实施同一耕作措施，其效果大不相同，甚至截然相反。因此，正确运用耕作措施，以求达到耕作质量高、工效高、成本低，就成为必须遵循的基本技术原则。具体运用时，主要依据以下几方面。

（一）作物对土壤条件的要求

作物对土壤的要求，实际是作物根系对土壤物理条件的要求。作物生长状况极大程度上取决于根系发育的好与差，而根系发育又赖于土壤物理性质的优劣。比较直接影响作物生长的土壤物理性状，主要包括土壤孔隙度、通气性、温度、湿度及土壤强度（土壤机械阻力）。

1. 土壤孔隙度

土壤孔隙除储存水分与空气外，也是根系伸展的空间。孔隙的数量及质量与根系生长有极密切的关系。从数量上讲，耕层中总孔隙度为50%对根系生长较为适宜。从质量上讲，耕层上部大孔隙较多，下部毛管孔隙较多，而且整个耕层大孔隙与毛管孔隙比例近似相等，才有利于作物生长。孔隙稳定性变化很大，这种稳定性有赖于土壤的结构性，结构性良好则土壤孔隙较为稳定，反之，则不稳定。有机肥料的投入可以改善土壤结构，而土壤耕作往往破坏土壤的结构性。

2. 土壤通气性

土壤通气性是指土壤孔隙与大气之间 CO_2 与 O_2 的交换性能。这种交换主要通过大孔隙进行，耕层上部大孔隙较多则土壤通气性良好；如果土壤紧实，则土壤通气性不良。其重要性在于，通过土壤空气与大气交换，不断排出 CO_2，同时从大气中获得新鲜 O_2，使土壤空气不断得到更新；土体内部的气体交换，可使土体内部各部分的气体组成趋向均一。这是保证土壤空气质量、使微生物能进行正常生命活动、作物能够大量吸收水分、作物根系和地上部分能够正常生长等必不可少的条件；如果土壤没有通气性，土壤空气中的 O_2 在很短时期内就可能被全部耗竭，作物根系无法正常生长。

3. 土壤温、湿度

土壤温度既受制于土壤水分影响，也随季节变化而变动，各种作物对土温要求不同。在适宜的温度范围内，根系吸收养料的能力较大，土温过高或过低都会影响根系吸收能力。

土壤湿度既直接影响作物的生理需水，又间接影响土壤组成和土壤强度。土壤中水的增减，首先反映在对养料的利用上。增加土壤水分不仅能保证谷物需水，而且有利养料扩散，促进根系吸收，对干旱半干旱地区提高水分利用效率极为重要。但是，渍水对土壤组成也有不利的一面，主要是土壤嫌气状况，除了养分恶化，而且使病菌滋生。

4. 土壤强度

土壤强度是指土壤对作物根系穿透的阻力。作物根系在土层内伸展取决于细胞内膨压克服细胞壁和土壤阻力的结果。因此，无论黏质土或砂质土，当阻力很大时，根系向前很难伸展，并需消耗大量能量，导致地上部分产量的下降。黄细喜（1988）研究认为，小麦产量与土壤容重呈二次曲线关系，最高产量出现在容重为1.23～1.31g/cm^3，当容重大于1.4g/cm^3、穿透阻力大于15kg/cm^{2}时，根系生长开始受阻；容重大于1.5g/cm^3、阻力大于25kg/cm^{2}时，则严重地阻碍了根系生长。

（二）土壤特性

1. 土壤类型

不同农业土壤都有各自的理、化、生物特性和剖面构造，土壤耕作措施必须根据这些特点正确应用，才能创造出适于作物的土壤环境。例如，西北地区的黄绵土是处于干旱气候带的旱地土壤，土质松散，易受水、风侵蚀。所以，土壤耕作要以蓄水、保墒、防止土壤水蚀和风蚀为主要依据；宁夏、甘肃、新疆、内蒙古境内分布大面积盐碱地，土壤耕作又要根据盐碱在土层中的运动规律和盐碱地板、瘦特点来进行，所有耕作措施都要有利于排水、脱盐、防止水分蒸发、保全苗，等等；对于质地黏重、结构差、通透性不良、潜在肥力高、有效肥力低的土壤，耕作特点是采用伏耕秋翻、晒垡冻垡、早春及时耙地保墒等。地下水位高的低湿土壤，耕作要有利排水散墒，提高地温，改善通气性状；水田因长期淹水，土壤物理性较差，耕作任务在于使土壤松软、均匀和防止水分渗漏，促进土壤氧化，改进长期淹水的潜育化进程，降解还原性毒害物质。因此，水旱轮作、深耕晒垡、水耙水耖是主要措施；无水稳性结构的土壤在降水和灌溉时分散黏粒填入孔隙，而形成表土结壳板硬，妨碍水分入渗、空气交换和幼苗出土。因此，及时破除播前播后或幼苗期的土壤结壳，并正确选用机具是土壤耕作的紧迫任务。

2. 土壤层次

农田土壤在长期耕种中，土壤剖面有其自己的特点，一般可分为 4 层，每层的物理、化学和生物性质以及调节土壤肥力因素的作用不同，所采取的耕作措施也应不同。

（1）表土层（0～10cm）。经常受气候和耕作栽培措施的影响，变化较大。根据其松紧程度和对作物影响又可细分为两层：①覆盖层（0～3cm），该层受气候条件影响最大，其结构状况直接影响渗入土壤的水分总量、地表径流、水分蒸发、土壤流失、土壤气体交换和作物出苗等等。覆盖层要保持土壤疏松，并具有一定粗糙度，以促进透气透水，防止蒸发，又要避免土粒过细形成板结，封闭表面和遭受侵蚀。②种床层（3～10cm），是播种时放置种子的层次。应适当紧实，毛管孔隙发达，使水分易沿毛管移动至该层，保证种子吸水发芽。当地面没有残茬覆盖时，表土层的水、气、热因素变动频繁，表土耕作要围绕维护表土结构，促进通气透水，防止水分蒸发，控制表土发生不利于保证播种质量、种子发芽出苗和幼苗生育的情况。

（2）稳定层（10～30cm）。也称根际层，为根系活动层次，依耕层深度而变，如耕深 0～20cm，根系活动就主要在 20cm 之内；如耕深 0～30cm，则根系可集中在 30cm 深度。该层受机具、人、畜及气温影响较小，土壤容重也较表土层小，其理化、生物性状都比较稳定，是根系集中的地区，对作物发育有决定作用。处理好这层土壤的保水保肥性能，对作物抗旱、提高水分利用效率极为有利，尤其对干旱地区更加突出。

（3）犁底层。多年应用一个深度耕作的土壤，在耕层和心土层之间会出现容重较大、透性不良的犁底层。这是由农具摩擦和黏粒沉积的结果。犁底层隔开了耕层与心土层之间的水、肥流通。对于薄层土、砂砾底易漏水土壤来说，犁底层有保水、保肥、减少渗漏的作用。但对土层深厚的农田，则不利于将水分深储在心土层，并有造成耕层渍水的危险，这对盐碱土壤更为不利。因此，土壤耕作要重视防止犁底层的形成和消除已有的犁底层。

（4）心土层。犁底层以下的土壤一般称为心土层。该层土壤结构紧密，毛管孔隙占绝对优势，是保水、蓄水的重要层次。深层储水对西北黄土性土壤具有普遍增产意义。做好深层储水，必须消除犁底层，并且要防止耕层土壤水分蒸发，提高渗透性以及配合其他生物、化学措施，稳定储水效果。

（三）气候条件

气候条件不仅影响作物，也深刻影响土壤，这种影响利弊兼有。土壤耕作在一定程度上也可协调由气候引起的土壤与作物需求间的矛盾。

1. 降水与蒸发

作物生产要求农田土壤具有足够而又不过多的水分，也就是要求土壤水分保持动态平衡。就土壤耕作来说，调节易旱农田土壤水分有两条途径：一是尽量把降水蓄存于土壤，防止和减少地面径流的产生；二是尽量减轻地面蒸发。对于湿润多雨或低洼易涝农田，调节其土壤水分也有两条途径：一是在农田里开沟排水；二是减少外水浸入并促进蒸发。如我国西北、内蒙古雨养农业地区，雨季集中在夏、秋季节，早春干旱少雨，在雨季之前深耕晒垡（伏耕），能增强耕层保蓄水分的能力，冬、春旱季，耙、耱、镇压防蒸发，即使在年降雨量400～500mm的地区，仍能获得作物高产。

2. 干湿交替与冻融交替

干湿交替是根据土壤胶体遇湿膨胀、干燥收缩的特性。即土体失水收缩，土壤容积减小，容重增大；而在吸水过程中，土体膨胀，土壤容积增大，容重减小。促进团聚体的形成，使土壤疏松。

冻融交替则是利用冬季低温，土壤里的水分因结冰而体积膨胀，引起土块崩解。而春季较暖时，扩大的土壤孔隙却不能还原，于是土壤变得疏松，并形成团粒结构。干湿交替和冻融交替，对提高土壤耕作质量有辅助作用，并能补救因耕作失误而带来的质量问题，有利于降低作业成本。

3. 水蚀与风蚀

由于降雨次数和一次性降雨量过大等因素，常常会引起对坡耕地土壤的冲刷，造成水蚀。采用保护性耕作措施，如等高耕作、残茬覆盖耕作有助于农田水蚀的控制。我国北方地区，每年冬春都有不同程度的大风出现，大风刮走了地表肥沃的土壤，这就是风蚀。在风蚀地区，土壤耕作应创造紧密的表土层，减少耕作次数，保持良好的表土结构。如地面留茬或覆盖，少免耕，开沟起垄增大地表粗糙度等均有助于防治农田风蚀。

（四）配合有关农业技术的需要

农业生产的其他技术措施也要求有相应的土壤耕作措施配合，才能发挥其效益。如施肥的数量、时期和种类不同，耕作措施和耕作深度都不相同。基肥施入后要求翻耕，或结合播种翻压；追肥可结合灌溉、中耕施用。有机粪肥和绿肥施用量大，必须深翻；化肥施用量较少，可结合播种、中耕施入。又如，豆类作物茬口较好，为肥茬或软茬，收后可以不翻耕，而采用耙茬即可；高粱、谷子耗地较重，其茬口为硬茬或瘦茬，使土壤板结、贫瘠，所以高粱茬、谷子茬进行翻耕。

三、土壤宜耕性和耕作质量

（一）土壤宜耕性

影响土壤耕作难易和耕作质量的土壤属性称为土壤宜耕性，又叫土壤耕性。土壤耕性是土壤物理机械特性（包括结持力、黏着性和可塑性等）在耕作时的综合表现。耕性好的土壤容易耕作，能耗也低，表现为土壤团聚体有抵抗机具、雨点、流水侵蚀破坏而保持良好的透水、蓄水、通气性状。决定和影响土壤耕性的主要因素有土壤质地、土壤含盐量、土壤有机质含量和土壤水分含量等。

1. 土壤耕性与土壤质地关系

根据土粒间接触点数目与土粒直径的立方成反比的原理，土粒越细、有机质含量越少的土壤，宜耕性就越差，耕作时农机具所受的阻力大，耕作质量差。生产上常采取黏土掺砂土、砂土掺黏土等措施改变土壤的机械组成，进而改善土壤耕性。但大面积推行这一方法，困难较多，它涉及自然和社会经济等诸多方面。

向土壤投入大量分解性有机质，在有机质本身、真菌菌丝、原生动物活动下，能较快地影响土壤耕性，是改善土壤耕性的有效措施。通过种牧草、绿肥、增施有机肥料或缓解有机质分解等多种途径可以提高土壤有机质。但这需要较长的时期才能奏效。

2. 土壤耕性与土壤水分关系

土壤水分含量是影响耕性最活跃的因素。当干燥的土壤增厚土粒周围的水膜时，土壤结持力减弱，水膜继续增厚至产生黏着力之前是最适宜耕作的含水量。因此，掌握水分动态是提高耕作质量的有效手段。土壤最适宜耕作的含水量称为宜耕期。为了提高耕作质量，必须在宜耕期内进行耕作。土壤水分状况与土壤宜耕性的关系见表 5-2。

表 5-2　土壤水分状况与土壤宜耕性的关系

水分含量状况	干　燥	湿　润		潮　湿		泞　湿		多　水	极多水
土壤状况	坚硬	酥软（脆）		可塑		黏韧		浓浆	薄浆
主要性状	具有固体性质不能捏合成团	松散、无可塑性，易成团，但不成大土块	下塑限	具可塑性，无黏着性	黏着限	具可塑性与黏着力	上塑限	呈浓浆可受重力影响而流动	呈悬乳体，似潮体，容易流动
耕作阻力	大	小		大		大		大	小
耕作质量	呈硬土块	呈小土块		呈大垡条		呈大垡条		呈浮流浆	呈花浆
宜耕与否	不宜	宜		不宜		不宜		不宜	宜水耕

来源：耕作学，中国农业出版社，1994。

水分对土壤耕性的影响可分为以下 4 个阶段。

第一阶段为干硬阶段。自然状态下，土壤含水量在吸着水以下，土粒之间胶结物黏结很紧，结持力很大，土粒不易移动，加压破碎，但不变形，表现干硬。此时犁很难入土，阻力极大，对犁磨损很大，甚至打断犁尖。如强行犁地，则产生大土块和粉末状土粒而且所需动力大，工效低，成本高。

第二阶段为酥脆阶段。当土壤水分逐渐增加，土粒四周形成水膜，但膜不厚，土粒不易滑动，胶结物质因遇水胶结力减弱。这时土壤酥脆易散；塑性很小，不会因耕作将土挤紧，耕地时犁易入土，结持力小，黏着力也小，所以耕作阻力小，土壤易碎散，为耕地适期。此时土壤含水量约为田间持水量的 40%～60%，感观表现为地表干湿相宜、松软。脚踢表土易碎，抓一把 5～10cm 处的土，能手握成团，但不出水，手无湿印，落地即散。

第三阶段为塑韧阶段。水分继续增加，水膜变厚，加力于土壤，土粒可以滑动而不散。在外力作用下，土粒重新排列，细粒压入孔隙，土粒间接触面扩大，这时黏着力大，塑性强。犁铧承受压力变大，土体变形为“明条”，干后则变成硬土块，这是翻耕、松、耙、压都不适合的阶段，否则耕作质量无保证，影响作物出苗及生长。

第四阶段为半流体阶段。水分继续增加，全部土粒泡在水中，黏着力加大，结持力减小。此时耕地易打滑、陷车，无法作业。如水分再增加，土壤泥泞成浆，是水田耕作的适期。

3. 耕作作业与土壤耕性关系

不同质地的土壤宜耕期含水量范围有较大的差异。黏土适耕期含水量的范围最窄。生产实践证明，一旦出现水分掌握不力，耕作则宁干勿湿。因为土壤在干燥下耕作所形成的土块，基本保持土粒排列的原状和孔隙状况，水分容易入渗而散碎。这种坷垃被称为“活坷垃”。在过湿条件下耕作，土壤被挤压所形成的土块，由于土粒排列紧密，孔隙极细，水分不易渗入，极难破碎，被称为僵土块、“死坷垃”。同时，因机具碾压所形成的犁底层和中层板结，使根系难以穿透。

一个生产单位可能会有多种土壤，质地黏、有机质少的土壤耕性最差，宜耕期最短；壤土和含有机质多的黏土耕性较好，宜耕期较长；砂质土虽无结构，因含砂量高，结持力和黏着力都小，无塑性表现，宜耕期最长。所以生产单位在安排耕作计划时，应根据土壤宜耕期的长短确定耕作的先后次序。如黏土、洼地宜耕期短，应优先安排耕作；而宜耕期长的土壤，可安排在宜耕期短的土壤前或后进行耕作。

（二）土壤耕作质量检查

播前土壤是否达到作物出苗和生育所需的最佳状态，是耕作质量检查的主要内容。通过检查，保证达到各项耕作的质量要求。耕作质量检查的具体内容如下。

1. 耕深及有无重耕或漏耕

所有耕作措施都有对土壤作用深度的指标，如翻耕深度、播前耙地、中耕、开沟深度，等等。这一指标与出苗、根系发育等有密切关系，所以是耕作质量的重要指标。检查深度可在作业过程中进行，也可以在作业完成后，沿农田对角线逐点检查。

由作业机工作幅宽与实际作业幅宽可以求得有无重耕和漏耕。如犁地重耕会造成地面不平，且降低工效，增加能耗；漏耕则会使作物生长不匀，引起田间管理的各种障碍。其他作业的重耕漏耕其后果也有相似之处。生产中如果出现大面积耕作深度不够和漏耕，则需返工。

2. 土地平整度

要求的土地平整度是指地块内不能有高包、洼坑、脊沟存在，否则会引起农田内水分再分配而导致一块田地土壤肥力和作物生长的显著差异。尤其对灌溉农区，盐碱土壤和水田，平整度更是重要的质量指标。

土地平整度检查，必须从犁地作业开始把关，如正确开犁、耕深一致、没有重耕和漏耕，等等。辅助作业的平地效果只有在基本作业基础上才能更好地见效。

3. 碎土程度

播前苗床的准备和田间管理中耕等，都要求土壤碎散到一定程度，即绵而不细。理想的苗床，其土壤团块的大小应该是既没有比 0.5～1.0mm 小得多的土块，也没有比 5～

6mm 大得多的土块。因为，微细的土粒将堵塞孔隙，而大土块会影响种子与土粒紧密接触取得水分和阻碍幼苗出土。

土壤碎散程度，间接反映水分状况。在过湿或过干的情况下耕作是造成大土块的原因，出现这一情况，说明土壤水分已被大量损失，所以检查碎土状况的同时要检查耕层墒情。检查碎土程度的质量，通常是以每平方米地面上出现某一直径的土块数为指标。同时也要检查在耕层内纵向分布的土块，这些土块的存在是造成缺苗、断垄的主要原因。

在过干时耕作所造成的土块，只有等待降雨和灌溉后去消除它们，过湿时耕作所造成的土块，如耕后水分合适，应及时用表土耕作将土块破碎。

伏耕晒垡和秋耕冻土存在的土块，有利于耕层的熟化。因此，土块的多少和大小不作为检查的内容，这些土块经干湿和冻融作用，十分容易破碎。

4. 疏松度

过于紧实的土层对作物不利，过于疏松的土层同样不利。检查疏松度一要抓住耕层有无中层板结，二要注意播前耕层是否过于松软。

由于土壤过湿或多次作业，耕层中容易形成中层板结，而地表观察不易发现。所以疏松度的检查不能观察土表状态，而要用土壤坚实度测定仪，检查全耕层中有无板结层存在。破除土层板结的较好办法是播前全面中耕以及作物封行后及时中耕松土。

播种前耕层不能太松，太松不仅使种子与土粒接触不紧，而且使播种深度不匀，幼苗不齐，甚至引起幼苗期吊根受旱。播前或播后镇压可调节过松现象，一般是播前松土深度不超过播种深度为宜。

5. 地头地边的耕作情况

机械化生产的单位，因农具起落、机车打弯，地边地头的耕作质量常被忽视，所以作物生长较差，影响平均单产。犁地、播种按起落线作业，并有精确的行走路线，才能改善和提高地头、地边的耕作质量和作物生长情况。

第二节　土壤耕作的机械作用与措施

一、土壤耕作的机械作用

各项土壤耕作都由相应的农机具来完成，根据它们对土壤影响的深度和强度不同，可划分为基本耕作措施和表土耕作措施两类，两者必须配合才能创造作物播种所需的土壤条件。土壤耕作的机械作用主要表现为以下几个方面。

1. 松碎土壤

作物种植过程中，由于各方面的作用，使土壤逐渐下沉，耕层变紧，总孔隙减少，大孔隙所占比例降低，土壤容重加大。特别是机具和车辆轮胎的碾轧，对耕层土壤的压实效应更为严重，使土壤通气不良，影响好气微生物活动和养分的分解，也影响作物根系下扎和活动。所以，根据各地不同的气候、土壤条件和不同作物的要求，以及耕层土壤的紧实状况，每隔一定时期，需要进行土壤耕作，用犁铧、耙齿、松土铲等将耕层切割破碎，使之疏松而多孔隙，以增强土壤通透性，这是土壤耕作的主要作用之一。

2．翻转耕层

通过耕翻将耕作层土壤上下翻转，改变土层位置，改善耕层理化及生物学性状，翻埋肥料、残茬、秸秆和绿肥，调整耕层养分的垂直分布，培肥地力。同时可消灭杂草和病虫害，消除土壤有毒物质。

3．混拌土壤

采用有壁犁和旋耕犁耕地，圆盘耙或齿耙耙地，可以混拌土壤，将肥料均匀地分布在耕层中，使土肥相融，成为一体，改善土壤的养分状况。并可使肥土与瘦土混合，使耕层形成均匀一致的营养环境。

4．平整地面

通过耙地、耢地和镇压等措施，可以平整地面，减少土壤水分的蒸发，以利于保墒。地面平整，便于播种机作业，提高播种质量，使播种深浅一致，下种量均匀，从而使种子发芽出苗整齐，达到苗齐苗壮，为作物生长发育打下良好的基础。地面平整，对盐碱地可减轻返盐，有利于播种保苗，同时也可以提高盐碱地洗盐效果。

对于水浇地，地面平整更为重要。精细耕作要求达到“地平如镜”，提高浇水效率，节约用水。另外，可以使灌水均匀，全田作物得以生长整齐一致，也便于中耕和施肥等作业，提高工作效率和质量。对需要经常灌水的水稻田，平整田面尤为重要，它将影响到作物生长的全过程，并且为其他技术措施的采用提供良好的基础。

5．压紧土壤

在某些生产条件下，土壤经过耕作或自然调节，造成土壤过于疏松，甚至垡块架空，耕层中出现大孔洞。在这种过松的情况下，就要采取镇压的措施，将耕层土壤压紧，使大孔隙减小，增加毛细管孔隙，抑制气态水的扩散，减少水分蒸发。还可以使耕层以下的土壤水分通过毛管孔隙上升，积集到耕作层，为作物的种子发芽出苗和幼苗生长创造适宜的土壤水分条件。

6．开沟培垄，挖坑堆土，打埂做畦

在高纬度和高海拔地区，气候冷凉，积温较少，开沟培垄可以增加土壤与大气的接触面，增加太阳的照射面，多接受热量，提高地温，有利于作物的生长发育，提早成熟。在多雨高温地区开沟培垄做高畦，其目的主要是为了排水，增强土壤通透性，促进土壤微生物的活动和植物根系的生长。在种植块根、块茎类作物的地上开沟培垄，可以使耕层土壤相对加厚，使土壤通气排水，提高地温，有利于块根块茎的生长膨大，提高产量。水浇地上打埂做畦，便于平整地面，有利于浇水。风沙严重地区挖沟做垄，可以挡风积沙，减轻风蚀。岗坡地上，时常是耕后不耙，保持垡块和高低不平整的垄形，可以阻止雨后径流，防止表土流失。

上述各种不同土壤耕作措施对土壤的作用，可以概括为三个基本方面，即调节耕层土壤的松紧度，调节耕层的表面状态，调节耕层内部土壤的位置，从而达到调节耕层土壤的水、肥、气、热状况，为作物创造适宜的土壤环境。

二、基本耕作措施

基本耕作措施，又称初级耕作措施，是指入土较深、作用较强、能显著改变耕层物理性状、后效较长的一类土壤耕作措施。包括翻耕、深松耕和旋耕。

（一）翻耕

翻耕是世界各国采用最普遍的一种耕作措施。主要工具是铧式犁（图 5－1），先由犁铧平切土垡，再沿铧壁将土垡抬起上升，进而随犁壁形状使垡片逐渐破碎翻转抛到右侧犁沟中去。翻耕对土壤起 5 种作用：一是翻土，可将原耕层上层土翻入下层，下层土翻到上层；二是松土，土壤耕层上下翻转，使原来较紧实的耕层翻松；三是碎土，犁壁有一曲面，犁前进的动力使垡片在曲面上破碎，进而改善结构，松碎成团聚体状态（水分适宜时）；四是增加耕层厚度和土壤通透性，促进好气微生物活动和养分矿化等；五是翻埋作物根茎、化肥、绿肥、杂草以及防除病虫害的作用也很明显。然而，翻耕后留下疏松、裸露的表层，加剧了土壤水分的蒸发和水蚀、风蚀的可能，对干旱、半干旱地区、水蚀、风蚀地区不利。

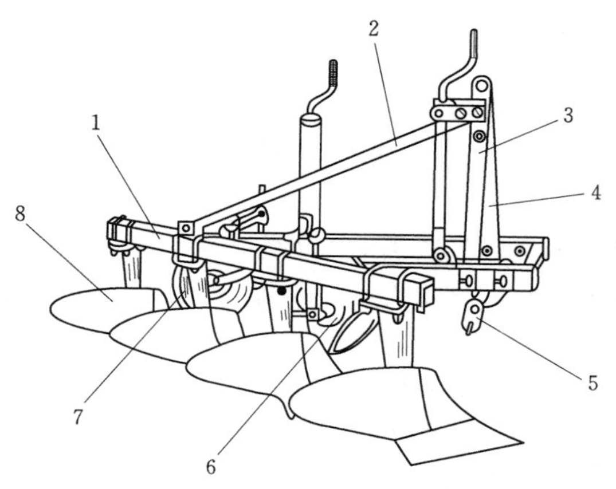

图 5－1　悬挂式铧式犁（农业机械学，2003）
1—犁架；2—中央支杆；3—右支杆；4—左支杆；5—悬挂轴；6—限深轮；7—犁刀；8—犁体

1. 翻耕方法

由于采用的犁，其犁壁形式不同，垡片的翻转有全翻垡、半翻垡和复式犁分层翻垡三种（图 5－2）。

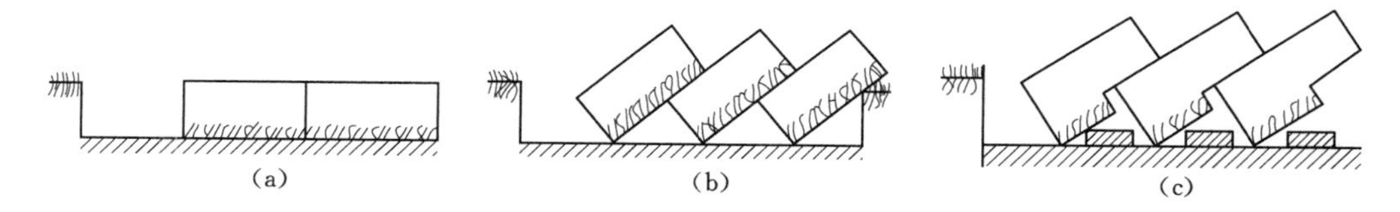

图 5－2　三种翻耕方法示意图
（a）全翻垡；（b）半翻垡；（c）分层翻垡

（1）全翻垡。采用螺旋形犁壁将垡片翻转 180°，翻后垡片覆土严密，灭草作用强，特别适用于耕翻牧草地、荒地、绿肥地或感染杂草严重的地段。但消耗动力大，碎土作用小，不适宜熟耕地。

（2）半翻垡。多采用熟地型犁壁将垡片翻转 135°，翻后垡片彼此相叠覆盖成瓦状，垡片与地面呈 45°夹角。这种方式耕作阻力小，兼有较好的翻土和碎土作用，适用于一般耕地。目前我国机耕多采用这种方法。但该法垡片覆盖不严，灭草性能不如全翻垡。

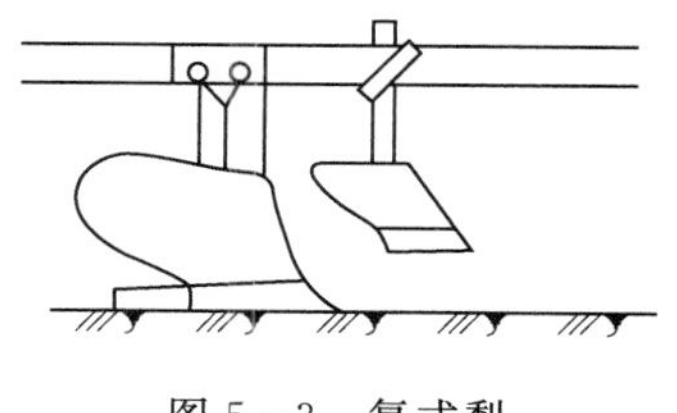
图 5－3　复式犁

（3）分层翻垡。使用带有前小铧的复式犁（图 5－3），是苏联 B. P. 威廉斯为草田耕作特别设计的利于多年生牧草耕翻的翻耕工具。因为分层耕翻，具有垡片翻转覆盖严密、减轻犁耕阻力的功效。还有使表层土壤已经毁坏了的团粒结构，在翻转后处于覆盖严实的欠缺空气的厌氧条件下，重新恢复团粒结构的能力。这是威廉斯复式犁分层翻垡的主要目的所在。不过复式犁耕作时运行技术要求较高，我国较少使用。

2. 翻耕时期

翻地必须在播前或收获后田间没有作物生长的时期进行。从全国农业季节来看，一年四季都有翻地作业。随着种植制度的不同，长江流域稻麦两熟地区有麦收后的春翻和麦播前的秋翻；双季稻一年三熟地区，在三抢（抢收、抢翻、抢插秧）期间有早春翻、夏翻到秋翻的1年3次翻地。华北地区二年三熟地区麦收后的5月、6月翻地，夏作物收后的秋翻和次年春作物收后，夏播前的夏翻。在一年一熟的东北地区，有麦收后的伏翻和中耕作物收获后的秋翻，由于是一年一熟，翻地的时期不如南方季节紧张，有选择翻地时期的余地。如夏收后可伏翻，多雨时可延至秋翻，还可延至来年种植中耕作物前春翻。

我国北方地区伏、秋耕比春耕更能接纳、积蓄伏秋季降雨，减少地表径流，对储墒防旱有显著作用。伏、秋耕比春耕能有充分时间熟化耕层，改善土壤物理性状，能更有效地防除田间杂草，并诱发表土中的部分杂草种子。盐碱地伏耕能利用雨水洗盐，抑制盐分上升，加速洗盐效果。此外，伏、秋耕翻能充分发挥农机具效能，播前的准备工作也有充裕的时间，赢得了生产的主动权。总之，就北方地区的气候条件及生产条件而论，伏耕优于秋耕，早秋耕优于晚秋耕，秋耕又优于春耕。春耕的效果差主要是由于翻耕将使土壤水分大量蒸发损失，严重影响春播和全苗。

我国南方耕翻多在秋、冬季进行，利用干耕晒垡、冬季冻凛，以加速土壤的熟化过程，又不致影响春播适时整地。播种前的耕作宜浅，以利整地播种。

3. 翻耕深度

掌握耕作的合适深度是提高耕地质量、发挥翻耕作用的一项重要技术，耕地深、耕层厚、土层松软，有利于储水保墒。耕层厚而疏松，通气性好，有机质矿化加速。但是在某些条件下，如在多风、高温、干旱地区或季节，深耕会加剧水分丢失；翻耕过深易将底层的还原性物质和生土翻到耕层上部，未经熟化，对幼苗生长不利。因此，翻耕的适宜深度，应视作物、土壤条件与气候特点而定。一般情况下，土层较厚，表、底土质地一致，有犁底层存在或黏质土、盐碱土等，翻耕可深些；而土层较薄，砂质土，心土层较薄或有石砾的土壤不宜深耕。水田翻耕深度不宜超过犁底层。在干旱、多风、高温地区不宜深耕，否则会造成失墒严重，提墒困难。同时，翻地越深，生土翻到地面也越多，不利于作物的生长发育。此外，耕地深度还要根据农机具性能和经济效益而定，畜耕的浅些，机耕的深些。从耕地加深的增产效果和增加经济效益来看，各种作物不同（表5-3）。

表5-3　不同耕法深度的作物产量效果百分比

耕翻深度/cm	大豆/%	高粱/%	谷子/%	耕翻深度/cm	大豆/%	高粱/%	谷子/%
12～14	100	100	100	19～21	149.0	128.4	124.0
15～18	117.0	118.0	114.5	22～25	177.1	144.6	130.9

来源：耕作学，东北农学院出版社，1988。

4. 翻耕后效

翻耕有一定的后效期，即翻耕创造的疏松耕层能保持一定的时间。我国北方旱作农田翻耕后有2～3年后效，灌溉农田有1～2年后效。因此，土壤不必年年翻耕，否则矿质化过快，土壤养分耗损大，且不经济。然而，为消除水田的还原性毒害物质，水田连年翻耕仍属必要。

（二）深松耕

以无壁犁、深松铲、凿型铲对耕层进行全面的或间隔的深位松土，不翻转土层。耕深可达25～30cm，最深为50cm。主要深松机见图5-4和图5-5。

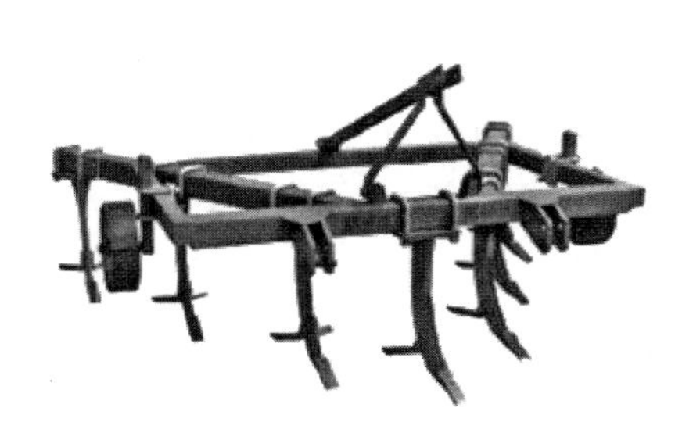

图5-4　1S-5/7深松机

图5-5　刀刃式全方位深松机

与翻耕相比，只松不翻、不乱土层是深松耕的最大特点。深松耕可以分散在各个适当时期进行，避免翻耕作业时间过分集中，做到耕种结合和耕管结合，可以间隔深松，做到纵向虚实并存，节省动力；深松耕可以打破翻耕形成的犁底层，利于降水入渗，增加耕层土壤持水性能；深松耕可以保持地面残茬覆盖，防止风蚀，减轻土壤水分的蒸发，雨水多时可以大量吸收和保存水分，防旱防涝；盐碱地深松耕，可以保持脱盐土层位置不动，减轻盐碱危害。深松耕的不足之处是翻埋肥料、残茬和杂草的作用效果差，地面比较粗糙等。它适合于土层深厚的干旱、半干旱地区，以及耕层土壤瘠薄，不宜耕翻的盐碱土、白浆土地区。

（三）旋耕

旋耕机工作时，刀片一方面由拖拉机动力输出轴驱动做回转运动；另一方面随机车组前进，做等速直线运动。刀片在切土过程中，先切下土垡，抛向并撞击罩壳与平土拖板细碎后再落回地表上。机组不断前进，刀片就连续不断地对未耕地进行松碎（图5-6、图5-7）。

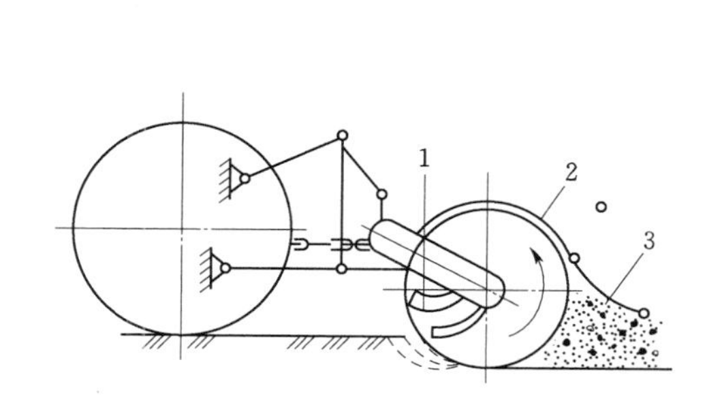

图5-6　旋耕机的工作过程（农业机械学，2003）

1—刀片；2—罩盖；3—平地托板

图5-7　1G-180旋耕机

运用旋耕机进行旋耕作业，既能松土，又能碎土，地面也相当平整，集犁、耙、平三次作业于一体。旋耕多用于农时紧迫的多熟制地区和农田土壤水分含量高、难以耕翻作业地区。用于水田或旱地，一次作业就可以进行旱地播种或水田插秧，省工省时，成本低。临播前旋耕，深度不能超过播种深度，否则因土壤过松，不能保证播种质量，也不利于出苗。旋耕机按其机械耕作性能可耕深16～18cm，故应列为基本耕作措施范畴。但实际运用中，通常耕深只能达到10～12cm。从国内实践看，无论水田旱地，多年连续单纯旋耕，易导致耕层变浅、理化性状变劣，故旋耕应与翻耕、深松轮换应用。

三、表土耕作措施

表土耕作措施，又称次级耕作措施，是在基本耕作措施基础上采用的入土较浅，作用强度较小，旨在破碎土块、平整土地、消灭杂草，为作物创造良好的播种出苗和生产条件的一类土壤耕作措施。表土耕作深度一般不超过10cm。

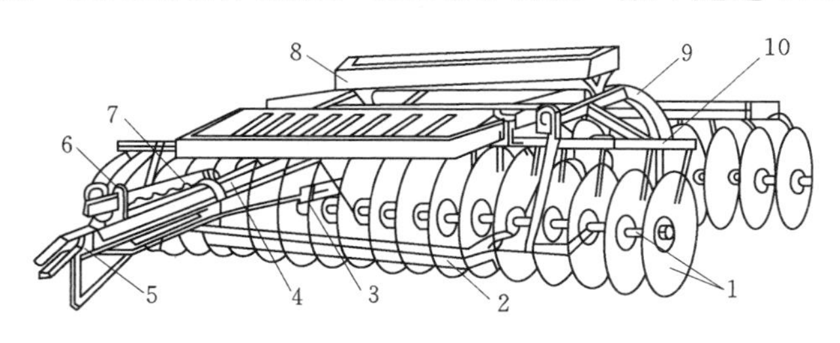

图5-8　圆盘耙的构造（农业机械学，2003）

1—耙组；2—前列拉杆；3—后列拉杆；4—主梁；5—牵引器；6—卡子；7—偏角调节器；8—配重箱；9—耙架；10—刮土器

（一）耙地

耙地是收获后、翻耕后、播种前或播后出苗前、幼苗期采用的一类表土耕作措施，深度一般5cm左右。不同场合采用的目的不同，工具也因之而异。圆盘耙（图5-8、图5-9）应用较广，可用于收获后浅耕灭茬，耙深可达8～10cm，也用于水旱田翻耕后破碎垡块或坷垃，耙深5～6cm；钉齿耙（图5-10）作用小于圆盘耙，但它常用于播后出苗前耙地，破除板结，保蓄耕层土壤水分。也用于冬小麦越冬前后的早春顶凌耙地。冬前耙地增强麦苗抗性，冬后耙地清除田间枯枝落叶；振动耙主要用于翻耕或深松耕后整地，质量好于圆盘耙；缺口耙入土较深，可达12～14cm，常用缺口耙代替翻耕。

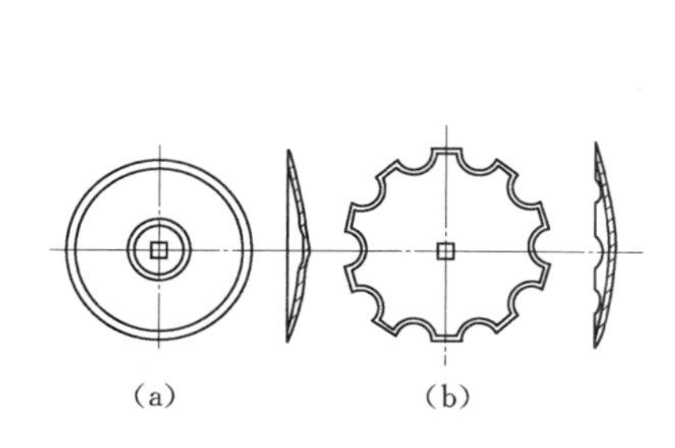

图5-9　耙片（农业机械学，2003）

（a）全缘耙片；（b）缺口耙片

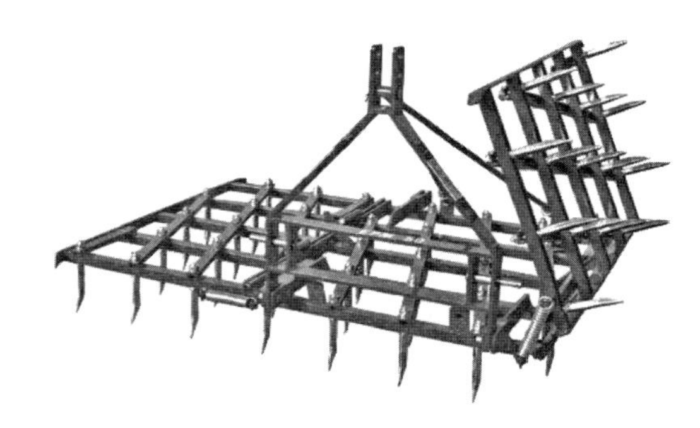

图5-10　钉齿耙

（二）耱地

耱地又称为盖地、擦地、耢地，是一种耙地之后的平土碎土作业。一般作用于表土，深度为3cm左右。耱子除联结耙后外，也有联结播种机之后，起碎土、轻压、耱严播种沟、防止透风跑墒等作用。耱地多用于半干旱地区旱地上，也常用在干旱地区灌溉地上，多雨地区或土壤潮湿时不能采用。水田耙地称作耙耖田，平整田面，细碎土块。

（三）中耕、起垄

中耕是在农田休闲期或作物生育期间进行的表土耕作措施，能使土壤表层疏松，形成封闭层，能很好地保持土壤水分，减少地面蒸发。在湿润地区，或水分过多的耕地上，还有蒸散水分的作用。中耕还可以调节地温，尤其在气温高于地温时，能起到提高地温的作用。因为中耕松土改善了水分、温度和空气状况，从而改善了土壤养分状况。消灭杂草是中耕的重要任务，中耕可以铲除草株和繁殖器官，减轻杂草的危害。

中耕的工具有机引中耕机和畜力牵引的耘锄，以及人力操作的手锄和大锄，这几种工具各有其作用和功能，应根据作物、土壤和生产条件来选用。玉米、高粱等作物在生育后期进行中耕时常与培土相结合。中耕次数应依作物种类、作物生长状况、杂草数量、土质、灌溉条件而定。作物生育期长、封行迟、杂草多、土质黏重、灌溉地，中耕通常需 3～4 次。中耕深度应遵循浅、深、浅的原则，即“头遍浅，二遍深，三遍不伤根”。

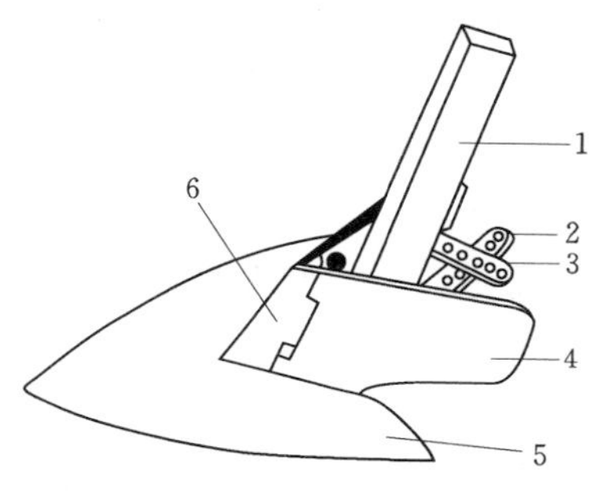

图 5－11　铧式培土器

1—铲柱；2—调节杆；3—螺栓；4—培土板；5—三角铧；6—分土板

目前主要是利用铧式培土器（图 5－11）起垄，可增厚耕作层，利于作物地下部分生长发育，也利于防风排涝、防止表土板结、改善土壤通气性、压埋杂草等。我国东北地区与各地山区盛行垄作，目的是为了排水，提高局部地温，山区垄作主要是为了保持水土。近年来我国南方稻区在排水不良的浸水稻田上实行垄作栽培水稻，起到了一定的增产效果。起垄是垄作的一项主要作业，用犁开沟培土而成。垄宽50～70cm 不等，视当地耕作习惯、种植的作物及工具而定。有先起垄后播种、边起垄边播种及先播种后起垄等作法。

（四）镇压

镇压是以重力作用于土壤，达到破碎土块、压紧耕层、平整地面和提墒的目的，一般作用深度 3～4cm，重型镇压器可达 9～10cm。镇压器（图 5－12）种类很多，简单的有木磙、石磙，大型的有机引 V 形镇压器、环型式网形镇压器。较为理想的是网形镇压器，

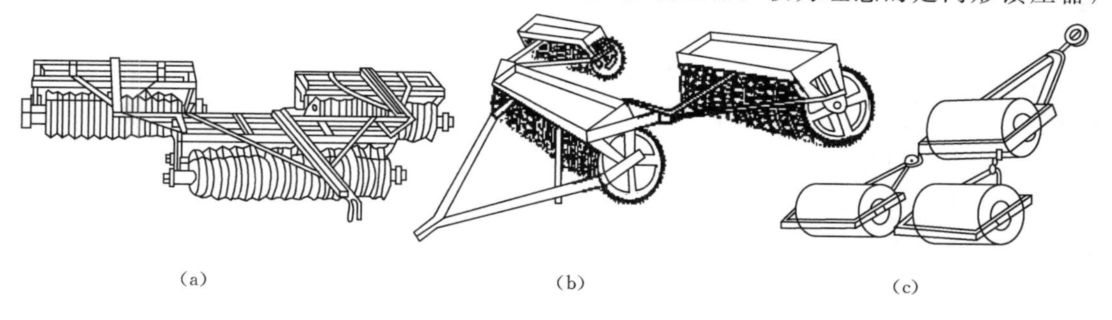

图 5－12　镇压器（农业机械学，2003）

（a）V 形；（b）网环形；（c）圆筒形

它既能压实耕层，又能使地面呈疏松状态，减轻水分蒸发，镇压保墒，主要应用于半干旱地区旱地上，半湿润地区播种季节较早也常应用。播种前如遇土块较多，则播前镇压可提高播种质量。播种后镇压使种子与土壤密接，引墒反润，及早发芽。冬小麦越冬前也常用镇压，防止漏风，引墒固根，提高越冬率。

正确镇压是一项良好的技术措施，如使用不当，也会引起水分的大量蒸发。所以，应用时应注意在土壤水分含量适宜时镇压，过湿则会使土壤过于紧实，干后结成硬块或表层形成结皮。根据经验，以镇压后表土不生结皮，同时表面有一层薄的干土层最为适宜。镇压后必须进行耢地，以疏松表土，防止土壤水分从地面蒸发。在盐碱地或水分过多的黏重土壤不宜过度镇压，应选择轻压或不镇压。

（五）作畦

我国农业生产中常见两种畦，北方水浇地上种小麦作平畦，畦长 10～50m 不等，畦宽 2～4m，为播种机宽度的倍数。四周作宽约 20cm、高 15cm 的畦埂。灌水时由畦的一端开口，水流至畦长 80%位置即关水闭口，让余水流到畦的另一端；南方种小麦、棉花、油菜、大豆、蔬菜等旱作物时常筑高畦，畦宽 2～3m，长 10～20m，四面开沟排水，防止雨天受涝。作畦于播种前进行，力求有计划地做到畦的大小一致，灌排水自如。作畦可用筑埂机和开沟培土而成。

第三节　土壤耕作类型

耕法是由一组土壤耕作措施组成，其所建立的耕层结构具有明显特点的土壤耕作类型。笼统地说，各种耕法的目的是基本一致的，即在当地气候、土壤条件下创造特有的耕层结构和地面状况，调节作物—土壤—气候之间的关系，以满足作物生长发育的要求。但是它们又各具特点，既因气候、土壤条件所建立的耕层结构和地面状况有差异，有各自的理论体系，在调节气候—作物—土壤之间的关系上，也各有侧重，所用的农具也不同。

一、旱田土壤耕作

（一）平翻耕法

平翻耕法是世界上运用历史最久，分布最广的一种耕法，在我国绝大部分地区都有运用。

1. 理论依据

平翻耕法是苏联 B. P. 威廉斯草田耕作制中的一个环节，其基本原理建立在团粒结构学说上。B. P. 威廉斯认为耕层，尤其是表土层有较多的水稳性团粒最便于调整土壤的物理、化学和生物性状。水稳性团粒是一个小水库，也是一个小肥料库。耕层中水稳性团粒越多越能缓和气候条件对土壤性状的不良影响，而且可以延长耕作的有效期。草田耕作制各个技术环节和措施就是围绕保持和增加耕层水稳性团粒为中心的。在草田耕作制中增加土壤水稳性团粒的主要措施，就是在轮作中加入 2～4 年的混播多年生豆科和禾本科牧草，在它们根系的作用下，形成大量的水稳性团粒结构，牧草耕翻后再种植禾谷类作物。由于种植作物的耕翻和播种作业，又破坏水稳性团粒结构，表土在好气条件和生产的影响下，水稳性团粒破坏较重，而底土在嫌气条件下，有恢复团粒的作用。因此，需要耕翻。

20世纪50年代，我国耕作学界曾有人认为平翻耕法在气候温暖地区采用，目的是建立水田和旱田适宜的耕层构造，而不是为了保持表土的团粒结构。因为气候温暖地区，土壤好气性分解过程强烈，即使种植多年生牧草也很难形成大量的水稳性团粒结构。何况长江以南大多数地区人多地少，不可能大量种植多年生牧草。我国南方水田仅有大量微团粒结构，它们是在施用有机肥和绿肥条件下形成的，没有大量的水稳性团粒，一年三熟产量也可达到1000kg/亩以上。究其原因，关键在于勤施有机肥和多次耕作调节耕层结构，维持一定的大小孔隙比例，使肥力因素协调存在，满足作物需要。所以我国大部分地区采用平翻耕法，理论依据在于通过翻转耕层疏松土壤，建立包括各类团聚体在内的耕层结构，以满足作物根系生长和水分、养分、空气的供应。

2. 农机具

旧式畜力农具有三角形犁铧的犁，耠子及各种形式的耙，耱（耢）、压地农具和锄头。新中国成立初期开始引进机引五铧犁、圆盘耙、钉齿耙和镇压器等农具。目前，东北地区平翻耕法主要使用机引农机具。

3. 地面和耕层特征

平翻耕法创造了平整、疏松、裸露、无覆盖物的地表状态，全虚的耕层结构。

4. 作业环节

主要有3个土壤耕作环节，即：基本耕作——耕翻，表土耕作——耙、耢、压，中耕。

（1）基本耕作。耕翻（又称犁地、翻地）是用有壁犁的犁切入土壤成土垡，并借犁壁使土垡上升、翻转而后抛入犁沟中的作业。在翻转耕层的同时，由于犁壁成曲面状态，使土垡逐渐散碎，最终成松散的覆瓦状。耕翻动土量大，消耗动力也较大，它不仅影响当年耕层结构，还会影响第二年甚至后几年的耕层结构。

经过一季或一年生产过程，耕层土壤在降水、灌溉、机械重力等多种因素影响下，必然下沉而逐渐紧实。翻地可以疏松耕层土壤，将增加非毛管孔隙，提高总孔隙度，增强通气性和透水性，促进好气微生物活动和养分释放，有利于作物根系的生长发育。据江苏常熟红壤土类的稻田翻地与不翻地的比较（表5-4），各种土壤好气微生物都增加4～6倍；尤其是底土层原土壤好气微生物较少，深翻后增加倍数更多。相应的也可使有效态氮、磷增多。耕翻创造的全面疏松的耕层结构也有利于接纳大量雨水，并把雨水深储到心土层中。

表5-4　深翻对土壤微生物的影响

土层/cm	处理	真菌		氨化细菌		固氮菌		消化细菌		好气性纤维分解菌	
		个数/(个/克土)	增加倍数	个数/(个/克土)	增加倍数	个数/(个/克土)	增加倍数	个数/(个/克土)	增加倍数	个数/(个/克土)	增加倍数
10～20	未深翻 深翻	8.5 60.8	6.15	672.0 3430.0	4.10	3030.0 15800.0	4.21	940.0 960.0	0.02	2360.0 27500.0	7.18
30～40	未深翻 深翻	0.6 9.7	15.17	316.0 7850.0	23.84	120.0 8020.0	65.83	8.0 920.0	114.0	320.0 32800.0	104.81
40～60	未深翻 深翻	0.3 6.6	21.00	311.0 321.0	0.03	66.0 1070.0	15.21	7.0 25.0	2.75	310.0 32100.0	102.55

来源：耕作学，东北农学院出版社，1988。

翻地的适宜深度随各地的土壤类型、气候条件以及作物种类而变化的，翻地深度决定着耕翻效果及持续时间长短。耕翻深度越大，耕层越厚，越疏松，越有利于雨季储水蓄墒；耕层厚而疏松，通气性增强，有利于热空气的输入和养分的矿化。在一定的翻地深度内，增加翻地深度有利于产量的形成（表 5-3）。对大豆的增产作用最大，高粱次之，谷子又次之。王盼忠等（1996）认为莜麦产量与耕层深度呈极显著相关，耕深每增加 1cm，筱麦产量提高 31.38kg/hm^2。闫惊涛等（2011）研究表明，深耕后小麦单位穗数、穗粒数和千粒重均比对照高，并随耕深的增加而增加，其中耕翻深度 20cm 和 30cm，分别比对照（不耕翻）增产 42.2%和 52.5%（表 5-1）。李光辉等（2008）认为耕深以 25～30cm 为宜，过深对增产无显著影响，但增加了作业成本（表 5-5）。但是，随翻地深度的增加，大孔隙增多（表 5-6），提墒能力减弱，尽管进行耙、压，其作用也只限于表层，在干旱地区、干旱季节也会增加旱情。

表 5-5　耕深对小麦产量及构成的影响（李光辉等，2008）

处理/cm	穗数/(万穗/亩)	穗粒数/(个/穗)	千粒重/g	产量/(kg/亩)	产量比例/%
20	15.8	41.8	43.9	291.0	100
25	16.2	45.8	50.3	373.0	128
30	16.4	46.9	50.3	386.0	133
35	16.1	54.4	49.0	358.0	123

表 5-6　不同耕深对土壤物理形状的影响（耕作学，1987）

测定项目	耕深/cm	取样深度/cm				
		5～15	25～35	45～55	65～75	85～95
容重/(g/cm^3)	20	1.27	1.49	1.44	1.45	1.46
	30	1.20	1.33	1.41	1.43	1.47
总孔隙度/%	20	51.20	42.75	44.60	44.30	43.85
	30	53.83	48.90	45.80	45.00	43.50
毛管孔隙度/%	20	41.22	30.05	39.32	39.13	40.44
	30	42.82	38.10	38.71	40.35	38.90
非毛管孔隙度/%	20	9.98	3.70	5.28	5.17	3.41
	30	11.05	10.80	7.09	4.65	4.60

来源：耕作学，1987。

若耕翻过深，有机肥埋压在深土层，只有待作物根系伸展到底土层才能有效利用有机肥，肥效发挥晚不利于作物前期生长发育。而且耕翻过深，将底土层还原物质或有效养分较少的土层翻到地面上来，不经长期熟化，则对作物生长不利。例如，黑龙江省的白浆土，因表层养分好，下层瘠薄，不宜深翻。耕翻是动土量大的基本作业，在雨前翻地有利于接纳和储存雨水，翻地后没有降雨，反而减少土壤水分，增加干旱程度。如翻地后不可能有水源补偿时，则翻地将浅一些。黑土层较厚、土质黏重、盐碱土耕层紧实易翻盐，耕翻可深一些；砂质土质较粗，耕翻过深增产效果不大。在当前生产中，一般认为耕翻深度

14～18cm 为浅翻，20～22cm 为一般深度，超过 22cm 为深翻。为了不产生犁底层，耕翻深度应经常变换。大田生产一般不宜超过 22～25cm。不同国家对耕翻深度的见解也不同：美国认为 15～16cm 偏浅；英国、德国认为 18～20cm 适中；苏联认为 25cm 偏深，日本认为 25～30cm 偏深。

翻地是全层耕作，只有在作物收获后才能进行。多熟地区，在夏季作物收获后或休闲地上伏翻，于秋季作物收后或冬小麦播种前秋翻。北方，如东北地区，只有在春小麦或休闲地上才能进行伏翻，一般进行秋翻，对于水田、低洼地、秋收晚的地块，或因土壤水分过大，或因作业时已封冻，秋耕不能保证质量，才进行春翻。

从北方自然特点和生产要求分析，伏翻和秋翻的好处多，增产效果大，和春翻比，它能接纳积蓄伏、秋季雨水，减少地面径流，储墒防旱，能有充分的时间熟化耕层土壤，改善土壤性状；能有效地清除田间的杂草，并在一定程度上诱发表层草籽，能于病菌、害虫尚未准备好越冬之前，打乱其生活环境和条件，加以消灭。盐碱地能利用雨水洗盐压碱，抑制盐分上升；能充分发挥农机具作用，早整地，为播种做好准备，取得生产主动权。因此，在切实保证质量的前提下，整个北方地区都有伏翻好于秋翻、早秋翻优于晚秋翻、秋翻又优于春翻的趋势。西北地区农民群众流传着："伏雨深耕田，赛过水浇园"的谚语，华北农民也有"庄稼要收成，田地得秋翻""隔冻划地印，等于上道粪""秋天翻地如雨浇，春天无雨也出苗"等谚语。东北地区则有"七金八银、九铜十铁"的说法来形容早耕优于晚耕。据甘肃省庆阳县资料，当地 7 月雨水多，雨前伏翻小麦产量高。

秋翻与春翻的对比试验各地报道很多，其增产原因主要是秋翻地深，熟化时间长，经过冬春土壤冻融，耕层下沉，松紧适宜，保墒好，以致土壤有效肥力高。因此，秋季作物收获后提倡立即秋翻，尽量多秋翻。但一定要强调掌握宜耕期，如果土壤水分大，勉强秋翻，效果适得其反。春旱地区春耕将使土壤水分大量散失，但是在春旱有灌溉地上，非春旱低平地上，水田，秋收晚的地块上，冬季风蚀重的地上，也可春翻。春翻一般于返浆期进行，翻后及时耙压。特别低洼地块或水田春翻应于化冻至犁深时马上犁翻，阻力小、省动力，保障质量特别重要。

耕翻的后效是指耕翻后创造的疏松耕层能保持多长时间。后效持续时间越长，经济效果越大。土地经过耕翻后，虽然进行一些表土耕作，其疏松作用仅限于表层，而底层土壤受到土壤自身重力，以及雨水渗透力等，逐渐紧实。能抵抗这几种力而延长耕翻后效时间的因素有：一是土壤质地不过黏、结构好、有机质含量高的土壤在干湿变化过程中，有膨胀、收缩，可保持土壤疏松。反之，质地黏重、结构差、降雨量大或经常灌溉、有机质含量低的土壤后效短。二是冬季冻土深度和结冻时间长短。结冻有疏松土壤作用，东北地区冻土可深达 1～2m，结冻时间长达半年，华北地区冻土深度与结冻时间明显不如东北，在同样耕深条件下，后效不如东北。三是耕翻深度，耕翻浅时，后效短；东北地区一般可维持 2～3 年，北部时间长，南部时间短。据吉林农业科学院试验：耕深分别为 15cm、20～22cm、27～30cm 三个处理，当年玉米产量比率分别为 100、130.4、152.2；第二年不耕翻只进行表土作业，重茬玉米产量比率分别为 100、130.7、129.0。试验表明深耕第二年仍有明显的增产效果。总之，土壤有机质含量高、质地较轻、结构良好、少雨地区、冬季有冻土层、多施有机肥、深翻后效期较长；反之，后效期短。

（2）表土耕作。翻地后必须进行表土耕作才能创造出良好耕层结构，表土耕作的主要作用范围一般是0～10cm的表土层，并形成达到播种的地面状态。主要包括耙地、耢地、镇压、中耕等作业。

1）耙地。主要在作物收获后、耕翻后、播种前或某些作物苗期。其农具是各种耙类：圆盘耙、缺口耙、钉齿耙等。目前圆盘耙应用广泛，耙深可达8～10cm，主要用于熟地翻后碎土、平地后播前整地；缺口耙耙深12～14cm，多用于开荒地或代替耕翻；钉齿耙耙深3～5cm，主要用于碎土、耙平地面、消灭杂草或苗期耙地。

耙地的作用：平整土地，耙碎坷垃：因耕翻后地面高低不一，并有大垡块，易加速土壤水分蒸发，也不利于播种，会造成播种深浅不一，覆盖不严，出苗不齐。除了盐碱地、风沙地希望造坷垃防止返盐和风蚀之外，一般耕翻后播种前都需要耙碎坷垃。破除板结：在耙地后，因降雨等会产生板结层，板结的表土毛管作用明显增强，水分蒸发加快，透水力减弱，而且表土过于紧实，不利于播种，影响开沟播种和覆土。作物出苗后土壤板结也需要进行出苗前的苗耙，出苗前耙地可助苗出土，提高出苗率，可为幼苗创造良好的生长条件，苗耙一般伤苗率在1%～5%。耙碎根茬：小麦、大豆、谷糜等作物收获后，常用圆盘耙耙茬，耙碎和混拌根茬，以后可以不翻地而播种。消灭杂草：耙地可以把一些杂草幼苗、幼小植株连同根部耙出地面，或切碎杂草幼苗，经过风吹日晒而枯死。混拌土壤、农药和肥料：许多除草剂、杀虫剂、杀菌剂是土壤处理剂，需要混土施用，先将药剂喷于地面上，然后通过耙地混土；另外，也通过耙地混拌有机肥和化肥等。

耙地的时间：翻地以后耙地时期，主要根据当时的表土含水量而定。如土壤含水量适宜时，可随翻随耙，若翻耙脱节，待垡块干透后再进行耙地，不但难以达到质量要求，还会严重破坏土壤结构。在地势低洼的地块，或北方冬季积雪时间长，可以翻后不耙或粗耙过冬，有冻垡和散墒作用。秋翻后土壤水分多，耙地反而压实土壤，对盐碱土来说易引起盐分上升。在播种前耙地主要是破除板结、进一步细碎土壤，提高播种质量。

耙地方式：顺耙、横耙、斜耙和对角线耙等。顺耙是与翻地同方向的耙地，碎土效果差，犁沟不易填平，但省动力、速度快。横耙是耙地方向与翻地垂直，碎土平地效果好，但阻力大、机械震动大。斜耙是耙地与翻地沿一定角度进行，效果、阻力、机械震动性界于顺耙和横耙之间。对角线耙属于斜耙，是耙地时沿着地块的对角线进行耙地。

2）耢地（又称耱地）。作用是进一步碎土和平整地面，轻度镇压等，并形成干土覆盖层，减少土壤水分的蒸发，提高整地质量。对盐碱地可以减少和防止返盐，对播种和镇压后破除板结也常采用耢地措施。

3）镇压（又称压地）。播种前或播种后的镇压的目的是压实土壤，减少过多的大孔隙，增加毛管孔隙，使种子与土壤紧密接触和防止蒸发，促进毛管水上升。另外，镇压也有一定的碎土作用。

镇压的注意事项：在北方整地后及时镇压，可以增加土壤水分，抗旱能力增强；春旱地区要随播种随镇压；镇压后表层形成1～2cm的干土覆盖层，可以防止土壤水分蒸发过多不利于种子萌发出苗；镇压必须在土壤水分适宜的条件下进行，水分过多时过度镇压容易产生板结而影响出苗。

（3）中耕。主要在作物出苗之后封垄之前进行。这期间耕层结构逐渐由松变紧，杂草成批发芽、出土，而且随着作物的进一步生长，根系需要向更深土层伸展，需要更多的水分和养分。中耕可以起到松土和破除板结增加透性以及培土、消灭杂草的作用，为作物生长创造适宜的环境。中耕一般根据作物苗的大小，根系分布深度和范围以先浅、中深、后浅进行三次中耕松土、培土作业。

5. 评价

优点：以全虚耕层结构接纳大量降雨，增加蓄水；表面有干土覆盖，缓冲气候对耕层的不利影响；以耕层翻转消灭杂草、病菌孢子和害虫、掩埋有机肥料、绿肥和作物残茬作用强；便于机械耕作，以速度争农时；可根据作物的高产要求决定行距，不受前茬行距的限制；后效期可达两年以上；作物后期生长良好，产量高。

缺点：全虚耕层结构，春季提墒能力差，加剧了春旱地区的旱情；表面干土覆盖比较疏松，易发生风蚀；全虚耕层结构，土壤养分分解大于积累；封闭式犁底层隔开了耕层与心土层的联系，使作物不易吸收利用心土层的养分与水分，也阻碍了根系的伸展；地面有堑沟和闭垄，增加耙地和耢地次数；土层翻转及耙耢地使杂草种子全层感染，加重作物生育期间的杂草危害；适合气候正常年景，不适合旱年和涝年；高产、但不稳产；作业次数多，耕作成本高；农机专用性强，配套农机具件数多，投入高。

（二）垄作耕法

垄作耕法是我国东北地区的固有耕法。沿用年代较久，与前汉时代（公元前 20 年）所推广的代田法近似。

1. 地面特征

垄作耕法是创造人为小地形，常年垄型。在作物收获后，垄高约为 14～18cm，标准垄型为方头垄。一年中，垄型有方头垄、张口垄及碰头垄的垄型变化。垄距 60～70cm，超过这一垄距抗旱抗涝能力增强，但不能合理密植；小于该垄距耕层不够深厚，不耐旱涝，而且易被冲蚀。

2. 垄作耕法的农具

原始的农具主要是木制大犁，犁铧呈三角形，其农艺是半翻转土层，很少产生垡块，作业省力。作业深度 6～8cm，做成的垄体耕层深度 16～18cm，垄沟松土 8～10cm。播种农具有耲耙和点葫芦。目前将原始的木制大犁改进成配套拖拉机的铁制犁，进行起垄和中耕作业，播种作业应用播种、施肥等多项作业一次完成的播种机。垄作农具如图 5－13 所示。

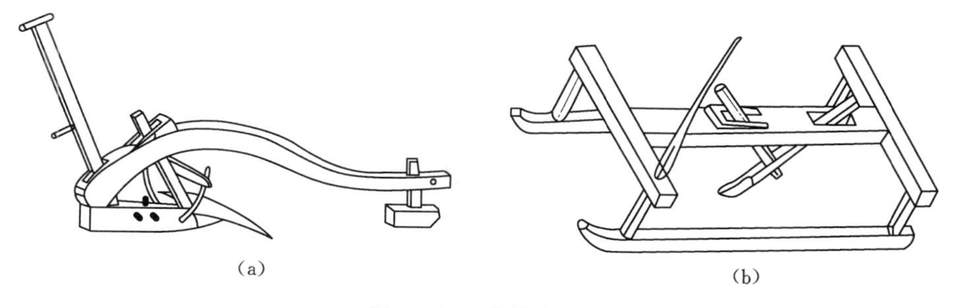

图 5－13　垄作农具

(a) 犁杖；(b) 耲耙

3. 垄作耕法的作业环节

（1）扣种。扣种是一种垄翻作业，其方法有多种，主要用于大粒种子作物，如玉米、大豆等的作业环节（图 5-14）。典型的扣种作业的第一步是破茬（破垄），将根茬和原垄台上部的表土翻入垄沟，在上年垄沟的松土上播种，然后在破茬处再趟一犁（掏墒），将松土覆于种子上，最后用磙子镇压。可根据气候调节破茬和掏墒的深度而改变播种深度与覆土厚度。如春季多雨，地温偏低，可深破茬，浅掏墒，提高播种位置和降低覆土厚度；若春季干旱，地温高，可浅破茬，深掏墒，降低播种部位，增加覆土厚度，以后可根据覆土情况采取辅助作业，例如出苗前耢去部分覆土等。

为加深耕层也常采用三犁串垄的扣种形式，先在原垄沟趟一犁，然后破茬、掏墒、加深垄台的耕作层，此方法三犁成一垄，称作三犁串垄。在特别干旱地区或干旱年份，为了增强抗旱能力，常在原垄沟中直接播种，然后破垄进行覆土起垄。该方法因为种子播在低处，且种子下土壤紧实提墒力强，特别抗旱。

目前生产上机械化作业（图 5-15），秋季或春季灭茬旋耕（倒垄或原垄）一次扣成空垄，春季在扣成的空垄上用播种机进行播种作业，并同时施种肥。

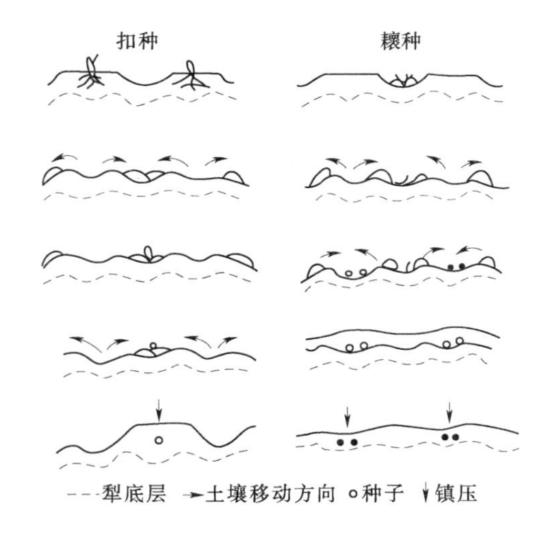

图 5-14　扣种、耲种作业示意图
（耕作学，1981）

图 5-15　灭茬、旋耕起垄作业

（2）耲种。耲种是一般不换沟台位置，用耲耙在原垄台开沟播种的方法（图 5-14）。原始的耲种程序是：耲耙开沟➛点葫芦播种➛踩底格子（播种沟镇压）➛施粪肥➛收子（拉子）覆土➛平磙子压垄台。有以下两种作业法。

1）靠山耲：上年原垄留茬越冬，当年早春耢碎残茬，而后直接用耲耙在垄侧播种。此法虽然耕作粗放，但原垄未动，提墒能力强，种子部位较高，争取了温度，及时发芽出土。

2）耢垄耲：留茬越冬，播种前先耢去一层原垄干土，将残茬、草籽耢入垄沟，而后在垄中间较湿的垄心土上开沟播种。此法播位较低，抗旱性增强，草也较少。多用于小粒种子作物，如高粱、谷子等。

生产上，因用耧耙开沟、点葫芦点种的老式畜力作业效率低，该方式已很少应用。耧种的方法主要是原垄耢茬（前茬为豆茬）或灭茬（玉米茬等），然后沿原垄用播种机直接播种，在播后出苗前混喷施灭生性除草剂与土壤处理剂防除杂草，因该方法杂草出苗比较早，效果比较理想。

（3）铲趟。铲趟是垄作耕法出苗后田间管理措施之一，为垄沟部位的深耕与中耕相结合的重要作业。铲即用锄头入土 3～5cm 疏松垄台、垄肩，消灭板结层和杂草，然后在垄沟中进行大犁趟地（中耕）。作物在铲后 1～2d 内趟地，一般耧种地因是原垄，多为三铲三趟，扣种多为两趟铲趟。三次趟地深度都必须达到犁底层，为了防止压小苗和垄台透风，三次趟地要更换犁铧，头遍地采用窄犁铧，以后再用宽铧。第一次铲趟将土培至垄帮，即"张口垄"，即可避免压苗又有助于降雨存储于苗带中。最后一次趟地将土培至垄台上，并使松土在垄上相遇形成碰头垄。

在东北地区除草剂被广泛使用，中耕作业中铲地作业越来越少，但趟地是很必要的：一是趟地具有很强的灭草能力，进行趟地可以控制草荒，提高除草剂效果；二是趟地具有破除板结、松土与培土的功能，可以为作物的后期生长创造适宜的环境。

4. 评价

垄作耕法的耕层结构特点是垄体中具有 4 种松紧程度不同的部位，即垄体表面是松土层、垄体中部是三年一次垄翻的紧实区、垄帮下部有倒垄时留下的十分紧实的三角形非犁耕区（生格子）；垄体下是波状封闭犁底层，垄沟中由于一年中耕三次，比较疏松；垄作耕法具有上下和左右虚实并存的耕层结构。

（1）优点。垄作耕法特别适应东北春季地温低，春旱较重和夏季多雨的气候特点。

1）垄作耕法适应东北地区的降雨形式。东北地区一般春雨少需要防旱，夏季雨水集中需要防涝，人为小地形及 4 种不同松紧程度的垄体，使土壤水分含量不同（图 5-16），容重较大的部位有较多的毛管孔隙，可以提墒，含水量较多而稳定。可根据土类、作物及气候状况选择播种方法和部位。垄体表层松土可以防止水分蒸发，雨季时利用垄沟排水或从铲趟后的垄沟松土储于深土层中，使垄体土壤水分不过多。

2）垄作耕法白天温度高、夜间温度低，昼夜温差大利于作物生长。垄作耕法按 70cm

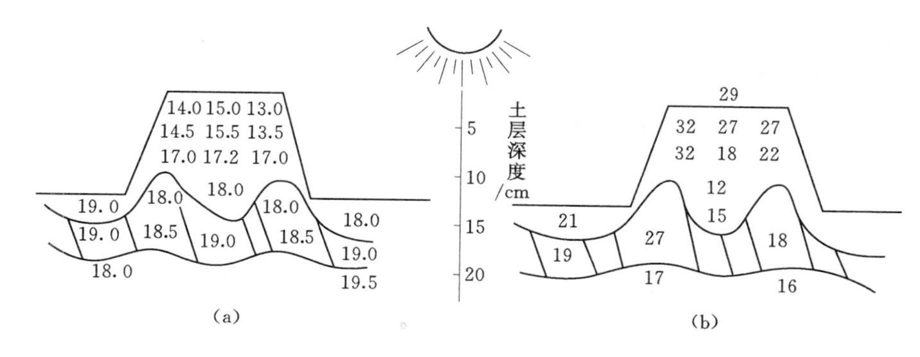

图 5-16　垄体各部位的土壤含水量和温度（温度:℃，含水量:%）
（东北农学院耕作教研室 侯中田）
（a）土壤含水量；（b）土壤温度和地面温度

垄距计算，可比平作增加33%表面积和延长了太阳直射角的时间，因而在相同的面积、相同的日照时数条件下，垄作比平作接受的太阳辐射多，因此白天温度上升快、温度高；而由于表面积大，夜间散热快，温度低。

3）防风蚀水蚀。垄作由于垄体紧实和有残茬构成降低风速的障碍物，同时可以截留风中携带的土粒。在坡耕地上横坡起垄或等高线起垄，可以创造人为小平原，具有明显的防水土流失作用（表5-7）。

表5-7　不同耕法防风蚀效果

耕作处理	风蚀后效	风蚀量/t
玉米原茬地	垄台失去土0.5cm，垄沟积土2.6cm	－35＋90＝55
玉米秋翻地	表土丢失1.9cm	－33
差值		88
大豆原茬地	垄台失去土0.5cm	－35
大豆秋翻地	表土丢失0.9cm	－69
差值		34
谷子原茬地	垄台失去土0.3cm，垄沟积土2.0cm	－21＋70＝49
谷子秋翻地	表土丢失1.7cm	－119
差值		168

来源：耕作学（东北本），东北农学院出版社，1988。

4）具有先发治草的杂草防除体系。扣种倒垄时将杂草种子扣入垄底，窒息2～3年大部分杂草死亡；耲种时进行耢茬，将杂草种子耢入垄沟，使杂草在易防除地方出苗，便于铲趟消灭杂草；另外，根据草荒情况采用趟蒙头土，可以在杂草出苗前防除减少危害，以及秋季放空垄等措施可以明显减少杂草结实。

5）耕种结合、耕管结合。垄作耕法的扣种将播种与倒垄相结合，将播种与深耕结合起来。铲趟作业既是中耕作业又是接纳雨水的深耕作业，耕管结合到一起。

6）肥沃土集中。垄作将肥沃土集中于垄台，加厚了肥沃的耕作层，垄体高出地面，便于紧实土体的气体交换。

7）垄作耕法一机多用，配套机械组件少，机械投资少。

（2）缺点。由于受传统农具限制，耕层浅，作业效率低，稳产而不高产。

1）固有垄作耕法受农具限制，耕作层浅。封闭波状犁底层距表土较近，影响储水深储和利用心土层的水分与养分。协调气候—作物—土壤之间关系的能力弱，妨碍根系向心土层伸展。

2）固有垄作耕法用原始的木制大犁作业效率低，在人少地多条件下不便于精耕细作。现在实现机械化起垄与机械化播种作业，提高了作业效率。

3）垄作耕法的耕层构造适宜作物苗期生长，但由于耕层浅不能完全满足作物的后期生长，发小苗、不发老苗，作物稳产，但不高产。

综上所述，垄作耕法由于受老式农具——木制大犁的限制，耕作层浅、效率低，20

世纪60年代制造了机引的七铧犁，龙江一号、辽宁一号，90年代相继配套了多种型号起垄中耕机械和播种机，大大提高了作业效率。

（三）深松耕法

1. 由来

深松耕法是黑龙江省为了进一步稳产、高产和加速田间作业机械化进程的要求而研究产生的一种新耕法。它是以深松铲间隔深松，局部打破犁底层，形成纵向虚实并存耕层结构的耕作方法。20世纪50年代初期引进机械化平翻耕法农具后，经过10多年广泛的两种耕法（垄作耕法与平翻耕法）对比试验证明：运用垄作耕法的作物，表现早熟、稳产，但不高产，其关键问题是耕层浅，封闭式波状犁底层，影响作物后期生育。运用平翻耕法的作物表现高产，但是晚熟而且不稳产，其关键问题是耕层疏松，春季不能及时提墒以满足作物前期的水分要求，延迟了生育期。这两种耕法都不能解决作物早熟、稳产，而又同时高产的问题。在生产中形成的垄作与平翻相结合的方法，平翻后起垄，在平翻的基础上而后起垄种植作物，该耕作法虽然加深了耕层，但两次作业丢失了大量水分，同时也破坏了垄体所具有的不同松紧程度的部位，虽然有垄的外形，仍然和平翻耕法的全虚结构相似。新的耕法必须具备既能透水蓄墒又同时有不断提墒的耕层结构，即虚实并存的结构。犁底层的存在妨碍耕层的储水和根系的伸展，加深耕层是必要的，打破犁底层深耕的同时又不能失去实的部位，而变成全虚结构，深耕必须在局部进行。新的耕作方法应具有垄作耕法多种播种方法以适应不同气候条件，而且还应具有平翻耕法的便于机械作业的特点，即可垄作又可平作。20世纪70年代，黑龙江省针对平翻耕法、垄作耕法以及平翻后起垄耕法，经过多年研究和总结经验的基础上，创造出深松耕法。

2. 农具

深松耕法的配套农机具为联合耕种机（图5-17），有前后两个深松铲，通用的铲宽7cm，铲距根据需要调整，垄作一般与垄距相同。

3. 作业方法

在垄作条件下，垄沟、垄台、垄帮均可以进行局部深松，平作条件下采取耙茬间隔深松，消灭部分犁底层（图5-18）。为适应不同作物、气候和土壤的要求与特点，有多种耕作法，形成各种纵向虚实比例的耕层结构。

（1）垄作深松。

1）垄沟深松。在秋收后、播种同时，或作物幼苗期均可垄沟深松。东北地区在第一次中耕时深松效果最佳，因这时正值雨季来临，可以蓄积大量雨水。总之，垄沟深松应在雨季前进行，若松后没有降雨，反而加重土壤失水。

2）垄底深松。在倒垄时，先在原垄沟深松而后倒垄，也可配合新垄的垄沟再进行深松[图5-18（b）]。

3）垄帮深松。在第一次中耕时，结合垄沟深松的同时以2cm宽的深松铲在垄帮上深松，深松深度14～16cm，消灭部分生格子。

（2）平作深松。

1）耙茬深松。在平作地一般以70cm间隔深松，可形成1：0.8虚实比的耕层结构。

2）松耙松。在较黏重土壤的平作地上，先深松一个行距内的某个部位，后耙表土，

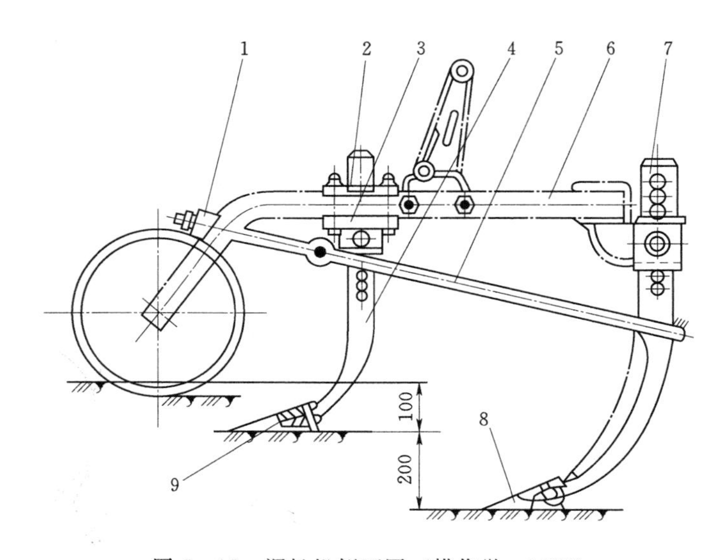

图 5－17　深松机侧面图（耕作学，1988）

1—卡子；2，3—铲库；4—前铲柄；5—拉筋；6—梁；7—后铲柄；8—后铲；9—前铲

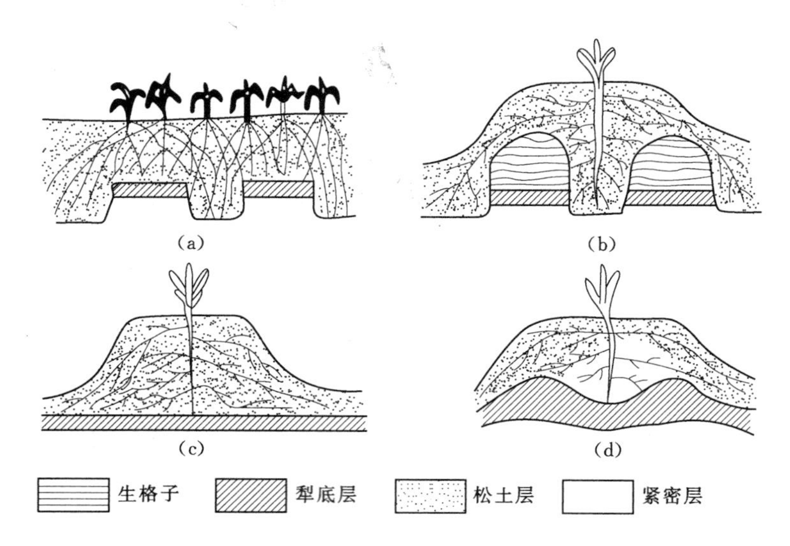

图 5－18　深松耕法耕层构造模式图（耕作学，1988）

(a) 耙茬深松；(b) 垄翻深松＋垄沟深松；(c) 平翻耕法；(d) 垄作耕法

最后深松另一个部位，一次作业完成。

总之，无论平作或垄作深松，深松的深度都以打破犁底层为限。

4. 评价

(1) 继承了垄作耕法和平翻耕法的精华，局部打破犁底层，在加深耕层的同时，又保留部分犁底层托水、托肥的良好作用。

(2) 纵向虚实并存的耕层结构，以深松部位加强储水，以实的部位提墒，提墒与渗透各有场所，既可多储水，又保证经济提墒用水，适合旱季又适合雨季。

(3) 深松耕法有多种作业方法，可为各种土壤—作物—气候系统提供了灵活选择的可能性。在土壤黏重或耕性不良的低产地上，可采取大比例虚实并存的耕层结构。

（4）平作地采取耙茬深松或松耙松形成的耕层结构，实际上是“明平暗垄”，具有部分垄作的效果。

（5）土壤通透性强，有利于提高土壤温度，对于作物苗期光合作用有利。

（6）土壤耕作次数少，平作地没有开闭垄，省去大量耙耢作业，节约成本。

（7）耕层结构中有虚实不同的部位，实的部位有利于养分积累，虚的部位有利于有机质的矿化，有机质的积累与矿化各有其所，积累与矿化相结合。

（8）深松耕法的不足之处是不适于坡度较大的耕地，以免引起大量的水土流失。

二、水田土壤耕作

（一）水田的分布

水田是指以栽培水稻为主、较长期建立田面水层的农田。它不同于一般作物灌溉地，包括水稻旱种都不属于水田。我国是世界上生产稻谷的主要国家之一，水稻在农作物中面积最大，举足轻重。由于我国受太平洋东南季风气候的影响，水田绝大部分分布于秦岭、淮河一线以南各省，形成水稻的集中产区。根据《中国农业百科全书·农作物卷》的划分，我国有6大片稻作水田区。

1. 华南温热双季稻水田区

该区包括粤、桂两省（自治区）中南部、闽东南部、台湾省、海南省及滇西南部。

2. 华中湿润单双季稻水田区

该区包括浙、湘、赣、鄂、沪等省、川东、苏皖两省中南部、闽中北部、两广北部以及湘、陕的南缘。

3. 西南湿润高原单季稻水田区

该区包括贵州全部、滇中北部、川西部以及青藏零星稻区。

4. 华北半湿润单季稻水田区

该区包括京、津两市，鲁晋两省，苏、皖北部，豫中北部，冀中南部，辽东半岛，陕西秦岭以北大部，宁夏南部，甘肃东部。

5. 东北半湿润早熟单季稻水田区

该区包括辽宁中部、吉林和黑龙江全部。

6. 西北干燥单季稻水田区

该区包括新疆全部、陇西、宁夏北部、陕西北部、河北北部以及内蒙古全境零星稻区。

（二）水田的耕层特点与技术要求

1. 水田土壤的特性

水田土壤是一种特殊的土壤类型，与通气良好的旱田不同。通常在淹水后耕层内水分饱和，空气和氧气极少，成还原状态。只有到水稻成熟后，通过排水与土壤耕作，耕层内才充满空气，才改成氧化状态。如此干干湿湿，氧化还原交替，形成与旱田不一致的物理、化学、生物学过程。它的物质转化与移动，养分保持与释放，都有其特殊的规律。典型的水田土壤剖面，分为耕作层（淹育层）、犁底层、心土层（渗育层）和母质。

（1）耕作层。由于这一土层有水层和经常受农业技术措施的影响，耕层结构中液相占比例较大而气相在0～5cm土层尚有一定比例，5～15cm以下比例极小。在落干一周后，气相明显增加。因此水稻生育期间耕层的氧化还原势（Eh）有600～800MV的变幅，而在旱田中无灌、淹和排水的干扰，只有200～300MV的变幅。在水稻幼根中含氧多于老根数倍，在幼根附近土壤的氧化还原势高于其他部位，其差异远大于旱田作物。

耕层养分含量与施肥、淹水层和土壤微生物活动有密切关系。在淹水条件下，气体交换几乎停止，虽然间歇灌排向土壤输入氧气，在大部分时间内好气微生物活动很弱，而嫌气性微生物活动为主，耕层内部氧化还原电位低，呈还原状态；因此，土壤中氮物质的转化以氨化作用为主，消化作用很弱。

通常认为，在水层下的1～2cm表层，由于溶于水中的氧和藻类同化作用放出的氧，而带有黄棕色，称为氧化层。此层消化作用旺盛，含氮有机物分解为氨后，可进一步转化为硝酸。

氧化层下为灰蓝色的还原层，嫌气微生物活动旺盛，还原作用强，氨态氮生成多，有利于水稻吸收和土壤吸附而使肥分得以保持。还原层有机质的腐殖化作用非常强烈，利于保肥，但氧气不足，有毒物质（硫化氢、甲烷等）积累，又不利于根系生长。因此就需要通过土壤耕作、落干或烤田来改善氧化还原势能，促进气体交换，削弱或消除这方面的有害作用。

（2）犁底层。水稻土的犁底层和旱田犁底层一样，具有难以通气、透水作用。地势较高，土壤质地不黏或偏沙性，犁底层可以防止漏水和避免养分流失的作用。在低湿地或黏质土壤、老稻田，犁底层更加紧实，使耕层还原性增强。

（3）心土层。水稻土的心土层经常受灌溉水浸润或淋溶影响而形成的层次。水分在这一层次的停滞时间很短，受水浸泡时间不长而常达非饱和状态。由于受淋溶影响，土壤偏黄或稍带灰色，干时大块状，垂直裂缝明显，结构体上可见少量的锈纹、锈斑。有的土壤在强度淋溶条件下形成强度渗育层，称为“白土层”或“灰漂层”，其厚度约为10～20cm，黏度和铁的含量低，有机质、氮、磷均缺，是低产水稻土的特征。

2. 水稻对土壤耕作的要求

（1）一定深度的耕层。水稻地上部和地下部的生育是互相制约的，要获得丰收，就得使地下部根系充分生长，有强大的吸肥、吸水能力。耕层浅的容肥量少，根系集中土壤表层，吸肥体积减小，易引起倒伏，严重影响产量，因此一定深度的耕层是获得水稻高产的基础。

水稻根系70%～80%分布在20cm耕层内（表5-8），一般耕层加深根系也向下移，早稻生长期短，根系分布浅，晚稻则反之。粳稻吸肥力强，比籼稻要求深一些。

（2）松软的耕层。有了一定深度的耕层并不足以说明已具备了根系生长的一切条件，良好的三相比例关系，也是根系充分生长所必备的肥力条件。

熟化后的耕层，物理性状良好，含有较多的腐殖质和一定大小的团粒。淹水时，土层松软紧密，无硬土块，能保肥蓄水和气体交换。落干时，土层疏松细密，既不板结，又呈不分散状态，通气性和导热性良好，有利于微生物活动和养分分解。反之，在有机质少、土质黏重、土粒高度分散、物理性状差的土壤上，落干后形成大块龟裂，灌水后成为糊化状态则土壤温度低、通气性差、还原物质积累多，养分分解慢，不能满足水稻根系伸展与生长要求。

表 5-8　耕层中的根系分布

土层深度/cm	冠根数/%	侧根数/冠根数	土层深度/cm	冠根数/%	侧根数/冠根数
7.5	31	9.0	20.0	9.8	6.5
10.0	13	16.3	22.5	7.3	6.0
12.5	9	17.4	25.0	7.3	2.9
15.0	4	27.1	27.5	5.5	2.2
17.5	7.8	6.9	30.0	5.2	0.7

注　14～24cm 有石砾。

来源：耕作学，东北农学院，1988。

(3) 较充分的含氧量。水稻是耐缺氧的作物，它可以从叶鞘和根系皮层补给土壤以氧。但是从水稻分蘖到拔节期间需要大量的氧，否则影响老根的吸收功能。水田管理是苗期促发新根，后期保持老根的功能和寿命。因此，在水稻土的垂直渗透，增加耕层下层土壤含氧量更为重要。同时，在水稻乳熟期后也要有一定的垂直渗透，以便在最后一次落干后，能在数日内排出饱和水，以利于水稻成熟和收获。由于土壤类型、地势、地下水位以及耕层结构，对耕层垂直渗透有不同的要求和标准。

(4) 地面平整。由于水稻生育期间常常改变水层深度，田面平整可以准确控制水层深度，并给予每株水稻创造统一的土壤环境，使水稻生育整齐一致，一般田面高低差不超过 3cm。

(5) 防除田间杂草。水稻田间常见杂草有十多种，是水稻生产的一大危害，通过土壤耕作防除部分杂草和减少土壤中杂草种子与地下繁殖器官，除减少除草用工及除草剂用量外，同时对于发挥土壤肥力，提高产量都有重要意义。

（三）水田土壤耕作类型

1. 翻—耙—耢（耖）

目前世界水田的土壤耕作，无论是运用人力、畜力或机引农具，一年一熟或一年多熟水旱轮作田多数采用翻—耙—耢（耖）的耕作方法。由于水田阻力大，翻深多为 14～15cm。

(1) 秋（冬）耕。南方稻区因自然条件和熟制不同，复种方式多种多样，耕作方法相对较复杂。冬闲田分为冬炕田和冬泡田，前者收稻后及时干耕晒垡，翌年插秧前放水泡田水耙；后者为地势低洼无法排干，或丘陵山区专门蓄水泡田，均于收稻后先干耕，然后灌水水耙，来年春再水耙插秧。冬作田，因其播种和整个生育期间要求土壤疏松、细碎、通气良好，故水稻生育中期就注意晒田，成熟前开沟排水，收获后及时秋冬耕。如时间许可，可耕后晒垡，播前再浅耕整地；农时紧迫，则边犁、边耙、边播种。

北方稻区一年一熟，而且水稻盛行连作。水稻收获后进行秋耕晒垡，翌年春季干耙，插秧前泡田再水耙插秧，或在插秧前直接灌水泡田后水耙。

(2) 春耕。南方稻区早冬闲田，先灌浅水，施入基肥，水耕翻肥，几天后耙平插秧；冬闲板田，先干耕干耙，耙后放水沤田，结合施基肥在耙平插秧；冬作田，收后干耕干耙，施入基肥灌水耙沤，再水耙插秧，冬作物播前曾深耕过的干耕可浅，未深耕的宜深；

冬绿肥田，于绿肥花期翻耕，第一次干耕晒垡，待绿肥凋萎后灌水耙沤，第二次水耕彻底掩埋绿肥，使之腐烂，水耕与干耕相隔7～10d即可，然后水耙后插秧；水旱轮作稻区，冬闲田在冬耕晒垡基础上及时耙地、起畦、开行播种。北方稻区，特别东北地区稻田多集中在春季耕翻，一般在当地化冻15cm左右立即进行，而后多次干耕（耙）和水整地相结合，这是由于经过冬天冻融交替，土壤疏松，耕作阻力小，作业质量好。

（3）夏耕。南方稻区，前茬为早稻因收插季节紧迫，于收获后立即灌耖浅水，进行一犁二耙一耖，随后插秧；前茬为冬作，间隔时间稍长，则干耙、施肥、灌水耙沤、耙耖插秧；前茬为旱作间套绿肥，旱作收后，干耕翻肥，再水耙后插秧；水稻后种旱作物时，于早稻生育后期排水，收后及时犁地、起垄插甘薯、或播种大豆、花生等。

翻—耙—耢耕作法存在的问题：首先是耕作层较浅，现实认为耕层15～18cm即可，是因为翻耕水稻土的阻力大，另外是为了不把过多的还原性土层翻作表土，以免影响幼苗生育。其次，翻地后垡片高低差较大，耙耢次数多，整平用工量大。最后，由于连年翻地，机具对底土的拖压，使犁底层加厚变硬，不利于根系伸展，同时渗透系数过小，在低湿黏重土壤上甚至接近于零。

2. 旋耕

在作物收获后，用旋耕机旋松6～10cm土层，旋耕主要是碎土，将残茬、杂草种子混于旋耕土层。

南方稻区，前茬为春旱作时，收后旋耕，水耙耖平插秧。北方单季稻区是水稻收获后，秋旋或春旋，然后水耙耖平插秧，旋耕与翻耕轮换进行，一般是翻一年旋两年。

旋耕较翻耕的优势：水稻土在浸水条件下，土粒膨胀与分散交替进行，从而使表层有较多易分解的有机质。翻地把肥沃土层翻到下面，而旋耕上下土层肥力一致，因而旋耕地苗期易引起有机氮的无机化，翻地则延至生育后期，*Eh*值在浸水时比翻耕地多22MV。翻地底土有较大的土块，而表土土粒细碎，晒田时易产生板结；旋耕表土碎土粒较少，而且混有根茬，晒田时不易产生板结。旋耕地的产量，据江苏农学院邵达三、成敬生等（1985）试验，稻麦两熟的水稻产量，旋耕与翻地比较总的趋势是增产，因土壤类型的不同增产范围在3%～12%。在不施肥或少施肥条件下，较翻地有减产1%～10%的趋势。从作业成本比较看，旋耕地耙地次数少于翻地而成本低。

3. 旋耕间隔深松

旋耕间隔深松是东北农学院为黑龙江省低地水稻田设计的耕作方法，并制造了旋松机。具体作业方法是：在水稻收获后旋耕6～8cm，同时间隔35～40cm深松到25～27cm。

该方法有旋耕的优点，同时避免根系分布浅的缺点，打破了犁底层，可以调控渗透系数和促进深层养分的分解释放。在灌水前，耕层容重小于秋翻，但其通透性大于秋翻。在浸水一个月以后氧化还原电位略高于秋翻，7月下旬20cm土层土壤温度比秋翻高0.3℃。水稻幼苗根系比秋翻粗壮而侧根及根毛都较发达。深松后效可维持两年以上，不必每年都深松，隔两年深松一次。

马多仓等（1986）在低地草甸土上，改连年平翻为隔年间隔少耕深松，使耕层由14～16cm加深到25～27cm，局部打破犁底层，有降低土壤容重、改变土壤三相（固相、液相、气相）比例、提高土壤温度和增加土壤水分垂直渗透量的作用；间隔35cm深松比翻地增产 12.8%，而间隔 70cm 深松增产不明显，作业成本比翻地降低 50%以上。

4. 免耕

水稻田采用免耕法可以保持平整的地面，便于水层管理；可提前播种和延长水稻的生育期，以缓和播种季节人力或机械力的紧张；进行旱直播时，有稻草覆盖可防止水分大量蒸发；肥沃土层保持在水稻根层，不需破坏和重新叠筑池埂，省工、省成本；由于水稻根系留在原处缓慢矿化，可增加土壤有机质；增产幅度 10%～45%。

采取水稻田免耕的土壤结构，在壤土上第一年免耕的容重及固相都比翻耕增大（表 5-9）。新疆农垦六团科研所在砂壤土上，连续 4 年免耕土壤容重反而减少（表 5-10），认为这是由于水稻根系活动形成了较多的生物孔隙所致。据他们的多年连续免耕分析，腐殖质、钙和硅等养分有向 0～5cm 土层聚集的趋势。在壤土或砂壤土上连续免耕以 3 年为限，腐殖土连续 5 年免耕为限。杜金泉等（1990）研究表明，免耕水稻有增产作用（表 5-11）；连续免耕多年仍然保持增产效应。

表 5-9　水稻免耕第一年的土壤结构

耕作方法	容重/(g/cm³)	固相/%	液相/%	气相/%
免耕	1.27	47.9	27.3	24.7
翻耕	1.24	46.8	23.0	29.3

来源：耕作学，朝鲜民族出版社，1985。

表 5-10　连续四年免耕的土壤结构

耕作方法	容重/(g/cm³)		总孔隙度/%	
	0～10cm	10～20cm	0～10cm	10～20cm
免耕	1.34	1.46	49.5	45.0
翻耕	1.50	1.50	13.4	43.4

来源：耕作学，朝鲜民族出版社，1985。

表 5-11　不同耕作方式水稻产量（杜金泉等，1990）

地点	年份	轻壤—中壤			重壤			黏土		
		免耕/(kg/亩)	耕翻/(kg/亩)	±%	免耕/(kg/亩)	耕翻/(kg/亩)	±%	免耕/(kg/亩)	耕翻/(kg/亩)	±%
龙泉驿	1987	601.2	556.1	8.1	602.0	535.6	12.4	544.3	495.8	9.6
眉山县	1988	529.3	498.4	6.2	494.5	466.4	6.0	—	—	—
	1989	530.3	504.6	5.1	559.0	510.6	9.5	—	—	—
广汉市	1988	520.8	510.0	2.1	497.2	493.3	0.8	—	—	—
	1989	566.4	556.4	1.8	536.7	527.2	1.8	—	—	—

第四节　土壤耕作制

农业生产的连续性使每一块农田和一个生产单位的全部农田，都逐步建立轮作换茬的轮作制。在上一个作物生产周期（年或季）和下一个作物生产周期之间存在着相互联系、相互制约的关系。那么在此轮作换茬的基础上，各年（或季）运用什么样的耕作方法和相应的技术措施，来协调年（季）间的SPAC（soil plant atmosphere continuous）系统，以获得各茬作物的稳产、高产、高效率和低成本？也就是如何根据当地自然条件和生产条件，建立起连年的土壤耕作系统。这个连年（季）的土壤耕作系统，称为土壤耕作制。简言之，土壤耕作制是在轮作制的基础上，根据SPAC系统的原理，满足前、后作物的产量要求，而采取的配套土壤耕作的综合体系，保证每一茬作物都有适当的播种条件和生育期间适宜的耕层构造。

合理的土壤耕作制，就是应用一整套土壤耕作措施，以便更好地满足种植制度中各种作物的要求，使各措施间前后结合紧密，技术协调，能尽可能地做到节省人力物力，节省能源，成本低，效益高，还要符合当地的自然条件和本单位的生产条件的一套土壤管理制度。建立合理的土壤耕作制要充分了解当地的自然条件和本单位的生产条件和生产任务。所采用的各项措施要前后呼应，相互结合，同时也要具有一定的灵活性，以适应具体条件的变化。

一、土壤耕作制的任务

土壤耕作制是通过机具对土壤进行连年或各季节的位移，从而改变各年或各季的耕层构造，地面状态和犁底层的状况，同时还须和其他田间作业环节，如除草、施肥、播种和收获等配合。土壤耕作制是在轮作制（各年的或一年中多熟的）基础上，根据各年的或多熟制中各季节的气候变化和作物前茬和后茬衔接期间，进行基本耕作的协调，并协调各季节或各年的土壤水分、养分、消灭杂草以及降低生产成本。并为各茬作物准备适宜的播种和生育的土壤环境。

（一）协调土壤水分

干旱、半干旱地区的农业主要靠常年约为450mm，且分布不均的自然降水维持生产，耕作实践告诉我们，在有自然降水补给期间，蓄墒是耕作的主要目标；在无自然降水补给期间，保墒是耕作的主要目标；在墒情不足情况下，接墒、提墒是耕作的主要目标。

1. 蓄墒

蓄墒就是要充分利用降水分布不均的特点，在集中降雨期间，通过伏翻、秋翻、深松、深中耕等措施，蓄住天上水为来年所用，这就是伏墒春用、秋墒春用的问题。蓄墒效果决定于耕作前及其以后的降水条件，耕翻前无雨，翻后则失墒；若翻前无雨，而翻后有雨，却未能充足给翻后耕层土壤以降雨补给，则仍是失墒；耕层土壤得以充分降雨补给，则可蓄更多的墒，这都决定于降水条件。翻前有雨，耕层含有充足水分，翻地后则应特别注意保墒问题。深松蓄墒条件与翻地是类似的，只是动土少、失墒少而已。

深（松）耕是旱农地区一直采用的有效蓄积降水的耕作方法。许多研究表明，深（松）耕打破了犁底层，加深了耕作层，改善了土壤通气性，增加了土壤接纳雨水的能力，促进了地下部和地上部的空气流通，增强了好气性微生物的活动，加速了下层土壤的熟化过程，使耕层土壤疏松多孔，利于作物根系的延伸和发育，增加对深层土壤水肥的利用，是蓄存天然降水，调节土壤中水、肥、气、热、生物等因素，改善耕层生态环境，建立良好耕层构造，实现旱地作物高产稳产的基本措施。陕西渭北旱塬的主要作物是冬小麦，夏季休闲，小麦收获后至秋播前自然降水 300mm 以上，占全年降水量的 60%左右，但冬春季连旱常常发生，小麦常因冬春干旱而大幅度减产。采用伏前适时早深耕或深松 25～30cm，耙耱过伏的耕作法代替传统耕作法，可获得良好的蓄水保墒、伏雨春用效果明显。2m 土层储水量增加 80～100mm，储水量提高 30%左右，小麦单产提高 10%以上。

(1) 深耕翻。深耕翻的目的在于加深耕层，疏松土壤，增加土壤中的大孔隙，增强雨水入渗速度和数量，避免产生地面径流；打破犁底层，熟化土壤，创造一个深厚的耕作层，促进根系生长发育。在平整和较平整的耕地采用深耕，效果很突出。而对坡度较大的坡耕地，修建水平沟、丰产沟，蓄水保肥效果更好。冬闲地前茬作物收获后及时浅耕灭茬，早深耕，合墒耙耱、合口越冬，对保蓄降水亦有良好的作用（王辉等，1994）。宁夏西吉县农业局的研究表明（刘东海等，1997），无论是水平梯田，还是坡耕地，豌豆、小麦、胡麻 3 种不同作物前茬，连年深耕 30cm、40cm，隔年深耕 30cm，隔 2 年深耕 30cm 后，春播前水平梯田和坡耕地 0～30cm 土壤含水量较对照（深耕 20cm）高 1.7%～3.8%，连年深耕 40cm 的土壤含水量提高最为明显，水平梯田的效果优于坡耕地（表 5-12）。山西省阳城县农业技术推广站试验，深耕 23cm 时，$1hm^2$ 地可多接纳雨水 1.125 万 kg，折合 11.25mm 水量，并且渗水量在 15min 可达 100mm，浸润深度为 70cm（冷石林等，1996）。

表 5-12　深耕对土壤含水量的影响（春播前 0～30cm 土层水分含量） %

深耕深度	豌豆茬		小麦茬		胡麻茬		平均	
	梯田	坡地	梯田	坡地	梯田	坡地	梯田	坡地
连年深耕 30cm	10.8	10.1	10.5	8.7	9.8	8.5	10.4	9.1
连年深耕 40cm	11.9	10.6	11.7	9.2	10.3	9.0	11.3	9.6
隔年深耕 30cm	10.7	9.8	11.0	8.9	8.2	7.8	10.0	8.8
隔 2 年深耕 30cm	10.2	9.4	9.7	8.8	8.0	7.3	9.3	8.5
连年深耕 20cm（CK）	7.9	7.1	7.6	7.0	6.9	6.2	7.5	6.8

来源：土壤学与农作学，中国水利水电出版社，2009。

黄土丘陵区旱作农田，深耕的时间应与雨季来临时间同步，一般可在前作收获后立即深耕，越早越好，但不耱地，以便充分接纳降水，晒垡熟化土壤，遇雨后再耱地。早深耕能将伏天的暴雨大部分蓄入土壤中。第二次耕作可在“白露”前后进行，随耕随耱，并结合秋耕施底肥。如果晚秋作物收获后，做不到伏耕，可随即浅耕，疏松地表，以利降雨下渗。甘肃省农业科学院在庆阳彭厚乡的试验表明：7 月上、中、下旬深耕的农田比 8 月上旬深耕的农田，在 0～100cm 土壤中的储水量分别高出 20.6mm、22.7mm 与 11.8mm。其中以 7 月中旬头伏耕地的效果最佳。秋季深耕应于秋作物收后抓紧进行。青海省农林科学院在湟中县测定，秋收后及时深耕的 0～100cm 的土层中蓄水达 293mm；收获后第四天耕翻的，蓄水即减少 29.6mm；第七天耕翻减少 56.0mm；而收后 10d 尚未耕翻的则减少 65.6mm。秋耕宜早不宜迟是因为耕翻能切断毛管，减少地表蒸发，还可接纳部分秋季降水。旱农地区一般不宜板茬越冬。甘肃省农业科学院在庆阳温泉乡观测（耕作学，2013），头年进行秋耕的地块，春季 0～30cm 的土壤湿度为 16.1%（谷茬）和 18.0%（糜茬），而未秋耕的则分别为 12.2%和 14.6%。秋耕地的土壤水解氮含量也较未秋耕的高 6.8mg/kg，种植高粱其产量也高 11.1%。如无法进行秋耕，春耕一般宜浅不宜深，宜早不宜迟。总之，深耕的时间是伏耕优于秋耕，早耕优于迟耕。

各地区土壤水分季节变化因深耕时期不同而变动。东北黑土地区，从 8 月下旬到 10 月是秋季聚水墒情恢复期，此时进行耕翻，土壤水分含量明显高于春耕地，一般高 1%～2%；华北褐土地区，6 月下旬到 9 月上旬是雨季底墒蓄积期，是秋季作物生长盛期，此时进行深中耕（18～20cm），土壤含水量比浅中耕（10cm）高 7.5%；西北黄土地区，6 月中旬至 10 月上旬是夏季雨季增墒期，应及时对夏休闲地进行深松或深耕，对秋作物生长的田间进行深中耕。内蒙古东部栗钙土地区，雨季高峰期要以蓄水为中心，进行伏深松，麦茬伏翻和秋田作物的深中耕。

（2）深松。在试验推广深松耕法过程中，陆续出现了多种深松少耕措施，除全面深松和间隔深松外，还有浅翻深松、灭茬深松、中耕深松、垄台深松、垄沟深松等。试验表明，这些深松耕法在土壤松土效果、土壤蓄水能力及作物产量等方面都优于深翻。

中国农业科学院土壤肥料研究所晋东南基点（山西长子县和屯留县）1982—1984 年试验表明，深松法与翻耕法相比，土壤容重降低了 0.04～0.06g/cm^3；土壤储水多少与大气降水有关，1983 年 7 月、8 月降雨偏少（仅为常年同期的 46.7%和 74.2%），9 月 3 日测得深松区的土壤储水比翻耕区少 13mm，9 月降水较多（仅 9 月中旬降水 87.1mm），9 月 29 日测得深松区总储水比翻耕区高 11mm；深松区小麦产量普遍比翻耕区高，在麦收后夏闲期进行深松，后作小麦比翻耕的田块增产 5.9%～29.6%，这是由于深松比翻耕的土壤结构好，土壤储水增多（郭文韬，1988）。

黑龙江省牡丹江垦区从 1973 年开始推广深松耕法，到 1988 年 15 年时间里通过试验和生产实践证明，用小铧杆尺深松犁进行浅翻间隔深松（浅翻 7～8cm，间距 35cm，深松 20～35cm），增产效果稳定，抗旱、抗涝效果好，还可减轻土壤风蚀和水蚀。1980—1985 年在八五一〇农场小麦 12 个点次试验、调查，浅翻间隔深松比平翻增产 135～987kg/hm^2，平均增产 34.4kg/hm^2，增产幅度 1.2%～44.2%，平均增产 21.6%。5 个点次种大豆增产 78～777kg/hm^2，平均增产 408kg/hm^2，增产幅度 4.7%～33.4%，平均增产 15.5%。各场的生产实践都有同样的增产趋势（张玉发，赫崇今，1988）。

以秋作物为主的地区，中耕深松也能增加土壤的蓄水能力，有效地蓄积夏季降水。中国农业科学院农业遗产研究室与辽宁省农业科学院阜新基点进行玉米苗期机械中耕深松的试验结果表明，深松 15cm、20cm、25cm 三种情况下，垄沟与垄帮的土壤容重比对照的分别降低 0.07～0.18g/cm^3 和 0.09～0.28g/cm^3；中耕深松后耕作层的土壤含水率提高 0.51%～4.74%，平均提高 2.28%，底土层（50～80cm）含水率增加 1.54%～3.03%，平均增加 2.2%；中耕深松后，深松区玉米穗长和穗重均优于对照区，穗长与穗重分别比对照区增加 0.87cm 和 0.165kg（深松 15～25cm 的平均值），而深松 15～20cm 的产量平均比对照区提高 8%～13.9%（郭文韬，1988）。

2. 保墒、提墒

（1）耙耱保墒。耙耱保墒主要作用是碎土、平地，通过减少表土层内的大孔隙，减少土壤水分蒸发，达到收墒保墒的目的。耙耱是重要整地手段，也是重要保墒措施。以保墒为目的耙地主要适于土壤水分较多、地面较湿的情况；耱地主要用在深耕或小雨之后，土壤水分较少或干旱之时。两者可结合进行，先耙后耱；也可分开进行，只耙或只耱，视具体情况而定。主要作用都在于形成表面疏松层，减少液态或气态水损失。

深耕后耙耱尤为重要，“只犁不耙，空犁一夏”，只有及时耙耱，才能保住深耕蓄纳的水分。伏耕则可采用“伏前张口纳雨，入伏合口保墒”的耕作法，改变“入伏后深耕晒垡，立秋后耙地收墒”的传统耕作法。具体做法是：麦收后及时灭茬深耕，耕后不耙，立垡纳雨，入伏后遇雨必耙。“合口过伏”，伏前能大量接纳雨水，大大减少地面径流，使大量水分渗入土壤深层，而且早耕有利于熟化土壤，促使养分转化，培肥地力。入伏后土壤蒸发量增大，但通过遇雨耙地可减少水分蒸发。

对于夏季休闲的晒旱地，在第一次深耕后就应粗耙一遍，让其“内张外合”，合口过伏。在每次大的降水后，应及时耙地松土，以达到滴雨归田之目的。表5－13是耕后耙与耕后不耙、不耕3种处理。0～50cm土层蓄水量比较。从表中明显看出，耕后不耙还不如不耕只耙的“免耕”休闲地含水量多。陕西省农业科学院在永寿县的试验表明，“合口过伏”比“张口过伏”0～20cm土层储水量平均高3.33mm（表5－13）。对于冬季休闲的大秋地，耕后耙耱也很重要。河南渑池的试验表明，实行秋耕冬耙与耕后不耙相比，0～10cm、10～20cm土层含水量，前者比后者分别增加4.09%和1.19%（冷石林等，1996）。

表5－13　耕后不耙晒垡（张口）与耙后晒垡（合口）储水量的比较（信乃诠、王立祥，1998）　单位：mm

处理及相互间的比较	测量土层/cm			
	0～10	10～30	30～50	0～50
耕后不耙	17.5	45.7	59.2	122.4
耕后耙	18.2	48.4	62.8	129.4
不耕不耙	20.2	44.7	59.8	124.7
耕后耙比不耙含水量增减	+0.7	+2.7	+3.6	+7.0
耕耙比不耙水量增减	−2.0	+3.7	+3.0	+4.7
不耕耙与耕后不耙比较	+2.7	−1.0	+0.6	+2.3

（2）镇压保墒、提墒。镇压主要是碎土与压紧表层，具有保墒和提墒作用。当土壤湿度较小，在毛细管断裂含水量以下时，土壤水分的损失主要是在土壤内部汽化，通过较大孔隙向大气扩散而损失。此时进行镇压，压碎地面干土块，阻塞较大孔隙，封闭地面裂缝，使近地面处以气态挥发逸失的水分在表层凝聚，便能减少土壤气态水向大气中的扩散，起一定的保墒作用(表5－14)。镇压用于这种目的时，在冬季地冻时进行效果较好。因为冬季地面土块较大较多，容易透风跑墒；在冻结条件下，土壤水分的损失又主要以气态扩散的方式进行。镇压可以压碎土块，减少土表大孔隙，以减少土壤气体与大气的交流，可抑制土壤气态水损失。

表 5-14 不同耕作法对蓄水保墒的效果（信乃诠、王立祥，1998） %

测定日期	张口过伏	合口过伏	地膜覆盖	麦糠覆盖	麦草覆盖
1983年10月11日	65.9	73.6	82.9	119.8	—
1984年8月31日	31.8	30.8	54.4	33.0	64.3
2年平均	48.9	52.2	68.6	76.4	64.3
与张口过伏比（±）	0	+3.3	+19.7	+27.5	+15.4

注 1984年翻后有泥条，耙不合墒，有空架现象，伏雨较小，故耙与不耙差别很小。

镇压也可使土粒紧密，促使土壤水分上升，起到提墒作用，有利于种子萌发。镇压主要目的是为提墒保苗，可在播前或播后进行。当土地耕翻的时间与播种期相距太近，耕层太松，或播前土壤表层干土层太厚，种子不易播在湿土中，进行播前或播后镇压可使土粒紧密，促使土壤水分上升，有利于种子发芽出苗（表5-15）。

表 5-15 播种前后镇压对土壤水分的影响（李生秀等，1989） %

试验地点	作物	0～10cm 土层		10cm 以下土层	
		未镇压	镇压	未镇压	镇压
晋东南	玉米	9.90	11.70	15.00	15.50
晋东南	谷子	12.10	15.50	15.30	15.80
辽宁朝阳地区	谷子	5.90	7.76	17.85	17.51
河南	谷子	5.85	8.80	15.43	15.80
陕西绥德	谷子	4.52	7.84	7.00	7.40

（3）中耕保墒。作物在生长期内，经常采用中耕措施保墒。“锄头三分泽”，中耕的作用在于疏松表土，切断毛管水分上升，减少水分蒸发；破除板结，改善土壤通气，增加降水入渗；提高地温，加速养分转化，有利于作物生长发育；消灭杂草，减少水分、养分等的非生产性消耗。中耕结合培土，促进根系发育，防止倒伏，也有利于作物对深层土壤水分养分的利用。中耕要掌握好时期和深度，才能达到预期效果。对小麦中耕，在水分以气态运行的干旱冬季，可弥缝培根，提高含水量1%左右；在以液态水运行的解冻阶段，可切断毛管，形成隔离层，更有突出的保水效果。对甘薯、棉花、玉米等作物，根据旱地夏秋降雨特点，一般采用浅—深—浅的中耕方式，即苗期及后期浅锄保墒，中期深锄蓄水。深锄会使表层疏松，水分入渗，根系向深处发展，起到无雨能保墒，有雨能蓄水的作用。吴守仁等（1983）试验表明，雨后中耕能显著减少水分蒸发，在有杂草田块，作用就更突出。

3. 抗涝

水资源短缺、干旱是我国农业的主要障碍因素，但是在局部地区，尤其在低湿平原、山间小平原等，仍存在作物生育季节土壤水分过多的渍涝现象。因此，抗涝排水耕作措施也有着重要意义。

（1）翻地晒垡。在春涝地块，在秋季机车可以进地的时候秋翻，翻后不耙不耢，通过翻地措施减少覆盖面，加大土壤水分蒸发。如三江平原低湿地的气候规律是秋涝自然带来第二年春涝，因此采取春涝秋防，进行秋翻，第二年播种前轻耙或直接播种，可明显解决播种后芽涝问题。

(2) 超深松。土壤黏重、犁底层密实或耕层下有白浆层的地块，土壤渗透性差，往往在雨季产生内涝。利用机械进行超深松打破犁底层或白浆层等紧实的土体结构，扩大孔隙度，增加水分下渗速度，降低滞水面，可增强抗涝能力。

(3) 半旱垄作。在四川省水稻—冬小麦一年两熟制的半旱耕作法中，稻季垄高20cm，垄距45cm，垄上移栽水稻（图5-19）。根据水稻生理要求和栽培技术，水层可以大幅度调节。土壤水分可借毛管孔隙和提墒作用浸润垄台，使垄体中有不同含水量的部位，使土壤水分的数量、存在形态、空间分布、能态、运动方向和进度及对作物的有效性都发生了显著变化。这种耕层构造和水层调节创造了与一般平作稻田迥然不同的土壤环境。谢德体(1985) 研究表明，半旱垄作栽培下，土壤—植物的生理、生化和养分变化比淹灌平作协调，水稻的生长势强，分蘖早、快、多，根系发达，生物积累量多，产量高。

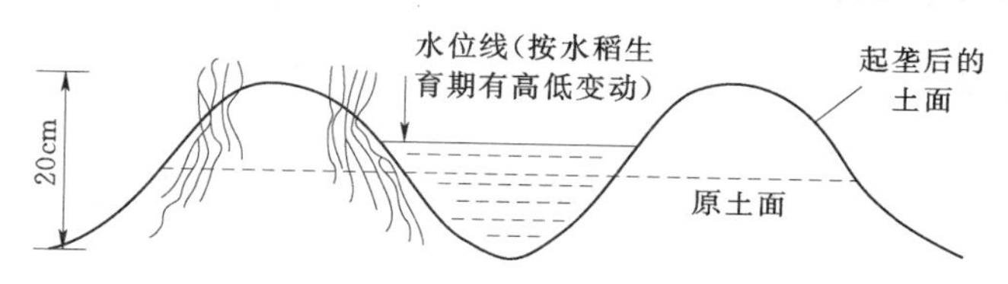

图5-19 水稻半旱垄作示意图（王昭雄等，1983）

半旱式垄作在旱作物季（如麦季），进行水厢合垄，垄高仍保持20cm，垄距为117cm，垄台宽（厢宽）100.5cm，沟宽16.5cm。垄沟中水层可保持在8cm左右，比一般旱作小麦土壤含水量增加29%，比冬水田小麦减少12%。由于垄上土壤大孔隙多，排水较好，使大部分垄台上的土壤水分保持在田间持水量范围内。

(4) 高垄平台。“高垄平台”耕作法是解决低湿地土壤质地黏重、僵板冷浆、通透性差和内涝问题的新型耕作体系。为此，台体的高度必须明显高于普通垄作的垄体高度时，才会表现出明显的抗涝性。台体的底宽过宽时筑台困难，过窄筑不出高台，考虑东北垄作区农机的底宽选择140cm作为台体的底宽。在三江平原的土壤条件下筑出的高台规格：底宽140cm，顶宽90cm，高度30cm。

(5) 鼠道耕作。该耕作方法的研究始于20世纪50年代，我国开始于20世纪60年代，主要用于治理低湿耕地。鼠道耕作是采用鼠道犁进行作业的。鼠道犁是安在农用链轨拖拉机尾部的犁地装置，由犁架、犁刀、犁铧、穿洞空心弹头等部件构成。犁架长2.5m，通过液压起落；犁刀长60cm、宽10cm、厚1cm，前进方向成刀口状，垂直安装在犁架上；犁刀下部端点装有直径10cm、短径10cm、厚1cm的三角形犁铧，在犁铧后面用长钢丝绳牵挂一个直径为11cm、长25cm、弹壁厚1cm的空心炮弹头。拖拉机前进时，弹头即可进入地下60cm深处，并沿拖拉机前进方向与地面平行穿出一条与弹头直径大小相同的通道，犁刀则从地表往下划开一条60cm深的裂缝（图5-20），并使犁铧上部的土体疏松。

(二) 协调土壤养分

在轮作制基础上建立起的土壤耕作制应时刻创造防止风蚀和水蚀的地面状态适当的耕层构造。对农田养分来说，减少土壤养分的丢失，就是极大的养地。三北地区（华

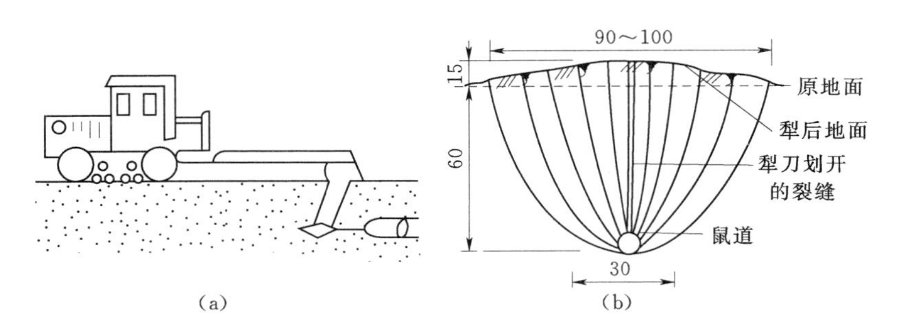

图 5-20 鼠道犁作业及土体结构示意图（陈礼耕，1995）（单位：cm）
(a) 作业；(b) 土体结构

北、西北和东北）以及内蒙古自治区的春季风蚀现象较为严重。因此，有春播作物的土壤耕作制中，平播、垄上播、垄沟播和地面疏松程度以及残茬覆盖是与风蚀有紧密联系的，固有垄作，播种后地面有高垄（扣种）和低垄（耲种）有防风蚀的作用。平翻后的春耙最易引起风蚀，而平翻后起垄的地块，虽然垄体较疏松但也比不起垄的风蚀少。耙茬地因有少量残茬覆于地面，反而将风中携带的土粒截留在残茬之间。冯晓静等（2007）研究表明，河北坝上地区春小麦秸秆残茬覆盖农田较传统翻耕农田减少风蚀量 62.56%，其中有机质损失减少 31.05%、全氮损失减少 29.15%、全磷损失减少 32.25%、全钾损失减少 66.11%。农牧交错带马铃薯是经济效益很高的作物，马铃薯种植时地表裸露，极易引起风蚀，采用马铃薯与条播作物带状间作留茬种植，与其间作的小麦（燕麦、谷子）收获时留 20～30cm 高茬，可以有效地减少土壤风蚀。因此在易风蚀地区或风口地段，土壤耕作制中的中耕作物以采取有秸秆和根茬覆盖的保护性耕作措施为宜。

减少土壤养分的非生产性消耗，包括土壤养分分解后，作物未能及时地吸收，而呈气态挥发的养分。为此，土壤耕作制中以少翻、多耙茬播或免耕播种为宜。同时，在土壤耕作制中少翻多耙茬和免耕播种，使作物根系在原处腐解，也可增加土壤的养分。连续翻地，将养分较多土层与含养分较少的底土层混合，而少免耕使土壤表层养分富集。杨培培等（2011）连续 6 年的不同耕作处理对土壤养分分布试验表明，秸秆还田旋耕较深翻耕秸秆还田可显著提高土壤表层（0～5cm）有机质、全氮以及碱解氮、速效磷、速效钾含量。而长期少免耕因下层养分少，也会限制了根系向下层伸展的趋势，翻耕与少免耕应交替实施，效果会更好。

土壤耕作制应与施用有机肥、化肥配合。固有垄作（表 5-16）采取扣种和耲种的苗带条施肥，或者是破垄施肥（即破垄台，施肥于垄台然后培原垄）。条施肥集中在种子下面，也是施肥于作物。这种施有机肥的方法必须人工摅粪，极不便于机械化作业，而且有机肥在耕层中总是近于条状，是畜牧业不发展、有机肥少的一种施肥和耕作的配合方式。20 世纪 70 年代推行机械化作业时，在土壤耕作制中如有耙茬，翻地或耙茬深松环节则可以采取撒施（扬粪）有机肥而翻入土层或混于表层，使有机肥混于全土层。这样便于提高耕作作业的效率，而且可以促使根系伸展（表 5-16）。

表 5－16　　高粱施肥对比试验

处　理	直根层次	根系长度/cm	产量/(kg/hm²)
撒施肥	三层	100	4695
集中条施肥	二层	70	4322

来源：耕作学，朝鲜民族出版社，1985。

在农业生产中也有采用旋耕施肥，即将化肥撒于地表后用旋耕机混于土中，然后播种。由于这种旋耕施肥方式使肥料分散，覆盖不严，因此肥效期短，肥料损失较大，利用率低。旋耕条状深施化肥就是在播种前旋耕整地过程中，以一定的深度、行距和施肥量将化肥施入土壤。这样不仅可使肥料完全覆盖在土中，而且由于肥料相对集中，可使肥效期延长。在旋耕、化肥条状深施联合作业后进行播种，由于种、肥分别处于深度不同的土层中，实现了种肥的有效隔离，因此，不仅避免播种施肥联合作业时易出现的化肥“烧种”和开沟器壅土等问题，而且还可以使播种机结构简化，提高播种的作业效率。

（三）系统消灭田间杂草

田间杂草的感染途径是多方面的，杂草的种类是较多的，要基本上控制杂草，必须采取综合的措施。土壤耕作制度是综合消灭杂草中的重要一环。

土壤耕作制应在轮作各茬口中不给杂草成熟和继续大量感染的机会，不使杂草种子在土壤层次中混杂，同时还要把杂草种子集中到不利除草的部位、深度或在有利于消灭杂草的时机，诱发其发芽并消灭之。在不利于消灭时，土壤耕作制应给予抑制其发芽出土的条件。由于杂草种子混杂在耕层中，每一次的耕作都可消灭一批杂草幼苗。同时，也为另一批杂草种子创造了发芽、出土的条件。所以，采取配套的耕作作业，才能事半功倍，以逸待劳地较彻底地消灭杂草。

建立在轮作制度基础上的土壤耕作制，应充分利用或创造茬口与杂草生育期上的差别，以便采取耕作措施加以消灭。连翻的土壤耕作制，年年将杂草种子混拌于耕层，增加了土壤杂草种子混杂度。三年中翻地一次，选在杂草种子落在地面最多的一年翻地，两年后再翻地，则可消减部分杂草种子的发芽能力。传统垄作中三年倒一次垄，也有同样的效果。含有耙茬的土壤耕作制，杂草种子混拌于浅土层中，则杂草种子集中出苗，如连年耕作除草或配合除草剂的除草较好，可以迅速消减浅土层中的杂草种子。否则，易于引起草荒。

（四）降低耕作作业成本

土壤耕作制除了满足作物生育所需的土壤环境和减少土壤养分非生产消耗以外，尽可能降低耕作作业成本和耗油量也是土壤耕作制度应考虑的问题。

从表 5－17～表 5－20 中可见，不同的耕法及作业深度，作业成本和耗油量以及产量的差别很大。因此如何将不同耕法组合在一个土壤耕作制度中，将决定它的成本和油耗的多少。表 5－18 的数字表明，浅土层耕作油耗低，从表 5－20 平翻与深松旋耕作业成本比较中可以看出，深松旋耕比翻地作业达播种状态节约了成本。免耕显然也免去了耕作成本，但浅土层耕作和免耕，只是土壤耕作制度中的一个环节。因此，组成土壤耕作制度措施的不同，土壤耕作制的成本也不一致，必须从作业成本、产量综合考虑耕作措施组合及效益。

表 5-17　不同作业措施的燃油消耗比较

作业措施		平翻	平翻深松	耙茬	耙茬深松	原垄卡	搅麦茬
耗油	kg/亩	2.6	2.8	0.8	1.7	0.6	1.7
	±%	100	+7.6	−71.6	−39.3	−78.6	−39.3

来源：机械化土壤耕作，中国农业出版社，1995。

表 5-18　不同耕法作业指标对棉花产量的影响比较

处理	作业深度/cm	油耗/(kg/亩)	作业效率/(亩/h)	产量/(kg/亩)
深松	30～35	0.68	15.3	71.3
翻二次	20～24	1.17	11.0	57.6

来源：机械化土壤耕作，中国农业出版社，1995。

表 5-19　不同耕法作业指标和对大豆产量的影响比较

处理	作业深度/cm	油耗/(kg/亩)	作业效率/(亩/h)	产量/(kg/亩)
翻地	20～22	2.87	3.06	88.9
旋耕	12～14	1.73	6.07	116.5
耙茬	10～12	1.85	6.50	121.8

来源：机械化土壤耕作，中国农业出版社，1995。

表 5-20　平翻与深松旋耕作业成本比较（别田勇等，2000）

项目		作业费/(元/hm^2)	合计/(元/hm^2)
平翻	秋翻 1 遍	124.50	256.5
	组合耙 1 遍	36.00	
	轻耙 1 遍	30.00	
	耢 2 遍	33.00×2	
深松旋耕	深松 25～27cm 旋耕 12～14cm	150.00	183.00
	耢 1 遍	33.00	

二、土壤耕作制的建立

（一）建立土壤耕作制的原则

在 SPAC 连续系统中，土壤耕作是适应当地气候和协调土壤孔隙，以满足作物对生活因素的要求。由于各地的土壤、气候及作物种类不一，而轮换顺序又极不相同，土壤耕作制有其具体的内容。在此，列举建立土壤耕作制的一般原则。

1. 建立土壤耕作制要善于发挥气候优势和缓冲气候劣势

在轮作制或换茬原则确定后，如何满足作物轮作中各作物对生活因素的要求，土壤耕作一方面要充分发挥当地的气候优势为作物创造适宜的土壤环境；另一方面又要针对当地气候条件的不足，加以缓冲。如东北西部热量资源较好，而年降雨量少，春旱尤其严重，且风沙大。因此西部地区的土壤耕作制，要在轮作换茬过程中，使每茬作物建立尽量积蓄降雨，防止春旱和防风蚀为主的原则。即实行留茬免耕，不动土防风蚀；深松优于翻地，苗期垄沟深松优于垄底深松。以上述措施在轮作基础上进行土壤耕作制的组装。东北地区东部气候湿润，年降雨较多，但无霜期偏短和温度偏低。土壤耕作制应以防湿防寒、提高地温为主，仍以垄作优于平作或提倡秋翻、秋耙，早春顶凌耙地并镇压。在年降雨350～400mm的内蒙古东部，只能采取秋耙茬而后镇压或原垄卡。在降雨800mm以上的辽东地区或在低湿地的营口盘锦及三江平原一带，为防夏秋降雨集中和土壤水分过多，影响作物生长生育及收获，土壤耕作制可深沟高垄，秋翻不耙，加强行间中耕培土，着重排水防涝的土壤耕作措施组成。

农牧交错带年降水量235～450mm、年蒸发量1600～3200mm，年平均风速3.0～3.8m/s，全年大于5m/s风速的天数30～100d。水分条件是限制本区农业发展的首要因素，是京津及周边地区的主要风沙源。农牧交错带重点建立和推广秸秆及根茬覆盖的抗旱节水的免耕技术，种植需要翻耕整地的马铃薯，通常实施马铃薯与小麦等条播作物带状间作留高茬种植，增强抗旱和防风蚀的效果。

甘肃中部、宁夏中部、青海东部等年降水量200～300mm的干旱地区，以砂石覆盖和长期免耕为核心的石砂田耕种方式，利用石砂层的结构松、渗漏性好，来接纳降雨，防止冲刷和保持水土；特别是土壤避免了直接的风吹日晒，土壤毛管水的上升被切断，土壤水分的蒸发率减小，显著地增强了抗旱保墒能力（表5-21），实现了干旱地区高效的农业生产。

表5-21　砂田与土田土壤水分比较

田别	土壤层次/cm	月份							
		3	4	5	6	7	8	9	10
砂田	0～10	14.8	13.4	14.2	20.0	12.6	14.5	20.0	16.5
	10～20	13.3	12.6	13.0	14.6	13.5	13.7	18.5	18.5
	20～30	12.2	11.0	13.0	12.5	11.7	13.1	18.3	18.8
土田	0～10	5.9	5.0	6.5	7.5	6.5	7.5	9.8	15.0
	10～20	6.6	7.1	7.5	8.3	9.3	8.0	10.6	13.3
	20～30	7.8	7.1	7.4	8.0	10.5	10.1	10.1	19.9

来源：机械化土壤耕作，中国农业出版社，1995。

2. 适应当地的地势与土壤类型

在地势高而地下水位深的地区，应以蓄水储墒为土壤耕作制的核心，坡度较大，坡长较短的，应以水平梯田为主要措施；坡度较小而坡长较长的，应以拦截雨水的等高垄作、垄向区田、留茬耕作以及漫岗梯田为主。砂地土壤通透性好，尽量减少土壤耕作制中的深耕次数，充分利用深耕后效。黏重土壤通透性不良，或底土有难透水层，应加强深耕深度或不定期的深松破除难透水层为主。

3. 土壤耕作制应适合各茬作物高产的播种方式

东北地区大多数中耕作物适合垄作，采取垄上播种的应在前茬收获后起垄，如前茬为平作的小麦，则应在小麦收获后进行搅麦茬或搅麦茬深松起垄，下茬春季直接在垄上播种。当前茬为垄作时，而春小麦适合平播，大豆有时也采取平播，收获后须翻-耙或耙茬、旋耕，在秋季地面就应达到播种状态。块根、块茎作物需要深厚而较松的耕层，则在前茬收获后须深翻或间隔深松。如属春旱地区，应尽量在苗期垄沟深松，以减少垄体过紧密对块根、块茎膨大生长造成的阻力。

华北地区主要是冬小麦复种夏玉米，由于冬小麦采取机械收获，冬小麦套种夏玉米的方式越来越少，为抢农时、缩短接茬时间，而采取免耕播种夏玉米，这就要求小麦收获的同时粉碎秸秆，并且开发出通过性强的免耕播种机。

4. 土壤耕作制应有利于系统控制杂草的生长和繁殖

土壤耕作防除杂草的策略和机制是：杂草出苗后立即铲除；窒息杂草种子，降低杂草种子的寿命及生命力；有利于除草时（中耕或铲趟），尽量诱发草籽发芽而后铲除，使土壤清洁，避免不利于耕作时杂草充斥田间；切断多年生杂草地下繁殖器官，使小块的繁殖器官不定芽萌发，消耗其养分，不等已萌发的幼苗先进行光合作用，随即铲除。轮作制度也应考虑便于除草和不便于除草的茬口轮换顺序。如东北地区，小麦、亚麻等夏收作物收获后，反复诱发——铲除，使后作苗期感染杂草较少；垄作时可在播种前耢垄台上含有杂草种子土层至垄沟，既可集中在垄沟中消灭，又可防止垄台上杂草和作物幼苗齐长，播后出苗前的耢垄和趟蒙头土都可控制杂草的生长。华北地区，冬小麦收获后直接免耕播种玉米，可在玉米播种前将茎叶处理的灭生性除草剂与土壤处理剂混合喷施，可以有效地防治麦茬残留的明草和苗后发生的杂草。土壤耕作制在轮作周期的各年限，综合和组装上述除草的机制和措施，控制杂草在危害极轻的范围内。

5. 土壤耕作制与生产条件相适应

不同地区或同一区内不同生产单位的生产条件各异。如劳力、畜力、机械力的多寡决定了土壤耕作的机具和方法，由此也规定了采用什么样的耕法的土壤耕作制。一个以劳力或畜力为主的单位，由于深耕深度受到限制，必然增加多次的表土耕作，以便及时协调土壤—作物—气候间的关系。而机械力较强的单位则可采取联合作业以减少作业次数。实施灌溉的单位，要经常破除灌溉后的表土板结，而蓄积雨水和保墒仍为重要问题。施用有机肥水平较高的或土壤有机质含量较多的单位，土壤理化性质较好，调节土壤孔隙的次数可减少，而施用有机肥的方法与所采用的土壤耕作制措施要有机配合。

6. 尽量降低土壤耕作制的作业成本

土壤耕作制的成本包括投入的人工费、机械费、机械折旧费和油料费，不同耕作措施的作业成本极不相同。

土壤耕作制的成本是由一定的耕法所组成，由多年多项耕作措施所组成。因此，作业成本可能有较大的差异。尤其是，土壤耕作制可能调节其中各项耕作措施之间对土壤作用程度的大小，巧妙配合，彼此相辅相成，可能比单一作物的耕作措施成本相对地降低。例如在轮深耕（或深翻）的土壤耕作制中，充分利用深耕的后效，而减少了作业次数，比轮作中连年深耕的作业成本低。在深翻的基础上，也可考虑减和免中耕次数。免耕法不进行土壤耕作，但也要考虑使用除草剂的经济效果和进行耕作除草的经济效果的差异。此外，提高深耕作业质量也是减少表土作业次数的前提。

减少农机具的田间行走次数，是避免压实土壤，节约作业成本的措施。近年来采用大马力（100～180马力）拖拉机，进行宽幅（10～20m宽）作业，减少了拖拉机进地次数，可以降低作业成本。但是大马力拖拉机过重又带来轮迹更加压实土壤的问题，再以深耕消除压实层，又增加了一项作业。

（二）建立土壤耕作制的程序

土壤耕作制是建立在轮作制的基础上，在为轮作周期中各种作物创造适宜的土壤环境时常常存在着矛盾，因此要在具体的生产单位和各地段、具体的轮作制充分权衡和解决这些矛盾基础上建立土壤耕作制。建立土壤耕作制的程序如下。

1. 一个生产单位要建立几个土壤耕作制

一般是一个生产单位有几个轮作制，就应建立几个土壤耕作制。现时农业生产中许多生产单位是采取地号轮作，那么一块地就有一个年间或季节间的土壤耕作制。这样，组织全部地块的耕作作业，在安排劳动力或机械力方面比较复杂。如年间差别较大，常有顾此失彼的可能，造成这种情况的原因主要是轮作或换茬不稳定。

2. 根据当地的自然条件和生产条件以及它们之间相互影响

要明确本单位生产中，哪些是主要限制因素，这一因素调节后，又使哪些次要限制因素上升为主要因素。不深入了解这些情况，在拟订土壤耕作制时，会造成许多人为的限制因素。有些生产单位或某些地块组成的轮作区是以防旱为主，有的是以防涝或抗旱防涝兼顾为主，有的是防盐碱上升为主，等等。因此，有机配合的土壤耕作制也不尽相同。

3. 选择适合本单位的耕法

不同的耕法对统一土壤—作物—气候之间矛盾的方式有各自的特点，要有分析地选择适合本单位的耕法。有时可以采取两种或两种以上的耕法中部分的耕作措施组成一个土壤耕作制，这也是允许的，但是要在配备农具的种类、数量和成本上进行权衡，尽量在农具投资上降低成本。

4. 深耕作业在土壤耕作制中的位置

深耕是改变耕层构造，尤其是底土的耕层构造的作用较大。所以要在轮作周期中确定深耕的茬口，次数和浅耕的配合，以及深耕的技术。如果每茬作物收获后都进行深耕或不深耕，拟订较为简单。如果采取轮换深耕，就要权衡在哪一个茬口上深耕，哪一个茬口利用深耕后效。深耕的或不深耕的茬口，其残茬如何处理，采取什么样的播种方法。

5. 确定土壤耕作制中系统消灭杂草的耕作措施或与除草剂施用配合

为了拟定防除杂草系统，应先调查和绘制各轮作区地段的杂草感染图，根据这项调查资料和轮作制中的各茬作物和所拟的土壤耕作制，确定消灭杂草的具体战略和技术。

三、我国主要的土壤耕作制类型及特点

（一）东北地区

东北地区土壤类型、作物种类和生产条件等都有很大差异，轮作形式也不同。所以现行的土壤耕作制度差别很大，生产中典型的土壤耕作制主要有以下几种。

1. 运用平翻耕作的土壤耕作制

目前，在只有平翻农机具的国营农场，普遍采用连年翻—耙—耢。水稻采取连作时也采用连年翻—耙—水耙耢的土壤耕作制，旱田三区轮作多为连年翻—耙—耢，而后平播。以春

小麦为核心的运用平翻耕作的土壤耕作制，由于小麦收获时多雨，春小麦收后进行的伏翻一直延续成秋翻。为防止形成犁底层，多以深、浅翻交替进行。但在哪一茬口深翻，哪一茬口浅翻，要看第三茬作物的要求。如麦→麦→大豆轮作（表5-22），第三茬作物是深根系的大豆，深翻应排在第二茬小麦收获之后；这样，第一茬小麦就可以利用第二茬小麦的深翻后效和有改善土壤结构作用的大豆茬口后效，大豆收获后可不进行翻地。如收获后杂草较多，可等待草籽发芽再秋耙，如果草籽少而春季有风蚀时，可不秋耙，原茬越冬。

表5-22　运用平翻耕法的土壤耕作制

轮作制	春小麦 →	春小麦 →	大豆
春整地	耙地1～2次	顶凌耙地	顶凌耙地
	↓	↓	↓
播种	平播	平播	平播
	↓	↓	↓
中耕	压青苗和苗耙	压青苗和苗耙	中耕2～3次
	↓	↓	↓
翻地	伏浅翻	伏深翻	秋浅翻或秋耙茬或原茬越冬
	↓	↓	
	秋耙	秋耙	

2. 运用传统垄作耕法的土壤耕作制

新中国成立初期，东北地区普遍运用大犁等畜力农具进行耲扣交替的垄作土壤耕作制（表5-23）。其中种植玉米，大豆用扣种；谷子、高粱、甜菜和棉花用耲种；种植小麦用对犁垄上双条播，马铃薯沟种。

表5-23　运用传统垄作耕法的土壤耕作制

轮作制	大豆 →	高粱 →	谷子
春季	扣种	耲种	耲种
	↓	↓	↓
夏季	铲趟2次	铲趟2～3次	铲趟3次
	↓	↓	↓
秋季	收获	收获	收获
	↓	↓	↓
冬季	原垄越冬	原垄越冬	原垄越冬

大豆→高粱→玉米→谷子四年轮作，则两耲两扣；大豆→玉米→谷子三年轮作，则为一耲两扣。在有机肥较多、春季气温上升缓慢或劳畜力不紧张时，则多扣少耲，也可在返浆前先扣成空垄，待气温上升后，再在垄上播种。在相反情况下或极春旱时，则尽量少扣多耲。如雨后抢种或需垄翻合成新垄而又不使土壤失水过多，则采取一犁播种法，或隔垄花压的种法。此后，再以增加铲趟深度和次数来弥补不足。因为耲种草多，出芽早；扣种是新垄，杂草出苗晚；因此，土壤耕作制中的耲扣次数，还应有铲趟的配合。

3. 运用深松耕法的土壤耕作制

(1) 传统三区轮作的土壤耕作制。在小麦→大豆→玉米三区轮作基础上，平播小麦收获后，采取深松与起垄作业一次完成搅麦茬深松（表5-24）。搅麦茬深松作业程序是先在平地上间隔深松，而后在未深松的部位起垄，将松土培在间隔深松部位，做成新垄，深松部位在垄底；或先起垄，而后在新垄的垄沟中深松，深松部位在新垄沟；前者适合多雨或低洼地，后者适于春季旱地区。第二年种植大豆，如在低洼地或夏季多雨时，为了储纳降雨和排出垄体过多水分，大豆苗期第一次铲趟时再进行垄沟深松；如搅麦茬时已深松垄沟者，铲趟时不再深松。第三年玉米采取原垄条播，第一次铲耥时要进行垄沟深松，保持耕层特定虚实比例；玉米收获后要进行平整地，为次年平播小麦准备好播种条件；一般采取随耙茬，随间隔深松，变垄地为平地，一次作业完成。

表5-24 小麦、大豆、玉米三区轮作的土壤耕作制

轮作制	春小麦 →	大豆 →	玉米
春季	耙地平播	垄上条播	垄上条播
	↓	↓	↓
夏季	搅麦茬深松	垄沟深松	垄沟深松
	↓	↓	↓
	起垄镇压	中耕2～3次	中耕2次
	↓	↓	↓
秋季	↓	收获	收后，耙茬深松
		↓	↓
冬季	新垄越冬	原垄越冬	平地越冬

(2) 现行的旱作土壤耕作制。目前，东北地区旱田作物以玉米、大豆为主体，其中东北地区南部玉米连作为主、北部大豆连作面积很大、中部采取玉米大豆轮作。国营农场采取的土壤耕作制度是在大豆后原垄卡种玉米，提高抗春旱能力，保证玉米全苗；玉米收获后采取联合整地，耙茬（旋耕）深松，起130cm左右大垄越冬（表5-25）。翌年在大垄上按65cm垄距播种，抗旱效果较起65cm垄明显，中耕深松扶成65cm垄进行管理。

表5-25 国营农场现行的土壤耕作制

轮作制	大豆 →	玉米 →	玉米（大豆）
春季	130cm大垄垄上播种	原垄卡种	130cm大垄垄上播种
	↓	↓	↓
夏季	垄沟深松	垄沟深松	垄沟深松
	↓	↓	↓
	中耕扶成65cm垄	中耕2次	中耕扶成65cm垄
	↓	↓	↓
秋季	收获	收后，耙茬（旋耕）深松起130cm大垄	收后，耙茬（旋耕）深松起130cm大垄
	↓	↓	↓
冬季	原垄越冬	大垄越冬	大垄越冬

在农村大豆后茬多数情况是原垄卡种玉米，也有时旋耕起垄后播种玉米，前者抗旱效果明显；玉米收获后采取灭茬旋耕深松起垄联合作业，起垄越冬，如果秋季来不及整地，以春季灭茬播种抗旱效果好（表5-26）。

表5-26　东北农村现行的土壤耕作制

轮作制	大豆　→	玉米　→	玉米（大豆）
春季	春季垄上（灭茬原垄）播种	原垄卡种或耢茬播种	垄上播种
	↓	↓	↓
夏季	垄沟深松	垄沟深松	垄沟深松
	↓	↓	↓
	中耕2～3次	中耕2次	中耕2次
	↓	↓	↓
秋季	收获	收后，灭茬旋耕深松起垄	收后，灭茬旋耕深松起垄或不整地
	↓	↓	↓
冬季	原垄越冬	起垄越冬	起垄或原茬越冬

（3）水田土壤耕作制。1978年东北农学院在草甸土和白浆土稻田进行了深松轮耕试验研究，并设计制造了IXS-2.0旋松机。由于草甸土、白浆土土质黏重，长期翻—耙—耢，耕层浅（15cm左右），犁底层硬，如通过翻地加深耕作层，将还原层翻至地面影响水稻幼苗生长，同时因土壤黏重，动力消耗大；而且将平翻耕法的开闭垄黏条耙平、耙碎，需6～7次作业，而且平地效果只能维持1年。因此，采取旋耕深松。为控制土壤垂直渗透，采取间隔40～45cm深松，深松23～25cm深，表土旋耕8cm深，一次作业完成。泡田后轻涝一次，即达到播种和移栽状态。深松部位含水量较高，其剖面状态与旱地深松不同，呈直上直下的深松沟；为了发挥深松的效果，次年只进行旋耕8～10cm，形成深松轮耕体系。一般认为稻田不宜深松，担心水田渗水严重。经过测定，即使深松部位渗透量也未超过2cm/日。旋耕深松当年水稻产量526.6kg/亩，隔年深松的500.3kg/亩，连续2年旋耕深松的产量553.6kg/亩，比翻地分别增产12.6%、7.0%和18.4%。机耕费2年平均减少17.4%，由于旋耕深松过埂时不破坏埂基，筑埂减少用工80%，筑埂费减少80%。

（二）华北地区

本地区种植制度主要有一年一熟和一年两熟等类型，与这种类型相适应的土壤耕作制也各不相同。

1. 一年一熟的土壤耕作制

华北地区一年一熟作物包括玉米、谷子、大豆、甘薯、高粱、棉花、花生、水稻以及小麦等，按作物的生长时期可分为春播和秋播，按土地的水分特点可分为旱地、水浇地和水田。

（1）一年一熟旱地春播作物的土壤耕作制。华北地区旱地春播作物一般是4月、5月播种，9月、10月收获，棉花可延迟到11月收完。根据华北地区气候特点和春播作物的要求，旱地土壤耕作制的任务主要是保墒、埋肥、除草防病虫，为作物播种出苗和以后生长创造适宜的土壤条件。

秋季土壤耕作是耕作的重点和核心。由于夏季降雨较多，土壤里储存了较多的水分，但作物收割后土壤失去覆盖，残茬、落叶和杂草布满田间，土壤表面板结，耕层紧实，水分很快蒸发。因此，进行秋季土壤耕作，创造深厚疏松的耕层，加强土壤熟化，尽量多接受秋雨，保蓄更多的土壤水分和防止水分蒸发。通过翻耕将有机肥料、作物残茬和杂草埋入土中，尽量消灭杂草和病虫害。

秋季土壤耕作措施主要有秋耕前的浅耕灭茬，秋耕和秋耕后的耙耢。秋季作物收获后不能及时秋耕的地块地面裸露，容易跑墒，在收获后抓紧时间耙地或浅松土，以减少水分蒸发，接纳秋雨，也可以提高秋耕质量，减少坷垃和耕地动力消耗。秋耕要得到良好效果，时间以早为好，但必须掌握墒情，在宜耕期内进行，过干过湿都会降低耕地质量。应该使各块地基本上能在宜耕期内翻耕。

秋耕后往往地面起伏不平，大孔隙过多，耕层过于疏松，也会出现坷垃。为了弥补这些缺陷，秋耕后立即耙耢，破碎坷垃，平整地表，达到地平和保墒的目的。秋耕整地以后，一般冬季不进行田间作业。有的地块秋耕质量差，形成大坷垃，土壤结冻后进行镇压，消灭坷垃。到次年 3 月初，顶凌耙耱保墒，以后遇雨也需耙耱。对于已经失墒严重和耕层过暄，坷垃过多的地块要进行镇压和多次耙耱。将耕层压实，防止透风和水分汽化蒸发。对于未能秋耕的地块要进行春耕，但以早为宜，并及时耙耱，做成苗床。

作物播种覆土后，表层土壤比较疏松，在有坷垃和春季干旱多风的情况下，会引起播种层土壤水分的丢失。尤其对小粒种子，因覆土浅，表土很易干燥，播后必须镇压。但土壤过湿要延缓镇压时间。作物出苗后，根据情况中耕松土 2～3 次以破除地面板结，疏松表层保蓄水分和消灭杂草，并适时培土（表 5－27）。

表 5－27　春播作物土壤耕作

作物名称	春季耕作措施	夏季耕作措施	秋季耕作措施
春播作物	顶凌耙耢	中耕三四次	收获后
	↓	↓	↓
	雨后耙耢	开沟培土	灭茬、秋耕
	↓		↓
	（镇压）		耙耢
	↓		（或浅耕灭茬后耙耢）
	播种		
	↓		
	播后镇压		
	↓		
	（出苗前浅耙）		

（2）一年一熟旱地秋播作物小麦的土壤耕作制。北方的旱薄地区，虽生长季可以实行麦田复种两熟，但部分麦田因土壤水分少和肥力的限制，不能稳产保收，一年只种一季冬

小麦。小麦收获后土壤耕作的任务主要是蓄纳伏雨，消灭杂草，保墒收墒，为下茬作物播种出苗创造条件。其措施体系是夏季麦收后，及时浅耕灭茬灭草，接纳雨水，中间根据土壤和雨水情况翻耕两三次，深度由浅到深再到浅，播种前耙耢保墒。次年春小麦返青后至拔节前要中耕一两次，以松土提温。

（3）一年一熟水稻田的土壤耕作制。华北地区的一年一熟水稻田，多分布在地势低洼、地下水位高而灌溉条件好的盐碱地和低洼地。一年一季水稻田，土壤多为黏重过湿的土壤，土壤耕作的主要作用是使稻田具有深厚、松软、平整的耕作层，创造有利于水稻生长的土壤环境。同时，减少和消灭病虫和杂草，以便播种、栽插和灌溉。土壤耕作措施是：秋季耕翻晒垡，经过冬季冻融，使土垡散碎，次年春干耙两次或旋耕一次，然后水耙一两次，将坷垃耙碎，最后用刮板整平田面。通过耕、旋、耙、刮等措施，使土壤松软，田面平整。

2. 一年两熟水浇地的土壤耕作制

在华北地区水浇地一年两熟，一般为秋播冬小麦和夏播玉米或豆类等。其土壤耕作制包括秋播作物的土壤耕作和夏播作物的土壤耕作（表 5－28）。

表 5－28　一年两熟水浇地的土壤耕作

作物名称	春季耕作措施	夏季耕作措施	秋季耕作措施
冬小麦	行间中耕松土两次		
	↓		
	麦收后　→	旋耕或免耕	
		↓	
夏作物		播种	
		↓	
		中耕 2～3 次	
		↓	
		秋收后　→	深耕
			↓
			耙耢整地
			↓
			做畦
			↓
冬小麦			播种

秋播作物的土壤耕作从前季作物收割到小麦播种，仅有 10～20d 时间，整地和播种时间很紧，既要创造深厚的耕作层，又要为小麦播种准备苗床。

秋播作物的土壤耕作措施包括在秋作物收获后浅耕灭茬（时间紧有时不进行）、撒肥，深耕整地，耕深 20～25cm。紧接着耙耢平整地面，踏实耕层，准备播种。播种后，为了使种子与土壤密接，还进行一次耢地，起到镇压和平土作用。如灌浇冻水，要适时中耕，以减少地面龟裂和保墒，防止死苗。次年春，顶凌中耕松土，以提高地温。

夏播作物的土壤耕作是在小麦收割后不足 10d 的时间进行，时间更紧。为了争取时间，夏播作物播种前一般不耕地，仅旋耕或免耕播种。一般是麦收前浇水，收麦后立即旋耕麦茬立即播种，然后耢平踏实土壤，播后镇压，以利出苗。也可以不整地，就在麦茬的行间免耕播种玉米，待出苗后，再中耕灭茬除草。以后，随着玉米的生长，中耕除草两三次，最后一次中耕结合培土。

稻麦两熟的土壤耕作制，由于种植水稻，经常灌水，稻后种麦，形成水旱交替，其土壤耕作制有自己的特点。水稻接种小麦，从收稻到种麦间隔时间更短，稻田土壤黏重，稻茬密布于耕层，土壤含水量大，耕地时不易散碎。为了提高耕地和播种质量，水稻应适时停水，使收割后、耕地时墒情适当。此外，采用旋耕将稻茬和土壤打碎，以后耙耢整平。小麦播种后的土壤耕作和旱地基本相同。稻田的土壤耕作是在麦收后用旋耕机耕地，疏松耕层，打碎麦茬，按稻田的要求做成畦，粗平畦面，然后灌水泡田，水耙地两遍，将土耙平并成泥糊状，防止漏水，再用刮板找平田面，以备插秧。水稻生长前期主要是保水，不必耕作，杂草多时，可人工挠秧除草一两次。

（三）西北地区

西北地区气候冷凉，雨量较少，多属干旱半干旱地区。主要作物为冬小麦、春小麦、糜子、谷子、棉花、高粱、玉米、豌豆等，一年一熟，少数地区可一年两熟。根据气候干旱程度和灌溉条件可分为灌溉农业区和干旱农业区。在干旱的新疆、宁夏等省区，年降雨量在 250mm 左右。这类地区无灌溉即无农业，有灌溉条件的地区其土壤耕作制特点与华北地区一年一熟水浇地的土壤耕作制基本相同。陕西等黄土高原干旱地区，年降雨量 350～500mm，又无灌溉条件，土壤耕作的主要任务是蓄水保墒。

1. 夏闲伏秋耕类型

主要流行于年降雨量在 400mm 上下的半干旱或半干旱偏旱的一年一熟旱农地区。这类地区粮食作物以冬春小麦为主，小麦收后有的经过夏闲秋种冬麦，有的则休闲过冬，翌年春季才播种。为积蓄降雨，清除杂草及恢复地力，休闲期多实行以伏耕晒垡和秋耕保墒为主的土壤耕作方法，通常多为伏耕一次，秋耕 1～2 次再行耙耱的技术组合。秋耕次数一般视当地降雨及土壤墒情而定，多雨年份宜多耕，而干旱年份宜少耕，秋季浅耕还可与冬前施肥并用、休闲过冬的则在冬季可适当镇压，防止蒸发，春季解冻之际，进行顶凌耙耱，然后浅耕播种。

2. 冬闲秋春耕类型

该类型主要分布在黄土高原半干旱或半湿润易旱地区以及河西沿山冷凉灌区，在旱农地区冬闲地前作多为春播秋收的谷子、玉米、大豆等秋作物，其收获期多在 9—10 月，土壤耕作以蓄住秋雨和保墒、提墒为中心，实行秋耕耙耱、冬季镇压和春季耙地或浅耕等耕作技术组合，在冷凉灌区春小麦及秋作物收获后，时令已至秋季，为增温保墒，多实行浅耕灭茬、冬灌泡地、耙耱镇压等耕作方法。

3. 多熟轮耕类型

主要盛行于西北半湿润的两年三熟区以及内陆灌溉间套复种地区，该类种植制度共同特点是两季作物之间的农耗时间极短，种植指数增加，迫使土壤耕作必须减少环节，实行少耕或免耕。如陕西关中地区，夏玉米收后接着抢种冬小麦，过去采用畜力耕—耙—耱技术，费时费劳，以后为了争取农时、节省成本，多实行机械化旋耕或以耙代耕，若麦收后复种夏玉米，则农耙时间更短，便推广使用免耕播种机，一次完成开沟、施肥、播种，类似免耕法；麦秋套种条件下，在麦田播前耕地基础上，套种作物一般免耕直播，生长期进行中干耕或耧湿锄。

（四）南方各地

长江流域及其以南的广大地区，气温高，生长季节长，雨量多，气候湿润。平原地区多为以水稻为主的复种轮作，一年两熟或三熟。其主要有水田土壤耕作制和旱地土壤耕作制。

1. 南方水田的土壤耕作制

在南方多熟制地区，水田除栽培水稻外，还与各种旱作物形成多种多样的水旱复种。与之相适应的土壤耕作也呈多样化，基本上是由秋耕、冬耕、春耕、夏耕和插秧后的土壤耕作等几个环节组成的。

（1）秋耕和冬耕。在冬闲田和冬作物田，土壤耕作有一定差异。

冬闲田：南方冬闲田有冬炕田、冬泡田两种。冬炕田是在水稻收获后及时进行干耕晒垡，翻耕使垡片架空，经过干湿和冻融交替，有改善土壤物理性状的作用。冬炕田比不耕翻的板田土温高，通气性好，好气微生物活动强，有利于养分的释放，特别是土质黏重、潜在肥力高的土壤，炕土的增产效果更为显著。冬泡田有两种情况：一种是地势低洼，秋冬季无法排干的水田；另一种是丘陵山区蓄水防旱的冬水田。前者泥脚深，土质黏重，多实行水耕水耙，耕耙次数也少，水稻收获后免耕或犁耙一次即可；后者在收水稻后及早翻耕，先干耕干耙，将稻茬、杂草翻入土中，然后灌水浸泡，临冬前再犁耙一次。南方丘陵山区水利条件差，冬泡田可蓄水防旱，是扩大水稻面积的一项重要措施。冬泡田也有利于清除病虫害，但是长期冬泡，土温低，土粒过于分散，易使耕层黏重板结，结构不良，还原性物质增加，不利于水稻生长。

冬作物田：南方适种的冬作物种类多样，在冬作物的播种和生育期间，要求土壤疏松细碎，通气和排水性良好，因此，前作水稻生育中期要晒好田，成熟前开沟排水，水稻收获后，要视不同熟制水稻的熟期差异，掌握在土壤宜耕期内及时耕翻整地。如冬作物前作是单季稻或单季中稻，水稻收获至冬种的间隔时间约 1～1.5 个月，有较充裕的时间进行深耕晒垡，播种前再浅耕整地，如冬作物的前作是双季稻的晚稻，由于三熟季节紧张，要边收、边犁耙整地、边播种，如因土壤黏重，滞水性大，排水不彻底或碰上降雨，秋收后土壤太湿，犁耙困难，可采用免耕板田播种，或用旋耕机浅耕灭茬，分厢播种。

此外，南方还有一定比例的冬绿肥田。冬绿肥多为稻底播种，不进行耕作，仅需开沟排水即可。

（2）春耕。在早稻田和春旱作物，土壤耕作有一定差异。

早稻田：前茬如为冬闲田，在秋、冬晒垡的基础上，春耕前施基肥，灌水浅耕，粗耙，犁一次，再耙一次沤田。插秧前几天再浅犁、耙一次，用蒲滚式溜耙耖平、拖平即可插秧。前茬如为冬作物，收获后施基肥，犁田灌水，耙沤。插秧前再犁、耙、耖、拖平插秧。如冬作物是板田播种的，土壤较坚实，应适当增加水耕水耙次数。前茬如为绿肥，要掌握好绿肥的翻耕压青时期。紫云英宜在盛花期，苕子在初花期，肥田萝卜在结荚期翻耕为宜。一般耕翻两次，相隔 7～10d，插秧前细耙、耖平、拖平插秧。

春旱作物：在灌溉条件差的高旱田，或山区种双季稻的安全生育期不足的情况下，常用早玉米—晚稻一年两熟或再加冬作物成三熟制。早玉米前茬多为冬闲田，在冬耕晒垡的基础上，掌握在雨后及时粗耙，播前浅犁、细耙、起畦、开行播种。

（3）夏耕。中晚稻田和秋旱作田，土壤耕作不同。

中晚稻田：如前茬为冬闲田或冬作物田，插植中稻或单季晚稻，时间较宽松，可先干耕晒垡，使土壤疏松，然后施基肥，灌水耙沤。插秧前再浅耕、细耙、耖平、拖平后即插秧。如为早稻收获后种晚稻，由于时间紧，早稻收后立即灌浅水，进行一犁二耙一耖，拖平插秧。也有的不耕翻，仅用旋耕机旋耕几遍，或用齿耙，滚耙浅耕灭茬后插秧。如前作是垄畦栽早稻，则进行免耕或少耕插晚稻。如春玉米收获后种晚稻，春玉米熟期早，且多间套豆类作绿肥，玉米收后留茎秆，让绿肥生长一段时间，即插秧前半个月左右，将玉米秆连绿肥砍成小段，翻埋，灌水耙沤。7～10d 后再浅犁耙平、耖平、拖平插秧。

秋旱作田：在早、中稻后复种秋季旱作物，如甘薯、泥豆（马料豆）等。如播泥豆，为抢季节，常采用板田播种。水稻收后，趁土壤湿润及时在稻蔸的一边点播泥豆，盖上基肥，并用稻草覆盖，不进行任何耕作。如插植甘薯，在水稻生育后期开沟排水，收稻后及时犁耙，并来回犁成垄，栽培薯苗。

2. 旱地土壤耕作制

以小麦、棉花复种为例，其特点是种棉花地深耕晒垡，熟化土壤，适时粗耙，使土壤水分蒸发。播种前浅耕，防止跑墒。雨季要抢晴整地，提高整地质量，清沟排渍，防止涝害。小麦播种前要施基肥、深耕，然后耙碎耙平，开沟做畦。套种棉花的麦地播麦时预留棉行，立春前深挖空行，施基肥，空行多次锄草，碎土平土播棉花，遇雨要松土破壳。小麦收割后，及时中耕灭茬，清沟排水，中耕三四次，最后开沟培土。

复 习 思 考 题

1. 如何理解土壤耕作的实质与任务及依据？
2. 如何理解土壤耕作措施的作用？
3. 了解平翻耕法、垄作耕法、深松耕法的作业环节，并评价分析其优缺点。
4. 如何理解土壤耕作制的任务，以及建立土壤耕作制的原则和步骤？

第六章 保护性耕作

土壤耕作是一项重要的农事活动，合理适宜的土壤耕作具有增产的作用，不合理的土壤耕作不仅会使作物减产，而且还会引起不良的环境效果。20世纪30年代美国大力开垦西部平原，虽然使作物产量大幅度提高，但由于频繁地采用“铧式犁”翻耕土壤，造成了耕层土壤过于疏松，加上气候干旱和多风，引起了举世震惊的“黑风暴”，现代保护性耕作也由此应运而生。虽然保护性耕作由产生到发展经历了一个缓慢的过程，但其产生确是土壤耕作史上的里程碑。

第一节 保护性耕作的发展趋势

一、保护性耕作的概念与起源

保护性耕作是人类由不耕到刀耕火种，由刀耕火种到发明铧式犁进入传统人畜力耕作，由传统人畜力耕作到传统机械化耕作后的又一次革命。前三次革命，人类都是通过耕作干预自然，带来农业生产的一次次飞跃。特别是农业机械化的发展，人类掌握了强有力的耕作工具，成为自然的主人，可以随意改变土地的原有状态，提高劳动生产率和土地利用率。但是人类和自然的矛盾也越来越突出。如耕翻作业除掉地面残茬、杂草，固然有利于播种，但同时也破坏了植被对地面的保护，导致土壤风蚀、水蚀加剧，等等，耕作强度越大，土壤偏离自然状态越远，自然本身的保护性功能、营养恢复功能就丧失越多，要维持这种状态的代价就越大。

（一）保护性耕作的产生

传统的保护性耕作在中国具有悠久的历史。如在我国运用已有5000年的垄作耕法，通过有垄型的小地形和留茬越冬等，可以有效地防止土壤的水蚀和风蚀；明清时代在我国甘肃陇中地区发展起来的砂田，在年降雨200～300mm的干旱条件下，夺取粮菜瓜果的高产丰收。这已经具有了明显的保护性耕作思想。

现代保护性耕作技术则首先是在工业发达的北美地区兴起。美国中、西部旱农区年降雨量在300～700mm之间，19世纪中期，美国组织向西部移民，鼓励移民大面积开荒种地，大量饲养牲畜。尤其20世纪初，随着加利福尼亚发现黄金，机械化翻耕土地，加快了土地开发，由于过度耕作和放牧，掠夺式经营，经短暂的数十年好收成后，草原植被严重破坏，农田肥力日趋衰竭，产量逐年下降。到20世纪30年代，终于发生了两次震惊世界的黑风暴，大风从北向南，横扫中部大平原，到处风沙蔽日，尘埃滚滚。黑风暴过后，大地被刮走10～30cm厚的表土，毁坏了300万 hm^2 以上的良田。此后，美国成立了土壤保持局，对各种保水、保土的耕作方法进行了大量研究。试验测定证明：以少耕、免耕和秸秆覆盖为中心的保护性耕作法，可以明显减少蒸发、减少径流、增加土壤蓄水量，但因草荒严重而无适宜的除草剂难以成功。直到1957年美国成功研究出除草剂——阿特拉津，它能杀死双子叶杂草才使免耕等保护性耕作技术趋于完善。以后随着多种高效除草剂相继发明和应用，在秸秆覆盖条件下免耕播种机的研制成功，并经过多年生产试验，至20世纪60年代终于使免耕等保护性耕作技术在美国得以推广应用。

（二）保护性耕作的概念

由于国内外条件比较复杂，对于保护性耕作的技术概念依然没有形成比较一致的概念。高旺盛（2007）总结分析了美国对保护性耕作定义的阶段性。

第一阶段是20世纪60年代，将保护性耕作定义为少耕，通过减少耕作次数和留茬来减少土壤风蚀。

第二阶段是20世纪70年代，美国水土保持局对保护性耕作进行了补充和修正，将保护性耕作定义为不翻耕表层土壤，并且保持农田表层有一定残茬覆盖的耕作方式，并且将不翻表层土壤的免耕、带状间作和残茬覆盖等耕作方式划入保护性耕作范畴；前两个阶段都已经涉及作物残茬覆盖，但都没有明确残茬覆盖量的问题。

第三阶段是20世纪80年代，把保护性耕作定义为一种作物收获后保持农田表层30%残茬覆盖最终达到防治土壤水蚀的耕作方式和种植方式。全球气候和土壤类型多样，种植制度变化大，保护性耕作技术类型繁多，美国对保护性耕作定义也难以概括全貌。

中国学者对保护性耕作的定义为：以水土保持为中心，保持适量的地表覆盖物，尽量减少土壤耕作，并用秸秆覆盖地表，减少风蚀和水蚀，提高土壤肥力和抗旱能力的一项先进农业耕作技术。

二、保护性耕作的发展趋势

（一）国际保护性耕作发展趋势

目前保护性耕作面积占耕地面积60%以上的国家主要在北美洲（美国、加拿大等）和南美洲（巴西、阿根廷、巴拉圭等）以及大洋洲（澳大利亚等），欧洲保护性耕作面积占15%左右；亚洲、非洲和苏联国家保护性耕作面积相对较少（高焕文等，2008）。据估计，2004—2005年各国免耕播种面积合计已达到9880万 hm^2（表6-1）。

表6-1　一些国家免耕播种面积（高旺盛，2011）

国家或地区	免耕面积/万 hm^2	国家或地区	免耕面积/万 hm^2	国家或地区	免耕面积/万 hm^2
美国	2500	哥伦比亚	10	澳大利亚	900
加拿大	1300	巴西	2400	乌拉圭	30
印度恒河平原	400	阿根廷	1800	智利	10
南非	30	巴拉圭	170	中国	100
委内瑞拉	30	玻利维亚	50	其他国家	100
法国	20	西班牙	30	合计	9880

2007年美国实行免耕、垄作、覆盖耕作和少耕等保护性耕作技术的耕地面积占总耕地面积的63.2%，传统耕呈逐年下降趋势，免耕面积逐渐增加。而且所有的谷物生产都

采用了保护性耕作技术，广泛使用大型、重型、牵引式的保护性耕作机具。在区域上，美国保护性耕作的发展趋势是将保护性耕作从旱作区向降雨量相对较多的地区推进，但降水较多的区域农民更希望耕作以提高收成，因为秸秆覆盖对地温的影响不利，推广缓慢。美国的保护性耕作虽然已经发展了几十年，但仍然在不断的试验、发展和完善（图 6-1）。

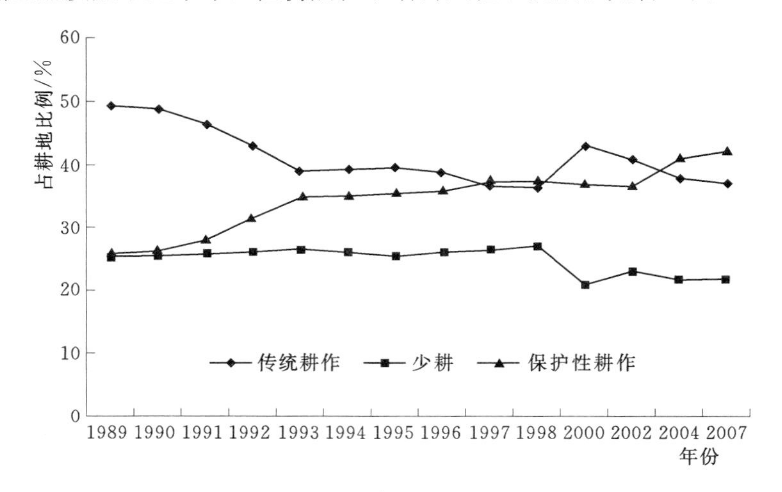

图 6-1 美国各类耕作措施占耕地面积的比例
（中国保护性耕作制，2011）

加拿大地处美洲北部，气候寒冷。20 世纪 60 年代以前，普遍采用铧式犁翻耕，由于过度耕作，地表秸秆稀少，不能有效抵抗风蚀和水蚀，导致严重的土壤侵蚀。1985 年保护性耕作机具和高效经济的除草剂研制成功，开始在 3 个农业主产省推广，截至 2002 年，保护性耕作应用面积达到 60%，铧式犁翻耕全部取消。近几年主要研究降低除草剂用量和减少机械作业成本。

澳大利亚地处南半球，干旱面积约 625 万 km^2，占澳洲大陆的 81%左右，是典型的旱农国家。它的南澳大利亚、昆士兰、新南威尔士等省不少地方土层厚度仅 100cm 左右。经过 20 世纪初以来几十年翻耕作业，水土流失严重、土层变浅已构成对澳大利亚农业的重大威胁。科学预测，如果不采取措施，100 年后全澳耕地面积将减少 50%。20 世纪 70 年代初，政府在全国各地建立了大批保护性耕作试验站，吸收农学、水土、农机专家参与试验研究工作，取得了显著成果。大量试验表明地面覆盖是一项有效的保水保土措施。有残茬覆盖的农田比裸地休闲田减少地表径流 40%左右，最大径流速度降低 70%～80%，土壤受冲刷程度降至裸露农田的 1/10，冬季残茬还能减弱地面风速，截留雨雪。

1972 年，巴西农民引进保护性耕作技术，同年开发成功免耕播种机，2002 年达到 1700 多万 hm^2，占耕地面积的 80%，是世界上保护性耕作应用面积增长最快的国家之一；截至 2002 年，阿根廷保护性耕作面积达到 2000 多万 hm^2，超过本国总耕地面积的 80%。南美洲保护性耕作技术快速发展的主要原因是开发出了当地农民能够买得起、用得好的保护性耕作机具及除草剂（高焕文等，2008）。

（二）国内保护性耕作发展趋势

我国旱作农业区都在积极探索适宜本地特点的保护性耕作技术模式。东北的垄作耕法，耲种与扣种结合，在轮作体系中大粒作物倒垄扣种，小粒作物原垄耲种。冬季留茬越冬，坡地横坡起垄，有很强的防风蚀、水蚀作用，是一种适应东北抗旱、防涝、增温的耕作法，但由于受垄作耕法的农具限制，耕层浅，作业效率低。新中国成立后大量引进铧式犁，以平翻为核心的平翻耕法（多耕）被大面积推广。20 世纪 50 年代后期到 60 年代初，吉林、黑龙江先后涌现出轮翻和耙茬播种的作业法；70 年代中期在黑龙江省经过垄作耕法与平翻耕法的认真对比和经验总结，研究出了以间隔深松为主体的深松耕法，取得了良好的示范效果，推动了耕作制度的改革。1992 年山西省开始实施保护性耕作技术的试验示范工作，已扩展到 31 个县，推广面积达 2 万 hm^2。得出的结论是：粮食产量提高 15%～30%，土壤有机质含量提高 0.045%～0.0605%，土地蓄水量增加 24%～35%。2001 年东北农业大学研究定型了垄向筑档机，使垄向区田技术实现了机械作业，在坡耕地上推广取得了明显的保持水土效果。

中国农业大学高焕文教授领导的试验小组与山西省农机局合作，经过 9 年的系统试验研究，得出的结论是，保护性耕作与传统翻耕耕作相比，有 7 个方面的效益：①降低地表径流 60%左右，减少土壤流失 80%；②减少大风扬沙 60%，抑制沙尘暴，保护生态环境；③增加土壤休闲期储水量，提高水分利用效率 17%～25%；④增加产量，春玉米平均增产 16%，冬小麦增产 13%；⑤改善土壤物理性状，增加土壤肥力；⑥减少作业工序 2～4 道，节约人畜用工 50%～60%；⑦提高经济效益，收入增加 20%～30%。

1. 我国北方保护性耕作发展趋势

我国从 20 世纪 60 年代开始的保护性耕作技术的研究与推广基本上都在北方旱区展开。东北平原为一年一熟区，气温低，十年九春旱，垄作具有抗旱、增温及排涝的功能，特别是传统垄作的留茬越冬，防风蚀作用明显。由于垄作时地面有垄形，垄台上保留有作物的根茬，冬季易获雪层覆盖，可减少土壤水分蒸发或冻土冰晶的升华，春季垄上的根茬是最好的防风障。近年来，玉米宽窄行深松技术的研究获得成功，也是利用根茬进行还田和保持水土。垄向区田技术是在雨季来临前，在垄沟中修筑横向小土垱，将长长的垄沟截成许多小区段，成小浅穴状；以土垱拦截落入浅穴中的雨水，以浅穴暂时储存雨水，直到浅穴中的雨水全部渗入土壤，从而解决坡耕地上雨强大和土壤入渗弱的矛盾。东北地区的这些保护性耕作模式，不是照搬美国模式，而是从区域的实际情况出发，农机与农艺配套而形成的。

华北平原是以小麦—玉米为主的一年两熟区，小麦与玉米的茬口衔接很紧，留给土壤耕作和秸秆腐解的时间非常短，增加了耕作与秸秆还田的难度。当前，夏季在小麦收获后免耕播种玉米，以及小麦秸秆覆盖还田的模式已普遍应用。但是，夏玉米收获后秸秆还田种植冬小麦的技术模式不稳定，尚需进一步研究。

西北半干旱地区降雨少、坡耕地多，黄土高原水土流失严重，一年一熟，以旱作为主，少部分农田有灌溉条件。该区域是最需要开展保护性耕作的地区。20 世纪后期以来，西北农林科技大学、甘肃农业大学、中国科学院水土保持研究所等单位做了大量研究工作，已取得很多免耕覆盖的成功试验，并有一定的推广。但由于配套农具的研制滞后，导致生产上仍然沿用低效的传统耕作保墒技术。

2. 我国南方稻田保护性耕作发展趋势

我国西南地区几千年来水稻平作淹种，水稻收获后排水种小麦，使土壤长期表现出烂、冷、毒、瘦等潜育性状，影响稻麦两熟的产量。西南农业大学侯光炯教授针对四川省烂泥田，在20世纪80年代试验研究出一种新型稻麦轮作的垄作制——半旱式耕作制。人为改变水稻田地表形态，实行垄作（四川称厢种），以垄沟浸润灌溉，协调垄台的土壤水、肥、气、热状况，使要求不同的水稻、小麦、油菜、蚕豆、马铃薯等作物都能正常生长；垄沟的水层也适合鱼、萍和其他水生作物共生。同时探索和研究了水稻少耕、分厢直播、麦类少免耕高产栽培技术。20世纪90年代以后，南方稻区又加强了免耕与秸秆覆盖相结合的稻田保护性耕作技术的研究和推广。

目前，我国南方稻区已形成了多种类型的保护性耕作技术模式。如，湖南稻田多熟复种高效保护性耕作模式、四川小麦免耕露播稻草覆盖栽培技术模式、广西稻草覆盖马铃薯栽培技术、江西的绿肥—早稻免耕抛秧—晚稻免耕抛秧和绿肥—早稻直播—晚稻直播两项综合技术、江苏的小麦（油菜、牧草）—水稻免耕秸秆覆盖技术和小麦田高留茬套栽水稻技术等。南方稻区保护性耕作的发展趋势主要表现为：①少免耕技术运用越来越广，传统翻耕基本消失，取而代之的将是少免耕、旋耕，集中体现在少动土、保育土壤质量和养分循环，为作物生长发育创造良好环境。②更强调作物轮作技术，关注作物搭配和轮换，突出粮食作物与经济作物和牧草的合理搭配，更加强调保护性耕作措施的周年和长期效益。③覆盖方式上，除了秸秆覆盖外，强调冬闲田的绿色覆盖，进而增加生物多样性，提高覆盖效果和经济效益。

第二节 保护性耕作的技术原理

保护性耕作技术泛指保土保水的耕作措施，其目的是减少农田土壤侵蚀，保护农田生态环境的综合技术体系，其技术关键是通过土壤少免耕、地表微地形改造技术及地表覆盖技术，通过“少动土、少裸露、少污染”，达到“高保蓄”，从而保护土地可持续生产力，实现“高效益”的目标（图6-2）。

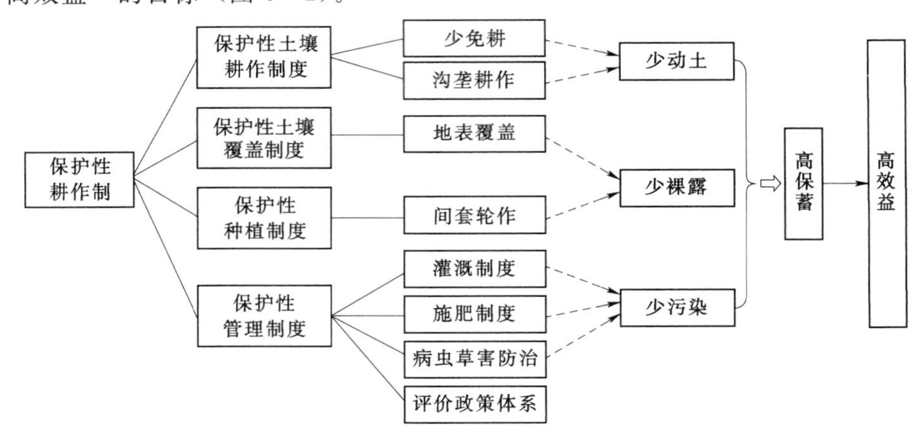

图6-2 保护性耕作制技术原理图（高旺盛，2011）

一、“少动土”原理

“少动土”原理主要是通过少免耕等技术尽量减少土壤扰动，达到减少土壤侵蚀和增加作物产量的效果。传统的土壤耕作通过耕翻、耙耱等措施来调节耕层构造和翻埋作物的秸秆残茬、肥料及除草等任务。保护性耕作相对传统土壤耕作减少了耕作次数和耕作强度，由生物力和自然力部分代替机械力实现为作物创造适宜生长环境的任务。黄细喜(1987) 在江苏扬州黄黏土和砂壤土上设置免耕、少耕田间试验研究表明，土壤自身对容重有自调功能，种植一年稻、麦后，容重小的逐步变大，大的逐步变小，不同容重渐趋自调点 1.3g/cm^2 左右（表 6-2）。小麦产量与土壤容重呈二次曲线关系，最高产量出现在容重为 1.23～1.31g/cm^2（黄细喜，1988），这与土壤容重自调点相一致，说明少免耕也能实现高产。

表 6-2　**土壤容重的动态变化（黄细喜，1985）**

处理		土壤容重 /(g/cm^3)							变异分析		
									平均	标准误	变异系数
设计容重		1.0	1.1	1.2	1.3	1.4	1.5	1.6	1.30	0.216	16.62
水稻	砂壤土	1.26	1.29	1.30	1.31	1.32	1.38	1.46	1.33	0.067	5.07
	黄黏土	1.25	1.28	1.29	1.30	1.34	1.45	1.50	1.34	0.094	7.04
小麦	砂壤土	1.29	1.30	1.30	1.31	1.33	1.34	1.41	1.33	0.041	3.10
	黄黏土	1.23	1.30	1.30	1.32	1.34	1.40	1.45	1.34	0.062	4.61

（一）少免耕对土壤物理性状的影响

耕作措施对土壤最直接的影响是对土壤物理性状的影响，主要体现在容重、孔隙度、团聚体及土壤结构等方面。由于减少了耕作次数或耕作面积，保护性耕作土壤维持了自然土壤结构，受外界影响较小，与翻耕相比容重变大是少免耕土壤变化的显著特征，土壤有变紧的趋势。刘世平等（1996）对连续 11 年少免耕田的测定结果表明（表 6-3），耕层土壤容重在生育前期免耕的较大，后期则各处理间差异变小；土壤容重并非随少免耕年限的延长而一直递增，但在层次间有些变化，少免耕的表层与常耕相差不大，而少免耕的第二层（7～14cm）有变紧的趋势。由土壤穿透阻力的数据可以看出，不同耕作方式引起根系生长障碍层在土壤中出现深度不同，分蘖末期前耕层土壤坚实度均未超过 15kg/cm^2；常耕的 14～21cm 层在抽穗期小于 15kg/cm^2，成熟期大于 15kg/cm^2，而同期免少耕的 7～14cm 层的土壤坚实度即出现大于 15kg/cm^2 的情况，这与容重的测定结果是一致的。

王殿武等（1992）研究认为，少耕、免耕能增加大于 0.25mm 水稳性团聚体的含量，提高大于 0.05mm 微团聚体含量，降低了大、中孔隙含量，增大了微小孔隙含量，使气相容气度降低，土壤容重增加，总孔度减小，但少耕、免耕的毛管孔隙度随时间和空间的变异较小，有相对的稳定性。陈学文等（2012）在吉林省德惠市黑土田间定位试验研究表明，免耕增加了土壤硬度，主要表现在 2.5～17.5cm 土层；与秋翻相比，免耕显著增加了 5～20cm 土层的土壤容重。

少动土同样对土壤的结构影响较大，大量研究表明土壤团聚度随免耕年限的增加而增加，表层增加更明显，免耕团聚水平、团聚度和结构系统增加，结构稳定性增加。而翻耕、旋耕等措施由于对土壤作用强烈，对土壤团聚体破坏严重。周虎等（2007）研究表明，免耕处理促进表层土壤团聚体的形成，并提高了其稳定性，旋耕和翻耕处理由于对土壤的强烈扰动，降低了耕层深度内土壤团聚体的团聚度和稳定性。刘世平等（1996）研究认为，少免耕区水稻植株含氮率前期较高，后期较低，易出现早衰现象，其原因是与7～14cm 土层容重和穿透阻力增加障碍层上移有关，连续少免耕后必须适期轮耕（表 6-3）。

表 6-3　不同耕法对土壤容重和穿透阻力的影响（刘世平等，1996）

处理	土层/cm	容重/(g/cm³)			穿透阻力/(kg/cm²)		
		分蘖末期	抽穗期	成熟期	分蘖末期	抽穗期	成熟期
常耕	0～7	1.16	1.22	1.34	2.13	2.30	2.19
	7～14	1.28	1.36	1.36	2.26	6.08	10.01
	14～21	1.47	1.50	1.42	10.79	16.10	23.25
少耕	0～7	1.18	1.30	1.33	3.33	5.79	6.10
	7～14	1.36	1.45	1.45	7.97	12.77	19.41
	14～21	1.44	1.49	1.42	13.33	21.08	22.25
免耕	0～7	1.24	1.31	1.36	2.97	7.52	11.33
	7～14	1.45	1.49	1.52	9.68	19.23	20.79
	14～21	1.44	1.48	1.41	12.94	22.34	19.38

不同耕作措施对土壤的作用深度也有很大差异。一般翻耕的作用深度在 20cm 左右，旋耕作用深度 10cm 左右，由于土壤的塑性，长期同一深度耕作会形成犁底层。近年来，我国广大农村广泛旋耕的耕作方式，耕层有变浅的趋势，而免耕由于不翻转土壤，犁底层随免耕年限的延长，逐渐消失。免耕犁地层的消失，可以增加土壤的通透性，但对于一些漏水漏肥土壤容易造成水肥流失。

（二）少免耕对土壤化学性状的影响

与传统耕作相比，少免耕对土壤化学性状具有明显的影响。翻耕由于对土壤进行翻转，耕层土壤养分分布较均匀；而免耕减少了翻转土层作业，养分表现为“上肥下瘦”现象，即表层养分含量高，深层养分相对较低。王笳等（1994）4 年试验结果表明，免耕整秸秆半覆盖可增加表层土壤有机质积累，提高土壤养分含量，土壤微生物量也相应增加，从而改善了土壤结构，提高了土壤肥力（表 6-4）。庄恒扬等（1999）在沿江砂壤土上进行了长达 12 年的稻麦复种连作少免耕定位试验，结果表明：全耕层有机质含量耕法间无明显差异，但在层次分布上少免耕表现出表层富集，富集系数后 7 年平均分别为 1.1140 和 1.1608（表 6-5）。

表 6-4　免耕覆盖 3 年后耕层土壤养分状况（王笳等，1994）

处理	土层/cm	有机质/(g/kg)	全氮/(g/kg)	全磷/(g/kg)	全钾/(g/kg)	速效氮/(mg/kg)	速效磷/(mg/kg)	速效钾/(mg/kg)
免耕覆盖	0～5	21.6	0.95	1.51	23.4	71.6	13.4	375.0
	5～10	18.4	0.90	1.50	24.2	54.4	7.3	200.0
	10～20	16.9	0.87	1.49	23.8	47.3	5.2	117.5

续表

处　理	土层/cm	有机质/(g/kg)	全氮/(g/kg)	全磷/(g/kg)	全钾/(g/kg)	速效氮/(mg/kg)	速效磷/(mg/kg)	速效钾/(mg/kg)
常规耕作（CK）	0～5	18.4	0.90	1.58	21.5	63.8	18.7	148.3
	5～10	18.1	0.83	1.58	23.0	54.6	12.1	136.8
	10～20	17.7	0.83	1.49	22.7	53.0	10.2	113.3

表 6-5　　不同耕法的土壤有机质含量（庄恒扬等，1999）　　单位：g/kg

耕法	年份 土层/cm	1985	1986	1989	1990	1991	1992	1993	1994	1995	1993—1995 年平均
常耕	0～7	10.2	16.4	16.0	17.2	20.4	20.3	19.5	20.7	20.4	20.2
	7～14	13.2	13.4	15.5	17.6	19.3	19.9	18.5	19.0	18.4	18.6
	14～21	7.6	8.8	9.5	13.2	17.7	15.3	17.2	14.5	12.5	14.7
	0～21	10.3	12.9	13.7	16.0	19.1	18.5	18.4	18.1	17.1	17.8
少耕	0～7	9.3	16.1	19.9	23.2	26.3	22.8	21.8	24.2	21.4	22.5
	7～14	15.1	13.8	13.4	16.2	23.9	21.5	20.1	19.8	19.6	19.0
	14～21	7.5	10.0	10.2	13.1	14.3	12.6	14.0	13.4	12.6	13.3
	0～21	10.6	12.6	14.5	17.5	21.5	19.0	18.6	19.1	17.9	18.5
免耕	0～7	10.5	16.5	16.7	22.1	23.8	20.8	22.1	23.2	23.7	23.0
	7～14	10.1	13.2	12.0	12.8	20.3	19.3	20.0	17.4	19.8	19.1
	14～21	10.7	10.5	7.9	11.3	13.1	12.3	14.7	10.2	12.2	12.4
	0～21	10.4	13.4	12.2	15.4	19.1	17.5	18.9	16.9	18.5	18.2

（三）少免耕对土壤生物性状的影响

少免耕等保护性耕作措施所创造的土壤环境与翻耕不同，改变了微生物在土壤层次上的垂直分布，也影响了土壤微生物的种类和活性。张彬等（2010）认为耕作方式通过影响土壤微生物群落而影响土壤生态系统过程，保护性耕作显著提高了土壤表层（0～5cm）总脂肪酸量、真菌和细菌生物量，提高了土壤的真菌/细菌值，有利于农田土壤生态系统的稳定性。

微生物量碳可反映土壤养分有效状况和生物活性，能在很大程度上反映土壤微生物数量，对土壤扰动非常敏感，但不受无机氮的直接影响，常作为土壤对环境响应的指示指标。小麦播种期 0～20cm 土层土壤微生物量碳常还和旋还处理显著高于其他处理，对于 0～10cm 土层来说，常还、旋还显著高于其他处理；对于 10～20cm 土层来说，免覆最低（表 6-6）。小麦越冬期 0～20cm 土层土壤微生物量碳：常还＞深还＞常无＞浅耕（旋还和耙还）＞免覆，差异均达显著水平。0～10cm 土层浅耕和免覆＞深还＞常还＞常无。常规耕作和深还的小麦越冬期土壤微生物量碳高于小麦播种期，而其他处理则相反。秸秆还田能够显著提高土壤微生物量碳，小麦播种期和越冬期 0～20cm 土层微生物量碳常还是常无的 1.58 倍和 1.54 倍。旋还和免覆只进行土壤表层耕作，造成了土层的“上富下贫”，常还、常无的作业深度更深，具有一定的土层均匀性，其微生物量碳常无和常还呈现出下层高的现象，并且这种“下富上贫”的现象随耕作作业时间的推移而逐渐减弱。

表 6-6 保护性耕作对土壤微生物量碳的影响（王芸等，2006） 单位：mg/100g

处理	小麦播种期			小麦越冬期		
	0～10cm	10～20cm	0～20cm	0～10cm	10～20cm	0～20cm
常规耕作秸秆不还田（常无）	14.90	17.18	16.04	12.76	26.30	19.53
常规耕作秸秆还田（常还）	31.51	18.91	25.21	21.08	32.15	26.62
深松 秸秆还田（深还）	16.80	10.16	13.48	26.99	17.66	22.33
耙地 秸秆还田（耙还）	13.59	19.49	16.54	17.49	10.98	14.24
旋耕 秸秆还田（旋还）	30.84	21.04	25.94	26.02	6.96	16.49
免耕 秸秆覆盖（免覆）	20.41	8.5	14.46	15.79	8.62	12.21

二、“少裸露”原理

“少裸露”主要是通过秸秆覆盖、绿色覆盖等地表覆盖技术实现少裸露，达到减少土壤侵蚀以及提高土地产出效益。覆盖方式上，主要是作物秸秆残茬覆盖以及南方冬闲田的绿色覆盖等。

（一）秸秆覆盖对土壤水分的影响

秸秆覆盖可以有效地增加土壤水分入渗，提高土壤水分含量。陈军锋等（2007）在山西太谷县研究表明，冻融期秸秆覆盖（JD）和裸露地（LD）土壤入渗能力的变化曲线特征有差异。冻融期裸地土壤最小入渗能力 18.5mm，出现在 1 月 23 日；秸秆覆盖地土壤最小入渗能力为 23.5mm，出现在 2 月 10 日；秸秆覆盖地的最小 H_{90} 比裸地高 27.0%，最小入渗能力的出现时间滞后裸地约 18d（图 6-3）。

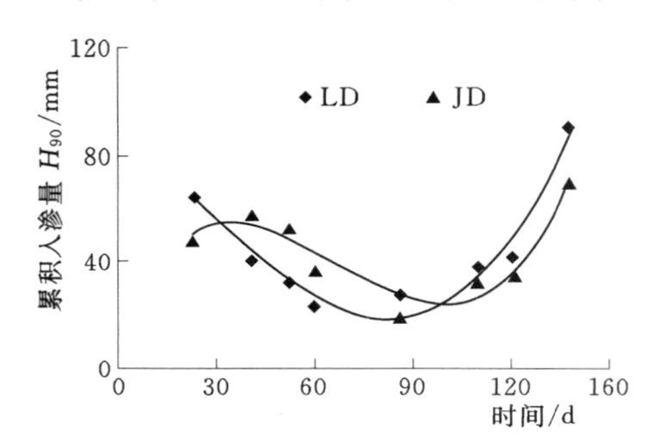

图 6-3 季节性冻融期 H_{90} 随冻融时间变化（陈军锋等，2007）

刘立晶等（2004）利用人工降雨研究表明：小雨后，由于秸秆覆盖阻滞入渗的作用，秸秆覆盖地 0～5cm 土层土壤含水率短时间内低于裸地，但降雨后 24h 玉米秸秆覆盖地已与裸地持平，由于裸地水分蒸发量高于秸秆覆盖地，以后逐渐高于裸地；中雨后，秸秆覆盖阻滞入渗作用表现在土壤 5～20cm 土层；大雨后，秸秆覆盖阻滞入渗作用表现在 10～20cm 土层；秸秆的吸水性会暂时阻滞雨水的入渗，但随着时间的延长，以及秸秆覆盖抑制水分蒸发的作用，秸秆覆盖地雨水入渗效果均高于裸地秸秆覆盖在降雨小的情况下仍然有利于雨水的利用（表 6-7～表 6-9）。

表 6-7 降小雨后玉米秸秆覆盖地土壤水分含量变化（刘立晶等，2004） %

处理	土层深度/cm	第 1 日			第 2 日	
		11：00	14：00	16：00	11：00	13：00
裸地	0～5	18.55	15.84	13.90	12.82	9.63
	5～10	8.95	9.66	9.57	9.65	8.60
	10～20	8.33	9.01	9.05	9.10	9.38

续表

处　理	土层深度/cm	第1日			第2日	
		11：00	14：00	16：00	11：00	13：00
覆盖地	0～5	15.47	13.55	12.62	12.84	11.84
	5～10	9.10	10.15	10.63	10.75	10.34
	10～20	8.51	9.02	10.71	10.04	10.03

注　24h雨量为10mm。

表6-8　　降中雨后玉米秸秆覆盖地土壤水分含量变化（刘立晶等，2004）　　%

处　理	土层深度/cm	第　1　日		第　2　日		第　3　日
		10：00	13：00	8：00	10：00	10：00
裸地	0～5	24.51	21.99	19.69	19.18	17.93
	5～10	19.27	19.00	17.58	17.22	17.14
	10～20	18.65	18.84	18.57	18.91	17.46
覆盖地	0～5	25.79	22.60	20.52	19.50	18.21
	5～10	18.83	18.42	18.63	17.90	17.44
	10～20	18.28	18.74	18.72	18.82	17.96

注　24h雨量为20mm。

表6-9　　降大雨后玉米秸秆覆盖地土壤水分含量变化（刘立晶等，2004）　　%

处理	土层深度/cm	第　1　日		第　2　日			第　3　日	
		13：00	15：00	17：00	8：00	10：00	14：00	8：00
裸地	0～5	22.42	20.24	19.90	19.00	17.82	16.68	15.96
	5～10	20.06	18.67	18.24	17.96	17.62	17.01	16.55
	10～20	18.93	19.19	18.13	17.85	17.40	16.95	16.26
覆盖地	0～5	22.86	22.09	21.26	20.18	19.77	18.54	17.14
	5～10	20.64	20.00	19.99	18.23	17.66	17.32	16.72
	10～20	18.31	18.41	18.02	17.74	17.73	17.28	16.81

注　24h雨量为30mm。

（二）秸秆覆盖对土壤肥力的影响

土壤有机质在土壤肥力和植物营养中具有重要作用。土壤有机质是植物营养元素的源泉，调节着土壤营养状况，影响着土壤的水、肥、气、热的各种性状；同时腐殖质也参与和影响植物的生理生化过程，并且有对植物产生刺激或抑制作用的特殊能力。秸秆还田对土壤有机质产生明显的影响，从长期定位试验来看，秸秆还田可以增加土壤有机质，起到培肥土壤的作用，但增长速度很慢（表6-10）。

秸秆还田后土壤中氮磷钾养分含量都有增加，其中尤以钾素的增加最为明显。据赵林萍等（2001）统计全国60个试验结果，秸秆还田后土壤全氮提高范围在0.001%～0.1%，平均提高0.0014%；速效磷增加幅度在0.2～30mg/kg，平均3.76mg/kg；速效钾增加幅度在3.3～80mg/kg，平均31.2mg/kg。

表 6-10　　　　秸秆还田增加土壤有机质效应

试验单位	土壤类型	地　点	试验方式及年限	有机质增减值/(g/kg)	年均增减值/(g/kg)
黑龙江省农科院黑河农科所	草甸暗棕壤	黑龙江省黑河	长期定位，翻压还田；12 年	−2.4～0.6	−0.2～0.05
黑龙江八一农垦大学	草甸白浆土	黑龙江省密山	长期定位，翻压还田；18 年	5.22～11.78	0.29～0.65
东北农业大学	黑土	黑龙江省哈尔滨	长期定位，翻压还田；5 年	0.19～0.23	0.04～0.046
中国农业科学院土壤肥料研究所	潮土	北京昌平	长期定位，翻压还田；8 年	2.13～4.88	0.27～0.61
河北科技师范学院	潮褐土	河北省遵化	长期定位，翻压还田；8 年	1.39～1.68	0.17～0.21
吴江市土肥站	潴育水稻土	江苏吴江	长期定位，水旱轮作翻压还田；7 年	0.50～1.60	0.07～0.23
浙江省嵊县农技推广中心	水稻土	浙江省嵊县	长期定位，水旱轮作翻压还田；5 年	0.15～0.18	0.03～0.036
中国农科院农业环境与可持续发展研究所	水稻土	湖南省望城县	长期定位，双季稻作翻压还田；23 年	2.1	0.091

来源：作物秸秆还田技术与机具，中国农业出版社，2012。

（三）秸秆覆盖对土壤侵蚀的影响

作物秸秆及残茬覆盖具有较强的固土能力，可增强土壤的抗风蚀能力，残茬覆盖的抗风蚀能力与其高度和覆盖度有关。常旭虹等（2005）在内蒙古自治区赤峰市，对不同留茬高度对地表风速的影响以及留残茬、旋耕和常规翻耕 3 种耕作方式对土壤风蚀的影响进行比较研究。作物残茬可明显减弱地表风速，其减弱程度显著高于无茬地块；越靠近地面，对风速的减弱程度越大，在 10cm 高度上可以减弱 60%左右；残茬高度不同的两个处理间无显著差异，证明残茬对地表风速的阻碍作用与有无残茬有关，而与残茬高度关系不大；残茬覆盖地表可以增加土壤粗糙度，加大地表摩擦力，使空气流动阻力增大，相应地降低直接作用于地表的风速，减弱了土壤风蚀程度（表 6-11）。对各处理 5 个不同采集高度的总采沙量分析表明，3 种耕作方式的田间总采沙量差异极显著。春天灭茬旋耕的采沙量最多（0.501g），说明该耕作方式下土壤抗风蚀能力最差；留茬处理的田间采沙量最少（0.219g），表明留茬能够有效抑制田间扬沙，相对提高了土壤的抗风蚀能力；常规翻耕地的风蚀状况介于两者之间（表 6-12）。

李霞等（2011）研究了不同耕作措施对径流的降低作用与坡度呈负相关关系，耕作措施对地表径流的抑制程度均随坡度增加而降低。翻耕、免耕草篱和免耕与草篱复合措施产生的径流量分别为 23.91mm、9.77mm、7.99mm、5.07mm，与翻耕相比，免耕、草篱和免耕与草篱复合措施分别减少了 59.1%、66.8%和 78.8%的地表径流（图 6－4）。

表 6－11　　不同残茬高度对风速的影响（常旭虹等，2005）

处　理	10cm 高度风速 /(m/s)	10cm 与 2m 高度风速比 /%	20cm 高度风速 /(m/s)	20cm 与 2m 高度风速比 /%	40cm 高度风速 /(m/s)	40cm 与 2m 高度风速比 /%
底留茬	3.0	52.35	3.9	60.00	4.2	65.79
20cm 留茬	2.7	40.10	2.9	44.44	4.5	66.50
40cm 留茬	2.2	39.18	2.8	44.27	3.8	62.43

表 6－12　　不同耕作方式采沙量比较（常旭虹等，2005）　　单位：g

处　理	10cm 高度采沙量	25cm 高度采沙量	60cm 高度采沙量	100cm 高度采沙量	150cm 高度采沙量	总采沙量
旋耕	0.192	0.147	0.097	0.035	0.030	0.501
留茬	0.085	0.051	0.032	0.027	0.024	0.219
常规翻耕	0.123	0.083	0.052	0.022	0.022	0.302

（四）秸秆覆盖对杂草控制的影响

一般认为，保护性耕作条件下，由于免除了翻耕除草而使杂草增多，但有秸秆覆盖也可以抑制杂草的生长，同时随着秸秆量的增加杂草量减少。李秉华等（2010）在 2008 年和 2009 年调查了旋耕和秸秆覆盖条件下夏播大豆田杂草的发生规律和对大豆出苗的影响，播后 21d 内杂草出土量占大豆整个生育期杂草出土量的 79.3%～96.5%，是化学防除的关键时期；4500kg/hm² 的秸秆覆盖对田间杂草有 48.67%～79.90%的抑制效果，秸秆覆盖后可减少精喹禾灵用量 33%。赵森霖等（2009）研究表明，传统耕作秸秆覆盖、免耕、免耕秸秆覆盖 3 种耕作方式下，杂草群落物种多样性差异不显著，传统耕作秸秆覆盖、免耕及免耕秸秆覆盖经过多年实施后，农田杂草群落开始逐步向较稳定的传统耕作杂草群落方向演替。

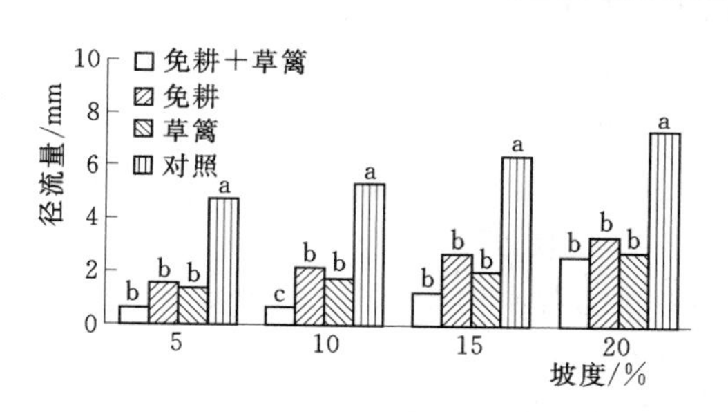

图 6－4　不同耕作措施的径流量
（李霞等，2011）

（五）生物覆盖的作用效果

保护性耕作覆盖方式不仅仅是传统的秸秆覆盖，还有生物覆盖，即通过种植一些绿色植物来防治水土侵蚀，同时也可以起到培肥地力的作用，国际上将这些作物统称为覆盖作物。种植覆盖作物，一方面可以提高地表覆盖度，特别是在北方冬季、春季可以起到防沙减尘的效果；另一方面可以培肥地力，如南方冬闲田，可以提高复种指数，培肥地力，增加收入。在南方双季稻区冬闲田种植油菜、黑麦草、紫云英和马铃薯后，后茬水稻生长发育及产量呈增加趋势，同时冬闲稻田种植冬季作物可显著增加农田生物量、生物固碳量。

三、“少污染”原理

保护性耕作中的“少污染”原理是指通过合理的作物搭配、耕层改造、水肥调控等配套技术，实现对温室气体排放、土壤污染的不利因素的控制。

（一）保护性耕作对温室气体排放的影响

由于保护性耕作减少了对土壤的扰动，同时加上秸秆等覆盖作用，对农田温室气体减排效应显著。伍芬琳等（2007）以华北平原小麦—玉米两熟地区保护性耕作5年田间定位试验为基础，对翻耕、少耕和免耕三种耕作方式进行对比，与翻耕地比较，免耕和少耕地的相对净碳释放量为－236.08kg/(km^2・年）和－451.19kg/(km^2・年)；免耕地农田投入的碳减排量［32.08kg/(km^2・年)］为土壤碳增汇量［204.00kg/(km^2・年)］的15.73%，少耕地农田投入的碳减排量［17.19kg/(km^2・年)］为土壤碳增汇量［434.00kg/(km^2・年)］的3.96%；少耕地对减少大气CO_2的贡献大于免耕地。李琳等（2007）研究表明，冬小麦生育期CO_2排放速率表现为翻耕＞旋耕＞免耕，平均分别为343.69mg/(m^2・h)、337.54mg/(m^2・h）和190.47mg/(m^2・h)。

伍芬琳等（2008）研究表明，在秸秆还田情况下，早稻生长季旋耕和翻耕的CH_4排放量差异不大，但显著高于免耕；晚稻生长季旋耕CH_4排放量显著高于翻耕和免耕；冬闲季节各处理CH_4排放量较小，翻耕CH_4排放量显著高于旋耕和免耕。

（二）保护性耕作防治环境污染的效果

免耕和草篱措施对径流中总氮、磷及阿特拉津的去除效果非常明显。在不同坡度条件下，4种措施的总氮流失量的比较结果是翻耕（对照）＞免耕＞草篱＞免耕＋草篱；在5%～20%坡度下，免耕措施的总氮流失量比对照的少46.8%～60.7%，草篱措施的总氮流失量比对照的少62.3%～80.5%；而免耕与草篱复合措施的总氮流失量比对照的少73.5%～84.6%（图6-5）。

免耕措施减少总磷流失效果好于传统翻耕（对照），即小区采取免耕耕作时，可减少51.3%的总磷流失；草篱措施的总磷流失量是对照的39.3%，即草篱措施减少了60.7%的总磷流失；将免耕与草篱措施结合之后，减少总磷流失效果显著，与对照相比，免耕与草篱复合措施减少了76.3%的总磷流失（图6-6）。

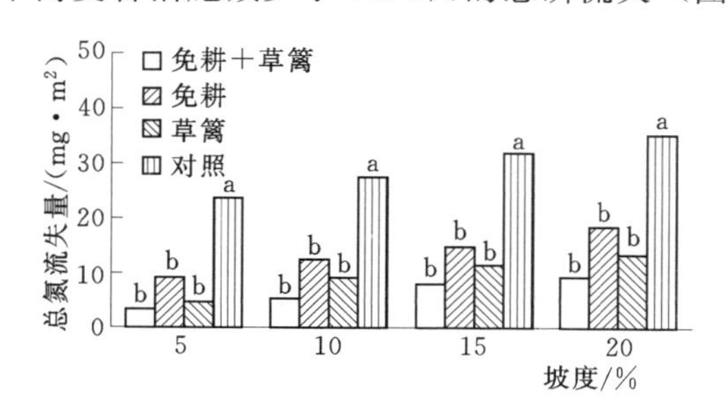

图6-5 4种处理的氮流失量（李霞等，2011）

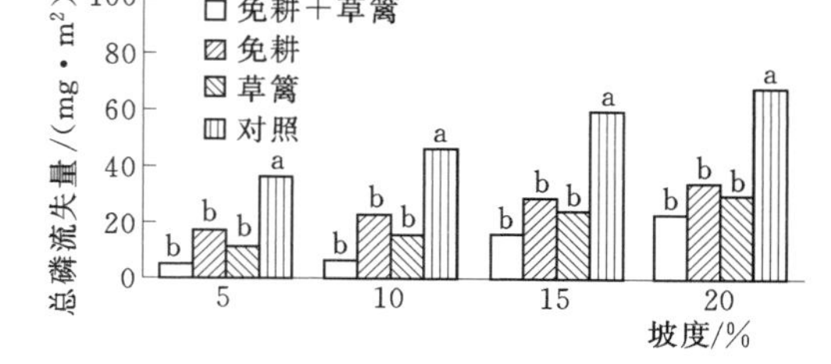

图6-6 4种处理的磷流失量（李霞等，2011）

地表径流是阿特拉津向周围环境扩散的载体，因此，不同坡度条件下的阿特拉津流失规律与径流量的保持一致。分别计算不同坡度下的阿特拉津流失量（图 6-7）可知，在 5%、10%、15%和 20%4 种坡度下，与对照相比，免耕措施分别减少了 60.4%、58.9%、55.7%和 52.8%的阿特拉津流失；草篱措施分别减少了 92.9%、92.3%、92.2%和 86.0%的阿特拉津流失；免耕与草篱复合措施分别减少了 95.8%、93.9%、93.8%和 88.4%的阿特拉津流失。

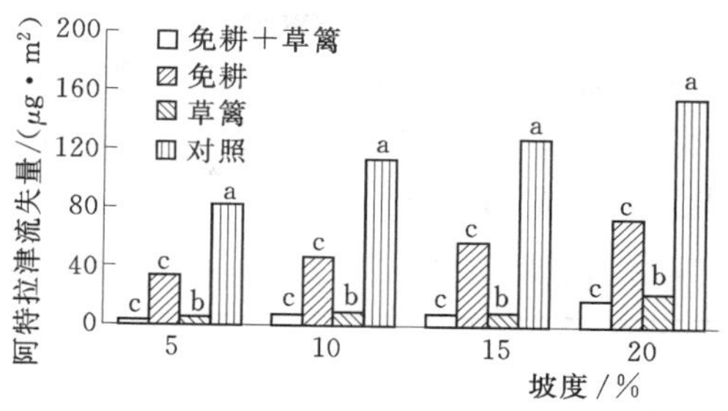

图 6-7 4 种处理的阿特拉津流失量（李霞等，2011）

第三节 保护性耕作的环境效应与增产效果

保护性耕作是可持续农业的重要技术之一，其土壤培肥效应、水土保持效应、抗旱效应、温室气体减排效应明显，推广示范保护性耕作技术对实现农业可持续发展具有十分重要的意义。

一、保护性耕作的土壤培肥效应

保护性耕作技术中，以秸秆还田和种植绿肥作物进行绿色覆盖对土壤的培肥效果最为明显，实施秸秆还田和种植绿肥等进行绿色覆盖，对促进农业可持续发展具有重要意义。

（一）秸秆还田的土壤培肥效应

2007 年我国粮食作物秸秆产量为 71234.2 万 t，占全国秸秆量的 87.7%。由表 6-13 可见，我国粮食作物秸秆主要分布于黄、淮海区和长江中下游区，2007 年秸秆产量分别占全国的 25.9%和 22.6%，合计占全国的 48.5%；其次是东北区和西南区，其产量占全国的 18.4%和 13.0%，合计占全国的 31.4%。

表 6-13　2007 年全国八大区粮食作物秸秆产量

地带	粮食作物		水稻秸秆		玉米秸秆		小麦秸秆		豆类秸秆		薯类秸秆	
	产量/万 t	占全国/%	产量/万 t	占全国/%	产量/万 t	占全国/%	产量/万 t	占全国/%	产量/万 t	占全国/%	产量/万 t	占全国/%
全国	71234.2	100	20464.1	100	30460.4	100	12023.2	100	3440.4	100	3369.7	100
一、东北区	13140.3	18.4	2665.2	13.0	8819.6	29.0	83.3	0.7	1142.0	33.2	149.0	4.4
二、黄淮海区	18478.8	25.9	676.1	3.3	9964.8	32.7	6864.6	57.1	359.8	10.5	471.1	14.0
三、长江中下游区	16123.5	22.6	10514.2	51.4	1575.2	5.2	2724.1	22.7	680.8	19.8	432.2	12.8
四、华南区	4187.4	5.9	3075.6	15.0	564.2	1.9	2.7		111.8	3.2	418.8	12.4
五、西南区	9255.3	13.0	3246.0	15.9	3385.4	11.1	717.1	6.0	514.0	14.9	1225.2	36.4
六、黄土高原区	4674.4	6.6	84.7	0.4	2754.0	9.0	898.3	7.5	244.0	7.1	396.7	11.8
七、西北干旱区	5104.8	7.2	201.6	1.0	3391.2	11.1	636.4	5.3	357.6	10.4	258.8	7.7
八、青藏高原区	269.7	0.4	0.7		6.0		96.7	0.8	30.4	0.9	17.9	0.5

来源：作物秸秆还田技术与机具，中国农业出版社，2012。

1. 秸秆还田增加土壤有机质和养分

作物秸秆含有大量的有机质，例如麦秸秆的有机质含量达95.7%、玉米秸秆的有机质含量达93.8%；同时又富含氮、磷、钾以及作物所需的中量和微量元素（表6-14）。因此，经常施用作物秸秆有利于增加土壤有机质和丰富养分含量。

表6-14　主要作物秸秆养分含量

秸秆种类	营养元素含量（占干物重%）				
	N	P_2O_5	K_2O	Ca	S
麦秸	0.50～0.67	0.20～0.34	0.53～0.60	0.16～0.38	0.123
稻草	0.63	0.11	0.85	0.16～0.44	0.112～0.189
玉米秸	0.48～0.50	0.38～0.40	1.67	0.39～0.80	0.263
豆秸	1.30	0.30	0.50	0.79～1.50	0.277
油菜秸	0.56	0.25～1.13	—	0.35	

来源：中国种植业大观：肥料卷，中国农业科技出版社，2001。

秸秆还田对土壤有机质产生明显的影响，从长期定位试验来看，秸秆还田可以增加土壤有机质（表6-10），同时可以改变有机质的组成，起到培肥土壤的作用。王兆荣等（1992）在黑龙江省哈尔滨市采用连续定位试验（1986—1990年）研究了不同有机物料对黑土的培肥作用表明：经过5年培肥试验，有机肥区为3.93%，秸秆还田区3.82%，草木樨秸还田区3.62%，与培肥前有机质量3.28%比较，增长幅度为0.34%～0.65%；化肥区略有增长，仅为0.1%左右；对照区由于5年未施肥，有机质含量5年累积下降0.19%。同时测定了不同培肥条件下黑土有机无机复合状况，连续用有机物料培肥土壤，可增强土壤复合有机质的能力，促进复合胶体的形成，从而也增强了土壤系统的内稳性。然而值得注意的是化肥区，重组有机质，原土复合有机质量都低于对照区，可见长期单施化肥，导致土壤复合有机质能力下降（表6-15）。

表6-15　不同培肥条件下黑土有机无机复合体的变化（王兆荣，1992）

处　理	重组有机质/%	原土复合有机质/%	原土复合度/%	增值复合量/%	增值复合度/%
有机肥	3.52	3.40	89.24	0.50	74.63
作物秸秆还田	3.21	3.10	83.11	0.20	33.90
草木樨秸秆还田	3.17	3.07	84.68	0.17	41.46
化肥	2.93	2.83	84.73	−0.07	−35.00
对照	2.98	2.90	92.36	0	0

注　轮作顺序：1986年种玉米，1987年大豆，1988年小麦，按此序轮作。有机肥：以畜、禽粪与土混合，堆腐，于每年春播前以基肥施入。秸秆还田：种什么作物还什么秸秆。草木樨秸秆还田：草木樨秸秆切成2～3cm，每年春播前翻入耕层。各有机物料用量均折成等有机碳2367kg/hm² 施入。化肥：N、P_2O_5、K_2O均施用60kg/hm²，于每年春播前以基肥施入土壤。对照区：不施肥。

秸秆还田后土壤中氮磷钾养分含量都有增加，其中尤以钾素的增加最为明显。据赵林萍等（2001）统计全国60个试验结果，秸秆还田后土壤全氮提高范围在0.001%～

0.1%，平均提高0.0014%；速效磷增加幅度在0.2～30mg/kg，平均3.76mg/kg；速效钾增加幅度在3.3～80mg/kg，平均31.2mg/kg。另外，在增加土壤有效磷、活化微量元素的有效性方面，作物秸秆表现尤为突出，可与化肥和草木樨媲美（表6-16）。

表6-16 有机物料对土壤磷素和微量元素有效性的影响

处理	全磷/(g/kg)	有效磷/(mg/kg)	微量元素/(mg/kg)				
			B	Cu	Zn	Fe	Mn
无机肥	0.83	25	0.242	1.94	2.32	81.2	19.7
化学肥	0.96	61	0.322	2.26	2.35	114.6	23.8
草木樨	1.02	60	0.521	1.95	2.14	94.0	25.7
玉米秸	0.99	43	0.229	1.34	2.22	98.3	20.6
麦秸	1.03	60	0.229	1.98	2.57	124.4	23.0
豆秸	0.95	65	0.254	2.42	2.44	131.4	22.9

来源：土壤肥料学，中国农业出版社，2001。

2. 秸秆还田对土壤物理性质的影响

徐晓波等（1999）在江苏吴江市潴育水稻土（黄泥土）上，采用水稻—麦（油菜）复种轮作，连续7年的秸秆还田定位试验表明：从物理性状看，容重以全年秸秆还田及配方区最为理想；每年还田一次居中，空白区、纯化肥区、常规区基本保持原状（表6-17）。

表6-17 秸秆还田对耕层土壤容重的影响（徐晓波等，1999）

处理	容重/(g/cm³)	总孔隙度/%	非毛管孔隙度/%	毛管孔隙度/%	饱和含水量/%	田间含水量/%	自然土含水量/%
空白	1.05	59.2	9.8	49.4	60.4	50.9	47.3
纯化肥	1.05	59.2	10.3	48.9	57.8	47.7	44.9
常规施肥	1.04	59.6	9.3	50.3	61.0	52.0	48.6
夏熟秸秆还田	1.01	60.6	11.1	49.5	61.7	50.6	46.9
秋熟秸秆还田	1.01	60.6	11.1	49.5	61.1	50.1	46.4
全年秸秆还田	0.93	63.2	12.5	50.7	69.4	55.6	52.2
配方施肥	0.92	63.6	15.2	48.4	70.4	53.6	48.1

土壤中大于0.25mm的团聚体被认为是对土壤物理性质和营养条件具有良好的作用。在水田中，实施稻草还田有利于1～0.25mm团聚体的形成，连续3年试验后，1～0.25mm团聚体由18.60%提高到32.28%，而小于0.01mm的团聚体则由20.20%减少到10.02%（表6-18）。

3. 秸秆还田对土壤微生物和土壤酶活性的影响

土壤微生物活动和土壤酶活性是土壤有机质和养分转化的关键因子，同时它们受施肥等因素的影响可以迅速发生变化。微生物生物量和酶活性能灵敏地反映环境因子的变化，常被用于评价土壤质量生物学性状。

贾伟等（2008）在晋东豫西寿阳国家旱农试验区，经过15年长期定位试验研究。由

表 6-18　稻草还田对土壤微团聚体含量的影响　%

处　理	1～0.25mm		0.25～0.01mm		<0.01mm	
	第一年	第三年	第一年	第三年	第一年	第三年
CK	20.48	29.32	22.22	25.79	20.11	16.79
化肥	18.42	18.64	22.12	21.05	21.16	15.79
稻草	18.60	32.28	21.07	16.95	20.02	10.02
猪粪	25.14	34.87	22.83	18.91	21.07	9.45

来源：中国种植业大观：肥料卷，中国农业科技出版社，2001。

表 6-19 可知在 0～20cm 土层，总体上秸秆还田处理使微生物碳、氮量增加，尤其是过腹还田效果最明显；土壤中微生物群落不同，土壤微生物生物量碳氮比（B_C/B_N）也不一样，说明秸秆还田已明显影响到微生物群落。而且秸秆还田也在明显地影响着土壤酶的活性。强学彩等（2004）在麦—玉两熟系统中，对玉米季、小麦季 3 种不同秸秆还田量（无秸秆、全量秸秆、倍量秸秆）的土壤生物学指标的测定结果表明，不同量秸秆还田对土壤 0～10cm 和 10～20cm 的土壤微生物量的影响不同，但均能增大土壤微生物量，全量和倍量处理间没有明显差异。李腊梅等（2006）研究表明：秸秆还田与无机肥处理都明显增强了所有酶的活性，与对照无肥区的差异达到了显著水平；酶活性对化肥或秸秆还田的敏感度为：β—葡糖苷酶＞脱氢酶、脲酶＞FDA 水解酶、碱性磷酸酶＞芳基硫酸酯酶＞酸性磷酸酶。

表 6-19　秸秆还田对 0～20cm 土层微生物 C、N 值及酶活性的影响（贾伟等，2008）

处　理		B_C /(mg/kg)	B_N /(mg/kg)	B_C/B_N	脲酶 /(mg/100g)	碱性磷酸酶 /(mg/100g)
春施化肥	适量化肥	176.50	27.23	6.48	79.58	36.88
	秸秆覆盖＋适量化肥	207.69	29.68	7.00	75.24	50.54
	翻压秸秆＋适量化肥	165.76	36.51	4.54	70.23	51.11
	秸秆过腹（鲜牛粪）＋适量化肥	245.40	51.64	4.75	86.83	71.74
秋施化肥	适量化肥	66.47	20.07	3.31	61.88	38.62
	秸秆覆盖＋适量化肥	116.91	48.32	2.42	71.91	50.56
	翻压秸秆＋适量化肥	141.05	34.09	4.14	84.93	74.58
	秸秆过腹（鲜牛粪）＋适量化肥	153.76	45.58	3.37	94.82	65.21

注　B_C 为微生物生物量碳；B_N 为微生物生物量氮。

（二）绿肥的土壤培肥效应

在生产的休闲季种植绿肥等作物实施绿色覆盖，翻压绿肥后种植作物，既有利于培肥土壤又可以提高作物产量。

1. 翻压绿肥增加土壤有机质和养分

熊顺贵等（1991）在北京南郊的石灰性潮土上试验，连续翻压绿肥可增加土壤有机质的数量，促进土壤有机质的积累和腐殖质组分的变化（表 6-20）。

表 6-20 **翻压田菁处理土壤腐殖质组成（熊顺贵等，1991）** %

处 理	腐殖质 C	胡敏酸 C	比 CK 增加	富里酸 C	比 CK 增加	胡敏酸 C	比 CK 增加	HA/EA
不翻压（CK）	0.455	0.153		0.146		0.145		1.05
翻压一年	0.461	0.153		0.145		0.143	−0.6	1.04
翻压二年	0.464	0.161	5.0	0.147	−1.0	0.156	6.8	1.09
翻压三年	0.491	0.164	7.1	0.146		0.181	23.1	1.12
翻压四年	0.494	0.168	9.8	0.136	−6.8	0.190	29.9	1.23
翻压五年	0.498	0.170	11.1	0.129	−11.6	0.190	35.3	1.28

李继明等（2011）在江西省进贤县红壤土上，选择了 26 年长期肥料定位试验中的 6 个处理，即：①不施肥（CK）；②早稻施紫云英 22500kg/hm^2（OM_1）；③早稻施紫云英 45000kg/hm^2（OM_2）；④早稻施紫云英 22500kg/hm^2 + 晚稻施猪粪 22500kg/hm^2（OM_3）；⑤早稻施紫云英 22500kg/hm^2 + 晚稻施鲜稻草 4500kg/hm$_2$（OM_4）；⑥单施化肥早稻施 N90kg/hm^2、$P_2O_5$45kg/hm^2、$K_2$75kg/hm^2（NPK）。由表 6-20 可知，除对照外各处理土壤的有机质含量（26 年均值）均显著高于试验前土壤，其中以 OM_3（紫云英+猪粪）处理的效果最好极显著高于其他各处理；有机质平均含量顺序为 $OM_3 \geqslant OM_4 \geqslant OM_2 \geqslant OM_1 \geqslant NPK > CK >$ 试前，各施肥处理分别比试验前增加 20.02%、13.88%、13.66%、10.86% 和 6.13%，比对照增加 18.80%、12.73%、12.51%、9.74% 和 5.06%（表 6-21）。

表 6-21 **长期不同施肥对土壤养分含量的影响（李继明等，2011）**

处 理	有机质 /(g/kg)	全氮 /(g/kg)	全磷 /(g/kg)	全钾 /(g/kg)	碱解氮 /(mg/kg)	速效磷 /(mg/kg)	速效钾 /(mg/kg)
试验前	16.22	1.70	1.13	15.41	143.70	10.30	125.10
CK	16.39	1.67	1.03	13.35	141.63	10.20	42.98
OM_1	17.98	1.81	1.26	13.35	161.53	16.00	45.39
OM_2	18.44	1.83	1.32	13.34	157.98	18.36	45.57
OM_3	19.47	1.89	1.66	13.11	170.89	31.41	48.20
OM_4	18.47	1.84	1.23	13.92	157.59	16.30	48.97
OM_5	17.21	1.71	1.29	13.34	146.51	19.94	45.39

2. 翻压绿肥对土壤物理性质的影响

熊顺贵等（1991）在北京南郊的石灰性潮土上试验，连续翻压绿肥可使土壤容重减少，孔隙总量和毛管孔隙增加，土壤团粒结构有所改善，土壤中的大、中、小孔隙比例趋于合理，土壤保水性能明显增强（表 6-22）。

3. 翻压绿肥对土壤生物性质的影响

杨曾平等（2011）研究表明，与冬季休闲处理相比，长期冬种绿肥翻压处理的微生物种群数量、微生物生物量碳（SMBC）、微生物生物量氮（SMBN）、土壤呼吸、脲酶、转化酶和脱氢酶活性都有所提高，代谢熵（qCO_2）降低，以长期冬种紫云英翻压处理效果

表 6-22 翻压田菁处理土壤孔隙状况（熊顺贵等，1991） %

处 理	容重/(g/cm³)	总孔隙度	比 CK 增加	毛管孔隙度	比 CK 增加	空气孔隙度	比 CK 增加	水稳性团聚体
不翻压（CK）	1.48	44.16		29.81		14.35		19.07
翻压一年	1.47	44.53	0.37	29.77	−0.04	14.76	0.41	18.90
翻压二年	1.40	47.17	3.01	29.32	−0.49	17.85	3.50	20.63
翻压三年	1.40	47.17	3.01	30.34	0.53	16.86	2.51	21.85
翻压四年	1.35	49.06	4.90	32.12	2.31	16.24	1.89	27.14
翻压五年	1.30	50.09	5.93	34.33	4.52	15.76	1.41	28.46

最明显。刘国顺等（2010）研究表明，连年翻压绿肥能提高土壤微生物量碳、氮及土壤脲酶、酸性磷酸酶、蔗糖酶、过氧化氢酶的活性，且随翻压年限的增加而增加；整个生育期，翻压 3 年绿肥的处理与对照相比微生物量碳、氮分别提高 31.0%～67.1%、23.0%～145.1%，土壤脲酶、酸性磷酸酶、蔗糖酶、过氧化氢酶活性分别提高 34.4%～51.9%、11.0%～18.6%、58.0%～172.7%、24.0%～50.0%，表明翻压绿肥后土壤生物过程活跃，利于有机物质的转化和烤烟正常生长所需的营养供应。

二、保护性耕作的水土保持效应

新华网北京 2008 年 11 月 20 日报道（记者姚润丰）。历时近 3 年的中国水土流失与生态安全综合科学考察组 20 日在此间公布的调查结果显示，我国现有水土流失面积 356.92 万 km^2，其中水力侵蚀面积 161.22 万 km^2，风力侵蚀面积 195.70 万 km^2，水土流失对我国经济社会发展的影响是多方面的、全局性的和深远的，甚至是不可逆的。经专家研究测算，按现在的流失速度，50 年后东北黑土区 1400 万亩耕地的黑土层将流失掉，粮食产量将降低 40%左右；35 年后西南岩溶区石漠化面积将翻一番，届时有将近 1 亿人失去赖以生存和发展的基础。

（一）保护性耕作的抗风蚀效应

中国土壤风蚀灾害主要发生在温带，东部季风农业气候大区和青藏高寒农业气候大区，土壤风蚀灾害以农业土壤为主；西北干旱农业气候大区，农业和非农业土壤均遭受风蚀灾害，而且风蚀程度也强于其他气候大区；黄土高原区风力侵蚀也是土壤损失的重要原因，风力侵蚀发生在春季，水力侵蚀发生在夏秋雨季，两者的交替侵蚀导致了严重的水土流失（李玉宝，2007）。

1. 土壤风蚀产生的危害

（1）土壤风蚀加重沙尘暴的危害。沙尘暴是强风将地表沙尘吹起使空气很混浊，水平能见度小于 1km 的天气现象。沙尘暴会引起一系列生态与环境问题，如荒漠化、土壤肥力下降、空气污染、对人类生命和财产安全的危害等；同时，沙尘天气产生的悬浮于对流层的沙尘微粒是大气气溶胶的重要来源之一，并随着大气运动输送、扩散至很远的地区，引起辐射平衡过程的变化，进而引起区域乃至全球的气候变化（李耀辉等，2007）。

李耀辉等（2007）研究发现，大风频发区并不与沙尘暴频发区完全重合。新疆的南疆盆地是我国沙尘暴多发的区域，但是大风天气却较少，一般在 10d/年左右；而天山以北是大风多发到频发区，大风日数明显多于南疆盆地，但是南疆盆地年均沙尘暴日数远多于新疆天山以北地区。又如甘肃河西走廊地区，沙尘暴发生最多在走廊中部的民勤县，也是我国的沙尘暴最频发区之一，但是它的年平均大风为23d，春季9.5d，均少于沙尘暴日数，而大风最频发区在走廊西部的安西。这表明沙尘暴的分布与丰富的沙源有密切关系，南疆盆地位于塔克拉玛干沙漠，民勤县恰好位于雅布赖山和龙首山形成的山口下方，其前后被巴丹吉林沙漠和腾格里沙漠包围，丰富的沙源和山口下风方向的有利地形条件，使民勤县成为我国的沙尘暴最频繁地之一。王旭和李少昆等（2007、2008）研究，裸露农田（包括新垦荒地、弃耕农田）、活化灌丛沙堆、活动沙丘以及乡村道路在沙尘暴天气条件下风蚀最为严重，是南疆沙尘暴沙尘的主要来源，而采取覆盖、增加地表粗糙度的保护性措施可明显减少土壤风蚀，降低沙尘暴的危害。由此可见，大风是沙尘暴的动力，裸露农田是沙尘的主要来源，如果采取秸秆覆盖、增加地表粗糙度的保护性措施，可明显减少沙尘暴的危害程度。

（2）土壤风蚀还使土地质量下降，甚至彻底毁坏农田。土壤风蚀对农田的危害表现为直接吹蚀表土，风沙流打磨作物，流沙埋压地块和庄稼，久之则使地力严重下降。据研究，青海共和盆地因土壤风蚀每年损失有机质3.308×10^6t，氮和五氧化二磷分别为2.583×10^5t和9.2×10^5t；仅每年肥力损失一项，相当于1.6533×10^7t厩肥、5.608×10^5t尿素、4.60×10^6t过磷酸钙的总和。由土壤风蚀引起的土壤营养元素损失一般需四五十年至上百年，甚至上千年才能恢复（董治宝等，1996）。

土壤风蚀是土地沙漠化的首要环节。防止土地沙漠化蔓延，使沙漠化土地逆转首先必须防治土壤风蚀，其重点应放在农田土壤风蚀上。北方旱作农田土层干燥、质地疏松，再加之强烈的人类经济活动，最易出现沙漠化。

2. 土壤风蚀的机制

影响风蚀发生及其进程的基本因素是风，风是空气的流动。试验研究表明，当气流速度超过每小时1.6～3.2km时，流动的空气就出现湍流，只有当气流是湍流时，才出现颗粒运动。由于空气的质量小，在相同速度下，风力仅为水力的13%，但空气流动速度常大于水流速度，所以，随着风速的增加，风力也增加。一般当风速超过5m/s时，沙粒开始移动，这一速度称之为起沙风速。风蚀发生时，暴露于地面的可被侵蚀的颗粒，借助顺风的力量可作短距离的滚动，这是因为被侵蚀的颗粒受地面摩擦阻力影响。滚动的速度决定于侵蚀的颗粒大小和局部风速，而滚动的旋转速度则决定于摩擦阻力。风速加大，滚动速度和旋转速度都增加，同时撞击其他颗粒，使被侵蚀的颗粒动能加大，沿着前进方向跳跃前进，遇有障碍时，常按接近垂直方向腾空跃起，其高度一般在20cm以下。然后大致沿抛物线方向以6°～12°的角度俯冲打击地面，这种冲击力可以推动6倍于它自身直径的沙粒，或比它本身重200多倍的沙粒，这种跃动过程的发生，使地面沙土开始大量移动。地表空气层（空气下垫面）中混有滚动和跃动的沙粒的气流称为风沙流。风沙流的形成标志着风力侵蚀作用已经进入严重阶段。

风蚀会带走土壤中富含营养的颗粒，致使土地贫瘠化，所以世界各国都非常重视土壤风蚀问题的研究。影响土壤风蚀的因素较多，地表采取特殊保护作物残茬覆盖、地表粗糙度以及地表土壤特性的改变，可以减少农田土壤风蚀损失；耕作通过改变土壤特性、微地形和作物残体等因素而影响土壤风蚀强度等。

(1) 地表破损率与土壤风蚀关系。董治宝等（1995）利用风洞吹蚀地表结构破损程度不同的土壤研究表明，风蚀率随风速的增大而增加（表 6 - 23），在任何破损率条件下，风蚀率随风速的变化关系一致服从指数函数式：

$$E=ABV$$

式中：E 为风蚀率；V 为风速；A、B 分别为回归系数。

另外，风蚀率随风速增大的增加率因破损率的大小而异。破损率越大，风蚀率随风速的增加率亦越大。对表中数据进一步分析，得出不同破损率与风蚀率的相关关系（表 6 - 24）。在任何大于起沙风速的风速条件下，风蚀率与地表结构破损率变化基本服从二次幂函数关系：

$$E=A+BSDR^2$$

式中：E 为风蚀率；SDR 为地表破损率；A、B 分别为回归系数。

表 6 - 23　　地表结构破损率与风蚀率关系的风洞试验（董治宝等，1995）

SDR/%	不同风速条件下的风蚀率					
2.40	V/(m/s)	5.2	10.1	14.7	20.0	26.1
	E/(g/min)	0.00	0.40	0.49	0.69	1.04
6.90	V/(m/s)	7.0	12.0	17.0	22.0	27.8
	E/(g/min)	0.56	0.80	1.15	1.74	2.71
16.26	V/(m/s)	6.80	11.6	15.9	21.9	24.7
	E/(g/min)	0.72	0.84	1.37	2.51	5.39
25.60	V/(m/s)	7.1	11.9	16.0	21.2	24.0
	E/(g/min)	0.89	1.62	4.29	6.84	11.34
34.40	V/(m/s)	7.0	11.8	16.8	22.0	25.6
	E/(g/min)	1.10	2.80	10.03	20.07	43.07
47.40	V/(m/s)	7.0	11.6	15.9	21.9	24.7
	E/(g/min)	4.62	9.51	36.63	70.59	117.99
62.70	V/(m/s)	6.9	12.1	17.72	21.9	27.2
	E/(g/min)	5.37	20.03	86.10	214.37	351.67
100.00	V/(m/s)	7.1	12.7	16.7	21.3	26.1
	E/(g/min)	17.00	55.75	145.75	375.05	926.75

表 6 - 24　　风蚀率与地表结构破损率的回归方程（董治宝等，1995）

风　速/(m/s)	回　归　方　程	相　关　系　数
10	$E_{10}=0.070+0.0017SDR^{1.91}$	0.994
15	$E_{15}=-0.026+0.030SDR^{2.02}$	0.997
20	$E_{20}=-0.869+0.007SDR^{2.07}$	0.998
25	$E_{25}=-13.842+0.040SDR^{2.15}$	0.997

(2) 植被覆盖与土壤风蚀关系（张春来等，2003）。同时研究表明，一定植被盖度下土壤风蚀率随风速的增大而显著增大；且盖度越小，风蚀率增大越迅速，表明风速越大，

植被的保护作用越显著，风速与风蚀率之间呈非线性正相关（表6-25）。黄高宝等（2007）的研究结果也是风速与风蚀率之间呈非线性正相关，但拟合的回归方程与张春来的研究结果有所不同（表6-26）。秦红灵等（2008）在农田上的研究结果与张春来的结果不完全相同，8个处理中，有3个处理呈线性关系、有5个处理呈幂函数关系（表6-27）。

表6-25　不同覆盖度条件下风蚀率与风速的回归关系（张春来等，2003）

覆盖度VC/%	回归方程	r^2
10	$Q=-0.11348+0.0006389U^2\ln U$	0.994
20	$Q=-0.08424+0.0004277U^2\ln U$	0.999
30	$Q=-0.03143+0.0001593U^2\ln U$	0.999
40	$Q=-0.01611+0.0001097U^2\ln U$	0.991

表6-26　不同耕作条件下风蚀率与风速的回归关系（黄高宝等，2007）

耕作处理	回归方程	r^2
NTS：免耕秸秆覆盖处理	$Q=0.004037V^{2.5865}$	0.9928
NT：免耕不覆盖处理	$Q=0.000130V^{3.8826}$	0.9982
TIS：秸秆翻压处理	$Q=0.000010V^{4.9083}$	0.9929
T：传统耕作处理	$Q=0.000001V^{6.5653}$	0.9944
SWT：春小麦传统耕作处理	$Q=0.000001V^{6.7612}$	0.9970

表6-27　不同农田条件下风蚀率与风速的回归关系（秦红灵等，2008）

处理	回归类型	回归方程	r^2
T_1：马铃薯收获后，传统耕翻农田	线性	$Y=22.34x-125.19$	0.99
T_2：免耕1年，草谷子直立残茬15cm	线性	$Y=10.84x-65.31$	0.98
T_3：免耕1年，草玉米直立残茬15cm	幂函数	$Y=0.018x^{3.1203}$	0.97
T_4：免耕1年，油菜直立残茬15cm	幂函数	$Y=0.0116x^{3.1325}$	0.98
T_5：免耕1年，莜麦直立残茬15cm	幂函数	$Y=0.0008x^{4.0137}$	0.98
T_6：免耕2年，莜麦直立残茬15cm	幂函数	$Y=0.0035x^{3.5337}$	0.97
T_7：免耕3年，莜麦直立残茬15cm	幂函数	$Y=0.0103x^{3.2075}$	0.98
T_8：免耕4年，莜麦直立残茬15cm	线性	$Y=10.55x^{-47.15}$	0.97

（3）作物留茬高度与土壤风蚀关系。刘汉涛等（2006）在内蒙古自治区武川县土壤风蚀试验区，通过对不同残茬高度的土壤进行风洞试验，揭示出土壤风蚀量随残茬高度的变化规律呈指数函数关系，如图6-8所示：

$$Q=ae^{bz}$$

式中：Q为输沙量，g/cm^2；z为残茬高度，cm；a、b为回归系数。

秸秆高度为0的传统耕作，起沙风速为5.65m/s。当秸秆高度为10cm时，起沙风速为8.60m/s；风速分别为9m/s、12m/s、15m/s和18m/s时，保护性耕作的土壤风蚀量分别为传统耕作的土壤风蚀的54.5%、66.8%、65.5%和66.1%。当秸秆高度为20cm

时，起沙风速为 8.84m/s；风速分别为 9m/s、12m/s、15m/s 和 18m/s 时，保护性耕作的土壤风蚀分别为传统耕作的土壤风蚀的 25.8%、45.3%、47.2% 和 45.4%。当秸秆高度为 30cm 时，起沙风速为 9.78m/s；风速分别为 12m/s、15m/s 和 18m/s 时，保护性耕作的土壤风蚀分别为传统耕作的土壤风蚀的 29.5%、20.5% 和 21.1%（刘汉涛等，2006）。

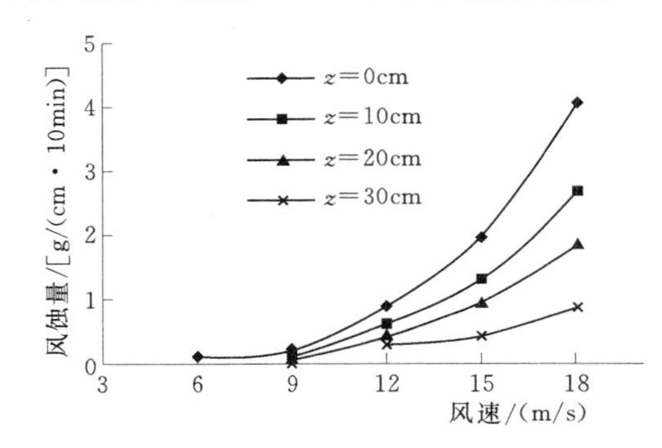

图 6-8　不同残茬高度与土壤风蚀量的关系（刘汉涛等，2006）

3. 保护性耕作抗风蚀实例分析

（1）秸秆留茬还田抗风蚀效果。安萍莉等（2008）以内蒙古武川旱农试验区为基地，研究了下列 5 种情况：①天然草地：未开垦的纯放牧草地；②撂荒制：分别选取撂荒 10 年、2 年的地块，其中撂荒 10 年植被覆盖以羊草居多，撂荒 2 年植被覆盖以杂草为主；③压青休闲制：选择二犁压青地，即在 7 月中旬耕头一犁，立秋前后耕第二犁，上一茬作物为小麦；④粗放轮作制：选择传统粗放的轮作旱地，茬口为小麦，上几茬作物分别是油菜和马铃薯，施肥很少，秸秆不还田，一般实行春翻、秋翻；⑤保护性耕作制：选择实行留茬免耕的小麦地，茬高 15～20cm，行间距 20cm，带长 50m，利用机器播种及收割。表 6-28 表明，各种农作制度对风速的影响明显。与天然草地相比，撂荒制、压青休闲制、粗放轮作制、保护性耕作的风速分别减小了 17.18%、17.25%、35.58%、59.84%，其中保护性耕作由于小麦留有高茬，减小风速的效果最显著，达到一半以上。不同农作制度的年风蚀量差异也很明显，主要是因为：①粗放轮作旱地和压青休闲地在秋末春初进行翻耕，由于彻底破坏了表层土壤结构和地表植被状况，大大降低了其抗风蚀能力，所以风蚀量较大，分别是天然草地的 1.8 倍和 1.67 倍。②撂荒地和保护性留茬地不进行翻耕，基本上终年都有覆盖物，相比较天然草地，风蚀量分别减少了 38.33%、27.44%（表 6-28）。

表 6-28　不同农作制度对 12m 高度处平均风速和风蚀量的影响（安萍莉等，2008）

农作制度	天然草地	撂荒制	压青休闲制	粗放轮作制	保护性耕作
风速/(m/s)	7.03	5.822	5.817	4.529	2.823
与天然草地相比/%	—	−17.18	−17.25	−35.58	−59.84
风蚀量/(kg/hm^2)	3.17	1.96	5.30	5.71	2.30
与天然草地相比/%	—	−38.33	67.19	80.13	−27.44

注　撂荒制的风蚀量数据是原著撂荒 10 年和 2 年的平均。

常旭虹等（2005）在内蒙古自治区赤峰市，对不同留茬高度对地表风速的影响以及留残茬、旋耕和常规翻耕 3 种耕作方式对土壤风蚀的影响进行比较研究。作物残茬可明显减弱地表风速，其减弱程度显著高于无茬地块；越靠近地面，对风速的减弱程度越大，在 10cm 高度上可以减弱 60%左右；残茬高度不同的两个处理间无显著差异，证明残茬对地表风速的阻碍作用与有无残茬有关，而与残茬高度关系不大；残茬覆盖地表可以增加土壤粗糙度，加大地表摩擦力，使空气流动阻力增大，相应地降低直接作用于地表的风速，减弱了土壤风蚀程度（表6－29）。对各处理5个不同采集高度的总采沙量分析表明，3种耕作方式的田间总采沙量差异极显著。春天灭茬旋耕的采沙量最多（0.501g），说明该耕作方式下土壤抗风蚀能力最差；留茬处理的田间采沙量最少（0.219g），表明留茬能够有效抑制田间扬沙，相对提高了土壤的抗风蚀能力；常规翻耕地的风蚀状况介于两者之间（表6－30）。

表6－29　不同残茬高度对风速的影响（常旭虹等，2005）

处　理	10cm高度风速/(m/s)	10cm与2m高度风速比/%	20cm高度风速/(m/s)	20cm与2m高度风速比/%	40cm高度风速/(m/s)	40cm与2m高度风速比/%
底留茬	3.0	52.35Aa	3.9	60.00aA	4.2	65.79aA
20cm留茬	2.7	40.10bB	2.9	44.44bA	4.5	66.50aA
40cm留茬	2.2	39.18bB	2.8	44.27bA	3.8	62.43aA

表6－30　不同耕作方式采沙量比较（常旭虹等，2005）　　单位：g

处　理	10cm高度采沙量	25cm高度采沙量	60cm高度采沙量	100cm高度采沙量	150cm高度采沙量	总采沙量
旋耕	0.192aA	0.147aA	0.097aA	0.035aA	0.030aA	0.501aA
留茬	0.085cC	0.051cC	0.032cC	0.027aA	0.024aA	0.219cC
常规翻耕	0.123bB	0.083bB	0.052bB	0.022aA	0.022aA	0.302Bb

（2）作物留茬间作的抗风蚀效果。刘晓光等（2006）在内蒙古武川旱农试验站，根据当地的种植种类，特别是大面积的油菜和马铃薯作物的种植，加上苜蓿等牧草的饲料作物的巨大种植潜力，在设计时主要以这些作物间作留茬，其都为带宽6m、长120m的带田。以种植油葵作为生物篱分别与4种间作留茬结合，油葵密度为9株/m^2、高度平均为1.15m左右、油葵种植3行、宽度为1m。由于当地多为西北风，带状成南北向（图6－9）。其中马铃薯和箭舌豌豆为秋耕地，在试验过程中为裸露农田，其他都有不同程度的留茬，草谷子和莜麦茬高分别在14.17cm和15.8cm左右，残茬密度分别在446.7万株/hm^2和349.65万株/hm^2，油菜茬高16.38cm、密度为30.45万株/hm^2，苜蓿地茬比油菜茬略高。油葵籽粒于9月下旬收获，随着叶子的凋落，在大风季节主要依靠油葵秆抗风蚀，没有分枝和叶片。

从表6－31、表6－32可以看出，生物篱对裸地和留茬地都有明显的降低近地面风速的作用；特别通过生物篱和草谷子留茬带，在生物篱和草谷子留茬对风的阻截作用下，近地表风速明显较裸地低。从表6－31可以看出，生物篱（油葵残茬）近地面风速能减少18.2%～24.6%，平均削减风速1.04%；草谷子茬在留茬地及保护下的1.5m裸地内能削减风速33.7%～68.3%，平均为54.62%，茬可使茬地内风速平均减少59.85%。可见生物篱（油葵残茬）削减风速的能力只有草谷子茬的35.15%；在生物篱保护下的茬地内；

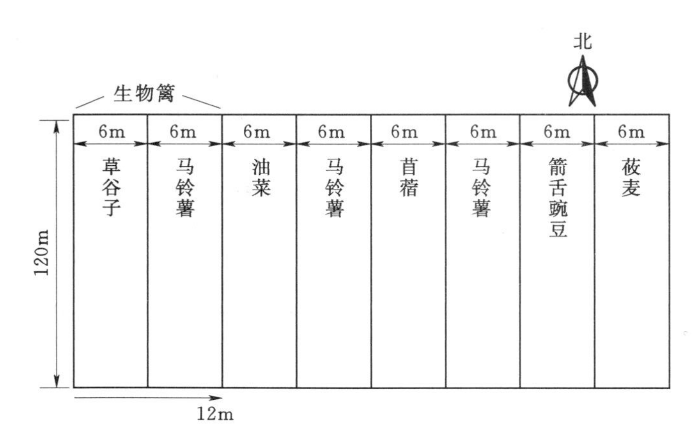

图 6-9　生物篱保护下的作物间作留茬设计（刘晓光等，2006）

对于减轻风速来说：茬的贡献率达到 73.52%；而篱的平均贡献率为 26.48%；贡献率之比为 2.78∶1。但是在篱高或茬高 0～5 倍左右范围内，随着离生物篱或留茬的距离增大，生物篱的保护作用逐渐增强，贡献率逐渐增大，超出此范围则保护作用下降。这是因为残茬虽然密度高于生物篱，但其高度远不及油葵生物篱，因此谷子或莜麦残茬减小近地面风速的效应主要表现在近处，而油葵生物篱的效应主要表现在更远处。油葵生物篱与作物残茬配合使用可获得更好的减轻农田风蚀效果。

表 6-31　通过生物篱和不同土地利用方式下近地面不同点风速值（刘晓光等，2006）

组合类型	对照	1.5m	3.0m	4.5m	6.0m
通过生物篱和留茬带	1.51	0.22	0.29	0.37	0.29
通过生物篱和裸地	2.45	1.66	1.64	1.53	1.51

注　离地高度 5cm 测风速，m/s；对照为距篱上风向 5m 处。

（3）秸秆覆盖还田的抗风蚀效果。黄高宝等（2007）在甘肃省武威市，研究了不同耕作方式的抗风蚀效果，结果表明秸秆覆盖具有明显的抗风蚀作用。其试验处理为：①传统耕作处理（T）：前茬作物收获后深耕灭茬，耙耱整平，不覆盖。②秸秆翻压处理（TIS）：前茬作物收获后，秸秆切碎为 5cm，结合秋深耕翻入土壤，秸秆还田量为 6750kg/hm²。③免耕不覆盖处理（NT）：前茬作物收获后免耕，不覆盖。④免耕秸秆覆盖处理（NTS）：前茬作物收获后免耕并将秸秆切成 5cm 长度覆盖，秸秆还田量为 6750kg/hm²。⑤试验对照为春小麦传统耕作处理（SWT）：春小麦收获后翻耕灭茬、整平休闲至次年 3 月播种，休闲期地表裸露。从图 6-10 可见，不论哪种耕作措施，风蚀量与风速之间均表现为正相关关系，风速越大，风蚀越强烈。对于对照（SWT）处理，风速小于 12m/s 处于轻微的风蚀阶段，风蚀不明显，免耕（NT）和免耕秸秆覆盖（NTS）处理风蚀量为 0。12～16m/s 是风蚀强度缓增区，当风速大于 16m/s 后（相当于自然界 8 级大风），风蚀量几乎呈线性增加，这表明在净风的吹蚀下，16m/s 风速是土壤风蚀程度由轻变重的一个转折点。传统耕作（T）处理趋势与对照类似，而免耕（NT）和免耕秸秆覆盖（NTS）处理风蚀率随着风速变化相对较缓慢，秸秆翻压（TIS）处理介于 NT 与 T 之间。当风速达到20m/s时传统耕作（T）、秸秆翻压（TIS）、免耕（NT）、免耕秸秆覆盖（NTS）的风蚀量分别较对照（SWT）低30.6g、42.0g、52.6g和58.2g。

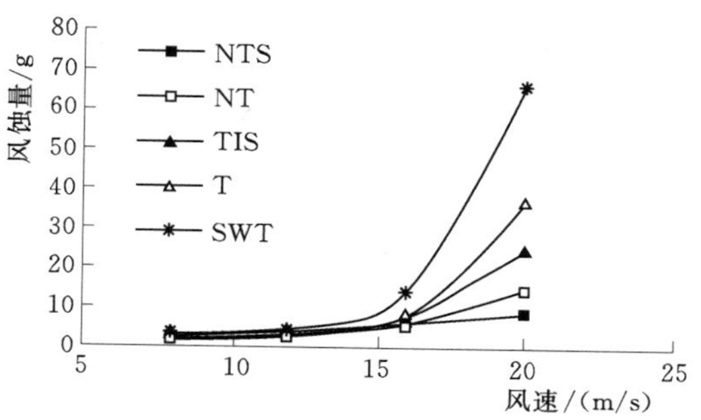

图6-10　不同处理风蚀量与风速关系变化（黄高宝等，2007）

王翔宇等（2007）在宁夏盐池县进行了秸秆、地膜覆盖防治土壤风蚀效果的研究。由表6-33可以看出，对照秋翻裸耕地与不同地表覆盖地块2m高处风速较为一致，但在近地表50cm处，有覆盖地表的农田，其风速较裸耕地有所下降，尤其以玉米秸秆堆状覆盖降低最多，较裸耕地50cm处风速降低了39.6%～45.1%，而平铺式玉米秸秆覆盖较秋翻裸耕地50cm处风速下降了32.0%～33.3%。籽瓜覆膜地其风速下降较小，仅为3.6%～6.6%。显然，堆放的玉米秸秆因其高度较高，易在玉米秸秆堆间形成遮挡作用，故而在秸秆堆后形成风速降低区，使得风速大为下降；而平铺式玉米秸秆由于秸秆高度下降，其所影响的范围也有限。而籽瓜覆膜地几乎与秋翻裸耕地相同，因地表无障碍物，因而风速变化较缓。

表6-32　生物篱与留茬在不同点对削减风速的贡献（刘晓光等，2006）

距篱/m	篱+裸地+莜麦留茬				篱+草谷子留茬+裸地			
	风速降低/%	翻耕裸地/%	篱的原因/%	篱的贡献率/%	风速降低/%	茬的原因/%	篱的贡献率/%	茬的贡献率/%
1.5	32.2	14.0	18.2	56.5	86.5	68.3	21.04	78.96
3.0	33.0	14.1	18.9	57.3	80.8	61.9	23.39	76.61
4.5	37.5	13.6	23.9	63.7	77.5	53.6	30.84	69.16
6.0	38.6	14.0	24.6	63.8	80.2	55.6	30.67	69.33
7.5	87.8	—	19.6	22.3	53.3	33.7	36.77	63.23

表6-33　不同地表覆盖下风速、粗糙度与风蚀物含量变化（王翔宇等，2007）

测试时间	测试内容	秋翻裸耕地	籽瓜覆膜地	玉米秸秆堆状覆盖	玉米秸秆平铺覆膜
2006年3月29日	覆盖度/%	0	50.00	25.00	40.00
	2m风速/(m/s)	7.12	7.10	7.10	7.10
	0.5m风速/(m/s)	5.86	5.47	3.22	3.91
	粗糙度Z_0/cm	0.08	0.48	15.78	9.07
	0～80cm总风蚀量/g	25.43	3.25	0.94	0.91
	0～20cm风蚀量/g	19.24	1.30	0.30	0.33
	20cm风蚀量占总风蚀量/%	75.60	40.00	31.90	36.30

续表

测试时间	测试内容	秋翻裸耕地	籽瓜覆膜地	玉米秸秆堆状覆盖	玉米秸秆平铺覆膜
2006年4月5日	2m风速/(m/s)	8.66	8.65	8.63	8.62
	0.5m风速/(m/s)	7.47	7.20	4.51	5.08
	粗糙度 Z_0/cm	0.01	0.05	11.01	6.88
	0～80cm总风蚀量/g	67.80	14.26	7.93	3.90
	0～20cm风蚀量/g	52.71	11.28	5.05	1.94
	20cm风蚀量占总风蚀量/%	77.10	79.10	63.70	49.70

（二）保护性耕作的抗水蚀效应

1. 土壤水蚀的危害

土壤水蚀是导致坡耕地水土流失的主要原因，对土地资源破坏很大，直接影响到农业生产的可持续发展。据调查，由于水土流失，东北黑土区土壤有机质每年以0.1%的速度递减。黑土区的开发已近百年，初垦时黑土层一般都在60～80cm厚，个别地区达1m。开垦20年的黑土地土层厚度减少为60～70cm，有机质下降1/3；开垦40年的黑土层厚度减少为50～60cm，土壤有机质下降1/2左右；开垦70～80年的黑土层一般都只剩下20～30cm，有机质下降2/3左右。

水土流失的另一危害是侵蚀沟切割耕地。据调查，仅东北黑土区有较大型侵蚀沟6万余条，侵蚀耕地47.12万hm^2，每年损失粮食14.14亿kg。同时，侵蚀沟的发展导致大量的耕地被切割而被迫弃耕撂荒（范建荣等，2002）。严重的水土流失使大量泥沙进入水库、河道，造成水库、河道严重淤积，影响其正常运行。据调查黄土高原水土流失量3700t/(km^2·年)，最严重的地区高达5万～6万t/(km^2·年)，每年从黄土高原输入黄河三门峡以下的泥沙达16亿t，其中4亿t淤积在下游河床，造成黄河下游河床每年淤高10cm。目前，黄河下游河床高出地面3～10m，最高达12m，成为有名的地上悬河。在长江上游35.2万km^2水土流失区的土壤流失量就达15.6亿t，年均侵蚀模数达4432t/km^2。由于长江流失的泥沙颗粒粗，只有1/3细泥沙进入干流，2/3的粗砂、石砾淤积在上游水库、支流和中小河道，给小河的防洪和水库灌溉、供水、发电带来很大危害（蔡春维等，2008）。

2. 水蚀机制

水土流失是一种做功的过程。水力侵蚀，包括雨滴溅蚀和径流冲蚀，做功的能量是由降落雨滴和坡面径流供给的，所以水蚀的机制也就包括雨滴溅蚀和径流冲蚀两个部分。

（1）雨滴溅蚀。降雨雨滴连续不断地击打地面能使土粒移动，雨滴击打土壤表面土粒能被溅起60～90cm高，飞溅距离可达1.5m远。雨滴溅蚀强度不仅与雨滴大小、速度有关，还与地面坡度有关（图6-11）。当雨滴垂直撞击在平坦的土壤表面，击溅是各个方位都相等。落在坡地上的雨滴，向坡下的击溅多于向坡上的击溅，即坡下溅蚀比坡上的溅蚀要大得多。

（2）径流冲蚀。当降雨强度超过入渗强度时，地表就要产生径流，开始发生径流冲

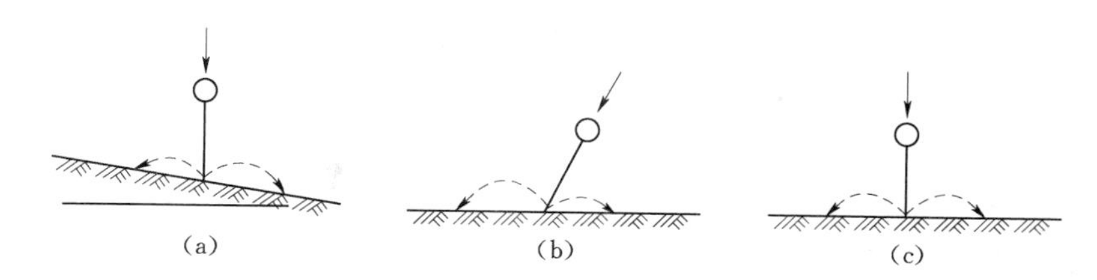

图 6-11　雨滴溅蚀与地面坡度和风向的关系（水土保持，1988）

（a）坡地垂直雨滴；（b）平面倾斜雨滴；（c）平地垂直雨滴

蚀。地表积水，水在地表流动为转运被降水雨滴溅蚀松动的土粒提供了一个途径。开始时地表径流不是连片出现的，一般是水流绕过土块，溢出小洼坑，缓慢地无规则地流动，水在流动过程中把土粒带走，这就是土壤侵蚀的面蚀阶段。在某些情况下，水从漫流面上汇集到一起，形成小溪流动把地面冲成小细沟。面蚀细沟逐渐地汇到一起就进入沟蚀阶段，即地表径流发展到一定程度就开始形成较大沟槽的沟蚀阶段。

3. 秸秆（残茬）覆盖的防土壤水蚀效果

王育红等（2002）研究表明，小麦收获后留 20～40cm 的根茬覆盖农田可以明显减少农田水土流失量。从表 6-34 可以看出，与无覆盖相比，2000 年处理 A 与 B 的产流次数都减少 1 次，径流量分别减少 47.8%、52.9%，土壤侵蚀量分别减少 67.7%、76.6%；2001 年 A 与 B 处理产流次数分别减少 3 次、4 次，径流量分别减少 84.8%、93.2%，土壤侵蚀量分别减少 92.0%、96.1%。总之覆盖减少了产流次数、径流量、土壤侵蚀量，且随着覆盖年限与覆盖量的增加，保水保土效果更明显。

表 6-34　小麦残茬覆盖对农田水土流失的影响（王育红等，2002）

年份	处理	产流次数/次	径流量/(L/hm²)	与CK相比（±%）	土壤侵蚀量/(kg/km²)	与CK相比（±%）
2000	A：麦收后高留茬 25～30cm	2	1249.6	-47.8	169.5	-67.7
	B：麦收后高留茬 35～40cm	2	1126.7	-52.9	123.0	-76.6
	C：CK，无覆盖	3	2393.3	—	525.0	—
2001	A：麦收后高留茬 25～30cm	2	835.6	-84.8	97.1	-92.0
	B：麦收后高留茬 35～40cm	1	372.8	93.2	46.6	-96.1
	C：CK，无覆盖	5	5487.3	—	1208.2	—

唐涛等（2008）研究表明，秸秆覆盖可以延缓径流的产生，将对照的初始产流时间和秸秆覆盖处理的初始产流时间对比，秸秆覆盖的产流初始时间滞后于对照，秸秆覆盖率越高，产流滞后的时间越长；同时，覆盖秸秆能减少径流量，覆盖率越高，径流量减少的效果就越明显（表 6-35）。由于秸秆覆盖可以明显增加地表糙率，延缓产流时间，分散径流，减小径流量，增加入渗，不断消耗径流冲刷力，从而使其对剥蚀土壤和搬运泥沙的能力产生重大影响，产沙量也随着覆盖度的增大呈递减趋势（图 6-12）。

表 6-35　秸秆覆盖对产流时间和径流量的影响（唐涛等，2008）

秸秆覆盖率	CK	20%	40%	60%	80%	100%
初产流时间/s	93	109	457	544	693	989
滞后时间/s	0	16	364	451	600	896
径流量/(cm^3/min)	1479	1432	1420.8	1319	1030.9	849.1
减少百分数/%	0	3.17	3.99	10.82	30.36	42.60

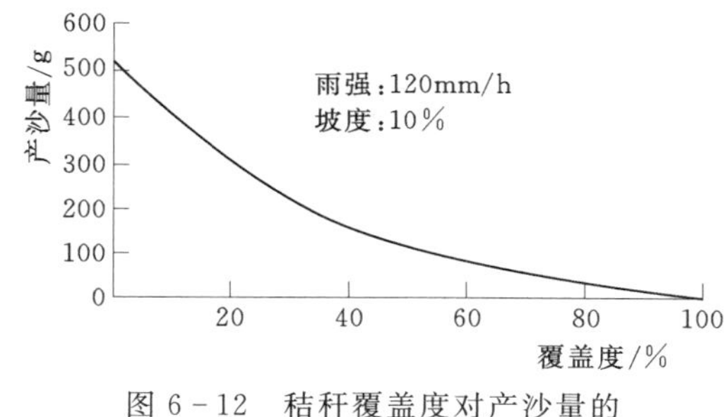

图 6-12　秸秆覆盖度对产沙量的影响（唐涛等，2008）

4. 垄向区田的防土壤水蚀效果

垄向区田就是在坡耕地的垄沟内或在平作地作物行间修筑小土挡，将长长的垄沟或长长的行间截成许多小区段，以土挡拦截降雨，以小区段（浅穴）储存雨水，直到浅穴中的雨水全部渗入土壤，成为土壤水或深层土壤水，地面便没有了径流。这样就解决了强降雨和土壤渗透慢的矛盾。垄向区田是最接近水土保持原则的措施，即“将每一滴雨水保留在它降落的地方”。

垄距 60～70cm 垄向区田最佳挡距数学模型：$L=168\theta^{-0.5}$，计算出最佳挡距（表 6-36）。如 0.1 度坡的坡耕地最佳挡距为 5.3m，随着坡度增大，最佳挡距越小。

表 6-36　不同坡度最佳挡距和最大挡距拦蓄降雨比较（沈昌蒲等，1997）

坡度/(°)	最佳挡距/cm	最佳挡距拦蓄降雨量/mm	最大挡距/cm	最大挡距拦蓄降雨量/mm
0.5	225	55.9	1604	29.7
1.0	161	51.5	802	29.4
2.0	115	45.8	401	28.7
3.0	95	41.5	267	28.1
4.0	83	38.1	200	27.5
5.0	74	35.5	160	26.7
6.0	68	33.0	133	26.1
8.0	59	29.1	100	24.5

三、保护性耕作的抗旱效应

实施抗旱保墒技术，发展节水农业是关系中国社会经济的持续生存和发展的大事。据预测，2030 年中国人口将达到 16 亿，人均粮食的需求量为 450kg，粮食的需求量为 7000 亿 kg 左右。我国现有耕地 1.2 亿 hm^2，但我国目前未利用的土地面积不到 3 亿 hm^2，其中可开发利用的农用地后备资源只有 4078 万 hm^2，而后备耕地资源仅仅 800 多万 hm^2，但这些后备耕地资源是长期开发利用后所剩余的那些有各种限制因素，质量不高，生态环境脆弱的土地，开发难度大，所以土地资源开发潜力不大。我国社会能否得以持续生存和发展的关键是：我国的农业生产是否能以现有的4000亿m^3灌溉水资源，将粮食产量从现有的5000亿kg提高到7000亿kg，并满足其他农作物的需求。如提高灌溉水的利用率将现有的灌溉用水量节省15%，可为扩大灌溉面积和提高灌溉保证率提供600亿m^3水量，超过黄河的年平均流量。因此，实施抗旱保墒技术，建立节水农作制意义重大。

（一）秸秆覆盖的抗旱效应

水分胁迫和土壤养分胁迫是我国北方旱地农业的主要限制因素。旱作农业研究的重要任务在于培肥地力、纳雨蓄墒、减少土壤蒸发，提高土壤的蓄水、保水和供水能力，从而提高作物的水分利用效率。秸秆覆盖可以增加降水入渗，减少地面径流，抑制土壤蒸发，培肥土壤，增加产量等作用，是提高我国北方旱农地区综合抗旱能力的有效途径之一。

1. 秸秆覆盖对土壤蒸发的影响

我国北方旱地农田50%左右的水分通过蒸发损失，为了减少由土表蒸发引起的水分的无效损失，生产中常采用土壤表面覆盖的方法。秸秆覆盖减少了土壤水分的无效蒸发，提高了作物水分利用效率。

李新举等（1999）模拟试验表明，秸秆覆盖可明显降低土壤水分蒸发速度，从不覆盖的0.74mm/d降到覆盖12t/hm^2的0.29mm/d，相对降低了60.81%；水分蒸发速度与覆盖量呈明显的负相关。高鹏程等（2004）通过室内模拟试验，建立了不同秸秆覆盖量下的土壤水分蒸发动力学模型。土壤水分累计蒸发量W与时间t的关系为$W=at^b$，初始含水量较高时，秸秆覆盖的保水效果十分明显，而且秸秆覆盖量越多，保水效果越好；当初始含水量较低时，秸秆覆盖的保水效果更加显著，但其保水效果与秸秆覆盖量的多少关系不大。陈素英等（2004）在研究表明，夏玉米田全生育期土壤的无效蒸发占其总蒸散的1/3左右，实施秸秆覆盖可以有效地保墒土壤、降低土壤水分蒸发，秸秆覆盖对土壤水分蒸发的抑制率3年平均为58%，前期由于*LAI*小，土壤裸露，秸秆覆盖的效果更明显。于稀水等（2007）在西北农林科技大学研究分析多覆盖（覆盖量6000kg/hm^2）、少覆盖（覆盖量3000kg/hm^2）和不覆盖处理对冬小麦棵间蒸发的影响，结果表明：冬小麦逐日棵间蒸发表现为10月中旬、3月下旬和6月上旬较大，多覆盖、少覆盖和对照3个处理逐日变化量和逐日累计量有相同变化趋势；3个处理日均棵间最大蒸发量均出现在灌浆—成熟期、最小值出现在越冬—返青期；覆盖处理对照抑制率都是在播种—分蘖期最大，越冬—返青期最小；覆盖处理中，多覆盖抑蒸效果最好。刘超等（2008）在陕西杨陵研究表明，当秸秆覆盖量为0.6kg/m^2时，平均同期土面蒸发速率为无覆盖条件下的38.5%；覆盖量为0.9kg/m^2时，平均同期土面蒸发速率为无覆盖条件下的27.8%；覆盖量为1.2kg/m^2时，平均同期蒸发量为无覆盖条件下的22.6%。随着秸秆覆盖量的增加，覆盖层的抑蒸效应逐渐减小，当覆盖量大于0.6kg/m^2时，秸秆量的进一步增加不再能明显提高抑蒸效果，当覆盖量大于0.9kg/m^2时，覆盖层的抑蒸效果不再明显增加。因此，可以将0.6～0.9kg/m^2作为最佳秸秆覆盖量范围。

胡实等（2008）在湖南省桃源县研究夏玉米全生育期累积棵间蒸发量表明，秸秆覆盖量越小棵间蒸发量越大，全生育期内少量覆盖和大量覆盖分别比对照少蒸发51.4mm和75.4mm（表6-37）。由图6-13可见，每日的18：00至翌日6：00，不同覆盖量下棵间蒸发的差异不大，有时甚至会出现不覆盖处理的棵间蒸发量低于覆盖处理的情况，说明覆盖处理在夜间不但没有明显抑制蒸发的作用，有时还会阻止夜间露水下渗到土壤中；6：00—18：00，覆盖抑制土壤蒸发的作用呈现明显分化，不覆盖处理中不但棵间蒸发量最大，而且增加速度也最快，其次是少量覆盖，大量覆盖的土壤蒸发日变化最缓和，12：00—15：00 3种处理的棵间蒸发量均达到最大值，15：00以后棵间蒸发量开始下降；6：00—18：00的棵间蒸发量在不同时段均呈现为不覆盖＞少量覆盖＞大量覆盖，说明随着覆盖量的增加棵间蒸发的抑制作用增强，午间最强。

表 6-37　秸秆覆盖对玉米各生育期株间土壤蒸发速度的影响（胡实等，2008）　单位：mm/d

处理	出苗—拔节	拔节—抽雄	抽雄—灌浆	灌浆—成熟
不覆盖	1.56	2.38	1.28	1.49
少量覆盖	0.62	0.88	0.42	0.96
大量覆盖	0.28	0.17	0.17	0.54

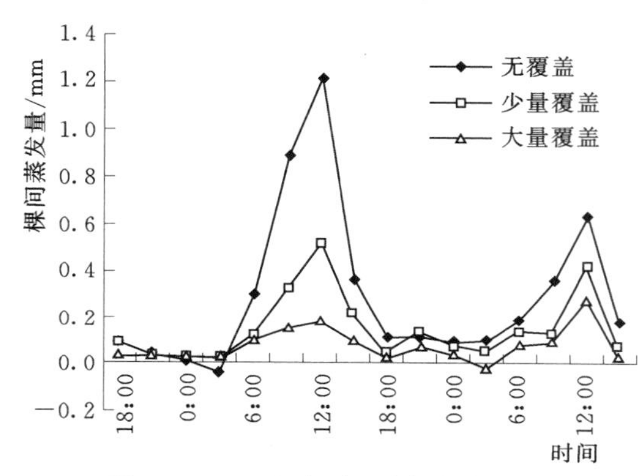

图 6-13　48h内夏玉米棵间蒸发量的变化（胡实等，2008）

2. 秸秆覆盖的保墒效果

许翠平等（2002）在黏壤土和砂壤土条件下，研究了秸秆覆盖处理与无覆盖对照处理1m土层储水量变化（表6-38、表6-39）。秸秆覆盖具有明显的保墒效果，特别是从播种至小麦返青前的这段时期，秸秆覆盖处理1m土层储水量均比无覆盖对照处理的大；1999—2000年，返青前1m土层储水量在黏壤条件下有覆盖比无覆盖处理高2%～7.8%，砂壤条件下高2%～8.2%；2000—2001年小麦返青前1m土层储水量在黏壤条件下有覆盖比无覆盖处理高4%～14.5%，砂壤条件下高2%～25.8%。返青后两者差异减少。

表 6-38　麦草覆盖不同土层土壤含水量（许翠平等，2002）　%

处　理	0～10cm	10～20cm	20～30cm	30～40cm
麦草夏覆盖	12.5	12.0	13.5	10.3
CK	8.0	7.8	7.9	7.3

表 6-39　玉米秸秆覆盖不同土层土壤含水量（许翠平等，2002）　%

处　理	0～10cm	10～20cm	20～30cm	30～40cm
玉米秸秆覆盖	10.0	12.0	13.0	13.5
CK	5.9	7.1	10.0	10.5

马春梅等（2006）在黑龙江省研究表明，秸秆覆盖处理可以增加土壤水分，主要表现在作物生育前期（7月以前），以20cm土层内效果明显。据赵小凤等（2007）在陕西省的23点调查，小麦和玉米覆盖土层土壤含水量比对照增加3.0%～5.8%；陕西省陵川县

1995年发生严重春旱，当年1—6月降水量仅97mm，7月对玉米整秆半耕半覆盖田调查，各土层土壤含水量比对照增加3.0%～4.9%。崔向新等（2009）在内蒙古达茂旗采用小区试验，试验观测了2006年入冬前到第2年牧草返青期土壤含水量的变化情况。由表6-40可以看出，土壤表层水分含量均有不同程度的损失，水分损失均低于对照。含水量降低幅度大小表现为CK＞WST_1＞WST_2＞WST_3，虽然3种覆盖处理的分别比对照减少损失，这是由于秸秆覆盖后，在土壤表面设置了一道物理阻隔层，阻碍土壤与大气层间的水分交换，有效抑制了土壤水分的蒸发。

表6-40　小麦秸秆不同覆盖量对土壤表层水分的影响（崔向新等，2009）

测定时间/(年．月．日)	0～10cm土壤体积含水量/%			
	WST_1	WST_2	WST_3	CK
2006.10.22	12.03	12.33	12.46	10.05
2007.1.25	7.93	8.97	8.76	6.94
2007.4.28	6.91	8.05	9.13	4.83
含水量变幅/%	5.12	4.28	3.33	5.22

注　WST_1、WST_2、WST_3、秸秆量分别为1666kg/hm^2、3333kg/hm^2、5000kg/hm^2；CK为不覆盖秸秆。

（二）砂石覆盖的抗旱保墒效应

1. 砂田的分布

砂田是一种古老的覆盖保墒技术，起源于我国甘肃陇中和青海等地，至今仍在广泛应用。办法是利用卵石、石砾、粗砂和细砂的混合体覆盖在土壤表面，铺设一层厚度约为5～15cm的覆盖层，然后播种、收获。

目前砂田主要分布在甘肃省特别干旱地区，这些地区年均温为8～10℃，年降水量180～300mm，且分布不均，而年蒸发量高达1000～1500mm以上，无霜期仅为160～180d，经常发生土壤干旱和大气干旱。砂田是甘肃省干旱地区农民在与干旱、水土流失和风蚀进行长期斗争中创造出来的蓄水保墒、防旱抗旱、提高地温、保护土壤、保证稳产的一项有效措施，已有300余年的历史。

2. 抗旱保墒效应

砂田的主要作用是蓄水保墒、防旱抗旱。砂石层结构松，砂粒表面阻力大，砂粒间孔隙大，因而渗透性好，可避免径流，除大暴雨外，降水都能全部接纳渗入土中。砂石覆盖避免了土壤直接经受风吹日晒，加上砂粒间孔隙大，切断了土壤毛管水的上升，能明显减少水分蒸发。大田实测表明（李生秀等，1989），不同月份内砂田的水分含量均高于土田（表6-41）。砂田还有提高地温、压碱、防止风蚀、减少水土流失的作用，故产量高于土田。与土田比较，铺砂田水分渗透率增加9倍，而蒸发量却仅为土田的1/5（砂田日蒸发量不超过1.8mm，土田则为9.0mm）。从水分的垂直分布看，砂田各层次的含水量均高于土田，中下层尤甚，说明砂田水分入渗较土田深。白银地区测定的含水量相对增加值分别为：0～20cm为51.94%，20～50cm为130.4%，50～100cm为88.62%。砂田把间断性的不均匀的降水，变成对作物连续均衡的供水，起到秋雨春用的作用。

表 6-41 砂田、土田不同月份的土壤水分（李生秀等，1989） %

月份	土田	砂田	月份	土田	砂田
3	6.79	13.40	7	8.77	12.61
4	6.21	12.30	8	8.53	13.77
5	7.13	13.34	9	10.17	18.93
6	7.93	15.70	10	18.07	12.93

四、保护性耕作的温室气体减排效应

气候变化不仅是气候和全球环境领域的问题，而且涉及人类社会的生产、消费和生活方式等社会和经济发展的各个领域的重大问题。减缓气候变化的根本措施是要减少人为温室气体排放和增加温室气体的吸收汇。温室气体排放的主要来源是能源的生产和消费，以及农业生产过程中产生的甲烷气体等。

温室气体是指大气层中能够吸收和重新放出红外辐射的自然的和人为的气体。大气中温室气体包括水气、二氧化碳（CO_2）、甲烷（CH_4）、氧化亚氮（N_2O）、臭氧（O_3）、氟利昂或氯氟烃类化合物（CFCs）、氢代氯氟烃类化合物（HCFCs）、氢氟碳化合物（HFCs）、全氟碳化合物（PFCs）、六氟化硫（SF_6）等。

（一）温室气体排放引起气候变化的后果

1. 气候变化的诱因

在地球的历史上，气候也是在不断变化的，但这种变化的速度一般比较缓慢，自然界有充足的时间去适应这种变化。然而，工业革命以来，由于人为活动，主要是大量燃烧化石燃料，排放了大量的温室气体，使得大气中温室气体的浓度急剧上升，从而导致了地球温室效应的增强，由此引起全球气候变化。《联合国气候变化框架公约》中，将气候变化定义为由于直接或间接人类活动，改变了全球大气组成所造成的气候的变化，即在可比的时段内观测到的自然气候变率之外的气候变化（刘江等，2001）。

2. 气候变化的后果

由于全球气候系统在短时期内的大幅度变化，可能对自然生态带来重大的影响。IPCC 的报告表明如下的变化可能对人类生存与发展产生较大的影响（刘江，2001）：

（1）干旱和半干旱地区变得更干旱。气候暖化将使蒸发量增高，同时也增加了降水的平均强度和频率。然而，并非所有的陆地都增加降水强度，一些区域虽然降水的强度增加，但土壤的湿度因蒸发量的增加反而降低。据预测，冬季高纬度大陆地区的降水强度增加，而夏季某些中纬度大陆地区的土壤湿度将下降。南非和北非的干旱和半干旱、欧洲南部、中东、拉丁美洲的部分地区和澳大利亚将变得更干燥。

（2）海平面上升。IPCC 第二次评估报告预测，到 2100 年海平面将大约升高 15～95cm，主要是海洋的膨胀和冰川的融化。IPCC 第三次评估报告预测的 21 世纪温度比 IPCC 第二次评估报告高，但并未引起海平面相应的提高，其原因是海洋有巨大的惯性，其温度对温室气体浓度的响应非常缓慢。应注意的是，即使大气中温室气体的浓度能稳定下来，在以后的几十年，温度仍将继续升高 30%～50%，海平面升高将持续几百年，冰的融化将持续几百年。

（3）厄尔尼诺现象发生的频率和强度可能增加。人类造成的长期和大范围气候变化很容易影响气候从几天到几十年时间尺度上的变化。最近，厄尔尼诺现象的强度和频率有上升的趋势，很多气候模型预测表明，这将导致热带和亚热带地区严重的洪涝和干旱。

（4）一些极端事件的影响范围将增大。IPCC第三次评估报告预测结果表明，全球极端气候、洪水、土壤干化、火灾、疾病等发生次数在一些地区将增加，但某些极端气候事件（如热带风暴、飓风、龙卷风）等频率和强度是否变化尚不清楚。然而，即使极端气候事件的频率和强度没有增加，但它们的地理位置将变化，这些事件对防备较少的地区更易造成损失。

（二）保护性耕作对农田土壤 CO_2 排放的影响

农田的碳储量大约占全球碳储量的8%～10%，大部分农田的碳储量在土壤中，因为生物量常常在收获时要移出系统。自然系统转换为耕作的农田后，其结果是造成土壤有机碳的损失。土壤表面1m深的土壤中大约20%～40%的碳储量会在开垦后丢失，其损失率在第一年较高，在以后的20～50年的时间逐渐下降。

农业土壤碳库处于一种动态变化之中，一方面农业土壤作为大气中 CO_2 源，即土壤中存在的含碳有机物质在微生物的作用下不断分解，以 CO_2 形式排放到大气中，增加 CO_2 浓度；而另一方面农作物通过光合作用固定的 CO_2 有很大部分是以各种形式归还到土壤中，在土体中保留一段时间再回到大气中，形成 CO_2 储存库。农业土壤到底是 CO_2 的源或库的一个重要衡量标准是土壤有机质含量的变化，土壤中有机质含量增加，反映土壤中碳储量增加，说明在这一时段土壤是 CO_2 的一个汇；反之，土壤有机质含量降低则说明此时土壤是大气 CO_2 的一个源。

1. 土壤耕作对土壤 CO_2 排放的影响

在农业土壤中，减少 CO_2 净释放和增加土壤碳储存是同等意义的，这一过程称作碳截留。增加土壤的碳储存意味着要增加碳输入量和减少土壤异养呼吸作用。要增加土壤中有机残留物的输入量，应当做到在提高净初级生产力（NPP）的同时，还需维持或增加返回到土壤中的NPP比例。通常，大多数农业活动所考虑的提高NPP，重点是放在增加收获量（食物，饲料或燃料）而不是作物残留物之上。土壤碳含量的高低受植物残留体的碳输入与主要由分解作用引起的碳流失之间的平衡关系的控制，可以将有关碳截留（增加碳）的土壤管理过程直接理解为增加残留物输入量（秸秆还田）和减少土壤有机物质的分解速率。从表6-42可以看出，当实施免耕农业时，土壤碳的平均滞留时间增加，而土壤有机质流失将减少。

表6-42　免耕（NT）与传统耕作（CT）条件下土壤碳的滞留时间

地　点	NT/年	CT/年	NT/CT	文　献
美国内布拉斯加州	73	44	1.7	Six等，1998
加拿大Delhi	26	14	1.9	Ryan等，1995
法国Boigneville	38	18	2.1	Balesdent等，1990

来源：作物秸秆还田技术与机具，中国农业出版社，2012。

胡立峰等（2009）通过作物生长期翻耕与免耕农田温室效应比较认为，翻耕的温室总效应比免耕高36%（表6-43），尤其在冬小麦播种前，翻耕后农田短期内出现明显的排放高峰，免耕农田则随着温度降低呈下降趋势，没有产生峰值排放，表明峰值排放是由耕作引起的。

表 6-43　不同耕法农田的温室效应（胡立峰等，2009）

处理	温室气体排放量			相对温室效应			总效应
	CO_2 /[mg/(m^2·d)]	CH_4 /[μg/(m^2·d)]	N_2O /[μg/(m^2·d)]	CO_2	CH_4	N_2O	
翻耕	431.4	−79.6	54.4	9.81	−0.16	0.19	9.84
旋耕	383.4	−35.2	81.7	8.71	−0.07	0.28	8.92
免耕	326.1	−17.6	−37.9	7.41	−0.04	−0.13	7.24

注　温室效应数据为根据土壤排放的 CO_2、CH_4 和 N_2O 量，以摩尔 CO_2 为 1，摩尔 CH_4 为 32，摩尔 N_2O 为 150 计算得出的，正值表示排放，负值表示吸收。

2. 秸秆还田对土壤 CO_2 排放的影响

秸秆还田增加土壤呼吸，单从这方面看，秸秆还田会增加 CO_2 排放，引起大气温室气体升高。但是，秸秆不还田农民往往是将秸秆烧掉或堆弃，秸秆中的碳也会返回大气中。曹国良等（2007）测算了我国秸秆露天焚烧各污染物的排放量，每年因秸秆露天焚烧而排放的 CO_2 是 20540 万～21600 万 t（表 6-44）。由表 6-45 可以看出，作物秸秆总体的腐殖化系数在 13.06%～29.80%，说明秸秆还田之后，形成 13.06%～29.80%的腐殖质，这样秸秆还田就可以滞留秸秆中碳的排放，储存在土壤碳库中。从目前国内的长期定位试验来看，秸秆还田可以增加土壤有机质，也进一步证明，秸秆还田可以增加土壤碳库，减缓温室气体的排放。

表 6-44　2000—2003 年秸秆露天焚烧各污染物排放量（曹国良等，2007）　单位：万 t

年份	PM	SO_2	NO_x	NH_3	CH_4	BC	OC	VOC	CO	CO_2
2000	110.7	0.89	37.0	18.1	23.5	10.5	31.5	168.9	802.0	21020
2001	111.3	0.90	37.2	18.2	23.6	10.6	31.7	169.8	806.3	21140
2002	113.8	0.92	38.0	18.6	24.1	10.8	32.4	173.5	824.1	21600
2003	108.2	0.87	36.2	17.7	22.9	10.3	30.8	165.0	783.7	20540

表 6-45　秸秆的腐殖化系数

秸秆种类	腐殖化系数/%	资料来源
玉米秸秆	16.61～19.90	周桦等，2008；介晓磊等，2006；曾江海等，1996
玉米根	20.05～29.00	王春枝等，2000；曾江海等，1996
小麦秸秆	17.53～29.80	王春枝等，2000；介晓磊等，2006；曾江海等，1996
小麦根	17.76～25.00	王春枝等，2000；曾江海等，1996
稻草	16.66	周桦等，2008
棉花叶	13.06	曾江海等，1996
油菜叶	16.36	曾江海等，1996

来源：作物秸秆还田技术与机具，中国农业出版社，2012。

（三）保护性耕作对农田土壤 CH_4 和 N_2O 排放的影响

甲烷（CH_4）在大气条件下是一种化学活性气体，是地球大气中含量最高的有机气体，参与许多重要的大气化学过程。CH_4 又是一种红外辐射活性气体，有很强的红外吸收带，是仅次于 CO_2 的最重要的温室气体之一，在大气中的浓度虽然远小于 CO_2，但其单位分子温潜能大约是 CO_2 的 32 倍。

N_2O 和 CO_2、CH_4 一样，被列为 3 种最重要的温室效应气体之一。1mol N_2O 的增温效应是 CO_2 的 150～200 倍，并且 N_2O 在大气中可以存留 120 年左右。可见，N_2O 不但有显著的增温效应，且增温潜力巨大。在工业革命前，N_2O 在大气中的体积分数为 0.275×10^{-6}，而目前的体积分数约为 0.312×10^{-6}，每年增加 0.25%左右。

1. 保护性耕作对土壤 CH_4 排放的影响

汪婧等（2011）研究表明，在旱作条件下各种耕作方式土壤均吸收分解 CH_4（表 6-46）。稻田是 CH_4 的重要排放源，伍芬琳等（2008）研究表明，早稻生长季 CH_4 排放具有明显的季节性特征，在整地和早稻插秧后的 CH_4 排放通量很低，日晒田时达到最低点，晒田结束后略有回升（图 6-14）；CTS（翻耕秸秆还田）、RTS（旋耕秸秆还田）、NTS（免耕秸秆还田）处理对早稻生长季 CH_4 排放通量影响较大（图 6-14），在晒田前各 CH_4 排放通量以 NTS 最低，而晒田后则以 NTS 的 CH_4 排放通量最高，且与 CTS 和 RTS 的差异基本都达到显著水平。

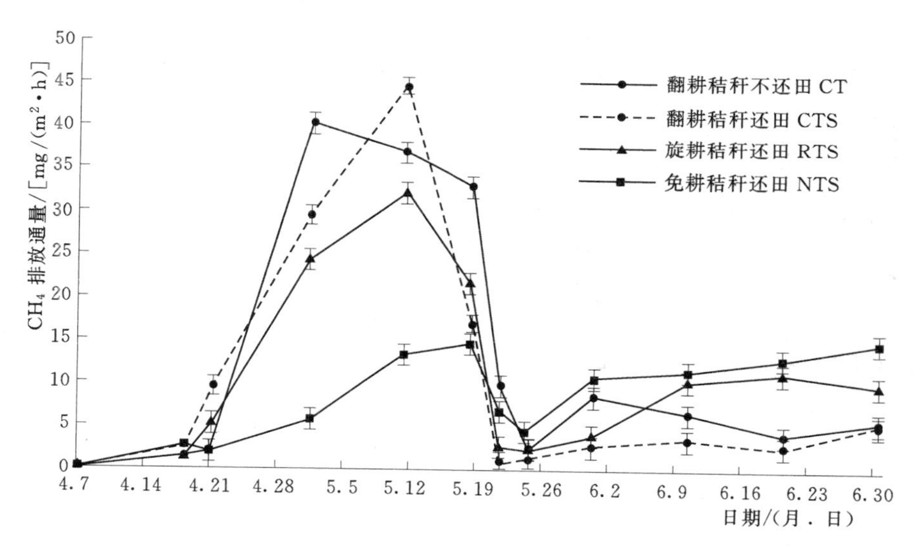

图 6-14 不同耕作措施对早稻生长季 CH_4 排放的影响（伍芬琳等，2008）

表 6-46 不同耕作措施土壤 CH_4 和 N_2O 排放通量（汪婧等，2011）

温室气体	春小麦田				豌豆田			
	T	NT	NTS	TS	T	NT	NTS	TS
CH_4/[mg/(m² · h)]	−0.0416	−0.0780	−0.0818	−0.0537	−0.0550	−0.0737	−0.0662	−0.0545
N_2O/[mg/(m² · h)]	0.0891	0.0692	0.0461	0.0656	0.1234	0.0847	0.0806	0.0350

2. 保护性耕作对土壤 N_2O 排放的影响

汪婧等（2011）研究了传统耕作不覆盖（T）、免耕不覆盖（NT）、免耕秸秆覆盖（NTS）、传统耕作结合秸秆还田（TS）4 种耕作方式下，春小麦、豌豆田的 N_2O 排放差异。结果表明：春小麦 T 处理下 N_2O 通量显著高于 NTS 处理，是 NTS 排放通量的近 2 倍，NT 和 TS 处理分别较 T 处理排放通量低 22.33%和 26.37%；豌豆地 T 处理下 N_2O 通量显著高于 NT、NTS 和 TS 处理，且 NT 和 NTS 显著高于 TS 处理（表 6-46）。

五、保护性耕作的产量效应

（一）保护性耕作条件下作物增产的原因分析

保护性耕作产量数据以当地传统模式为对照，大部分是增产或平产报告，平均增产幅度为 12.52%，其中小麦为 8.98%、水稻为 6.23%、玉米为 15.88%，也有一些极端增产的数据报告。保护性耕作的增产作用，主要是在适宜保护性耕作的地区，其对作物出苗、根系发育、作物生长等有促进作用的结果。

1. 保护性耕作对作物出苗的影响

保护性耕作影响作物的苗情，不同耕作措施对作物出苗的影响不同。逄焕成（1999）认为秸秆覆盖处理的土壤表层墒情好，养分充足，小麦的出苗率高，冬前茎数和春季总茎数增加，2m 土层可比不覆盖多蓄降雨 41.9mm，冬小麦增产 19.3%。由于带作少耕栽培减少了翻耕次数和耙地面积，在干旱的年份带作少耕栽培的出苗率比传统耕作方式高 20%左右，而秸秆覆盖处理的夏玉米出苗率可提高 4%～13%。秸秆粉碎直接还田条件下，种子发芽和生长有了充足的水分和养分，出苗率较高；而灭茬旋耕处理则因土壤整地质量差，出苗率和出苗质量均受到影响。

2. 保护性耕作对作物根系的影响

保护性耕作影响作物的根系分布及其生理生化指标。免耕处理的小麦 0～20cm 土层根系较传统耕作高出 4.8%；间隔深松处理促进根系下扎，0～20cm 土层根系比传统耕作降低 3.5%～11.4%；麦后免耕直播的杂交稻深土层的根量增加，稻田垄作免耕水稻的根系总吸收面积、根系活力及根系的干物质积累也都明显高于常规耕作；免耕水稻比常耕水稻根冠比变大，水稻根系活力提高。

3. 保护性耕作对作物生长的影响

保护性耕作改变了作物的生长进程，其效应受作物种类及生育阶段的影响。与常规育秧移栽相比，麦后免耕直播水稻的全生育期和营养生长期有较大幅度的缩短，株高降低，单株分蘖能力增强，低节位分蘖多，后期绿叶面积多，不易早衰；秸秆覆盖处理的水稻个体生长在前期受到一定的抑制，分蘖发生时间推迟、数量少、叶片变小、叶面积小，但生育中后期有利于水稻高位分蘖的发生与成穗；少耕、免耕处理的大麦生育时期提前，出苗比常规翻耕套作处理早，分蘖期、抽穗期也早，干物重比较高，在生长前期优势明显；油菜直播则能提早播期，能够充分利用温光条件，促进苗期生长；秸秆覆盖的处理冬季有保温作用，有利于冬小麦安全越冬，但推迟了返青期，起身拔节后麦苗生长势由弱变强，小麦植株生长发育良好，叶面积增大，小麦的光合效率显著提高，后期叶片功能期延长，有利于小麦结实和灌浆。

（二）保护性耕作减产原因分析

虽然多数研究者都从正面评价保护性耕作的效益，但保护性耕作减产的现象也是客观事实。

1. 保护性耕作持续时间影响作物产量

贾树龙（2004）在河北低平原的壤质潮土上进行了保护耕作长期定位裂区试验，连续少耕和免耕处理的前三年对作物产量没有影响，之后小麦产量显著降低（最大降幅达到31.83%）；连续免耕对玉米产量并没有明显影响。康红（2001）的研究表明，采用免耕覆盖措施的初期小麦产量明显低于常规耕作，几年后两者产量逐渐趋于相当。刘爽等（2011）连续定位试验表明，免耕玉米明显减产，3年平均减产28%；少耕玉米表现为两年减产，平均减产7%。

2. 不同耕作处理影响作物产量

山西的小麦少耕沟播处理比常规耕作增产8.7%，大面积生产示范比常规耕种增产2.2%，但是免耕沟播则减产比较明显。春小麦上翻下松的耕作处理较传统耕作增产5.6%，低茬间松的少耕处理产量为常规耕作的96.3%，但高茬免耕则仅为常规耕作的88.7%。

3. 秸秆处理的数量、时间影响作物产量

玉米秸秆少量覆盖可增加冬小麦产量2.7%，而增大覆盖量则会减产4.1%，主要原因是覆盖造成了小麦返青期低温，影响了冬小麦的正常生长。李录久（2000）研究表明，施麦秸量为3000kg/hm^{2}和6000kg/hm^{2}时，当季小麦产量分别为对照的92.8%和96.0%，减产7.16%和4.00%；用玉米秸秆代替麦秸时，小麦产量为对照的99.1%和103.2%，与对照产量持平或略有增加。马忠明（1998）发现，玉米早期秸秆覆盖（冬前和播种前秸秆覆盖），虽有明显的节水作用，但不利于玉米产量形成。冬前和播前秸秆覆盖，蒸散量较露地对照分别减少40.6mm、17.9mm，产量分别降低4419.0kg/hm^2、3219.0kg/hm^2，分别减产44.98%和32.77%。

4. 作物种类对保护性耕作的反应不同

冯常虎（1994）报道，在大麦、棉花一年两熟制连续少免耕5年处理的条件下，免耕套作棉花的子棉和皮棉较常规翻耕套作增产2.93%和3.20%，而大麦产量则仅与翻耕区相当。刘爽等（2011）连续定位试验表明，在大豆玉米轮作制度下，实施免耕秸秆覆盖和少耕的保护性耕作方式，连续3年免耕大豆产量均表现为增产，平均增产10%；少耕大豆表现为两年增产，平均增产3.7%；免耕玉米明显减产，三年平均减产28%。

第四节　保护性耕作的技术模式

保护性耕作是农业生产先进技术之一，其核心技术是通过配套实施少免耕技术，增加地表覆盖，达到防治水土流失、培肥土壤、抗旱和节本增产的效果，实现农业可持续发展的目的。需要强调的是，保护性耕作核心技术的本质特征大致相同，但在不同国家、不同地区、不同农作物种植中的表现形式却各不相同。由于不同作物采用不同的保护性耕作措施，即使是相同的作物在不同的种植区，保护性耕作措施也存在着明显的差异，最终表现出千差万别的技术工艺体系。农艺要求的复杂性、生产条件的多样性与种植习惯差别，决定了保护性耕作技术工艺体系的复杂与多样。具体到某一个地区，一定要根据自身条件选择适合自己的技术工艺体系，并通过试验、示范确定最适合当地的保护性耕作技术工艺体系，才能使保护性耕作技术在实施中发挥出应有的效益。

当然，技术工艺体系并不是一成不变的。在生产实践中，有许多可变因素都在影响着技术体系。也可以说，正是因为存在着许多可变因素的影响，才使技术体系更加丰富多彩，也才使技术工艺体系的不断完善成为保护性耕作技术发展的永恒主题。了解和掌握保护性耕作技术工艺体系，可以指导各地保护性耕作的顺利实施，并且是根据作业工艺要求选择相适应的配套机具的依据。

一、东北寒地保护性耕作技术模式

东北寒地包括黑龙江、吉林、辽宁和内蒙古东部地区。特点是气温低、无霜期短，春天风大、干旱。该区域是一年一熟，旱田作物以玉米、大豆为主，采用垄作耕法，水稻采用连作。由于农业掠夺式经营和水土流失导致黑土地肥力迅速下降，抵御春旱、控制水土流失和恢复黑土地肥力是农业可持续发展的主要目标。

（一）玉米秸秆还田少耕技术模式

作物秸秆还田是一条既快捷、又能大批量处理剩余秸秆的有效途径。秸秆还田不需要收集加工，既能节约运输费用，又可机械作业，同时还可以防止秸秆腐解过程中 N、P、K 等养分的损失，对土壤的培肥效应明显。

1. 形成条件与背景

我国秸秆过剩是在 20 世纪 90 年代开始出现的。原因在于：早在 80 年代中期我国秸秆的燃用需求量就基本达到饱和，而 90 年代以来，我国秸秆资源总量呈增长趋势，而传统农业生产要素逐渐被工业部门的农用生产要素所替代，化肥替代农家肥、农机动力替代畜力、商品能源替代秸秆燃料、现代建筑材料替代秸秆建筑材料，使秸秆在农村能源、饲料、建筑材料等方面的用量日趋减少。

在全国秸秆资源总体过剩的大背景下，东北区秸秆明显过剩。如改革开放以来，黑龙江省玉米生产得到快速发展。1980 年的玉米播种面积为 188.4 万 hm^2，2010 年达到 523.2 万 hm^2，增加了 1.78 倍；产量由 1980 年的 520.0 万 t 增加到 2010 年的 2324.4 万 t，增加 3.47 倍。特别是 2005 年以来，玉米发展速度极快，播种面积和产量分别增加 92% 和 68%。由于玉米生产的迅速发展，也使玉米秸秆资源迅速增加，2010 年可收集玉米秸秆资源量达到 4648.8 万 t。曹国良等（2006）研究认为，黑龙江省剩余秸秆的焚烧比例在 30%～40%。依此估算，黑龙江省每年被焚烧的玉米秸秆在 1394.6 万～1859.5 万 t。秸秆露天焚烧已经成为社会关注的公害，焚烧秸秆产生大量的烟雾、烟尘、一氧化碳、二氧化碳、二氧化硫等污染物质，使局部大气环境恶化；焚烧秸秆产生的大量烟雾，使空气能见度下降，影响飞机正常起降和车辆安全行驶，诱发交通事故；尤其是在通信线路、高压输电线路附近焚烧秸秆，容易造成线路损坏，影响公共设施安全，诱发火灾事故；秸秆的露天焚烧，烤焦了 3～5cm 的土壤，使得有机质大量损失。

“十一五”国家科技支撑计划立项资助了“三江平原区机械化秸秆还田循环利用技术集成研究与示范”，在国家项目的支持下，针对东北寒地秸秆还田技术全面展开。

2. 关键技术

（1）工艺流程与种植方式。

工艺流程：玉米秋季机械收获、秸秆粉碎抛撒，或人工立秆收获、秸秆粉碎还田机粉碎→秋季垄体深松、灭茬→翌年春季原垄播种→苗期垄沟深松→化学除草→中耕起垄培土1～2次→秋季收获粉碎秸秆。

种植方式：均匀垄作玉米，垄距60～70cm，垄高14～18cm；耕层构造见图6-15。

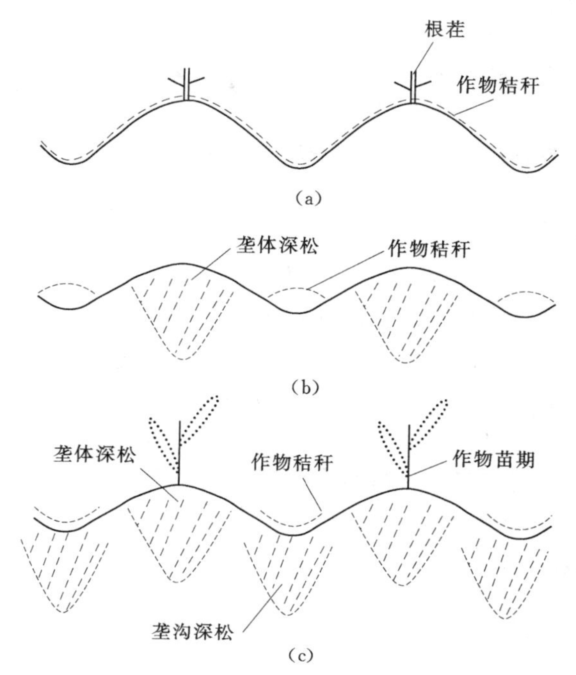

图6-15　垄沟深松、垄帮浅松作业
(a) 玉米收获、秸秆粉碎；(b) 垄体深松灭茬；(c) 垄沟深松

（2）玉米收获与秸秆处理。采用联合收获机收获时，可采用带秸秆粉碎装置的联合收获机一次完成玉米摘穗和秸秆粉碎，减少一次秸秆粉碎作业，减少压实和作业成本；人工收获时采取站秆掰穗，然后秸秆粉碎还田机粉碎覆盖还田。要求粉碎后的秸秆长度小于10cm，秸秆粉碎率大于90%，粉碎后的秸秆应均匀抛撒覆盖地表，根茬高度小于10cm。

（3）垄体深松、灭茬。采用深松灭茬机，于秋季玉米收获后，对垄体深松、灭茬（图6-16、图6-17）。深松深度30cm，灭茬深度7～10cm，灭茬宽度30cm以上。

图6-16　玉米机械收获现场

图6-17　垄体深松灭茬作业

（4）播种与种子处理。春季适当早播是增产关键措施之一，播种太早地温偏低，种子在土壤里面停留时间太长，易粉种和感病害，不利于保全苗和壮苗；播种太晚，又浪费积温，不利于高产的形成。东北地区在土壤表层5～10cm处温度稳定在7～8℃开始播种为好，一般东北地区由南向北玉米和大豆的播种时间为4月中旬至5月初，其中黑龙江省4月末至5月上旬完成玉米播种作业。

种衣剂包衣，是指在种子外面包上一层含水药剂和促进生长物质的“外衣”，这层外衣物质称“种衣剂”。种子入土后遇水膨胀而种衣不会被溶解，随着种子的萌动、发芽、出苗、生长，种衣上的有效成分会逐步释放，并被根系吸收传导到植株的各部位，延长了药剂的有效期。种子包衣有综合防治农作物苗期病虫危害、抗旱、防寒作用，确保一次播种保全苗，促进作物生育，培育壮苗，提高产量，改善品质等作用。秸秆覆盖还田地块，由于土壤水分高而温度偏低，采用种衣剂包衣是非常重要的。另外，秸秆还田免耕播种地块老鼠分布偏多，种衣剂包衣可以明显减轻老鼠挖掘采食玉米、大豆种子。

（5）垄沟深松与中耕管理。垄沟深松在苗期进行（图6-18），深松部位土壤疏松，有利于水分渗入，而且深松后正值雨季来临，可以多蓄积雨水，增强抗旱能力。东北地区垄沟深松时间，由南至北一般是5月末至6月中旬进行苗期垄沟深松，深度自垄沟计算20～30cm即可，过深动土量大，易导致作物伤根，同时产生垡条较大，影响深松质量；由于玉米实施秸秆覆盖还田，影响深松作业，要选择通过性强的深松机作业；另外，种植玉米时，最好在垄沟深松的同时浅松垄帮，一般距苗行10～15cm的垄帮浅松10～12cm。在垄沟深松后7～10d进行第一次中耕，再隔7～10d进行第二次中耕，与追肥结合进行（图6-19）。

图6-18　垄沟深松、垄帮浅松作业

图6-19　中耕追肥作业

图6-20　播种后喷施封闭除草剂作业

（6）化学除草。在玉米、大豆播种后出苗前以土壤封闭剂进行土壤处理，在玉米、大豆苗期采用茎叶处理剂进行喷雾处理控制草害。由于秸秆覆盖对喷施的农药有一定的截留，影响土壤处理剂喷施到土壤表层的数量，用药量可选择施药上限（图6-20）。

（二）垄向区田技术模式

垄向区田是一种针对坡耕地而实施的保护性耕作模式。顾名思义，它是沿着垄向修筑土挡，在垄沟中形成一节节的浅穴，有效地拦蓄降雨，提高降雨利用率。一方面由于小土挡分隔了降于田间的雨水，可以保障坡耕地上每株作物能获得较充分而且同量降水，能够有效地改善坡耕地上坡易旱、下坡易涝的状况。另一方面由于土挡的拦蓄径流作用，可延长降雨入渗时间，提高土壤含水量。实现保水、保土、保肥，提高作物产量的目的。

1. 形成条件与背景

在20世纪40年代，国内外已有垄向区田研究。甘肃省天水水保站在40年代将农民的拥堆子和串堆子方法发展成垄向区田，垄向区田作物产量较平作增加17%。1954—1957年又在不同坡度、坡长耕地上进行径流试验，在15°坡、坡长20m条件下，采取垄向区田基本上可以控制水土流失。1981—1989年中国科学院成都分院土壤肥料研究所鉴于川中的严重水土流失主要来自坡耕地，因而建立了部分与垄向区田相近的“旱地聚土免耕耕作法”。以平作顺坡种植的径流量为100%，横坡平作种植、聚土免耕无土挡和聚土免耕有土挡的径流量分别为72.4%、47.8%和43.1%；冲刷量分别为平作顺坡种植的58.2%、32.3%和27.2%。

东北农业大学沈昌蒲等（1998）针对东北寒地垄作区，从1988开始探索、研究坡耕地水土保持新技术——垄向区田技术。1990年东北农业大学与黑龙江省水土保持研究所及宾县科委共同在该县各乡坡耕地进行小面积的垄向区田试点试验，各试验点均表现出有较好的防止水土流失及促进作物增产的效果。农民认为垄向区田把水给管住了，往年塌腰子地在其低洼处有小侵蚀沟或冲断垄台，实施垄向区田后，土挡及垄台均未冲毁，未出现侵蚀沟，作物可增产10%左右。坡耕地水不向坡下汇集，能减轻洼地涝害，收到治上保下的社会效益。1992年获得国家自然科学基金资助，1992—1999年在黑龙江省哈尔滨市所属12市县进行人工筑挡实施垄向区田技术的实验和推广应用，增产效果明显。垄向区田降雨后田间情况见图6-21。

图6-21　垄向区田降雨后田间情况

2. 关键技术

垄向区田技术关键是在垄沟中修筑土挡以拦蓄雨水，防止农田产生径流。从筑挡技术看来较简单，然而这一简单技术在田间应用必须考虑多方面因素。

（1）确定筑挡时期。垄向区田的目的是拦蓄大雨，避免水土流失。因此，筑挡时期应在雨季前夕。干旱地区过早筑挡，易使土壤失墒；过晚筑挡易伤垄沟中分布的根系。我国北方地区的雨季多在6—8月，较大的雨强多集中于7月。因此，筑挡时期最好在6月中下旬，结合最后一次中耕（趟地）进行，最迟不超过7月上旬。

（2）确定土挡间距离。垄向的坡度测知后，查表6-36确定最佳的挡距。最佳挡距是根据$L=168\theta^{-1.5}$数学模型得出的计算值，在田间运用可采用整数值。如3°坡计算值为95cm，可按1m挡距筑挡，其可拦蓄最大降雨量只减少在个位数上。如果垄距为60cm时，则垄高为14cm，小于6°坡度的最佳挡距稍小于70cm垄距（表6-36）。

（3）土挡的结构。根据东北地区垄体的几何图形，最大限度地拦蓄降雨，同时又不致破坏垄台，土挡在垄沟中的高度不能超过垄台或与垄台一致。如黑龙江省趟三遍地后垄台高度约16cm，所以土挡高度可取14cm。这样，承受上一浅穴雨水压力的关键是如何确定土挡顶部的厚度。根据水坝的设计原理，浅穴中储水在下面土挡侧面的水平推力，土挡本身的重力以及考虑紧实土挡中上坡面及下坡面的水分入渗，土挡顶部厚度取14cm，底部厚度 40cm 是可靠的。经过雨季的拍击，至秋收时土挡高度仅余 5～8cm，厚 10cm。

（4）机械化筑挡可用垄向区田筑挡机。垄向区田筑挡机是将筑挡部件安装在三铧犁或七铧犁上，组成 1QD-2.1 型和 1QD-4.9 型垄向区田筑挡机，可随犁铧趟地时筑挡部件随之在垄沟中筑挡。东北农业大学温锦涛、沈昌蒲等（2004）研发的 1QD 型垄向区田筑挡机由机、四叶板翻转铲、吊杆、加压弹簧、挡滚、电磁形状、电控制器等组成（图 6-22）。

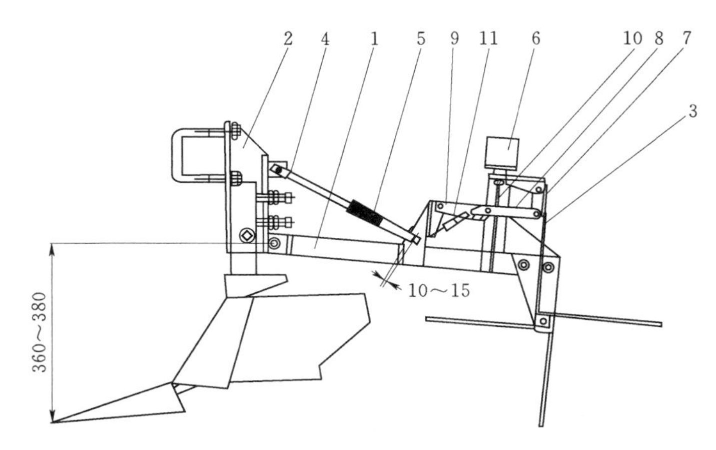

图 6-22　垄向区田筑挡机单体机构（温锦涛，沈昌蒲等）

1—机架；2—连接器；3—四叶板翻转铲；4—吊杆；5—加压弹簧；6—电磁开关；7—挡臂；8—支臂；9—前支臂；10—吊板；11—拉簧

（三）玉米宽窄行留高茬交替休闲技术模式

1. 形成条件与背景

由于生产上长期采用小四轮进行耕整地作业，作业深度浅，且机械对土壤碾压过重，导致耕地耕层变浅，出现了坚硬的犁底层，土壤水肥调节能力变差。吉林省农科院针对玉米连作区机械化耕整地的现状及问题，构建了玉米宽窄行留高茬交替休闲技术模式，该技术通过机械化深松以加深耕层，建立土壤水库，改善耕层结构，并通过秸秆立茬覆盖，防止土壤风蚀，增加有机物料还田量，提高农业生产的可持续性。

2. 关键技术

把玉米普通耕法的均匀垄（65cm）种植，改成宽行 90cm、窄行 40cm 种植。玉米生长季节在 90cm 宽行结合追肥进行深松，秋收时苗带窄行留高茬 40cm 左右。秋收后用条带旋耕机对宽行进行旋耕，达到播种状态，窄行（苗带）留高茬自然腐解还田。翌年春季，在旋耕过的宽行播种，形成新的苗带，追肥期在新的宽行中耕深松追肥，即完成了隔年深松、苗带轮换、交替休闲的宽窄行耕种（图 6-23）。

二、一年两熟区保护性耕作技术模式

一年两熟地区是指北方旱作区年积温较高、有灌溉条件、能够一年两熟种植的地区，包括华北平原大部（河北、河南、山东、北京、天津等地），山西中南部、陕西关中等部分地区。该区多为小麦—玉米两茬平作，山东等地实行小麦—玉米两茬间作套种，也有的地方实行小麦—大豆两茬平作。

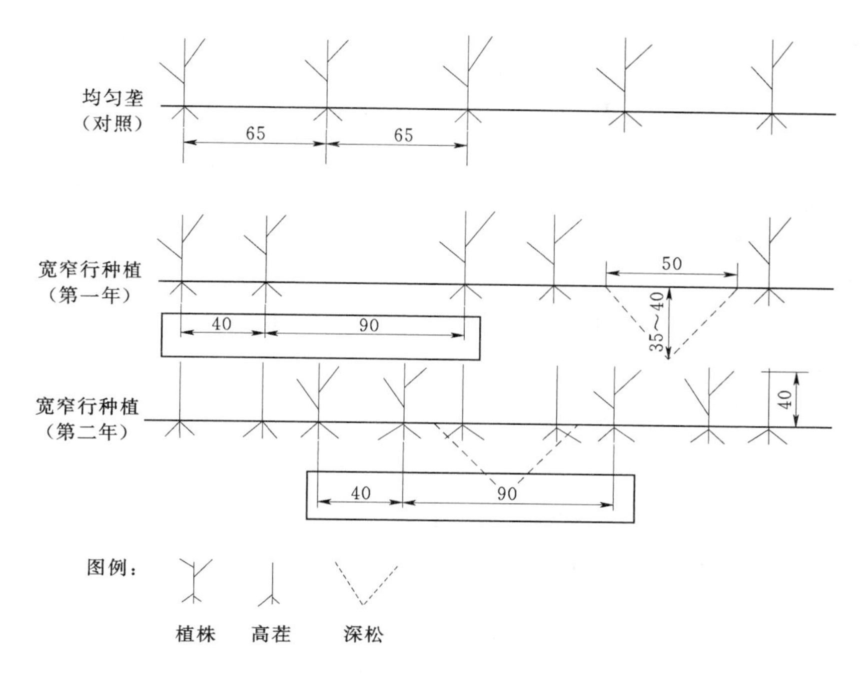

图 6-23　玉米宽窄行留高茬交替休闲技术示意图（刘武仁，2011）（单位：cm）

一年两熟地区人口密集，人均耕地面积小，为了在有限的土地上生产出更多的粮食，均实行精耕细作、产量高、秸秆量大。收割后大量的秸秆覆盖地表，必然会增加下茬作物播种的难度。因此，在一年两熟区推广保护性耕作技术的难点是免耕播种机的开发。另外，由于田间秸秆覆盖量大，对除草和病虫害控制也提出了更高的要求。

（一）夏玉米免耕覆盖种植模式

1. 形成条件与背景

1980 年以前，小麦秸秆主要用做燃料和沤肥还田原料。小麦采用人工收获，秸秆也随收割被运出田外，根茬留在地里；夏玉米播种方式为畜力或手扶拖拉机耕翻，人工整地后畜力牵引播种。1985 年后，随着农村燃煤和化肥的充足供应，秸秆被大量露天焚烧。随着小麦机械收获面积的加大，通过秸秆粉碎抛撒装置的安装，在小麦收获的同时可以实现秸秆粉碎抛撒，加之玉米免耕播种机的改进和配套，夏玉米免耕覆盖种植模式成为现实。

一年两熟区，热量条件比较紧张，实施夏玉米免耕覆盖可以有效地降低农耗，缩短农时，为夏玉米的生长争取时间，为实现夏玉米高产提供了基础。

2. 关键技术

（1）小麦收割与秸秆处理。在小麦蜡熟后期选用适宜联合收割机及时收割，小麦割茬高度控制在 20cm 以下；收割脱粒后的麦秸如需要捡拾外运，则可用捡拾打捆机将联合收割机脱粒后的浮秆打捆外运，不需要再进行秸秆粉碎即可直接免耕播玉米。因为北京郊区小麦产量较高，即使进行留茬覆盖，也可保证播后 30%以上的秸秆覆盖率，同时，不进行粉碎作业，可利用根茬的牵阻作用，减少玉米播种时的堵塞。对小麦秸秆无其他用途、地表有大量浮秆的地块，则需进行粉碎作业。要求粉碎后的秸秆碎段在5cm以下，抛撒均匀。无论粉碎或外运，田间秸秆不能有不碎和成堆现象，以免妨碍玉米播种开沟器顺利通过和排种，玉米种子要着落在适墒实土上，避免秸秆成堆回移覆盖播行影响出苗。

（2）玉米免耕播种。采用免耕播种机，在收获后未经耕翻整地的小麦茬上直接播种。

品种选用：免耕播种相对传统种植方式使播期提前，为玉米增产提供了光热资源条件。宜选用生育期较传统耕翻地所用品种略晚熟一些，而且抗病性与适应性较强、籽粒和秸秆品质好的品种。

播期确定：尽早播种不但有利于玉米产量的提高，而且可提前收获。因此，应在前作小麦田块准备好后，及时播种。

合理密植：对密度的要求是玉米品种的特性之一，夏玉米对栽培密度反应敏感。首先，具体的密度要求因品种而异，并结合土壤肥力条件和种植目的考虑。叶片上冲、紧凑型的青储玉米品种，以6.75万～7.20万株/hm^2为宜；叶片平展、茎叶繁茂性品种，以6.45万～6.60万株/hm^2为宜；粮用玉米的紧凑型品种以6.00万～6.75万株/hm^2为宜，平展型品种以5.25万～6.00万株/hm^2为宜。其次，确定播种行距和株距。行距确定要兼顾玉米收割机配套使用，以60cm、66cm、70cm三种行距为宜；株距可依密度（单位面积基本株数）和行距决定，要求密度精准，行距、株距误差均不超过5%。

播种深度：壤土地块播种深度在3～5cm为宜，砂性土壤在5～6cm为宜。要求同一地块、同一播行内播深一致，最大变幅间距不超过1cm，以实现出苗整齐一致。种子着落在实土上并覆土严实，没有秸秆覆盖和支垫。

（3）玉米施肥。在大量麦茬和麦秸还田的情况下，施肥不仅是保证玉米生长的需要，而且是调节田间土壤碳氮比，防止麦秸腐解造成微生物与幼苗争肥的必要补充。

施肥用量：应根据品种特性和土壤的供肥能力设定切实的目标产量，确定施肥用量。据对北京郊区夏玉米高产田调查，有机质含量1.20%～1.50%的良田，产量在9000kg/hm^2以上要施氮素303kg/hm^2、速效磷（P_2O_5）136.5kg/hm^2、速效钾（K_2O）109.5kg/hm^2。

底肥、追肥施肥用量比例：免耕播种的夏玉米化肥施用要根据夏玉米生长发育规律、秸秆腐解、碳氮比调节和考虑小麦—玉米两茬复种需求，合理分配各阶段施肥用量。应把磷肥侧重施于小麦，而钾肥和1/2的氮肥用作底肥。以产量9000kg/hm^2玉米作基准，施肥量应为尿素270～285kg/hm^2、磷酸二铵225kg/hm^2，硫酸钾150kg/hm^2。实际应用时可以目标产量和施肥条件的不同作适当调节。

施肥方法：根据施肥量、肥料种类不同，底肥可以随播种机与播种分层深施或侧施，种、肥间距在5cm以上。尽量减少种、肥接触，防止烧苗，提高出苗安全性。肥料选用颗粒化肥，并应在播种前进行检查，不得有大于0.5cm的块状化肥存在，以保证化肥的流动性和施肥量准确、均匀。其他玉米生长所需肥料可在追肥时施入。

（4）化学除草。对玉米播前残留有明草，可选用农达或克无踪进行茎叶处理；防治苗后发生的杂草，可用40%阿特拉津乳剂和乙草胺乳油兑水喷雾，进行土壤处理。茎叶处理和土壤处理除草可同时进行，两类药剂总量合并一次喷雾。

（5）玉米田间管理。玉米田间管理的主要任务有中耕除草、追肥、病虫害防治和根据需要灌水等。

中耕追肥除草：根据多年试验和生产实践，可参考玉米叶龄指数（玉米展开叶数与总叶片数之比）决定追肥的时间。叶龄指数为50%时是玉米雌穗小穗分化期，时间在玉米出苗后1个月左右。此时可一次将剩余钾肥、氮肥追入，追肥效果好。追肥的方法有：结合机械中耕深施覆土、人工穴施或随浇水喷施。

病虫害防治：玉米苗期主要的虫害是由小麦后期留转寄生的黏虫，通过麦茬及茬间杂草转到玉米幼苗；如果在小麦生长后期没有防治，可在玉米播后出苗前结合化学除草喷药防治，也可在虫害初期进行防治；中、后期虫害主要是玉米螟和玉米蚜虫。玉米长到大喇叭期之后荫蔽度增加，加上雨季来临，易发生病害，主要病害有大斑病、小斑病、褐斑病、纹枯病和病毒病等，为了防止病害发生和流行，应在病发初期加强防治。

灌水：除玉米生长期根据生长需要和土壤含水量进行浇水外，在玉米收获前应根据土壤含水量进行必要的浇水，其目的是为下茬小麦播种造墒。

(6) 玉米收割。青储玉米中晚熟品种在吐丝后20～30d收割，产量高、品质好；粮用玉米在果穗充分成熟而茎秆又没死亡时收割，既有利于提高收获效果，又有利于活秧秸秆的合理利用。玉米收割后，根据下茬安排清地或秸秆粉碎还田，做好下茬作物播种准备。

（二）冬小麦少耕覆盖种植模式

1. 形成条件与背景

新中国成立以来，随着生产力水平的提高，华北平原种植制度从一年一熟发展为冬小麦和夏玉米一年两熟。其中，冬小麦播种前作业工序为：玉米秸秆运出→撒施有机肥→浇地→深耕→整地→播种。20世纪90年代，随着农村燃煤得到充分供应，加上化肥在农业增产中起到了主导作用，小麦播前的玉米秸秆处理就成为农民的负担。为适时种麦，争时省工，生产者常将秸秆焚烧于田间地头，而后深耕播种。由于小麦播期集中，农村玉米秸秆大量集中焚烧，造成大气严重污染，烟尘弥漫，甚至导致高速公路关闭和飞机停飞。

随着玉米秸秆切碎机的普及与切碎性能的提高，在农村开始实行小麦播前旋耕整地，然后播种的耕作方式，由于机械切碎玉米秸秆之后进行旋耕，可将玉米秸秆与10cm土壤均匀混合，起到了秸秆还田和覆盖的双重作用。

2. 关键技术

(1) 工艺流程。玉米人工收获或机械收获→秸秆机械粉碎→旋耕→机械施肥播种。

(2) 玉米收获与秸秆粉碎。前茬玉米可以人工收割也可以机械收获，收获后采用秸秆粉碎还田机对玉米秸秆进行粉碎、抛撒等处理。要求秸秆碎段长度5cm以下，抛撒均匀，一次处理达不到要求要进行第二次粉碎处理。

(3) 旋耕深松。粉碎完秸秆后进行旋耕，旋耕后土壤要细碎，利于播种；一次旋耕达不到要求可以进行二次旋耕。为加深耕层，根据需要2～3年深松一次。

(4) 施肥播种。提早播种可以缩短与玉米接茬时间，有利于冬小麦的冬前生长，保证在越冬前有充足的生长量。

品种选择：根据当地市场的需要选用不同品质类型的品种。所选品种必须生育期适宜，高产、抗病、优质。

种子处理：播种前，首先清选种子，保证种子净度在98%以上，发芽率95%以上，种子大小粒差幅度在15%以内；晒种1～2d（忌暴晒）后，种衣剂包衣或拌种。

播种质量：要求落粒均匀，入土单粒间距误差不超过10%，样段落粒误差不超过5%；无断垄，无拥堆落粒；播种深度3～5cm，播深准确一致；种落实土，覆土严实均匀，做到没有间断露种和大空间透气，避免影响出苗和幼苗生长。

合理施肥：科学合理地施用化学肥料，是保障小麦丰产增效的基础。首先要根据小麦目标产量、土壤供肥能力和小麦需肥规律决定施肥用量，再根据小麦不同生长期对肥料的不同需求确定底肥与追肥比例。如北京郊区冬小麦所需磷肥的全部、钾肥的2/3应一次作为底肥施用，而用于底肥、追肥的氮肥随着产量水平从3000kg/hm^{2}提高到6000kg/hm^2，施氮总量由135kg/hm^{2}提高到225kg/hm^2。氮肥底施和追施分配肥量由30∶70调整为57∶43，实际运用中可按4∶6或3∶7的比例分配氮肥的底肥与追肥。底肥施用量确定后，即可随播种同机或分机深施到10cm土层，既要防止接触种子引起烧苗，也要防止离苗过远不能对幼苗尽快供肥，距种子最佳距离为5cm左右。

（5）田间管理。冬小麦的田间管理主要包括追肥、灌水、防病、防虫、防草、防倒伏等。

追肥：根据确定的小麦施肥量，除播种时随播种施入的底肥外，其余用于追肥的化肥等也应进行合理的分配，在小麦生长的不同生育期及时施入。冬前由于秸秆的分解，田间的实际耗氮量远大于小麦生长需氮量。尽管有较多的氮肥用于底施，田间仍有可能发生点片黄苗现象，应当随浇水补施氮肥。冬前追肥一般占追肥总量的10%～20%，参考用量为112.5～150.0kg/hm^{2}尿素。进入拔节期，应追施氮肥的60%～70%和钾肥余下部分，参考用量为225.0～300.0kg/hm^{2}尿素、45～75kg/hm^{2}硫酸钾。余下的部分应施于小麦挑旗至灌浆期，以保证籽粒饱满和品质的提高，参考用量为75～105kg/hm^{2}尿素。

灌溉：小麦生长过程中，土壤水分应稳定在田间持水量的60%～70%。田间持水量长时间低于50%，表现为干旱；而高于80%时，影响土壤通气性。小麦徒长时，可以使土壤水分降到50%以下抑制其生长，称为蹲苗。生产实践表明，种好小麦要浇底墒水、冻水、返青水、拔节水、扬花水和灌浆水。底墒水在播种前浇，冻水在麦田土壤封冻前浇，可使土壤变湿冻结，稳定冬季地温。冻水应在日平均气温降到0℃以前浇完，返青水在地表化透6～8cm、浇水不致形成地表积水时开始浇，春二叶伸长之前浇完，适宜、适当补水。如果土壤越冬墒情充足，不影响到起身期生长，返青水可以不浇。拔节水在春四叶展开前后浇，可浇水并带肥。扬花水在小麦扬花前浇，使土壤水分保持在田间持水量的60%以上；灌浆水在小麦开花半月后开始，维持土壤墒情至小麦开机收割。注意不可一次浇水过大，造成根系窒息。不断补水调温、调湿，更利于小麦灌浆。

防病：主要有锈病、白粉病、丛矮病和黄矮病。锈病：小麦锈病以条锈为主，其次是叶锈和秆锈，防治方法以选用抗病品种为主。白粉病：选用抗病品种并结合药剂防治；丛矮病、黄矮病：是由虫害传播的病毒病，防治消灭蚜虫、飞虱等传毒害虫也能预防此病发生。

防虫：主要有地下害虫、蚜虫、黏虫。地下害虫：利用种子包衣、辛硫磷拌种可以防治蛴螬、蝼蛄和金针虫等主要地下害虫；蚜虫：在蚜虫发生高峰前达到防治指标时，喷药防治；黏虫：二代黏虫发生在麦收之前，以危害下茬玉米为主，用下层喷药防治或推迟到麦收后防治。

除草：麦田杂草防治是生产的重点措施。一年生双子叶杂草在进入真叶期，用2,4—D丁酯＋苯黄隆喷雾防治；越冬杂草应在10月下旬防治；多年生芦苇于麦收前1周用农达水剂喷雾防治。

防倒伏：以春二叶长度超过14cm为指标，达到指标的局部麦田，在第一节间伸长前及时喷施生长调节剂（多效唑、矮壮素等）。

（6）保种和收割。在小麦进入完熟期，开机收割。在干净的泥土场院或水泥场上摊3～8cm厚晾晒，达到安全储存含水量（13%）要求后，清选、入库储存。

三、农牧交错带保护性耕作技术模式

农牧交错带，不同于西部牧区，也不同于东部农区。在地理、气候、农林牧产业结构、生态、经济、文化、社会等方面具有自己的特殊地位。农牧交错带是我国风蚀沙化较为严重地区，生态环境十分脆弱。由于长期采用传统的耕作方式，在冬春季节，气候干燥又多大风，大量裸露、疏松耕地极易产生大量浮尘，致使农田退化甚至沙化，成为沙尘暴的源地，加剧了区域生态环境的恶化。保护性耕作的核心是防风、固土、减尘、保水、保肥，对于农牧交错带兼有经济效益和生态效益的特殊作用。

（一）农林（草）带状间作保护性耕作技术模式

1. 形成条件与背景

农牧交错带风沙区的沙尘危害自20世纪70年代末，受到了国家重视。以防护林带为主的生态建设对区域沙尘环境治理发挥了重要作用。然而长期的局地生态治理与大面积的垦草耕作、发展农牧经济的矛盾，使区域土壤风蚀、起沙扬尘的局面未有根本改观。进入21世纪后，随着国家对生态环境的更高要求以及毗邻的华北农区成为国家商品粮供应基地，为农牧交错带风沙区的土壤风蚀治理迎来了新机遇。在国家科技支撑计划项目的支持下，集成创新了"农林（草）带状间作保护性耕作技术模式"。

风沙地进行林草带状种植，林草种植带免耕多年生产，发挥冬春季节大量植被存留、减降风速、滞留沙尘的作用；林草带间按照固土减尘的保护性耕作田间管理要求，选配种植一年生的农作物，成为防风减尘的高效保护性农作制度。

2. 关键技术

（1）土地选择。选择地势高亢的坡梁沙质栗钙土农田，雨养旱作，作物产量及根茬残留量少、土壤风蚀严重的地块。

（2）带式配置。按照风沙地退耕生态建设工程要求，林（草）带宽6m，植树则采用4行式榆树或杨树，株行距为1m×1.5m；林（草）带间距9m（图6-24）。

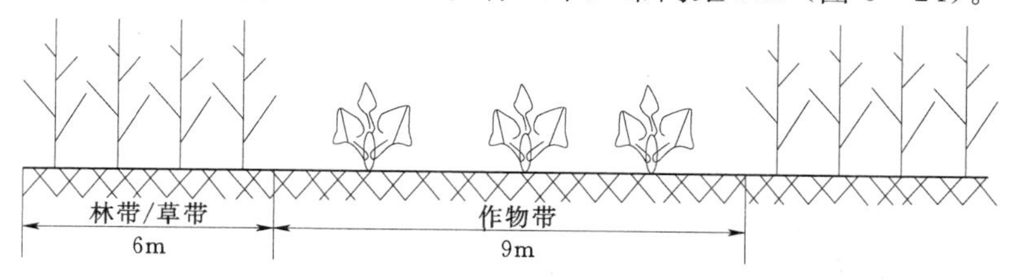

图6-24　农林（草）带状间作模式（中国保护性耕作制，2011）

（3）作物选择。选择传统经济作物亚麻、芸豆、马铃薯为宜，也可以选择小南瓜等。

（4）作物间作带管理。作物间作带选用亚麻、芸豆、马铃薯时，按常规技术管理，秋收后留茬或翻耕越冬，翻耕地不进行合墒与耙耱。选用小南瓜时，采用地膜覆盖生产。

（二）马铃薯与条播作物带状间作留高茬种植技术模式

1. 形成条件与背景

内蒙古阴山北麓农牧交错带是我国风蚀沙化较为严重地区，生态环境十分脆弱。由于长期采用传统的耕作方式，形成了大量裸露的疏松耕地，尤其在冬春季节，气候干燥又多大风，致使大量农田退化甚至沙化，成为沙尘暴的源地，加剧了区域生态环境的恶化。马铃薯与条播作物带状间作留高茬技术是该地区可以有效保持水土、减轻农田起沙扬尘的高效保护性耕作技术，一方面可以在农田冬春季休闲期通过作物留高茬带对马铃薯收获后的农田裸露带进行保护，减少土壤风蚀的发生；另一方面作物生长期又可以有效利用边际优势来提高农田的经济产出，经济效益显著。

2. 关键技术

采用马铃薯与小麦、燕麦、谷子、油菜等条播作物带状间作，种植带宽一般为6～12cm（图6-25），条播作物秋季收获留高茬20～30cm，以保护马铃薯收获后的裸露耕地。第二年，马铃薯带轮作条播作物，条播作物带则轮作马铃薯或免耕种植其他条播作物。

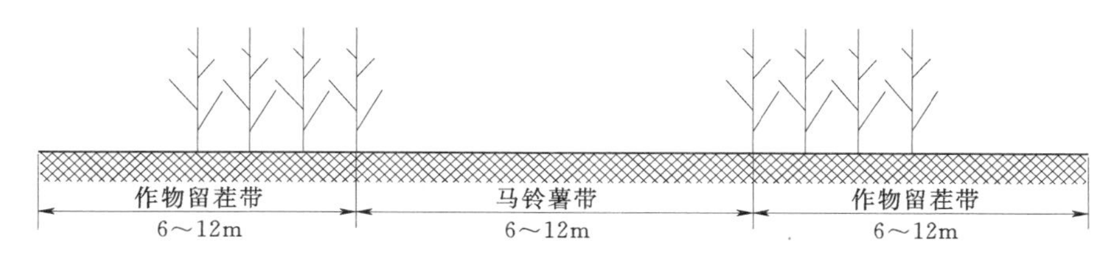

图6-25 马铃薯与条播作物带状间作留高茬种植技术模式（中国保护性耕作制，2011）

（三）砂田耕作法

1. 形成条件与背景

砂田是我国西北地区劳动人民多年与干旱抗争，经过长期生产实践总结创新而形成的一种世界独有、中国西北地区独特的以砂石覆盖和长期免耕为核心的保护性耕作方法，主要分布于甘肃中部、宁夏中部、青海东部等年降水量200～300mm的干旱地区，总面积16.7万～20.0万hm^2。干旱地区推行这种石砂田耕种方式，比不覆盖石砂层的农田，具有多种优越性。

（1）石砂层的结构松，空隙大，渗漏性好，容易接纳降雨，防止冲刷，杜绝径流，保持水土。特别是土壤避免了直接的风吹日晒，土壤毛管水的上升被切断，土壤水分的蒸发率减小，显著地增强了抗旱保墒能力。

（2）石砂的比热和热容量小，当接受了太阳辐射热时，温度容易增高，增高的温热，逐渐传导到下层的土壤，使土温增高；到夜间气温降低时，由于石砂的覆盖，土温又不容易放散，所以它起着改变地面的大气温度和它下面土壤温度的作用。在春、秋季有增温的效果，一般可提高地面温度1.5～2.3℃，可提高0～30cm土壤温度1.6～4.3℃，由此不仅利于作物的早种、早发和延长生育期，而且还可减轻早霜和晚霜的侵害；在4—10月的生长季节内，石砂田的土温昼夜变幅都明显缩小了；土壤温度增高和土壤温度昼夜变幅缩小，对根系的发育创造了良好条件。

（3）石砂田分布地区，土壤多呈微碱性，在蒸发强盛的情况下，盐分容易积聚地表，危害作物正常生长。覆盖石砂后，一方面减少了土壤水分蒸发，有效地抑制了盐分的上升；另一方面石砂层接纳雨水多，通过降水的淋洗作用又降低了表土的盐分。

（4）石砂田分布地区土质松散，夏季多暴雨，冬、春季常刮大风，由于冲刷和风蚀作用，每年都要损失大量沃土，使耕层变薄，肥力降低。而农田覆盖石砂层后，既可有效地制止水蚀与风蚀现象的发生，又直接收到保土保肥的效益。

（5）石砂层覆盖农田，使土壤不裸露，加之石砂层干燥，造成了不利于病、虫活动和杂草萌发的环境。由于杂草减少，病虫的中间寄主也减少，病虫、杂草都受到抑制。

2. 关键技术

（1）工艺流程。选地→深耕、施肥→筛选砂石→铺砂→播种→收获→耖砂蓄墒→连续使用20～30年→重新造田。

（2）选地与压砂前耕作。初造的砂田，以选择平坦的或坡度不超过15°的荒滩地和农田为宜，砂田旁最好有集雨地形（图6-26）。对于荒滩地又以直接覆盖石砂为好，对于熟土地，要求夏季耕翻，曝晒，促使土壤熟化，再于秋季施入农家肥（75～100t/hm^2），耙平镇压后覆盖石砂，也有在耙平地面撒施基肥后，不行耕翻直接覆盖石砂的。

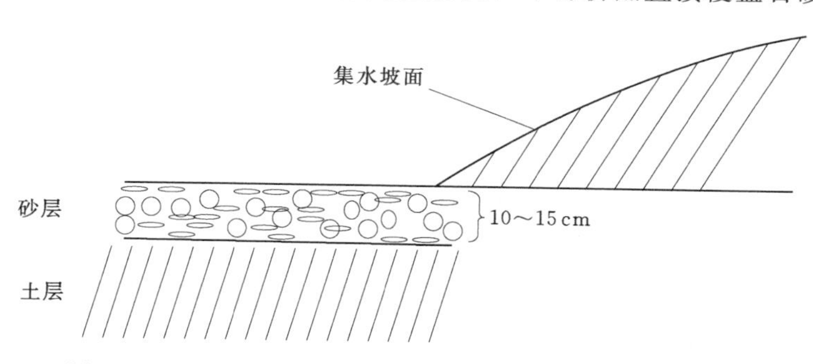

图6-26 砂田选地结构示意图（中国保护性耕作制，2011）

（3）筛砂与铺砂。砂田的砂源主要来自附近的河道、山洪沟、冲积扇。原始状态下砂源中混合的土壤较多，直接铺设影响生产效果，必须筛砂，进行土石分离。筛砂后留取大到鹅卵、小到粗砂的砂石，一般粒径大于6mm的砾石应占到60%，小于6mm粒径的粗砂应占到40%。砾石是为了增加地面粗糙度，阻挡径流，增加入渗，粗砂是为了填充砂层大空隙，避免土壤水分的过度蒸发。

铺砂应在冬季冻结期内进行，厚度应控制在10～15cm，铺砂量为1000～1500t/hm^2，铺砂要均匀一致。

（4）作物选择与播种。砂田最适宜的作物是稀播宽行作物，如西瓜等，这样可以减少因播种时过多地耖动砂层造成的土石混合。播种时先将地面砂层刨开，种子浅播于表土，播种后覆盖1～2cm的薄砂，出苗后随幼苗生长逐渐将砂石回填到播种穴（沟）内。注意播种时不要将土壤刨出，以免造成人为的土石混合。10年以上的老砂田也可种植绿豆、芝麻、小麦、糜谷等密植作物。

(5) 田间管理。传统条件下，砂田完全是一种雨养农业，作物生长期间不灌溉、不追肥，并且病虫草害发生很轻，一般也不进行防治，基本没有田间管理。因此，传统砂田生产的产品被认为是“有机绿色食品”。

(6) 收获。砂田作物收获时一般将地上部全部移出田外，为后期耖地蓄墒及下茬播种创造一个良好的土壤环境。根茬留在土内自然腐解，归还土壤。

(7) 耖砂蓄墒。前茬作物收获后经过一个生长季的人畜踏实与自然沉降，砂层变得非常坚实，影响降水的入渗效果，因此作物收获后，马上要耖砂。在传统的条件下，农民采用铁制耙具，用小型拖拉机牵引，一般横向、纵向耖动两次就可松动砂层，增加降水入渗率和入渗速度。

(8) 老砂田的重新铺设。砂田在连续使用20～30年之后，土石混合严重，保墒、增温效果降低，需要人工起砂、筛砂，砂土分离后，再重新铺砂。在生产实践中，也有老砂田衰老后深耕一次，上面再叠一层砂石的“垒砂田”。

四、黄土高原区保护性耕作技术模式

黄土高原是我国典型的旱作农业区，包括山西、陕西、甘肃的大部分地区。农业生产中存在的问题主要是水土流失严重、土壤贫瘠；干旱少雨且降雨的时空分布严重不均，一般夏季7—9月降雨量占全年降雨的60%以上，耕作制度以一年一熟为主（冬小麦或春玉米），部分有灌溉条件和积温较高的地区可实现小麦、玉米（或豆类）一年两熟。一年一熟黄土高原区保护性耕作技术体系以充分利用天然降雨、提高水分利用效率和培肥地力为主要目标。

（一）小麦秸秆覆盖还田少耕技术模式

1. 形成条件与背景

黄土高原旱塬区盛行以冬小麦生产为主的夏季休闲生产方式。在7—9月的夏闲期正逢雨季，长期沿用“翻耕—浅耕—耙耱”为体系的传统耕作方式，以达到“伏雨深蓄，秋雨春用”的蓄水保墒目的。由于长期连续翻耕和耙耱，导致耕层裸露，降雨时地表受雨水冲击结皮，易产生地表径流而跑水、跑肥。而小麦秸秆覆盖还田少耕技术，既可以蓄水保墒、又可减少水蚀和风蚀，是提高产量和实现农业可持续发展的良好技术。

2. 关键技术

(1) 工艺流程。收割小麦→秸秆覆盖→（休闲期化学除草）→免耕施肥播种→田间管理（查苗、补苗等）→越冬→化学除草→病虫害防治→收割。

(2) 小麦收获与秸秆粉碎。在小麦产量较低、3000kg/hm^2以下时，可采用联合收割机或人工收割，要求留茬高度保持在20cm左右，脱粒后的秸秆可以整秸均匀覆盖地表；小麦产量较高的地块，由于小麦的秸秆量大，需要在小麦收割后对覆盖还田的秸秆进行粉碎处理。秸秆粉碎还田覆盖有两种作业工艺：一种是用自带粉碎装置的联合收割机收割小麦，要求留茬高度10cm左右，使较多的秸秆进入联合收割机中粉碎，对停车卸粮或排除故障时成堆的秸秆和麦糠人工撒匀；另一种是用不带粉碎装置的联合收割机收割或采用割晒机或人工收割后覆盖在田间的秸秆较多、较长，需要进行专门的秸秆粉碎，秸秆粉碎作业的时间可在收割后马上进行，也可在稍后田间杂草长到10cm左右时进行，这样可在进行秸秆粉碎的同时完成一次除草作业，减少作业次数，降低成本。

当播前地面不平、地表秸秆量过多、杂草量过大或表土状况不好时，播种前需进行一次表土作业。目前，表土作业可供选择的有浅松、耙地和浅旋3种方式。

（3）休闲期除草。根据休闲期田间杂草的生长情况，若休闲期降雨少，田间杂草少时，可人工除草或不除草；若降雨较多，田间杂草量大时，可在杂草萌发后至3叶期以前，喷施农达或克芜踪除草1～2次防除杂草。

（4）播种施肥。品种选定后，应对种子进行筛选和播前处理，使种子清洁完整、大小一致、粒大饱满、发芽力强、以利苗全、苗齐、苗壮。

种子精选：主要方式有风选和重力精选机精选等。通过精选过筛，可去除杂质并把种子按大小分级，避免因种子大小不一造成出苗不齐和苗大小不一。

晒种：播前3～4d，将小麦种子平铺在室外阳光下晒种1～2d，可杀菌、提高种子生活力和发芽率，促进萌发，但忌暴晒。

种子包衣：种子包衣技术是一项新的种子处理技术，通常的种衣剂是将一定的杀虫剂、杀菌剂及微量元素等成分按不同之需要单独或混用，具有杀灭地下害虫、防止种子带菌和苗期病害、促进种苗健康生长发育、改进作物品质、提高种子发芽率、减少种子和农药使用量、提高产量等功效，达到防病治虫保苗壮苗的目的。小麦种子包衣技术利于形成壮苗，促进小麦的生长发育，对地下害虫、土传病害及种传病害有一定的防治作用，具有明显的增产作用。

种衣剂的选用：种衣剂是依据不同作物、不同防治对象生产的专用产品，具有专一性，小麦生产只能选择小麦专用种衣剂，其他作物种衣剂不能擅自用于小麦种子。即使是用于小麦的种衣剂其作用也有很大不同，要根据不同使用目的及不同生态条件选择相应的种衣剂品种。我国目前应用最多的种衣剂是以杀虫、杀菌为目的的化学型种衣剂，要根据当地病虫害的发生情况合理选择。

免耕播种施肥：在小麦播种适期及时播种，采用小麦免耕播种机播种，随免耕播种同时进行施肥，肥料选用颗粒肥；播种中应随时观察，防治排种管、排肥管堵塞而造成漏播；遇到秸秆堵塞时，及时清理并重播，以保持较高的播种质量。

（5）查苗、补苗。小麦出苗后应及时查苗，如有漏播和缺苗处应及时补苗。

（6）返青后的田间管理。返青后的田间管理主要是进行除草和病虫害防治。3月中旬至4月初杂草萌动时，喷施2,4—D丁酯和叶面肥一次，以防除杂草与促进小麦拔节孕穗；5月中旬喷施叶面肥和氧化乐果1次，以促进小穗形成和防治红蜘蛛及蚜虫。

（二）春玉米秸秆还田技术模式

1. 形成条件与背景

黄土高原种植玉米地区，在9月至翌年4月的冬闲期，采用传统的耕翻和耙耱方式，地表裸露、疏松，在干旱多风的冬季易造成土壤水分蒸发和严重的土壤风蚀。而采用秸秆还田与少免耕技术紧密结合，改变传统的农业生产耕作方法，可以达到蓄水保墒、防止水土流失、培肥地力、减少机械作业次数、节约开支、增加产量和效益的目的。

中国农业大学经多年试验，提出了该区域以玉米秸秆还田为特色的保护性耕作技术模式。

2. 关键技术

（1）工艺流程。玉米收割→秸秆粉碎→（圆盘耙耙地或深松）→休闲→免耕施肥播种→杂草控制→田间管理→收割。

（2）玉米收获与秸秆粉碎。玉米收割一般在9月下旬开始，也有的地区是10月或11月收割。收割技术有人工摘穗或机械收割两种。

人工收获时应及时采用秸秆粉碎还田机进行玉米秸秆粉碎作业，机械收获时配秸秆粉碎装置，收割的同时完成秸秆粉碎作业；秸秆粉碎后长度小于10cm，秸秆粉碎率大于90%，粉碎后的秸秆应均匀抛撒覆盖地表，根茬高度小于20cm。

（3）耙地或深松。耙地作业为选择性作业，其目的是将粉碎后覆盖于地表的秸秆通过耙地与土壤部分混合，防止碎秸秆被大风刮走或集堆，而影响覆盖效果，另外也会影响翌年的播种。如当地冬季风小、风少，则可不进行耙地作业，如当地冬季风大、风多，则应进行耙地作业。耙地作业一般采用重型缺口圆盘耙作业，耙深5～8cm，耙的偏角大小会影响秸秆覆盖率的多少，因此，应根据田间覆盖秸秆量的多少调整圆盘偏角，秸秆量少，圆盘偏角调小些；秸秆量大，圆盘偏角调大些。

增加深松作业打破犁底层，玉米收割和秸秆粉碎后，上冻前应及时进行深松作业。

（4）免耕施肥播种。翌年玉米适播期应及时播种。播种时的适宜条件为：土壤5～10cm表层温度应稳定在8℃以上，0～10cm土层的含水率15%～18%。

选择颗粒饱满、高产、优质的良种，净度不低于98%，纯度不低于97%，发芽率达到95%以上，并根据各地病虫害特征对种子进行包衣或其他药物处理。肥料选用颗粒状化肥，颗粒状肥流动性好，容易保证施肥质量。

播种量和施肥量按当地公顷保苗数和产量水平确定。一般产量为6000kg/hm^{2}左右播种量为24.0～31.5kg/hm^2（精量播种，非精量播种时应适当加大播种量），施磷酸二铵150～225kg/hm^2。免耕播种施肥形式有垂直分施和侧位分施化肥两种，不管是垂直分施化肥还是侧位分施化肥，均应保证化肥和种子间距达到4cm以上。

春季播种时气温稍低的地方，应选用能将种行上的秸秆清理到行间的免耕播种机，防止由于播种后种行上覆盖较多的秸秆影响地温上升和玉米出苗。玉米种子覆土深度为3cm左右为宜，并应适当镇压。如春季播种时表土较干，应采用深开沟、浅覆土技术，尽量将种子播在湿土上。

（5）杂草控制。为了防止杂草滋生成害，必须在玉米播种后、出苗前，及时喷施除草剂，全面封闭地表，抑制杂草。除草剂品种可选阿特拉津或2,4—D丁酯等除草剂，具体使用方法见除草剂说明书。

施药作业时应根据地块杂草的情况，合理配方，适时打药；药剂要搅拌均匀，漏喷、重喷率低于5%，作业前注意天气变化，注重风向。选用的植保机具要达到喷量准确、喷洒均匀、不漏喷、无后滴。

（6）田间管理。田间管理的主要任务有玉米出苗后的查苗、补苗、间苗，生育期的追肥、中耕培土、杂草控制和病虫害防治。

查苗：玉米生长到4～5叶时应及时进行查苗，并根据出苗情况进行补苗和间苗、定苗，间苗时应根据需要的每公顷保苗数确定苗间距。

人工除草与追肥：玉米生育期的杂草控制以人工锄草为主。在5月中、下旬玉米3～4叶期结合间苗、定苗管理作业进行人工锄草；在玉米生长至喇叭口期的6月下旬到7月上旬，可结合给玉米追施尿素和中耕培土作业除草，要求除草彻底，解决杂草与玉米生长争水、争肥的问题。

病虫害防治：玉米虫害一般有玉米螟、蚜虫、黏虫、红蜘蛛等，多发生在干旱高温期，一经发现应及时防治。一般使用高效、中毒、低残留、击退速度快的广谱类杀虫剂。

玉米病害一般为玉米丝黑穗病、玉米黑粉病、玉米矮花叶病。防治玉米丝黑穗病应在雄穗抽出前后，根据剑叶症状及时拔除病株集中烧毁；种植时应选用玉米抗病品种和淘汰感病品种。防治玉米黑粉病应在病瘤成熟破裂前及早摘除销毁、减少田间传播危害；玉米收割后、秸秆还田前；专人清除遗留在田间的病株残体，减少越冬菌源。玉米病株秸秆不要在田边地头堆放。做堆肥时要经过堆沤发酵。

五、南方稻田保护性耕作技术模式

我国南方稻区于20世纪60年代开始研究垄作、厢作等稻田保护性耕作技术。90年代后，加强了免耕与秸秆覆盖相结合的稻田保护性耕作栽培技术的研究与推广，相继推广了多种以秸秆还田为特色的保护性耕作技术模式。

（一）麦田套播（水稻）高茬还田技术模式

1. 形成条件与背景

随着我国南方地区经济的快速发展，务农劳动力的紧缺和素质的下降，迫切需要农业轻简化栽培技术。套播稻不育秧、省秧田增产小麦、不耕地、不整地、不栽秧等节本增效，较常规种稻效益优势明显；其显著特点是节省用工，缓和农村“三夏”劳动力紧张的矛盾，能有效减轻劳动强度，促使农村剩余劳动力转移，推动农村二、三产业的发展，繁荣了农村经济；同时，套播稻技术还解决了生产中秸秆还田的难题。

2. 关键技术

（1）工艺流程。小麦生育后期套播水稻→小麦机收→留高茬、秸秆粉碎抛撒→水稻灌跑马水→水稻除草、施肥→水稻收获。

（2）水稻播种。主要有种子处理，适期播种、防止鼠、雀害等方面。水稻种子播前需先晒种2～3d，用泥水选种，去除空瘪谷。在前茬小麦收前5～7d，每公顷干种子90～120kg加浸种灵30g、咪鲜胺30g浸种48h，使种子吸足水，但不需催芽，按种子、稠泥浆、干细土按1∶0.5∶2的比例混合，揉成种子泥团颗粒；在正常气候条件下，套播期以小麦收前1～3d较适宜，遇阴雨可提前播种；要求按畦播种，均匀撒播，田头、地角适量增加播种量欲作移栽苗。

（3）小麦收割。小麦收割可选用全喂入稻麦两用联合收割机，收时留高茬30～40cm，秸秆粉碎均匀覆盖田面，并注意不在土壤含水量过高时作业，以免机械反复碾压，毁坏田面，影响水稻出苗或伤苗。防止鼠、雀害，可在播种时用拌过鼠药的稻谷丢放在田块四周进行毒杀。出苗不匀的田块可采取移密补稀的方法，在麦收后15d内进行。

（4）水稻田间水分管理。水稻出苗前后保持湿润，在前茬小麦收获后及时灌跑马水。采取速灌，一次性灌透，使全田土壤吸足水。速排，田间高速浸透后迅速排水，确保第二天出太阳前田间不积水；三叶期后浅水勤灌，切忌深水淹苗，影响分蘖；够苗后及时晒田，适度轻搁；灌浆结实期干湿交替，防止断水过早。

（5）化学除草。除草是水稻免耕套播成败的重要技术环节。在前茬小麦收后灌第一次跑马水的基础上，用17.2%的幼禾葆（优克稗＋苄嘧磺隆）对水喷雾封杀（除草剂与肥料拌混后使用也具有同样的效果）。如前期化除草剂封杀失败，稻苗2叶期后，已见3叶左右混生杂草，可选用30%二氯苄（二氯喹啉酸＋苄嘧磺隆）对水喷雾。喷除草剂前一天排清田面积水，喷后隔天建水层，5d内缺水补水。中期，可根据不同草种类对症用药挑杀。

（6）科学施肥。免耕套播水稻在产量因素中成穗数与每穗实粒数很不稳定。因此，施肥管理应以稳定穗数，提高每穗实粒数为重点。氮肥使用总量控制在225～260kg/hm^2纯氮较适宜。氮肥运筹分为分蘖肥与穗肥，二次肥料的比例为6∶4或7∶3。分蘖肥宜分次施用，第一次在出苗后断乳期，施尿素75～105kg/hm^2；第二次在稻苗进入六叶期，施尿素115～150kg/hm^2加45%（15∶15∶15）复混肥375kg/hm^2；孕穗肥以促花为主，施尿素150kg/hm^2、氯化钾115～150kg/hm^2。

（二）秸秆覆盖免耕水稻技术模式

1. 形成条件与背景

麦茬稻必须在小麦收获后随即移栽水稻，才能确保高产。采用秸秆覆盖免耕栽培水稻具良好的生态和经济效益，又可缓和“三夏”劳动力的紧张。在土壤微生态环境方面：与稻草翻压还田比较，稻草覆盖免耕稻田水温降低3～5℃、土温降低1～3℃，有利于晚稻返青和分蘖；土壤还原性物质总量和活性还原物质含量分别低15.6%和13.0%，土壤中细菌和真菌数量高，土壤释放甲烷量小；与无草耕耙和无草免耕比较，除甲烷释放量较高外，其他则表现相似。在土壤肥力方面：将新鲜秸秆撒施在田中翻压后移栽晚稻的方法，在水稻生长前期由于土壤微生物在分解秸秆过程中大量繁殖，与水稻争氮素的矛盾较突出，影响水稻的苗期生长；而秸秆覆盖免耕土壤的还原性低，土壤中细菌和真菌数量高，能促进秸秆腐烂，为晚稻的生长发育提供足够的有机营养。

2. 关键技术

（1）工艺流程。小麦→机械收获→秸秆粉碎抛撒→免耕栽植水稻→稻田管理→小麦或其他冬作物。

（2）麦收管理。小麦机械收获，同时粉碎秸秆均匀抛撒。麦收获后，不进行常规的带水翻、耙或旋耕等作业，只将田面及四周适当清整，疏理好排灌系统，即可进行水稻插秧。

（3）水稻育秧。采用旱育秧技术，在旱床稀播培育抗逆能力强的适龄多蘖壮秧。

（4）水稻插秧。选阴雨天或晴天的下午直接在板田面以33～40cm间距开3～4cm深的浅沟，在沟内栽植旱育秧苗。栽植穴距为20～25cm，穴密度为12万～15万/hm^2、1～2株/穴，具体视水稻品种和秧苗素质而定。

（5）稻田管理。插秧后放浅水灌溉，保持2～3d田面有薄水。同时，用小麦秸秆均匀覆盖水稻行间，秸秆用量为3.0～4.0t/hm²。

秧苗返青后，根据水稻生长发育和降水情况，以湿润灌溉为主。即分蘖期保持沟内或穴际有水，行间土壤和覆盖物水分含量接近饱和状态，但无明显水层，以利水稻分蘖的发生和秸秆软化腐烂。分蘖数量达到预计产量所要求的有效穗数量时，晒田控蘖10d左右。进入拔节期以后，若天气多雨，田间土壤水分含量基本达饱和状态，就不进行灌溉；若降雨不足，土壤水分含量低于田间持水量的90%时，即放水浸灌，以保证水稻正常生长发育，每次灌水量以浸润田面覆盖物而不露明显水面为度。孕穗至抽穗期和追肥后适当增加田间水量。施肥可结合灌水，具体用量可参考当地水稻传统栽培技术进行。

（三）稻草覆盖免耕旱作技术模式

1. 形成条件与背景

稻草覆盖免耕旱作技术是指在水稻收获后，播种小麦、油菜、马铃薯等旱地作物，然后将稻草均匀覆盖还田。除具有培肥土壤的作用外，稻草覆盖免耕旱作技术的主要优点还表现在对土壤物理结构的改善方面，土壤总孔隙度、毛管孔隙度、非毛管孔隙度、田间持水量等随稻草覆盖次数增加而增加，土壤容重随覆盖次数的增加而降低，土壤物理结构得到改良。另外，稻草覆盖还为化学除草提供了有利条件，因为稻草覆盖的遮光作用及其分解物对杂草种子的萌发与生长有抑制作用。稻草覆盖免耕直播能明显地促进油菜的营养生长；冬前根重、绿叶片数、鲜叶量、干叶重等均较常规栽培增加。采用马铃薯稻田免耕全程覆盖栽培技术，由于该技术将种薯直接摆放在免耕稻田上，用稻草全程覆盖，薯块长在草下的土面上，收获时只要拨开稻草就能拣收马铃薯，省工、劳动强度低。

2. 关键技术

（1）工艺流程。水稻→机械收获或人工收获→低留茬→稻草打捆→播小麦（油菜、马铃薯）→覆盖稻草→田间管理→小麦（油菜、马铃薯）收获→水稻。

（2）水稻收获与秸秆处理。水稻可采用机械收获，也可以人工收获。收稻时齐泥割稻，低留稻茬，低留茬有利于稻草覆盖均匀；水稻收获后，现将稻草打捆码放田间晾晒，便于下茬作物播种作业。

（3）旱作物免耕播种。

小麦播种：稻茬免耕播种小麦的适宜时期是：表层0～10cm土壤含水量在30%以下。采用免耕播种机播种，播种深度调浅到1.0～1.5cm。播种时小麦种子用种衣剂拌种（用包衣种子更好），并适当增加播量，覆土镇压。如果镇压不实，对小麦出苗和越冬均有影响。播量略高于常规播量10%，以利保全苗。

油菜播种：免耕直播油菜在适宜播期范围内播种越早，越容易达到“秋发”的标准，产量越高，还有利于提早成熟收获，满足两熟稻区茬口衔接要求。采用油菜免耕直播联合播种机的适宜土壤含水率为20%～40%，每亩播种量为150～200g时能够保证单位面积的基本苗数。

马铃薯播种：适时播种是栽培的关键技术之一，因稻草覆盖栽培出苗期长，适当早播可以为提早出苗赢得较长的生长期以获得较高的产量。播种时，可将催芽的薯块，按25cm×30cm的株行距在田面摆放，每亩播种6500株左右。

（4）施肥。在稻麦（油菜、马铃薯）两熟地区，种植水稻时要适当深耕，增施有机肥料，以利改善土壤理化性状，增强后劲，为下茬少免耕旱作物生长提供养分条件。

小麦施肥：播种前，全田均匀撒施肥料。肥料用量同当地高产栽培。参考用量：每亩施土杂肥 2～3m^3、尿素 20kg、磷酸二铵 15～20kg、氯化钾 15～20kg。也可选用高浓度粒状复合肥或复混肥（等量养分）作底肥。基肥不足以及基本苗不足的田块，宜在 3 叶期早施促蘖肥，促苗早分蘖，早发根，形成冬前壮苗，一般用肥量占总施肥量的 10%左右。

油菜施肥：底肥每亩用油菜专用复混肥 40～50kg 或用 40kg 磷肥、10kg 钾肥和 40kg 尿素盖草前均匀撒施于田间。蕾苔期结合春灌补施一次肥，每亩用 10kg 尿素在晴天叶片上无露水的下午撒施。

马铃薯施肥：肥力中等水平的田块，施腐熟农家肥 22.5t/hm^2、三元复合肥 750kg/hm^2 左右。如果所用基肥是化肥，则应把肥料施在离种薯 6～8cm 的行间，不可让化肥直接接触薯块造成“烧苗”，而影响出苗率。

（5）稻草覆盖。水稻收后将稻草晒至五成干堆好备用。一般后茬小麦、油菜每亩盖干稻草 250～350kg，盖草过薄过厚均不利于小麦出苗生长。免耕马铃薯播种施肥后，应及时用事先准备好的稻草草尖叠草尖的方法横向均匀覆盖整个田面，再轻轻压实，盖草必须做到均匀无漏光，不露土，厚度以 8～10cm 为好，一般每亩盖干稻草 1000～1300kg。

（6）杂草防除。播种小麦前 3～5d，在待播的免耕田面上，用灭生性除草剂（克芜踪或农达）均匀喷洒，灭除田间杂草。其他时期除草及收获等，可参考各作物的传统栽培技术。

复习思考题

1. 如何理解保护性耕作的产生与发展趋势？
2. 保护性耕作的技术原理有何特点？
3. 如何理解保护性耕作的环境效应与产量效果？
4. 如何理解保护性耕作技术模式的区域特点及技术差异？

第七章　耕作制度的形成与发展

第一节　耕作制度的形成

一、耕作制度的形成及其条件

原始人类的生活资料（如食物等）主要来源于采集野生植物果实和狩猎。与其他动物一样，人类的祖先依赖采集和狩猎维持自身的生存和种族的繁衍。随着人口的增加，单靠采集和狩猎，满足不了人们的需要，就逐渐地把猎取的野兽加以驯养和繁殖，同时，把采集的野生植物种子埋入土中，使它发芽生长和结实，以备食用。通过野生动植物的驯化和大量生产，这样就有了原始的农业——畜牧业和种植业。种植业主是利用绿色植物的光合作用生产植物性产品；而畜牧业则利用动物的消化合成作用，将植物产品进一步转化为动物性产品。在种植农作物的过程中，就逐渐产生了用地与养地等一系列问题，即有了耕作制度。耕作制度，在不同的自然条件下，随着社会的发展、科学技术的进步和生产条件的改进，不断向前发展。影响耕作制度形成和演进的自然条件，主要包括气候条件（如热量、光照、降水量等）和土地条件（如地形、地势、土壤等）。各地区由于南北纬度的不同，气候和土壤条件的差异，影响着作物的种植。同时，作物的分布具有严格的地域性和强烈的季节性。因此，组成种植制度的作物种类、品种、种植方式、熟制以及土壤耕作、施肥、灌溉和病虫、草害防除等措施，也因地区的自然条件不同而异。我国地跨热带、亚热带、暖温带、温带和寒温带，南北各地气候条件相差很大，种植的作物种类不同，复种的程度也有很大的差别，从一熟到多熟。不但如此，土壤管理也不同，北方地区雨水少，土壤耕作以蓄水保墒为中心；而在多雨的南方，由于雨水分布不匀，不仅要蓄水灌溉，还必须重视防湿排涝，降低地下水，等等。就是在同一纬度，由于地形、地势的不同，土壤、气候条件也不一样，水分、养分和热量等状况有较大差别，因而种植的作物和管理的措施不同，即耕作制度不同。如湖北省恩施土家族苗族自治州的恩施、利川和绿葱坡，同是北纬30°附近，就是由于海拔高度的不同，气候、土壤不同，作物种类和熟制就不一样。浙江省南北各地都能种植双季稻，但从地势高度来看，一般认为海拔350m以上的地方就难以种植。

人类社会的进步、农业的繁荣进程，与耕作制度的发展进程是相适应的和有规律的。影响耕作制度形成和演进的社会经济技术条件，主要是：第一，社会制度——所有制和劳动组合形式，农业生产方针和政策等；第二，生产条件——农田基本建设、水利、肥料、农药、能源、劳动力、机械等；第三，科学技术水平——品种、栽培措施、施肥技术、机械的使用技术，以及其他新技术的采用等。新中国成立后，社会制度发生了根本的变化，制订了促进农业发展的方针政策，生产条件不断改善，科学技术水平大大提高，农业有了很大发展，耕作制度也发生了很大的变化。

社会经济技术条件和自然条件相比，自然条件的变化缓慢且不明显，然而它是决定性的，但社会经济技术条件则不断改变，有时会发生显著的变化，甚至发生质的突变，从而导致耕作制度的不断改革、不断演进。因此，一般都认为社会经济技术条件是耕作制度形成和演进的主导因素，但不能超越自然条件允许的范围。

二、耕作制度的类型

在人类社会发展的不同历史阶段，在不同地区的自然条件下，出现不同的耕作制度。在不同的社会发展阶段出现不同类型的耕作制度，即形成耕作制度的阶段性类型。在不同地区出现不同类型的耕作制度，即形成耕作制度的地区性类型。根据不同社会发展阶段人们对土地的利用程度以及用养结合的状况，耕作制度可以划分为撂荒耕作制、休闲耕作制、轮种耕作制和集约耕作制。由于各地社会发展有早有迟，所以在同一时期里各地有不同的耕作制度。同一阶段性的耕作制度，在各地由于自然条件的不同，地区性类型也不同。

1. 撂荒耕作制

撂荒耕作制，以刀耕火种、轮歇耕作为主要特征，完全依靠自然来恢复土壤肥力，对自然植被破坏作用大，包括生荒耕作制和熟荒耕作制。在原始社会，人口稀少，生产工具原始，土地充足，人们以狩猎为主，可以自由选择任何地段进行耕种。通常是开垦生荒地种植农作物，如烧毁森林野草，疏松土壤，刀耕火种播种谷物。利用生荒地的自然肥力，生产一些粮食。头几年产量较高，数年后，肥力下降，杂草丛生，作物生长不良，产量很低，土地不能再用，即行撂荒，另行开垦生荒地种植作物。这种只耕种生荒地的耕作制度就是生荒耕作制。它包括草原地区的生荒耕作制和森林地区的生荒耕作制等。农史考证认为，我国的生荒制起始于新石器时代的初中期，当时的氏族社会土地私有化没有发生，加之人口稀少，使这种生荒耕作制成为可能。

随着社会的发展，人口逐渐增加，并开始定居，土地也逐渐私有化，任意开垦受到限制，生产工具有所改善，生荒地也越来越少，于是就不得不开垦原先撂荒后长了林木或草本植物、土壤肥力得到恢复的土地再种植农作物，出现了熟荒耕作制。撂荒时间一般为20～30年，使用期3～8年。与生荒耕作制一样，熟荒耕作制包括地区性的草原地区熟荒耕作制和森林地区的熟荒耕作制等。我国的熟荒耕作制盛行于新石器时代晚期，经由夏、商奴隶制早期发展，到周开始步入休闲耕作制阶段。

熟荒耕作制主要是依靠自然植被的作用，使土地经过一定时期撂荒，恢复肥力。在草原地区，土地开始撂荒时，迅速长满杂草，多为一年生禾本科和双子叶植物，以后逐渐演替为多年生草本植物。草根穿插分割土壤，形成许多小结构，土壤中有机质也逐渐积累起来，一般经过二三十年，才可恢复到一定的肥力水平，可再开垦种植农作物。

在热带雨林地区，生荒地开垦后，经过一两年土壤有机质便迅速分解减少，土壤理化性质恶化，耕种5年撂荒10～15年，可使地力恢复，若只撂荒5年，地力呈下降趋势。在坡地，雨季要引起严重的土壤冲刷，便不能再种作物。经过长期撂荒，由一年生草本植物更替为多年生草本植物和灌木，再更替为茂密的森林。由于林冠和落叶的覆盖，土壤冲刷逐渐减少，土壤有机质和氮素养分慢慢积累起来，土壤肥力便逐渐得到恢复，可以再开垦利用。

在我国和世界各地出现的“刀耕火种”“火耕水耨”等，均属撂荒耕作制度，在非洲、南美、南亚地区、俄罗斯的远东地区和中国南方边远地区，目前尚有少量熟荒制存在。

2. 休闲耕作制

随着社会的发展、生产工具的改进、人口的增加、土地的世袭，需要粮食和其他经济作物更多，对土地利用程度要求提高，人们发现利用铁犁耕耘土地、翻埋压青也可肥田，因而逐渐增加土地的利用年限，改长期撂荒为短期休闲，由数十年、十多年缩短为数年，最后缩短为一两年，出现了休闲耕作制，这是人工养地的开始，复种指数在33%～62%的都属于休闲制。在我国春秋时代（公元前770—前481年）主要是休闲耕作制。一般在休闲地进行一定的人工管理，恢复肥力。如翻耕土地、清除杂草、积蓄水分等，有的在休闲地上施肥，也有的弃荒休闲。弃荒休闲，往往只生长稀疏的草本植物，土壤有机质的增加极为有限。土壤耕作休闲主要是通过翻耕后晒垡、冻垡的干土效应，疏松土壤，增加有效养分，但养分的补充则很少。所以，单纯利用休闲，来恢复地力的作用很有限，休闲后可连续种植农作物的年限甚短，所得农产品不多。

休闲耕作制在不同地区形式不一样，我国是易田休闲耕作制。如《周礼·地官》：“不易之地家百亩，一易之地家二百亩；再易之地家三百亩”；《吕氏春秋·任地篇》：“凡耕之大方：力者欲柔、柔者欲力；息者欲劳、劳者欲息”西汉《氾胜之书》：“田，二岁不起稼，则一岁休之”等记载。西欧各国在中世纪盛行过休闲制，典型的是“三圃”休闲制，主谷式的休闲制是将耕作地划为三区，实行：休闲——冬谷类作物——春谷类作物，冬谷类作物有冬小麦、冬黑麦，春谷类作物有春小麦、春大麦、春燕麦等。美洲、东欧等也有类似的休闲耕作制。

3. 轮种耕作制

轮种耕作制是以连年轮换种植农作物为特点的一种耕作制度。它的出现和发展，主要由于人口进一步增加，交通、商业开始发达，对商品粮食和工业原料作物的需要日益增长，必须进一步扩大作物的种植面积，要求连续种植已垦土地，并提高单位面积产量，生产更多农产品，这种耕作制度对地力有更高的要求。除了消除明显的土地休闲期外，轮种制中另一个显著的特点是引入了豆科类作物，利用豆科类作物的固氮作用来保证作物生产的营养供应，特别是氮素营养的供应。于是人们利用豆科作物对提高土壤肥力的作用和各类作物对土壤养分要求的不同，进行豆科作物与其他作物的合理轮种换茬，平衡地合理地利用土壤养分，减少病虫和杂草的危害，保持地力，提高作物产量。从而提出了作物良好前作的要求，作物轮种也要有一定轮换顺序。在总结大量实践经验的基础上，形成了较为固定的作物轮换种植模式，其中几种较为典型的模式有：豆—麦—黍、豆—玉米、绿肥—稻等。

轮种耕作制在不同地区不同条件下形式不同。如绿肥耕作制、禾豆耕作制、作物轮种耕作制、草田轮作耕作制、水旱轮作耕作制和复种轮作耕作制等。约2000年前在我国和古罗马帝国已出现绿肥作物，人们逐渐认识到绿肥具有良好的恢复土壤肥力的作用，以绿肥代替休闲，形成绿肥耕作制。同时，认识到豆科作物能固氮肥田，以豆科作物代替休闲，形成禾豆耕作制。作物轮种耕作制在于利用不同作物的不同营养特性和生态特性，轮换种植，均衡地利用土壤养分，提高作物产量。我国后魏（公元6世纪）时，轮作形式已很多，《齐民要术》中记载了20多种，并有“谷田，必须岁易”“麻欲得良田、不用故墟”；“稻无所缘，唯岁易为良”等记载。西欧到19世纪后半叶才大规模采用轮种耕作制；李比西的矿质营养学说为轮种耕作制奠定了理论基础，当时流行的“诺尔福克”（Norfolk）四区轮作制：红三叶草→冬小麦→饲用芜菁→二棱大麦套播三叶草，以三叶草代替休闲，以芜菁喂牲畜，用厩肥肥田。

草田轮作制是20世纪初苏联土壤学家威廉斯推行的，是用多年生牧草（豆科牧草与禾本科牧草混播），来恢复地力。它适应当地畜牧业的发展。一般在种植多年生牧草2～3年（利用2年）以后，用带小犁铧的复式犁进行秋耕，以后种植谷物及其他经济作物数年；实行牧草与大田作物轮作。此外，还必须配合相应的土壤耕作制，施肥制、修建水库和水渠，发展灌溉，选用良种等。

水旱轮作耕作制是水稻产区的一种特殊耕作制，种植水稻（水田）数年后，再种植旱作物（旱地）一段时间（2～3年），即进行水旱轮作，通过水旱交替来恢复地力，改良土壤。在日本、东南亚和欧美各国都存在水旱轮作。我国各地早已有水旱轮作方式存在，如稻棉轮作等。

复种轮作耕作制不仅如同轮种耕作制那样连年轮换种植农作物，而且同一块土地在一年内得到重复利用，结合精耕细作，施肥灌溉等综合农业技术措施，能获得农作物稳产高产。这种耕作制度不仅在我国南方全面实行，华北平原地区也很普遍。在我国，早在战国（公元前475—前221年）时复种已萌芽。到汉代（公元前206—公元220年）我国北方已有所发展，如谷子、小麦、大豆复种轮作两年三熟。西晋（265—316年）时，我国南方已有水稻与苕草（绿肥）复种。《齐民要术》中对复种也有不少记载，如强调绿肥、豆类作物与各类作物等复种。其中《耕田篇》说：“凡美田之法，绿豆为上，小豆、胡麻次之，悉皆五、六月穊种，七、八月犁掩杀之，为春谷田，则亩收十石，其美与蚕茧熟粪同”说的是绿豆、小豆作绿肥与春谷复种轮作效果。在《种麻子》篇中说：“六月中，可于麻子地间，散芜菁子而锄之，拟收其根”。说的是麻与芜菁套作复种。我国南方，在隋、唐（581—907年）时代，出现了稻麦复种轮作，一年两熟。同时，又出现水稻一年两熟复种。南宋（1127—1279年）时代，南方不仅广泛实行一年两熟制和两年三熟制，还开始出现一年三熟制。元、明代（1279—1644年）有了进一步的发展。如明代南方发展以水稻为中心的一年两熟制。清代（1644—1911年）复种轮作制更有发展，各地普遍推行复种。清代杨一臣《农言著实》总结了陕西三原以冬麦为主的谷、麦、豆轮作换茬的情况，清光绪年间《东三省调查》认为，谷子、高粱、大豆的“轮耕”系东三省保护耕地之唯一良法。

轮种制较休闲制要进步得多：①使土地连种制成为可能，提高了土地利用率与土地生产力；②增进农业系统内部物质良性循环，使人工粪肥与生物培肥结合；③多种作物种群轮换种植，增加了系统稳定性与系统生产力。20世纪50年代以来，我国各地广泛开展耕作制度的改革，重点是增加复种。目前全国的复种耕地约占耕地总面积的1/2，而全国复种耕地上的粮食产量约占全国粮食总产量的3/4。这对于我国人多地少，解决粮食问题起了很大的作用。

现在，不仅在我国南方十分重视完善和发展复种轮作制。北方也有一定的发展和提高；不仅在我国，而且世界各国也十分重视；不仅亚非拉各国复种面积大，分布广，连欧美各国也积极扩大复种。总之，很多地方，为了同时解决粮食、经济作物、饲料等问题，都在逐步地，因地制宜地推行复种轮作耕作制。

4. 集约耕作制

这是用现代科学技术和现代工业装备的现代化耕作制度。就是卓有成效地综合运用现代化措施，不断提高耕作水平和效率，在有限的土地上，生产尽可能多的农产品，满足日益增长的社会需要，并能做到充分合理的利用农业资源，保持生态平衡，促使农业全面发展，它比其他耕作制度具有更高的劳动生产率。

在近代，由于机械工业的发展，农业上使用大量适于当地条件的农机具，实现农业生产机械化；由于化学工业的发展，为农业提供大量优质肥料和高效低毒杀虫剂、杀菌剂和除草剂等；由于开辟水源，兴修水利，大力发展机械灌排，旱涝保丰收；又由于不断育成早熟高产优质的品种，改进栽培技术等，保证了农作物的全面持续优质高效生产。

集约耕作制在不同的自然条件和社会条件下有不同的含义（图 7－1）。在一年一熟地区除了用现代工业和科学技术装备农业外，主要是发扬精耕细作的优良传统、实行集约栽培，努力提高单位面积产量，如采取增加肥料，科学施肥；尽量挖掘水源、发展灌溉；减少撂荒、休闲，提高土地利用率等。一年多熟地区，首先是充分合理利用有利的自然条件，采取有效的现代化手段和措施，因地制宜地发展复种，提高复种指数，来生产更多的粮食和工业原料，为畜牧业提供大量饲料。其次，实行精耕细作，提高单位面积产量。现在，西欧一些国家有专门的集约耕作制，并逐渐扩大。我国人多地少，劳动力充裕，素有精耕细作的传统经验。还有，我国的自然条件较好，尤其是南方各地，热量资源丰富，雨量充沛，作物生长季节长，实行一年多熟，生产潜力很大，不但在时间上实行集约化栽培——增加复种，而且从空间上实行集约化栽培——采用间作、混作、套种和育苗移栽等，使有限的耕地生产更多的农产品。随着人口不断增长，人均耕地数量下降不可逆转，以及社会发展、生活改善与农产品供给的矛盾日益突出。在植物光合效率难以突破的现阶段，强化植物生活要素调控力度，发展多熟，实施种植集约化，提高土地生产力，则是我国现代耕作制度集约化目标所在。

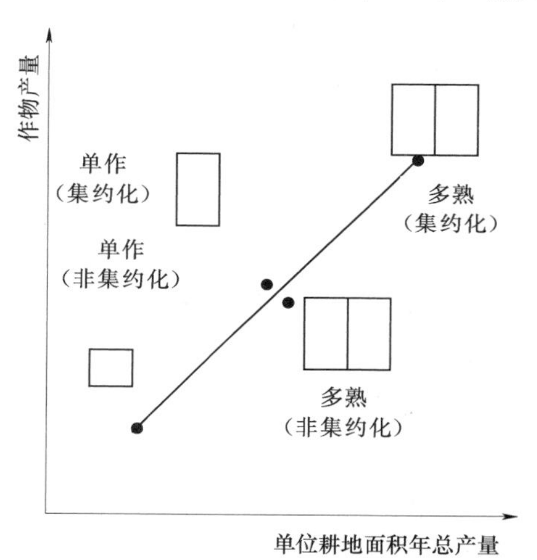

图 7－1　集约制的两种途径
（西北耕作制度，1993）

例如我国西北地区的一熟区受制于热量资源，主要实行栽培上的集约化，即在一年一熟的轮作制基础上投入较多的资源，实施多肥、多劳、多资金，采用优良品种、高效栽培技术，以争得一季高产。陕北、宁南、海东、河西、北疆、陇东及甘肃中部、柴达木及准噶尔盆地等大部地区属于此类型。西北两熟地区热量条件较好，资源较为丰足的地区多数已转入种植集约化。因地制宜地采用套种复种等方式，力求多种多收。在这种种植集约化的基础上，又实行多肥、多劳、多资金、高技术、高产品种等栽培集约化，促使一季高产。关中平原、南疆绿洲、陕南及陇南河谷平坦地区多实行单作多熟型，复种指数变动于160%～180%之间，银川平原、土默特平原等河套区、海东河湟谷地、北疆绿洲以及河西走廊等许多地方限于热量资源一熟有余两熟不足，较大面积地实行多作多熟型（套种）。

三、耕作制度的演进规律

人类社会的进步、农业的繁荣进程与耕作制度的发展过程紧密相连。农业生产所经历的耕作制度发展过程，是一个从简单到复杂、从低级到高级、由不完善到逐步完善的不断发展过程，与生产关系的变革、科学技术的进步和社会生产力的发展密切相关。虽然国家之间、不同地域之间的同一历史时段的耕作制度不尽相同，但是耕作制度的发展趋势却较为一致，具有相似的特点，有着共同发展的规律。

1. 在继承的基础上进行改革

耕作制度的历史演进，虽存在着各阶段质的差异，但仍然是连续的，各阶段间存在着明显的继承和改革的关系。新的耕作制度总是吸收了旧耕作制度的合理部分，又发挥新条件的优越性，从而形成了新的生产力和新的耕作制度，推进了农业的发展。如休闲耕作制的休闲地是撂荒耕作制度的撂荒地演变来的（缩短年限），虽不种作物，但在有了金属犁铧和畜力耕作的新条件下，要在休闲地上进行土壤耕作，有的还进行灌溉、施肥等，较快地恢复肥力。一年一熟的轮种耕作制在休闲耕作制中已经萌芽，如“三圃制”中就有休闲，冬谷类作物和夏谷类作物的轮换，但由于它基本上仍是谷类作物连续种植，对提高土地生产力意义不大，提高土地生产力的主要环节仍然是休闲。而在轮种耕作制中出现了以轮种豆科作物为主的恢复地力的新措施。复种的轮种耕作制是在轮种制基础上，一年种、收一次以上，实现多种多收。在现代集约耕作制中更如此，虽然有了大量化肥，但也不能完全代替有机肥料和生物养地的作用，虽有了机械、农药，还是要强调杂草、病虫的综合防治。凡此种种，都表现了耕作制度的连续性，故在改革过程中，要处理好继承与改革的关系，搞清楚那些已不适于新情况需要改革的，那些在新的条件下仍需继承的，要科学地分析。一切照搬外地或外国的经验，都要违反耕作制度发展的规律性。总之，新耕作制度的出现是在继承原有耕作制度的基础上发展起来的。

2. 社会经济发展推动耕作制度改革，但又受自然条件的制约

耕作制度发展过程，既受到自然生态环境影响，与资源存在状况有关，又受社会发展、人口增加、生活水平的提高，使得农业赖以存在的土地的有限性，与社会对农业产品需要之间的不断激化而成为耕作制度进步的动力。历史进程表明，人类进入农耕阶段后，所需要的食物越来越多地直接或间接地取自农田。由于人口的迅速增长，人均占有耕地面积的急剧下降，使“人口—耕地—食物”关系日益紧张，从而有力地推进着耕作制度的发展。

耕作制度总是与当地、当时的社会经济技术条件和自然条件相适应，并随这些条件的改变而变化，促进耕作制度演进发展的主导因素是社会经济技术条件，生产条件和科学技术又是其中最活跃的因素，如每一大的阶段的更替，总是首先由于生产工具的改革，新的重大农业技术的出现和有关科学技术的突出进步，并以此作为物质基础而实施。如撂荒耕

作制向休闲耕作制过渡，除了由于社会对农产品要求的增加作为推动力外，更主要的是由于新工具和新耕作方法的出现，即金属犁铧和牛耕的普及，代替人力的"耦耕"，大大提高了工效，而有余力进行翻耕土地熟化土壤，提高土地的生产力。再如，休闲耕作制向轮种耕作制演进，如果没有利用豆科作物来提高土壤肥力的重大发现和技术改进，这种耕作制也不可能确立。复种轮种耕作制的采用，是在作物轮换、间混套作、土壤精耕细作，大量施肥和实行灌溉等用养结合等农业技术措施综合运用的结果。至于现代的集约耕作制更是如此。如果没有现代的机械工业和化学工业为农业提供大量适用的农机具、化肥和农药等，它的出现是不可能的。从上可知，如果是墨守成规，不肯或不敢根据改变了的生产条件改革不适宜的耕作制度，进一步发展生产，都是不可能。

如前所述，耕作制度发展过程中存在阶段性演进，各自代表着农业发展的一个阶段和一定的农业生产力水平。但是，又存在地区的不同。如欧洲曾明显地形成了划地分片种植的"三圃制"休闲耕作制，而在我国所形成的休闲耕作制则是非严格的"易田"。连年种植的轮种耕作制在不同地区形成了绿肥轮作制、禾豆轮作制、诺尔福克轮作制和草田轮作制等，一年一熟，不同作物进行轮换。如在水源不十分充裕的地区以禾豆轮种方式为主；在降水较多的地区，又以绿肥轮种方式为主，在人少地多畜牧业较发达的地区，又出现了草田轮作的方式。西欧曾盛行诺尔福克轮作制，很多条件较好的地区还实行复种轮作耕作制。凡此种种，都说明了耕作制度的演进发展，除了有历史的系统的阶段性演进之外，同时在各阶段内部还有其他大量的因地制宜的地区性类型；故不能只见其阶段性的演进而忽视其地区性的类型，也不能只强调地区性的不同而忽视阶段演进上的必然规律。由此可见，各地进行的耕作制度改革，应符合农业生产力的发展，耕作制度的类型，应与当地的具体条件相适应，不能强求一律，要有地区特点。

3. 在提高用地程度的同时不断提高养地水平

耕作制度的系统发展过程中，对土地的利用是由低向高逐渐演进的；从少用发展为多用到充分利用，单位面积产量也不断提高。如撂荒耕作制时期的土地是几十年，十几年中只种植作物几年，休闲耕作制时期仍有1/2～2/3的耕地休闲，到轮种耕作制时期，每年都种植作物。复种轮作耕作制度不仅每年种植农作物，还有一年种、收一次以上，有两年三次、一年两次，两年五次、一年三次等，土地利用率大大提高。随着用地水平的不断提高，单位面积作物产量也不断提高。这种不断提高土地利用率的趋势，就世界大多数地区来说，都是如此。其根本原因在于随着人口的不断增加，对农产品的需求不断增长，在耕地有限的条件下，不得不提高对土地的利用，增加生产。

随着用地程度的不断提高，对土壤肥力的利用和培养的方式方法也不断发展和交替；从利用自然肥力，依靠自然植被养地，逐步过渡到人工养地撂荒耕作制度阶段，是掠夺式的，人们只知用地不知养地，完全依靠天然野生植被的自然更迭，所形成的自然肥力。休闲耕作制阶段，除利用一二年生的野生植被外，人们已有意识地利用土壤耕作、施肥、灌溉等农业技术来改善土壤肥力状况，开始形成了一部分人工土壤肥力，与自然肥力一起共同为农作物提供肥水等条件。轮种耕作制，人们不仅加强了土壤耕作、施肥和灌溉等农业技术措施的运用，更利用了豆科作物与根瘤菌共生作用。如利用绿肥、牧草和其他豆科作物，以提高农田土壤肥力，从而使人工肥力的作用在农业生产中逐渐居于主要地位，支持了对土地的较充分的利用。复种轮作耕作制中采取了一系列的用养结合的措施，达到多养多用，用中有养，养中有用。现代的集约耕作制度中，除轮种和施用有机肥外，更增添了大量的化学肥料，使养地方式方法更多样化、高效化和完善化，包括用生物的、物理的和化学的各种方法，组成一套相互配合的措施制度：如间、套复种和轮作制，土壤耕作制，施肥制，灌溉制和杂草防除制度等，以保证土地多用多养，土壤越种越肥，产量越来越高。

从上可知，一种耕作制度的生产力越高，则人工肥力因素在土壤肥力中所占的比重必然随之而增加，这是耕作制度发展的必然趋势。换言之，对土地的生产力要求越高，就愈加要加强对土壤肥力的人工培养，否则可持续发展是难以实现的。

从用地、养地关系的分析中，可以清楚地看出，耕作制度的发展演进十分重要的是用地和养地相结合的模式的发展。随着用地程度的不断提高，养地水平也相应提高，以养地来保证用地，用地程度与养地水平相适应，生产水平与用养结合程度相适应。这样，才能保证农业生产不断发展，全面持续增产。

4. 耕作制度的地域性差异是耕作制度发展的重要特征

一个阶段的耕作制度标志着一个国家、一个地区或一个生产单位当时的农业发展水平。然而，同一历史时期，不同国家或同一国家不同地区，由于自然条件的差别，社会发展水平的悬殊，导致了多种耕作制度并存的局面，这是耕作制度发展不平衡性的客观表现。

一般而言，自然条件优越，水热资源充足，则实行多熟种植；水热条件欠缺，多为一熟栽培。人多地少，精耕细作，以多作多熟、单作多熟为主；人少地多，耕作粗放，则复种指数低。工业化水平高，化石能投入量大，机械化、现代化程度高，则劳动生产率水平高；工业化水平低，化石能投入量少，农业现代化程度低，则劳动生产率水平不高。这些情况是当今世界范围内，或是一个国家不同地区多种类型耕作制度并存的客观原因。

第二节　耕作制度的改革

一、1949 年新中国成立以来我国耕作制度改革简况

在漫长的封建社会制度下，我国的耕作制度变化不大，发展很慢，到新中国成立前还沿用老一套耕种措施，产量不高不稳。如我国北方，基本上一年一熟，有些地区，尤其是边疆、山区，还有不少休闲，甚至是“刀耕火种”。在南方大部分稻区，主要是一年一季水稻连年种植，每年亩产二三百斤稻谷；冬季大多是冬晒或冬泡，只有部分稻田冬季种植绿肥、大麦、蚕豆、油菜等冬作，还是旱年收，涝年沤（作肥料）。稻区保收的冬作、水稻一年两熟，只在人多地少和土好肥足的地方才有一定比例。双季稻的种植面积很少，主要在华南和东南沿海一带，大多是双季间作稻，双季连作稻极少。当时，由于品种陈旧，水肥不足，防治病虫害无药，栽培技术水平低，两季水稻亩产不过五六百斤，若遇病、虫、旱、冷、风等灾害，晚稻可能颗粒无收。

1949 年新中国成立前，我国南方旱地基本上无灌溉设施，冬闲地、秋闲地比比皆是，

一年两熟的面积不大。平原和丘陵地区，虽然冬季种麦类和蚕豆等，产量也不稳不高；夏季种植甘薯、玉米、小米等杂粮，以及麻类和油料作物等，由于耕作粗放，常遇水旱灾害（如丘陵多伏旱、秋旱，有的地区还有春旱，山区多洪水，湖区多涝害，沿海多台风等），所以产量低而不稳。棉花、甘蔗等生育期长，在过去基本上都是一年一熟，产量很低。

1949 年新中国成立后，在党和政府的正确领导下，在自然因素、物质投入，特别是人类生产活动的作用下，进行了一系列的社会改革，改变生产关系，解放了农村生产力；同时进行了兴修水利、改良土壤、平整土地，改善生产条件；普及科学技术，推广先进经验选育良种，改进栽培措施，大量使用化肥、农药和农用机械，推动了耕作制度的改革。改革的中心是增加复种，提高复种指数，如改一年一熟为两熟，两熟为三熟等，推行复种轮作耕作制，并促使向现代化方向发展。《一九五六年到一九六七年全国农业发展纲要》中要求在 1967 年前分别把我国南北各地区的复种指数，包括绿肥作物在内分别提高到下列水平：①五岭以南地区，达到 230%左右。②五岭以北，长江以南地区，达到 200%左右。③长江以北、黄河、秦岭、白龙江以南地区，达到 160%左右。④黄河、秦岭、白龙江以北地区，长城以南地区，达到 120%左右。⑤长城以北地区，一般应尽可能地利用现有耕地，减少撂荒面积，在可能的地方，力争扩大复种面积。

1949—2001 年间复种指数增加了 30.8 个百分点，年均增幅为 0.40%。1949 年，中国耕作制度基本处于继承传统的技术经验和引进并参考应用外国经验阶段，土地利用率低，全国的平均复种指数仅为 133%，南方耕地复种指数 151%左右，北方地区耕地的复种指数在 100%以下；20 世纪 50 年代中后期，全国进行“单季改双季、间作改连作、籼稻改粳稻”的改革，复种指数先降后升，恢复到 142%；1971—1985 年全国进行了大规模、大范围、全局性的耕作制度改革，熟制增加，复种指数跨上了 150%的台阶，南方农田大多进行了改“零熟”（指休闲，不种作物）为一熟，改一熟为两熟，改两熟为三熟的耕作制度改革；1985—2001 年全国复种指数的变化可分为两个阶段，全国复种指数由 1985 年的 143%增加到 1995 年的 165.1%，复种指数增长了 22 个百分点；此后缓慢降低为 2001 年的 163.8%。

改革耕作制度，是改革旧耕作制度中那些不合理的部分，建立新的较为合理的耕作制度。它涉及整个农田生态系统和农业生态系统，也即关系到建立新的生态平衡问题。所以，改革耕作制度，不仅是适当增加复种的问题，还必然联系到一系列的用地与养地问题。归纳起来，多年的改革耕作制度的实践，改革的内容大体上包括下列两大方面，它涉及耕作制的整个内容。

一是种植制度方面的改革。以扩大复种，发展多熟制为中心，包括：①扩大复种面积，如单季改双季，扩大双季连作稻面积；减少冬闲田和沤改旱，扩大冬季作物面积；多种高产作物，扩大水稻、玉米和甘薯面积等。②调整作物布局，做到因地制宜，因土种植、适地适作。③广泛采用间作，套作和育苗移栽技术。④选用早熟高产、矮秆不倒和抗病的品种。⑤推行合理的作物轮作换茬制度，等等。

二是农田土壤管理制度方面的改善。以不断提高土壤肥力为中心，包括：①兴修水利、发展灌溉、建设旱涝保收农田。②发展绿肥、改良土壤、培肥土壤。③增施化肥和有机土杂肥，科学用肥。④改进耕作方法，合理整地，改进栽培技术，促使早熟高产等。

二、新中国成立以来耕作制度的发展阶段

陈阜以农业发展历史和种植制度变化为主线，对新中国成立以来我国耕作制度发展的阶段特征进行了分析和评价，将我国耕作制度的发展分为6个阶段。

1. 新中国成立初期的快速恢复和发展阶段（1949—1957年）

新中国成立促进了农业生产的恢复和发展，耕作制度发展得到加速，此期间的全国种植指数上升了近14个百分点。南方稻田推进“单改双”（单季稻改双季稻）、“间改连”（农田间作改一年内前后相连两季水稻）；长江以北长城以南复种指数也提高了5个百分点，主要是江淮扩大冬种推广稻麦两熟；华北平原改二年三熟为一年两熟。在土壤耕作制度方面，重点围绕土壤团粒结构、草田轮作、杂草防治、土壤防治、土壤耕作等提高土壤肥力。

2. “大跃进”期间的剧烈波动阶段（1958—1965年）

20世纪50年代末和60年代前期，受连续几年的自然灾害和“大跃进”等政治环境影响，我国农业整体滑坡与徘徊。前期由于天灾人祸，“浮夸风”盛行，粮食产量持续下降，复种指数下降5个百分点；后期经过调整得到一定程度恢复，复种指数缓慢地回升了3个百分点。此期间，耕作制度提出用地养地结合发展方向，并开始重视多熟种植在提高农田生产力的作用。

3. “文革”期间的徘徊发展阶段（1966—1978年）

“文革”初期的政治动乱严重破坏了农业发展，农村生产积极性受挫，农业增长缓慢；后期随着人地矛盾的日益尖锐和社会需要的不断高涨，开始大规模耕作改制，1970—1978年期间复种指数上升了10个百分点。南方双季稻由华南向长江流域推进，1977年全国双季稻田面积高达1.9亿亩；同时还推进了双季稻加冬季作物（早稻—晚稻—大麦、早稻—晚稻—油菜、早稻—晚稻—绿肥）的三熟制，1979年双季稻三熟制面积曾经达1.5亿亩，占到南方稻田面积的一半。华北平原由于灌溉面积大幅度增加，原有的小麦—夏玉米—春玉米二年三熟制基本上改成为小麦—玉米（或大豆、甘薯）两熟制。与此同时套作也迅速发展，小麦/玉米、小麦/棉花套种面积剧增。

4. 改革开放初期的高速发展阶段（1978—1984年）

中国农村体制发生了重大变革，各地开始推行联产承包责任制，大幅度增加化肥、柴油和农电的投入量，农业基本建设长期积蓄的潜在能量得以释放，全国农业总产值年均增长7.6%，粮食总产量增加30%以上，达到4亿t。此期间对不适宜的多熟方式进行了调整，实行稻—麦两熟，整个南方双季稻和双季稻三熟制的面积都有所下降，全国复种指数下降5个百分点。

5. 农业生产结构调整与复种指数提高阶段（1985—1998年）

这一时期我国市场经济开始高速发展，农业结构发生了很大变化，畜牧业发展加速，粮食产量波动增长，复种指数得到大幅度提高。1984—1995年种植指数上升了11个百分点。华北、西北等地大面积“吨粮田”“双千田”开发；南方水田双季稻区冬闲田开发，单季稻区发展再生稻；西南丘陵旱地增加旱两熟与套种三熟面积；华北麦套玉米面积达8000万亩，麦套棉面积达3200万亩，占棉田一半；西北、东北一熟地区灌溉上发展小麦玉米半间半套带田种植等。

6. 农业转型发展阶段（1999年至今）

20世纪90年代以来，我国农业生产总体上由数量增长型向“高产、优质、高效”全面转变，各地围绕市场需求开展大规模以“压粮扩经”为主体的复种结构调整。由于粮食比较效益低，农村劳务经济快速发展以及轻简农业技术应用扩大，南方水田的冬闲面积增加，单季稻面积扩大；北方地区的间作套种面积也有明显下降。此期间的全国复种指数显著下降，国家粮食安全与农业高效、农民增收以及缓解资源环境约束的矛盾越来越突出。

三、耕作制度改革的指导思想与原则

进入21世纪，耕作制度面临着粮食安全和“三农”问题的双重挑战，同时以现代生物技术为主体的新技术革命又给予了难得的机遇。耕作制度的改革与发展，必须坚持面向生产、依靠科学、注重实效、持续发展的指导思想，坚持为农业产业化、农村城市化、农民知识化服务的基本方向，为农业增产、农民增收、农村经济持续发展、农村生态环境改善提供技术，支撑当前发展、引领未来方向。要努力坚持以下几个原则。

1. 始终坚持精耕细作的基本方向

精耕细作是我国数千年农业发展的精华，不仅是中国农业的基本特征，更是未来耕作制度发展必须始终坚持的基本方向。精耕细作是提高粮食产量的根本途径，是提高土地生产率的基本方向，是增加农民就业机会的有效措施。不能盲目地机械化、简单化、丢掉精耕细作的优良传统。动摇了耕作制度发展的基本方向，不仅耕作制度难以改进与发展，而且会给农业生产、农民就业带来一系列的困难与问题。

2. 始终坚持可持续发展的基本原则

可持续发展是21世纪发展的主题，耕作制度的发展演变必须以可持续发展为指导原则，既要保证我们农业现在的发展，又要保证农业不会在将来走向衰退。用农业发展焓变假说，可以这样解释，就是应该保证农业发展焓变为正值，在具体分析过程中，我们可以通过参数的设计去求解，保证其非负性；具体可以通过减少熵的增加，而增加自由能的投入来解决，这其中势必涉及各种物化的与非物化的投入与消耗的计算。这就要求耕作制度的可持续发展不仅应该包括资源的可持续利用，也要充分保证经济可持续性与社会可持续发展。

3. 始终坚持粮食产量与经济效益协调发展的原则

要在提高粮食单产，保障粮食产量基本稳定的基础上，调整农业结构，发展经济作物，发展多种经营，不能以大幅度减少粮食种植面积的方式，调整农业结构。既不能采取计划经济体制的方式，过分强调粮食产量，不注重农业内部结构、农村产业的调整；也不能完全采取市场经济的方式，什么效益高就种什么，大幅度减少粮食面积，发展经济作物，结果出现新的粮食安全问题。必须始终坚持增加粮食产量与调整结构协调发展的原则，这是我国人口众多、粮食人均占有量低的基本国情决定的。未来农业的发展必须走有中国特色和地区特色的发展道路。

4. 始终坚持因地制宜、科学组合生产要素的技术路线

农业发展、耕作制度的发展改革必须坚持因地制宜的基本原则，绝对不能不顾当地实际，盲目模仿一种模式。坚持科学匹配当地的各种生产要素，才能保证农业的高效与持续发展，我国农业即使在技术没有重大突破的条件下，通过科学匹配现有生产要素，也能基本保证未来16亿人的粮食安全。反之，不掌握生产要素科学匹配的原则与方法，单一增

加某一种生产要素，就会出现高投入、低产出的问题，难以提高农业的要素生产率。生产技术要素的组合，是各类技术优化的过程，是耕作制度发展、改进的基本途径。

5. 始终坚持用现代科学技术发展现代耕作制度的长远方向

以生物技术、信息技术为代表的新科技革命正在形成，耕作制度的发展，必须抓住新的科技革命的机遇，抓住新的农业科技革命的机遇，建立现代耕作制度；加速生物技术发展、应用转基因技术、生物肥料、生物农药等生物技术，大力推动第二次绿色革命；发展农业信息技术，加速农业信息化；充分发挥新一代农业机械的作用，加速农业机械化，大幅度提高农业的效率。

第三节　耕作制度的展望

中国是具有数千年农业历史的农业大国，在近 2000 年的人类发展史中，中华民族在长达 1500 多年里处于世界领先水平，中国的购买力长期占世界的 1/4 左右，创造了农业社会里中华民族辉煌的历史。新中国成立以来，特别是 20 世纪 80 年代以来，农业率先进行了改革，我国耕作制度发展的方向要从国情出发，根据农业资源特点、农业生产的发展水平和市场对农产品的需求与提高经济效益来分析问题。

一、我国农业资源的特点

1. 主要农区

水热资源丰富，复种条件优越，我国温带、亚热带面积大，东部地区为北纬 20°～50°之间，不低于 10℃积温 2500～9000℃，年降水量 500～1600mm，雨热同季，夏季温度比世界同纬度地区偏高，冬季温度比世界同纬度地区偏低，对农作物的有效性好。我国东北地区纬度与欧洲相近，欧洲许多地区 6—8 月平均气温 18℃左右，以种植麦类、马铃薯等喜凉作物为主，我国东北地区 6—8 月温度 20～25℃，可种植水稻、玉米、高粱、大豆等喜温作物。黄淮海平原与美国玉米带气候相似，美国玉米带为一熟区，黄淮海为小麦、玉米一年两熟区。长江以南亚热带地区可以一年两熟三熟，同纬度地区即北纬 30℃以南的中亚、非洲受副热带高压控制，成为大片沙漠。所以，我国东部农区为精耕细作的高复种农业区。西部地区不低于 10℃积温为 1500～3000℃，年降水量多在 400mm 以下，是我国的牧区及旱农分布区，耕作比较粗放，但绿洲灌区农业发达。

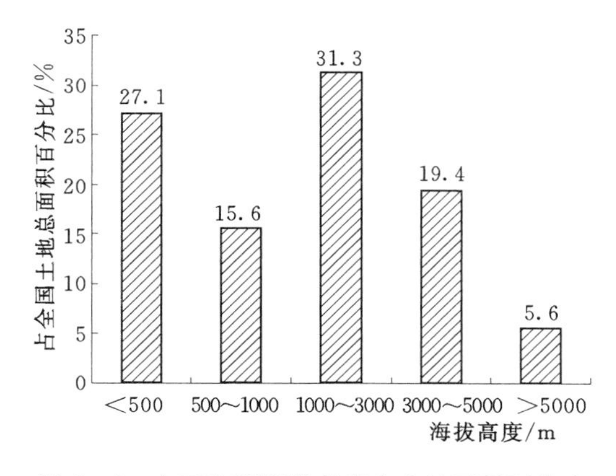

图 7-2　全国地形海拔高度占土地面积百分比

2. 山地多平原少

我国是多山国家，地形十分复杂，山地占 33.33%，丘陵占 9.9%，高原占 26.04%，盆地占 18.75%，平原只占 11.98%。按海拔高度划分，海拔 500m 以下的占 27.1%，500～1000m 占 15.6%，1000～3000m 占 31.3%，3000～5000m 占 19.4%，5000m 以上的土地尚有 5.6%，其余为水域（图 7-2）。全国有戈壁、沙漠、冰、雪地、石山、裸地和高寒荒漠 39.9 亿亩，占国土面积的 27.7%，基本上不能进行农业利用。降雨量低于 400mm 的干旱半干旱地区占 53%，即有半壁河山耕作条件恶劣。

耕地面积小。我国现有耕地 18.25 亿亩，人均 1.35 亩，而全世界平均为 4.5 亩。我国现有宜农荒地 3500 万 hm^2，其中可开垦为耕地的约有 1470 万 hm^2，但后备土地资源主要分布在西北干旱地区，其次是内蒙古东部草原地区和东北地区，质量大多较差，开发利用难度大。在加强对现有耕地保护的同时，加快宜农荒地的开发和工矿废弃地的复垦，未来计划每年开发复垦 30 万 hm^2 以上，以弥补同期耕地占用，保持耕地面积长期稳定。图 7-3 为国土资源部公布的 2006—2011 年土地整治新增农用地和耕地情况，通过各级国土资源管理部门的积极主动服务、严格规范管理，着力推进农村土地整治，夯实粮食增产基础，2011 年共新增农用地 23.91 万 hm^2，新增耕地 23.37 万 hm^2。尽管如此，由于工业城镇建设占地日益增多，预计 21 世纪前半期将增加占有 3.2 亿亩，人口增加，耕地减少，人均耕地下降，农产品需求增加，是长期的趋势。

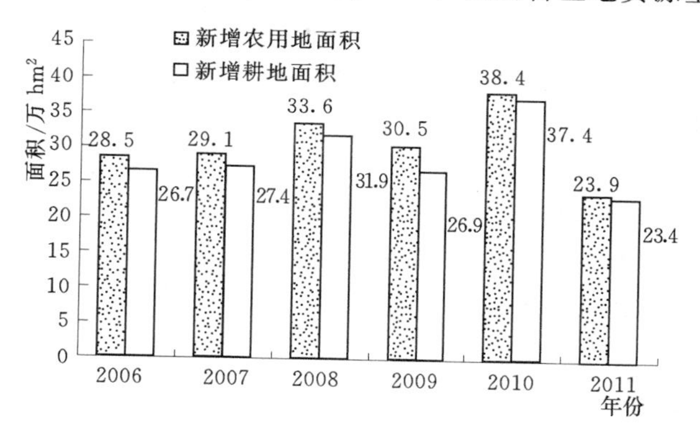

图 7-3 2006—2011 年土地整治新增农用地和耕地情况

3. 生物资源丰富

生物资源指生物圈中的各种动植物与微生物。包括人工培育的和野生的，如各种农作物、林木、畜禽、鱼类和各种野生动植物资源。我国地域辽阔，地形复杂，第四纪冰川作用远没有欧洲同纬度地区强烈，生物受影响较小，种属特别繁多，北半球所有自然植被类型在我国均可见到，有高等植物 30000 余种，其中木本植物 7000 余种。我国是世界栽培作物起源八大中心之最大的独立中心，起源农作物 136 种，适宜从热带到寒带的主要谷类作物、油料作物、豆类作物、薯类作物、糖料作物和多种经济作物、饲料作物、果树与经济林木生长，保存农作物品种资源在 30 万份以上，为发展农林牧副渔生产和形成多样复杂的耕作制度提供了广泛的生物资源选择可能性。

4. 地域差异明显，农业制约因素较多

我国地势呈梯形分布，西高东低。从青藏高原向东直至近海海域可分为三个梯级：第一梯级为青藏高原，平均海拔在 4000m 以上；第二梯级是北起大兴安岭、太行山，经巫山到雪峰一线地区，大多为海拔 1000～2000m 的高原和盆地；第三梯级为上述一线以东直到海陆交界处，多为海拔 500m 以下的平原及丘陵，此外，还延伸到海岸线以东的中国近海大陆架。如此地势分布，导致水系一般自西向东注入太平洋，只有青藏高原南部诸河因南北向的横断山山脉的控制，多从北向南注入太平洋和印度洋。我国南北跨越 5500km，东西跨越 5200km，降雨分布不均，年降水量东南沿海为 1600～2400mm，秦岭淮河以南 1000～1400mm，黄淮海与东北在 600mm 左右，张家口、榆林、兰州、昌都以西低于 400mm。

中国人均占有水资源占 2532m^3，耕地平均占有量 1800m^3，水土资源地区间分布不均衡，北方地多水少，南方水多地少。中国 90%以上耕地分布在年均降水量 400mm 等值线以东的半湿润与湿润地区，尤其集中在东北、华北、长江中下游、珠江三角洲等平原，而水田主要分布在秦岭—淮河以南暖湿地区，那里水热条件优越、土壤肥沃、物产丰饶、土地生产力较高。旱地则主要分布在秦岭—淮河一线以北，其中以东北平原与黄淮海平原较为集中，约占全国旱地面积的 60%；其次是黄土高原的内蒙古、甘肃及新疆等省区，那里光照充足、热量尚丰、但少雨缺水，限制了土地生产力。农业的区域性强，旱涝灾害频繁，冷害、冰雹、台风、干热风时有发生，各种自然灾害成灾率在 30%～40%，2010 年，全国农作物因气象灾害因素受灾面积 3742.59 万 hm^2，其中成灾面积 1853.81 万 hm^2，绝收 486.32 万 hm^2，损失粮食 4160 万 t。2017 年干旱灾害共造成全国农作物受灾面积 9874.84hm^2，其中绝收 752.4×10^{3}hm^2，直接经济损失 375 亿元。土壤制约因素，如瘦薄、盐碱、次生潜育化等面积大。因地制宜与避灾保收成为指导中国农业生产的两条基本原则。

5. 农村经济基础薄弱

农民收入低，农业基础设施差，农业装备水平低，投资能力弱。

二、农业发展面临的任务

我国正处于从传统农业向现代化农业转变时期，从自给型农业向商品性农业发展，从低效益农业向高效益农业发展，从手工操作的小型农业向机械化规模型农业发展。

传统农业以农业单一经济为主要特征，总人口 80%～90%从事农业，靠人畜力操作和农业生态系统内部物质循环，凭借传统经济维持小规模的、低劳动生产率的、低收入、低商品率的自给型、半自给型生产，生产发展很慢，长期处于停滞状态。发达国家在工业革命以前，各国农业基本上都是传统农业，城市化水平很低，欧洲大陆 1850 年城市人口仅占 11%，1910 年占 21%，1930 年占 32%。工业不发达，人民聚集在狭窄的耕地上生产，农业占主导地位，城市人口比例很小，通常是 10%～30%，这也是当今贫困落后国家的主要特征。纵观世界农业现代化进程，是伴随着工业化的发展，农业人口逐步向城市转移，农业经营规模逐渐扩大，逐步用机械操作代替人畜力操作，劳动生产率与土地生产率不断提高的过程。农业占国内生产总值的比例逐渐下降，随着我国工业化的发展，人口向非农产业转移，用现代工业的先进机器设备与农业物质装备农业，采用先进的科学技术和现代管理技术管理农业，逐步实现农业现代化。

1. 不断增长的农产品消费

我国农业负担着解决 13 亿人的吃饭问题，很快将面临 15 亿～16 亿（2050 年）人改善生活的需要。《中国的粮食问题》白皮书中按照《九十年代中国食物结构改革与发展纲要》和城乡居民的饮食习惯，今后中国人民的食物构成将是中热量、高蛋白、低脂肪的模式，在保留传统膳食结构的基础上，适当增加动物性食品数量，提高食物质量。由于食物构成的变化，直接食用的口粮将继续减少，饲料粮将逐渐增加。这样，通过坚持不懈地发展粮食生产，到 2030 年中国人口出现高峰值时，人均占有粮食 400kg 左右，其中口粮 200 多 kg，其余转化为动物性食品，就可以满足人民生活水平提高和营养改善的要求。

根据上述消费模式的发展趋势以及人口增长规模，2030 年人口达到 16 亿峰值，按人均占有 400kg 计算，总需求量达到 6.4 亿 t 左右。

2. 效益问题

农民要实现小康，进一步达到中等发达国家的生活水平，必须解决农业的经济效益问题，合理利用资源，全面发展农、林、牧、副、渔业，提高单位面积产量，降低成本，是一个方面；按商品经济规律，逐步放开粮食、经济作物等农产品的价格，并采取保护性的支持价格，控制工业品的价格，缩小工农产品的剪刀差，也是很重要的。此外，注意发挥农业的规模经营效益、农产品加工增值效益，发展农村的非农产业、广辟致富门路。新中国成立初期农业占国内生产总值的 50%左右，随着国民经济快速发展，改革开放以后的十几年间尚能维持 30%左右的比重，进入 21 世纪，农业的优势地位不再突显，其比重降至 10%左右，2014 年起，降至 10%以下。改革现存耕作制度中不利于农业增效的环节已是迫在眉睫的问题，图 7－4 为 2001 年以来作为第一产业的农业增加值占国内生产总值的比重。

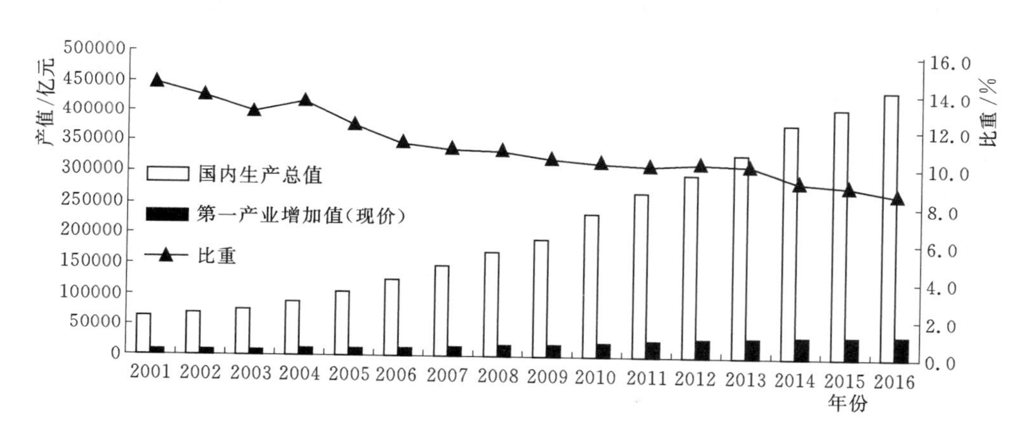

图 7－4　第一产业增加值占国内生产总值的比重

3. 生态问题

农业生态环境质量的优劣，直接影响作物的产量与品质，与农业的生产力呈正相关关系。但农业的发展有破坏生态环境的作用，如过度毁林开荒、水土流失、地力下降、农药污染等。农业建设又能改善生态环境，如农田的梯田化、水利工程的兴建、植树造林、增施肥料、培肥地力等。在发展农业的同时，要注意加强农业生态建设，改善农业生态环境。20 世纪 70 年代以来，由于化肥的普遍施用，粮食产量有了大幅提高，基本满足了人们温饱的要求。这就使人们产生了一种印象：增加化肥可以提高产量。事实上化肥使用得越来越多，而粮食产量却并没有相应快速增长。目前中国单位面积的施肥量已达世界平均量的 1.6 倍，而化肥的损失也是非常高的，氮肥和磷肥的当季利用率分别只有 30%～50%和 10%～25%，大量盲目地施用化肥不仅造成水体富营养化等环境问题，而且导致土壤板结、酸化，使土壤肥力下降。图 7－5 和表 7－1 为 1994 年以来我国化肥农药的生产情况和同期主要农产品的产量情况对比。

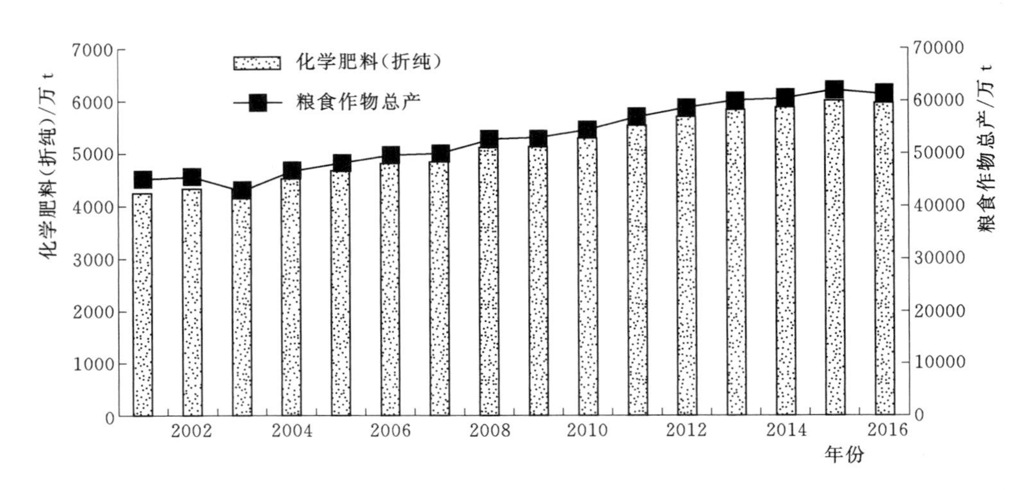

图 7－5　化学肥料施入量与粮食作物总产间的关系

表 7－1　　1994—2010 年主要化肥、农药的生产和施用量与农作物产量的比较　　单位：万 t

年　份	化　肥（折纯）		农　药		农作物产量		
	生产量	施用量	生产量	施用量	谷物	油料	棉花
1994	2273.0	3317.9	29.0	87.1	39389	1990	434
1995	2548.0	3593.7	41.7	108.7	41612	2250	477
1996	2809.0	3827.9	44.8	114.1	45127	2210	420
1997	2821.0	3980.7	52.7	119.5	44349	2157	460
1998	3010.0	4083.7	55.9	123.2	45625	2314	450
1999	3251.0	4124.3	62.5	131.2	45304	2601	383
2000	3186.0	4146.4	60.7	128.0	40522	2955	442
2001	3383.0	4253.8	78.7	127.5	39648	2865	532
2002	3791.0	4339.4	92.9	131.2	39799	2897	492
2003	3881.0	4411.6	76.7	132.5	37429	2811	486
2004	4805.0	4636.6	82.1	138.6	41157	3066	632
2005	5178.0	4766.2	114.7	146.0	42776	3077	571
2006	5345.0	4927.7	138.5	153.7	45099	2640	753
2007	5825.0	5107.8	176.5	162.3	45632	2569	762
2008	6013.0	5239.0	190.2	167.2	47847	2953	749
2009	6600.0	5404.4	226.2	170.9	48156	3154	638
2010	6741.0	5561.7	234.2	175.8	49637	3230	596

来源：中国农业发展报告，中国农业出版社，2011。

三、耕作制度发展的基本方向

未来 20 年耕作制度的发展必须运用科学发展观的思想指导耕作制度的发展，必须把握正确的发展方向。精耕细作、集约高效是未来耕作制度的基本特征，也是未来的发展方向。

(1) 加速作物布局的区域化、模式化、系列化，为发挥区域优势、建立优质农产品基地提供科学依据。根据国家需求，发挥区域优势，因地制宜地进行作物布局，加速形成中国的玉米带、小麦带、大豆带、棉花带、水果带等主要农产品的基地。在布局方法上，广泛运用现代系统科学、数学、气象学、生态学等学科的知识，建立科学作物布局的理论与方法，在布局实践中，广泛吸取农民的先进经验与做法，逐步建立作物布局新格局，最大限度地满足国家需求，发挥区域优势。

(2) 进一步提高复种指数，力争复种指数提高 20 个百分点，增加播种面积 0.23 亿 hm^2。我国复种指数理论值可达 198%，2003 年仅为 152%，还有 46 个百分点的潜力可挖，可以大幅度增加农作物种植面积。力争在 2020 年复种指数提高 20 个百分点，增加播种面积 0.2 亿 hm^2，按单产 $5250kg/hm^2$ 粮食计，可生产 1 亿 t 粮食，相当于世界粮食贸易量的一半。

(3) 发展集约高效的间作套种模式，力争使粮食单产提高 40%左右，大幅度提高土地生产率。大力发展粮食作物与粮食作物、经济作物、饲料作物、环保作物、中草药的间作套种模式，发展农作物与林木、果树的间作套种模式，大力发展植物、微生物、动物等多种生物共生的复杂生态系统，大幅度提高土地生产率。

(4) 大力发展作物连作技术，提高土地生产率。进入 21 世纪，随着市场作用不断增强，农业生产的区域化初现端倪，其结果是一个地区的作物生产将形成以一种或少数几种作物为主的结构，少数几种具有市场优势的作物连作逐渐替代多种作物轮作。在市场经济体制下，农产品和其他商品一样，可以便捷地从市场获得，这使农业生产的主要目的转为在市场上获得高额利润，从而导致产品多样性降低。以两熟区为例，小麦、水稻与玉米构成了该区的主栽作物，形成该地区大面积的小麦、玉米复种连种与小麦、水稻复种连种，从而大幅度提高了土地生产率。

(5) 推广应用少耕、免耕、覆盖耕作等土壤耕作方式，提高土壤质量。少免耕法目前在我国具有发展前景，以少耕代替常规耕作，以节约能源、节省时间；少免耕与多种耕法的结合，如深翻与深松耕结合、深耕与浅旋耕结合、耕与不耕结合等，可以有效提高耕作效率，进一步节约动力与燃油，提高效率，提高我国土壤耕作的水平。西北地区少耕、免耕等技术主要是在坡耕地上进行等高带状间隔免耕，平地上在传统沙田覆盖免耕，并发展了种草覆盖、秸秆覆盖、隔行耕作等，在防止水土流失、保墒培肥、改善土壤理化性状和增产增收方面等起到了积极的作用。

四、建立现代耕作制度的发展战略对策

如何协调增加农民收入与保障国家粮食安全、集约化生产与农产品质量安全、提高农业生产力与资源生态安全、发展现代农业与农村劳动力转移、拓展农业新型产业与城乡统筹等是现阶段我国农业和农村发展面临的重大难题和艰巨任务。确保农业和农村经济的持续稳定发展，从耕作制发展趋势来看应该采取以下对策。

1. 构建典型种植模式高产配套技术体系，确保国家粮食安全

我国是一个人口大国，粮食必须靠自己解决才能保证粮食安全。现阶段必须围绕我国粮食主产区（东北、黄淮海、长江中下游和西北），通过作物品种筛选、品种组合配置、土壤培肥与地力提升、水肥优化管理、病虫害防治等制度性增产技术，优化集成和构建高

产配套技术模式，变单一技术增产为制度性增产，变单一作物高产为周年作物综合高产，实现区域农田周年均衡增产。同时鼓励适度扩大粮田经营规模，积极制定粮食生产的财政支持政策，逐步使粮农收入接近或达到菜农、果农同等纯收入水平，保障国家粮食生产稳步发展。

2. 发展新型高效耕作制模式，促进农民增产增收

紧紧围绕农业增效、农民增收，将农、林、牧、渔、副五业相关配套技术合理安排、综合布局，重点构建种植—加工、种植—养殖及种植—养殖一体化和规范化耕作制模式与技术支撑体系，促进农民增产增收。如长江中下游平原区重点围绕稻田耕作制建设，将冬闲田开发利用与能源、饲料、油料等多用途农产品相结合，培育新型产业、促进农牧结合；黄淮海平原区重点围绕麦田两熟耕作制，建设粮经高效协调、省水省肥与节本增效、种植加工一体化耕作制；东北地区重点建设西部生态经济复合耕作制、中部地力保育耕作制、垦区机械化现代耕作制；西北地区重点建设绿洲灌区以节水为核心的制种玉米耕作制、设施高效耕作制；西北旱作农区建设保护性经济高效耕作制、玉米—牛农牧结合耕作制。

3. 建立资源节约型耕作制，促进资源环境可持续利用

资源节约型耕作制包括宏观的资源优化配置与产业优化结构、微观的优化模式与技术体系、现代化资源管理体系等 3 个方面。现阶段资源节约型耕作制重点突出以构建节地、节水、节肥耕作制度为核心，通过技术开发、集成、示范、推广等措施，改革传统资源高耗低效耕作制度，构建新型资源节约和生态安全的耕作制度。其中节地耕作制包括集约高产型节地、多熟高效型节地、地力提升节地及区域农用地结构调整与布局优化；节肥耕作制包括农田养分综合管理与合理施肥制度建设、节肥型耕种技术、秸秆及有机肥还田技术等；节水型耕作制包括区域节水种植结构与布局优化、节水种植模式等。同时，综合集成节地、节水、节肥、节药、节能及生态安全替代技术，构建高效、清洁、低耗、健康的耕作制度与技术体系，并进行示范与推广应用。

4. 发挥技术优化组合功能，强化现代耕作制技术体系支撑作用

以新技术引进和自主创新为契机，优化组合常规技术，不断推进耕作技术体系更新和进步，是现代耕作制研究与发展的主导方式与基本途径，也是形成富有区域特色耕作制模式的关键所在。具体应包括：①在种植形式以及栽培耕作技术等方面进行优化配置，促进农艺与农机相互适应、有机结合，全力推进小麦—玉米、水稻—小麦、水稻—小麦、水稻—油菜等主体种植模式的全程机械化进程；②筛选应用“省工、简约化、轻便化”先进适用耕作技术，适应农村发展的需要；③合理组配种植模式以适应新技术、新材料发展需要，如缓控肥的应用；④构建土壤可持续管理技术体系，例如通过补贴机制，将绿肥纳入用养结合的耕作制轮作体系；⑤构建主要农产品高产优质高效及加工配套技术体系；⑥构建主要农产品标准化、规范化、基地化生产技术体系等。

5. 发展适应适度规模经营及机械化、产业化发展的耕作模式

适度规模经营是发展现代耕作制度的必然要求。现阶段应以农村土地合理流转为契机，积极推进农业规模化经营，不断创新土地合理流转制度下现代耕作制新模式，适应机械化、产业化发展，促进资源、技术合理配置。如通过组建农机专业合作社和农村合作组

织，促进先进、高效的机械化作业与适合当地实际的农艺技术有机结合。浙江台州粮食全程机械化服务模式就是根据当地农民外出务工较多，耕地抛荒严重，以及种粮效益较低的情况，逐渐探索发展起来的一种合作社自己承包耕地种粮，且服务周边农户的一种新型模式。该模式不仅促进了耕地的有效流转，解决了全年性或季节性粮田抛荒的问题，而且也扭转了传统粮食生产（特别是早稻种植）效益低下甚至亏损的局面。

6. 探索生产专业化服务新模式，缓解农村劳动力短缺或素质下降的矛盾

通过农业生产专业化服务，可以满足农民产前、产中、产后过程的各类技术需求，缓解农村因有技术、有能力的壮劳力外出造成的短缺矛盾，同时也带动农业生产向规模化、专业化、标准化方向发展。现阶段应鼓励发展“村经济合作社＋农户”“农民专业合作组织＋农户”“县级产业协会＋农户”“经营性服务组织＋农户”等专业化服务模式，集中统一开展育苗、病虫草害药物防治、施肥等生产服务，构建专业化生产与社会化服务相结合的现代农业生产体系，促进产业规模化和生产专业化，提高农业生产的科技应用水平。

复 习 思 考 题

1. 如何理解不同历史时期会形成不同的耕作制度类型？
2. 如何理解现代化农业中耕作制度改革的指导原则？
3. 针对农业发展面临的任务，耕作制度应该如何调整与适应？

参 考 文 献

[1] 东北农学院．耕作学：东北本［M］．哈尔滨：东北农学院出版社，1988.

[2] 沈昌蒲．耕作学［M］．哈尔滨：朝鲜民族出版社，1985.

[3] 北京农业大学．耕作学［M］．北京：中国农业出版社，1981.

[4] 北京农业大学．耕作学［M］．2版．北京：中国农业出版社，1992.

[5] 刘巽浩．耕作学［M］．北京：中国农业出版社，1994.

[6] 刘巽浩．耕作学［M］．2版．北京：中国农业出版社，1998.

[7] 沈学年．耕作学：南方本［M］．上海：上海科学技术出版社，1984.

[8] 杨春峰．耕作学：西北本［M］．银川：宁夏人民出版社，1986.

[9] 王立祥．耕作学［M］．重庆：重庆出版社，2001.

[10] 沈昌蒲．机械化土壤耕作［M］．北京：中国农业出版社，1995.

[11] 陆欣来．东北耕作制度［M］．北京：中国农业出版社，1996.

[12] 杨春峰．西北耕作制度［M］．北京：中国农业出版社，1993.

[13] 刘巽浩．中国耕作制度［M］．北京：中国农业出版社，1993.

[14] 龚振平．土壤学与农作学［M］．北京：中国水利水电出版社，2009.

[15] 高旺盛．中国保护性耕作制［M］．北京：中国农业大学出版社，2011.

[16] 龚振平．作物秸秆还田技术与机具［M］．北京：中国农业出版社，2012.

[17] 赵林萍．中国种植业大观：肥料卷［M］．北京：中国农业科学技术出版社，2001.

[18] 关连珠．土壤肥料学［M］．北京：中国农业出版社，2001.

[19] 李生秀．中国旱地农业［M］．北京：中国农业出版社，2004.

[20] 李友军．保护性耕作理论与技术［M］．北京：中国农业出版社，2008.

[21] 于振文．作物栽培学各论［M］．北京：中国农业出版社，2003.

[22] 中华人民共和国农业部．中国农业发展报告［M］．北京：中国农业出版社，2000.

[23] 中华人民共和国农业部．中国农业发展报告［M］．北京：中国农业出版社，2011.

[24] 中国农业年鉴编辑委员会．中国农业年鉴［M］．北京：中国农业出版社，2009.

[25] 国家发展和改革委员会价格司．全国农产品成本收益资料汇编［M］．北京：中国统计出版社，2010.

[26] 李合生．现代植物生理学［M］．北京：高等教育出版社，2002.

[27] 信乃诠，王立祥．中国北方旱区农业［M］．南京：江苏科学技术出版社，1998.

[28] 曹敏建．耕作学［M］．北京：中国农业出版社，2002.

[29] 王维敏．中国北方旱地技术［M］．北京：中国农业出版社，1994.

[30] 周立三．中国地理［M］．北京：科学出版社，2000.

[31] 龚振平．大豆优质高效生产技术［M］．哈尔滨：黑龙江科学技术出版社，2003.

[32] 韩晓增，许艳丽．大豆重迎茬减产控制与主要病虫害防治技术［M］．北京：科学出版社，1999.

[33] 翟虎渠．农业概论［M］．2版．北京：高等教育出版社，2006.

[34] 黄文秀．农业自然资源［M］．北京：科学出版社，2001.

[35] 全国农业技术推广服务中心，中国农科院农业资源与区划所．耕地质量演变趋势研究［M］．北京：中国农业科学技术出版社，2008.

[36] 王立祥，李军．农作学［M］．北京：科学出版社，2003.

[37] 牛文元．农业自然条件分析［M］．北京：农业出版社，1981.

[38] 中国农业年鉴编辑委员会．中国农业年鉴［M］．北京：中国农业出版社，2011.

[39] 孙占祥，刘武仁，来永才．东北农作制［M］．北京：中国农业出版社，2010.

[40] 中国农业年鉴委员会．中国农业年鉴［M］．北京：中国农业出版社，2014.

[41] 中国农业年鉴委员会．中国农业年鉴［M］．北京：中国农业出版社，2015.

[42] 孙渠．耕作学原理［M］．北京：中国农业出版社，1981.

[43] 肖焱波，段宗颜，金航，等．小麦/蚕豆间作体系中的氮节约效应及产量优势［J］．植物营养与肥料学报，2007，13（2）：267－271.

[44] 杨友琼，吴伯志，安瞳昕．云南省玉米间作蔬菜和牧草对坡地土壤侵蚀的影响［J］．水土保持通报，2011，31（3）：26－27.

[45] 孙雁，周天富，王云月，等．辣椒玉米间作对病害的控制作用及其增产效应［J］．园艺学报，2006，33（5）：995－1000.

[46] 丁爱华，牟金明，梁煊赫，等．蓖麻、黑豆间作对黑豆主要害虫防除效果的研究［J］．吉林农业大学学报，2003，25（6）：598－601.

[47] 王伟，姚举，李号宾，等．杏棉间作对棉花害虫与捕食性天敌的影响［J］．新疆农业科学，2010，47（9）：1897－1901.

[48] 叶火香，崔林，何迅民，等．茶园间作柑橘杨梅或吊瓜对叶蝉及蜘蛛类群数量和空间格局的影响［J］．生态学报，2010，30（22）：6019－6026.

[49] 张红叶，陈斌，李正跃，等．甘蔗玉米间作对甘蔗棉蚜及瓢虫种群的影响作用［J］．西南农业学报，2011，24（1）：124－127.

[50] 周艳丽，王艳，李金英，等．大蒜根际土壤微生物数量及酶活性动态研究［J］．安徽农业科学，2011，39（5）：2740－2741，2744.

[51] 汤东生，王斌，毛忠顺，等．石榴园常用除草剂和杀菌剂对石榴枯萎病和枯草芽孢杆菌生长的影响［J］．江苏农业科学，2011，39（5）：154－158.

[52] 谢运河，李小红，王业建，等．玉米大豆间作行比对早熟春大豆农艺性状及产量的影响［J］．湖南农业科学，2011（5）：26－28，31.

[53] 乐光锐，王尔明，徐元刚．玉米大豆间作行比的评价与光合份额研究［J］．贵州农业科学，1995（3）：18－22.

[54] 常守瑞，刘道才，李全法．粮菜间作高效栽培技术推广应用技术［J］．吉林蔬菜，2007（2）：21－22.

[55] 黄细喜．土壤紧实度及层次对小麦生长的影响［J］．土壤学报，1988，25（1）：59－65.

[56] 杜金泉，方树安，蒋泽芳，等．水稻少免耕技术研究Ⅰ　稻作少免耕类型、生产效应及前景的探讨［J］．西南农业学报，1990，3（4）：26－32.

[57] 王辉，王明歧，朱建楚．渭北原区旱作农业高产稳产配套技术探讨［J］．干旱地区农业研究，1994，12（4）：37－44.

[58] 冷石林．北方旱地作物自然降水生产潜力研究［J］．中国农业气象，1996，17（2）：11－15.

[59] 张玉发，赫崇今．浅翻间松法的效益分析［J］．干旱地区农业研究，1988（4）：18－23.

[60] 郭文韬．论我国北方旱地抗旱耕作体系问题［J］．古今农业，1988（1）：5－13.

[61] 冷石林．北方旱地作物自然降水生产潜力研究［J］．国农业气象，1996，17（2）：11－15.

[62] 吴守仁，魏云祥，程素云，等．陕西武功旱原土壤水分蒸发损失和中耕保墒之研究［J］．干旱地区农业研究，1983（1）：61－76.

[63] 谢德体. 水稻半旱栽培增产效果及机理研究 [J]. 西南农业大学学报, 1985 (4): 120-127.

[64] 王昭雄, 汤宗祥, 李印先. 水稻垄作对土壤肥力的影响 [J]. 土壤肥料, 1983 (4): 4-7.

[65] 陈礼耕, 石长金, 杨永学, 等. 鼠道耕法改土调水及防蚀增产效益试验研究 [J]. 中国水土保持, 1995 (7): 33-36.

[66] 冯晓静, 高焕文, 李洪文, 等. 河北坝上风蚀对农田土壤肥力水平影响研究 [J]. 干旱地区农业研究, 2007, 25 (1): 63-66.

[67] 杨培培, 杨明欣, 董文旭, 等. 保护性耕作对土壤养分分布及冬小麦吸收与分配的影响 [J]. 中国生态农业学报, 2011, 19 (4): 755-759.

[68] 高旺盛. 论保护性耕作技术的基本原理与发展趋势 [J]. 中国农业科学, 2007, 40 (12): 2702-2708.

[69] 高焕文, 李洪文, 李问盈. 保护性耕作的发展 [J]. 农业机械学报, 2008, 39 (9): 43-48.

[70] 黄细喜. 土壤自调性与少免耕法 [J]. 土壤通报, 1987 (3): 111-114.

[71] 刘世平, 沈新平, 黄细喜. 长期少免耕土壤供肥特征与水稻吸肥规律的研究 [J]. 土壤通报, 1996, 27 (3): 133-135.

[72] 王殿武, 褚达华. 少、免耕对旱地土壤物理性质的影响 [J]. 河北农业大学学报, 1992, 15 (2): 28-33.

[73] 陈学文, 张晓平, 梁爱珍, 等. 耕作方式对黑土硬度和容重的影响 [J]. 应用生态学报, 2012, 23 (2): 439-444.

[74] 周虎, 吕贻忠, 杨志臣, 等. 保护性耕作对华北平原土壤团聚体特征的影响 [J]. 中国农业科学, 2007, 40 (9): 1973-1979.

[75] 王茄, 王树楼, 丁玉川, 等. 旱地玉米免耕整秸秆覆盖土壤养分、结构和生物研究 [J]. 山西农业科学, 1994, 22 (3): 17-19.

[76] 庄恒扬, 刘世平, 沈新平, 等. 长期少免耕对稻麦产量及土壤有机质与容重的影响 [J]. 中国农业科学, 1999, 32 (4): 39-44.

[77] 王芸, 韩宾, 史忠强, 等. 保护性耕作对土壤微生物特性及酶活性的影响 [J]. 水土保持学报, 2006, 20 (4): 120-123.

[78] 张彬, 白震, 解宏图, 等. 保护性耕作对黑土微生物群落的影响 [J]. 中国生态农业学报, 2010, 18 (1): 83-88.

[79] 陈军锋, 郑秀清, 邢述彦, 等. 玉米秸秆覆盖对季节性冻融土壤入渗能力的影响 [J]. 太原理工大学学报, 2007, 38 (1): 60-62.

[80] 刘立晶, 高焕文, 李洪文. 秸秆覆盖对降雨入渗影响的试验研究 [J]. 中国农业大学学报, 2004, 9 (5): 12-15.

[81] 常旭虹, 赵广才, 张雯, 等. 作物残茬对农田土壤风蚀的影响 [J]. 水土保持学报, 2005, 19 (1): 28-31.

[82] 李霞, 陶梅, 肖波, 等. 免耕和草篱措施对径流中典型农业面源污染物的去除效果 [J]. 水土保持学报, 2011, 25 (6): 221-224.

[83] 李琳, 张海林, 陈阜, 等. 不同耕作措施下冬小麦生长季农田二氧化碳排放通量及其与土壤温度的关系 [J]. 应用生态学报, 2007, 18 (12): 2765-277.

[84] 伍芬琳, 张海林, 李琳, 等. 保护性耕作下双季稻农田甲烷排放特征及温室效应 [J]. 中国农业科学, 2008, 41 (9): 2703-2709.

[85] 赵森霖, 黄高宝. 保护性耕作对农田杂草群落组成及物种多样性的影响 [J]. 甘肃农业大学学报, 2009, 44 (3): 122-127.

[86] 王兆荣，刘永利，侯中田，等．黑土培肥效果的定位研究［J］．东北农学院学报，1992，23（3）：215－219.

[87] 徐晓波，徐向东，褚秋华，等．不同投肥对作物产量及土壤肥力的影响［J］．土壤，1999（4）：220－223.

[88] 贾伟，周怀平，解文艳，等．长期秸秆还田秋施肥对褐土微生物碳、氮量和酶活性的影响［J］．华北农学报，2008，23（2）：138－142.

[89] 李腊梅，陆琴，严蔚东，等．太湖地区稻麦二熟制下长期秸秆还田对土壤酶活性的影响［J］．土壤，2006，38（4）：422－428.

[90] 强学彩，袁红莉，高旺盛．秸秆还田量对土壤 CO_2 释放和土壤微生物量的影响［J］．应用生态学报，2004，15（3）：469－472.

[91] 李继明，黄庆海，袁天佑，等．长期施用绿肥对红壤稻田水稻产量和土壤养分的影响［J］．植物营养与肥料学报，2011，17（3）：563－570.

[92] 熊顺贵，成春彦．翻压绿肥对京郊沙质潮土腐殖质结合形态及土壤物理性状的影响［J］．北京农业大学学报，1991，17（3）：58－61.

[93] 杨曾平，高菊生，郑圣先，等．长期冬种绿肥对红壤性水稻土微生物特性及酶活性的影响［J］．土壤，2011，43（4）：576－583.

[94] 刘国顺，李正，敬海霞，等．连年翻压绿肥对植烟土壤微生物量及酶活性的影响［J］．植物营养与肥料学报，2010，16（6）：1472－1473.

[95] 李玉宝．中国土壤风蚀灾害发生的范围［J］．水土保持研究，2007，14（2）：37－39.

[96] 李耀辉，张书余．我国沙尘暴特征及其与干旱关系的研究进展［J］．地球科学进展，2007，22（11）：1169－1177.

[97] 李少昆，路明，王克如，等．南疆主要地表类型土壤风蚀对形成沙尘暴天气的影响［J］．中国农业科学，2008，41（10）：3158－3167.

[98] 王旭，李少昆，王克如，等．沙尘暴期间和田地区主要地表类型土壤风蚀量研究［J］．水土保持研究，2007，14（6）：275－308.

[99] 董治宝，董光荣，陈广庭．以北方旱作农田为重点开展我国的土壤风蚀研究［J］．干旱区资源与研究，1996，10（2）：31－37.

[100] 董治宝，陈渭南，董光荣，等．关于人为地表结构破损与土壤风蚀关系的定量研究［J］．科学通报，1995，40（1）：54－57.

[101] 黄高宝，于爱忠，郭清毅，等．甘肃河西冬小麦保护性耕作对土壤风蚀影响的风洞试验研究［J］．土壤学报，2007，44（6）：968－973.

[102] 张春来，邹学勇，董光荣，等．植被对土壤风蚀影响的风洞实验研究［J］．2003，17（3）：31－33.

[103] 刘汉涛，麻硕士，窦卫国．土壤风蚀量随残茬高度的变化规律研究［J］．干旱区资源与研究，2006，20（4）：182－185.

[104] 安萍莉，琪赫，潘志华，等．北方农牧交错带不同农作制度对土壤风蚀因子的影响［J］．水土保持学报，2008，22（5）：26－29.

[105] 常旭虹，赵广才，张雯，等．作物残茬对农田土壤风蚀的影响［J］．水土保持学报，2005，19（1）：28－31.

[106] 刘晓光，郑大玮，潘学标，等．油葵秆生物篱和作物残茬组合抗风蚀效果研究［J］．农业工程学报，2006，22（12）：60－64.

[107] 王翔宇，丁国栋，尚润阳，等．秸秆、地膜覆盖控制农田土壤风蚀机理［J］．安徽农学通报，

2007，13（16）：49－50.

[108] 王育红，姚宇卿，吕军杰. 残茬和秸秆覆盖对黄土坡耕地水土流失的影响［J］. 干旱地区农业研究，2002，20（4）：109－111.

[109] 唐涛，郝明德，单凤霞. 人工降雨条件下秸秆覆盖减少水土流失的效应研究［J］. 水土保持研究，2008，15（1）：9－11.

[110] 李新举，张志国. 秸秆覆盖对土壤水分蒸发及土壤盐分的影响［J］. 土壤通报，1999，30（6）：257－258.

[111] 高鹏程，张国云，孙平阳，等. 秸秆覆盖条件下土壤水分蒸发的动力学模型［J］. 西北农林科技大学学报，2004，32（10）：55－58.

[112] 陈素英，张喜英，裴冬，等. 秸秆覆盖对夏玉米田棵间蒸发和土壤温度的影响［J］. 灌溉排水学报，2004，23（4）：32－36.

[113] 刘超，汪有科，湛景武，等. 秸秆覆盖量对农田土面蒸发的影响［J］. 农业工程科学，2008，24（5）：448－451.

[114] 胡实，谢小立，王凯荣. 秸秆覆盖对夏玉米田棵间蒸发和近地层气象要素的影响［J］. 中国农业气象，2008，29（2）：170－173.

[115] 许翠平，刘洪禄，车建明，等. 秸秆覆盖对冬小麦耗水特征及水分生产率的影响［J］. 灌溉排水，2002，21（3）：24－27.

[116] 马春梅，孙莉，唐远征. 保护性耕作土壤肥力动态变化的研究［J］. 农机化研究，2006（5）：54－56.

[117] 赵小凤，赵凤命. 秸秆覆盖对旱地土壤水分的影响［J］. 山西农业科学，2007，35（9）：46－47.

[118] 崔向新，蒙仲举，张兴源，等. 秸秆覆盖保墒机理初步研究［J］. 内蒙古农业大学学报，2009，30（1）：14－19.

[119] 曹国良，张小曳，王亚强，等. 中国区域农田秸秆露天焚烧排放量的估算［J］. 科学通报，2007，52（15）：1826－1831.

[120] 汪婧，蔡立群，张仁陟，等. 耕作措施对温带半干旱地区土壤温室气体（CO_2、CH_4、N_2O）通量的影响［J］. 中国生态农业学报，2011，19（6）：1295－1300.

[121] 伍芬琳，张海林，李琳，等. 保护性耕作下双季稻农田甲烷排放特征及温室效应［J］. 中国农业科学，2008，41（9）：2703－2709.

[122] 李录久，杨哲峰，李文高，等. 秸秆直接还田对当季作物产量效应［J］. 安徽农业科学，2000，28（4）：450－457.

[123] 马忠明，徐生明. 甘肃河西绿洲灌区玉米秸秆覆盖效应的研究［J］. 甘肃农业科技，1998（3）：14－16.

[124] 冯常虎，元生朝，苏峥. 麦棉两熟地连续少免耕作物生产的影响初探［J］. 仲恺农业技术学院学报，1994，7（1）：38－44.

[125] 刘爽，张兴义. 保护性耕作对黑土农田土壤水热及作物产量的影响［J］. 大豆科学，2011，30（1）：56－61.

[126] 许平. 我国农作制度的演进及其历史原因［J］. 平原大学学报，2001，18（3）：8－10.

[127] 王龙昌，马林，赵惠青，等. 国内外旱区农作制度研究进展与趋势［J］. 干旱地区农业研究，2004，22（2）：188－194.

[128] 陈阜，任天志. 推进我国耕作制度改革发展的思考与建议［C］//中国农学会耕作制度分会编. 中国农作制度研究进展 2010. 济南：山东科学技术出版社，2010.

[129] 魏守辉，强胜，马波，等．不同作物轮作制度对土壤杂草种子库特征的影响 [J]．生态学杂志，2005，24 (4)：385 - 389.

[130] 许正辉，李世兰，阎彦梅，等．干旱地区合理轮作农田水分效应的研究 [J]．农业科技通讯，2010 (11)：66 - 68.

[131] 王子芳，高明，秦建成，等．稻田长期水旱轮作对土壤肥力的影响研究 [J]．西南农业大学学报（自然科学版），2003，25 (6)：514 - 518.

[132] 孙剑，李军，王美艳，等．黄土高原半干旱偏旱区苜蓿－粮食轮作土壤水分恢复效应 [J]．农业工程学报，2009，25 (6)：33 - 39.

[133] 晋艳，杨宇虹，段玉琪，等．烤烟轮作、连作对烟叶产量质量的影响 [J]．西南农业学报，2004，17 (增刊)：267 - 271.

[134] 黄光荣．不同轮作方式对烤烟病虫害及产量品质的影响 [J]．河南农业科学，2009 (5)：40 - 43.

[135] 赵秉强，李凤超，李增嘉．我国轮作换茬发展的阶段划分 [J]．耕作与栽培，1996 (2)：4 - 6.

[136] 韩剑，张静文，徐文修，等．新疆连作、轮作棉田可培养的土壤微生物区系及活性分析 [J]．棉花学报，2011，23 (1)：69 - 74.

[137] 许艳丽，李春杰，李兆林．玉米连作、迎茬和轮作对田间杂草群落的影响 [J]．生态学杂志，2004，23 (4)：37 - 40.

[138] 王华，黄宇，阳柏苏，等．中亚热带红壤地区稻-稻-草轮作系统稻田土壤质量评价 [J]．生态学报，2005，25 (12)：3271 - 3281.

[139] 于高波，吴凤芝，周新刚．小麦、毛苕子与黄瓜轮作对土壤微生态环境及产量的影响 [J]．土壤学报，2011，48 (1)：175 - 784.

[140] 田慎重，李增嘉，宁堂原，等．保护性耕作对农田土壤不同养分形态的影响 [J]．青岛农业大学学报（自然科学版），2008，25 (3)：171 - 176.

[141] 张大伟，刘建，王波，等．连续两年秸秆还田与不同耕作方式对直播稻田土壤理化性质的影响 [J]．江西农业科学，2009，21 (8)：53 - 56.

[142] 朱利群，张大伟，卞新民．连续秸秆还田与耕作方式轮换对稻麦轮作田土壤理化性状变化及水稻产量构成的影响 [J]．土壤通报，2011，42 (1)：81 - 85.

[143] 李倩，张睿，贾志宽，等．不同地膜覆盖对垄体地温及玉米出苗的影响．西北农业学报，2009，18 (2)：98 - 102.

[144] 李立贤．我国的太阳能资源 [J]．资源科学，1977 (1)：69 - 71.